全国本科院校机械类创新型应用人才培养规划教材

先进制造技术基础

主　编　冯宪章　刘爱敏　李法新
副主编　崔艳梅　尹　欣
主　审　蒋志强　韩衍昭

内 容 简 介

本书以先进制造技术的基本定义为主线，从引例分析入手，主要阐述先进制造技术的理论、工艺、方法以及生产管理等。全书共分6章：第1章绪论，第2章现代设计，第3章先进制造工艺技术，第4章制造自动化技术，第5章产品数据管理技术，第6章先进制造模式。

本书可作为高等院校机械类专业教材，也可供相关专业教师、工程技术人员和科研人员参考。

图书在版编目(CIP)数据

先进制造技术基础/冯宪章，刘爱敏，李法新主编. —北京：北京大学出版社，2009.8

(全国本科院校机械类创新型应用人才培养规划教材)

ISBN 978-7-301-15499-1

Ⅰ. ①先… Ⅱ. ①冯… ②刘… ③李… Ⅲ. ①机械制造工艺—高等学校—教材 Ⅳ. ①TH16

中国版本图书馆 CIP 数据核字(2009)第 116609 号

书　　名：先进制造技术基础
著作责任者：冯宪章　刘爱敏　李法新　主编
策 划 编 辑：郭穗娟
责 任 编 辑：李　楠
标 准 书 号：ISBN 978-7-301-15499-1/TH・0146
出　版　者：北京大学出版社
地　　址：北京市海淀区成府路 205 号　100871
网　　址：http://www.pup.cn　http://www.pup6.cn
电　　话：邮购部 62752015　发行部 62750672　编辑部 62750667　出版部 62754962
电 子 邮 箱：pup_6@163.com
印　刷　者：三河市北燕印装有限公司
发　行　者：北京大学出版社
经　销　者：新华书店
787 毫米×1092 毫米　16 开本　18.75 印张　450 千字
2009 年 8 月第 1 版　2016 年 4 月第 4 次印刷
定　　价：30.00 元

未经许可，不得以任何方式复制或抄袭本书之部分或全部内容。
版权所有　侵权必究　举报电话：010-62752024
电子邮箱：fd@pup. pku. edu. cn

前　　言

先进制造技术是一门动态的、以传统的机械制造技术为基础的学科，融合计算机、信息、自动控制、材料、能源、环保、管理科学等学科的最新研究成果，并伴随新科技、新理念的不断出现而不断更新、充实和发展。制造业作为国民经济的支柱产业，是一个国家持续发展的根本动力。

本书以先进制造技术相关的概念、理论、工艺、方法以及生产管理为主要研究对象，在编写过程中，参考了国内众多高校相关课程的教学大纲，力求简洁，以满足机械类和近机类专业学生的需求为目标。重点介绍信息技术、材料技术、新能源技术等新技术与制造技术的相互交叉、渗透、融合，特别是计算机技术方面的内容。本书力求将先进制造技术的最新研究成果展现给读者。

全书共分 6 章：

第 1 章概括介绍先进制造技术产生的背景、发展历程、内涵和特点、体系结构和分类及发展趋势等。

第 2 章介绍现代设计技术，主要包括创新设计、模糊优化设计、模糊可靠性、绿色设计、人工神经网络、逆向工程等技术。

第 3 章介绍先进制造工艺技术，包括其定义、内涵和现状。主要对超高速加工、超精密加工、快速原型制造、激光加工、电子束加工、离子束加工、超声波加工、微细加工技术等先进制造工艺技术进行介绍。

第 4 章介绍制造自动化技术相关知识，主要涉及柔性制造系统、CIMS 的组成和信息集成、现代机床数控系统的组成和结构特点等。

第 5 章介绍产品数据管理技术，着重介绍基本概念、体系结构、主要功能、实施目标与内容、信息建模、系统集成及其应用现状等。

第 6 章介绍先进制造模式，着重介绍精益生产、敏捷制造、并行工程以及虚拟制造的基本概念、内涵特点、关键支撑技术及发展应用等。

本书由冯宪章、刘爱敏、李法新担任主编，第 1、6 章由冯宪章编写；第 3 章由刘爱敏编写；第 4 章由李法新编写；第 2 章由尹欣编写；第 5 章由崔艳梅编写。本书由蒋志强、韩衍昭担任主审。

本书可作为机械类和近机类专业教材，建议授课学时为 32～40，使用本书可根据各高校的具体情况对课时进行适当调整。本书也可供从事制造业及相关行业的工程技术人员和研究人员参考。

在本书成稿之际，感谢北京大学出版社的各位编辑的支持，同时也感谢本书参考文献的作者们。

本书的特色之一是给出大量的实物图片、特别提示、知识链接以及实例分析等，力求深入浅出，通俗易懂。但由于先进制造技术是一门新兴的学科，目前尚未形成完善的理论体系，许多问题仍处在探索之中，加之编者水平有限，书中疏漏之处在所难免，恳请读者朋友们指正。

编　者

2009 年 6 月

目　录

第1章　绪　　论

教学目标

1. 了解先进制造技术的发展背景，相关工业发达国家制造业的发展状况，我国先进制造技术在国际上的地位以及我国与发达国家之间的差距；

2. 掌握先进制造技术中的现代设计方法，先进制造工艺和制造自动化等知识；

3. 掌握先进制造技术的定义、特点、内涵、体系结构及其分类；

4. 获得先进制造技术的基本知识，为进一步学习专业课程打下坚实的基础。

教学要求

能力目标	知识要点	权重	自测分数
了解先进制造技术产生的背景	人类生产的重要发展阶段，如旧、新石器时代、青铜铁器时代、蒸汽、内燃、计算机、微电子、信息和自动化等发展历程与制造业发展的关联	10%	
掌握主要工业发达国家先进制造技术的发展历程和特点	美国、英国、德国、法国、意大利、日本和韩国等工业发达国家先进制造技术的发展历程，各国之间在先进制造技术上的异同	25%	
掌握先进制造技术的内涵和特点	生产规模经历了从小批量到大批量、多品种变批量的发展阶段。先进制造技术的实用性、广泛性、动态特征、集成性、系统性和绿色高效性等的主要特征	10%	
了解先进制造技术的体系结构及其分类	美国机械科学研究院(AMST)提出的先进制造技术体系，美国联邦科学、工程和技术协调委员会(FCCSET)下属的工业和技术委员会先进制造技术工作组提出的先进制造技术三位一体的体系结构，以及两种分类的异同	15%	
了解先进制造技术的发展趋势	先进制造的含义和特征	20%	
了解我国机械制造业的发展以及与发达国家的差距	我国先进制造技术的发展历程和特点，与其他先进国家之间的差距	20%	

引例

给传统制造业带来了革命性的变化，使制造业成为工业化的象征。数控技术也称为计算机数控技术，目前它是采用计算机实现数字程序控制的技术。这种技术用计算机按事先存储的控制程序来实现对设备的控制功能。由于采用计算机替代用硬件逻辑电路组成的数控装置，使得输入数据的存储、处理、运算、逻辑判断等各种控制功能的实现均可通过计算机软件来完成。利用数控技术加工的精密零件如图1.1所示。

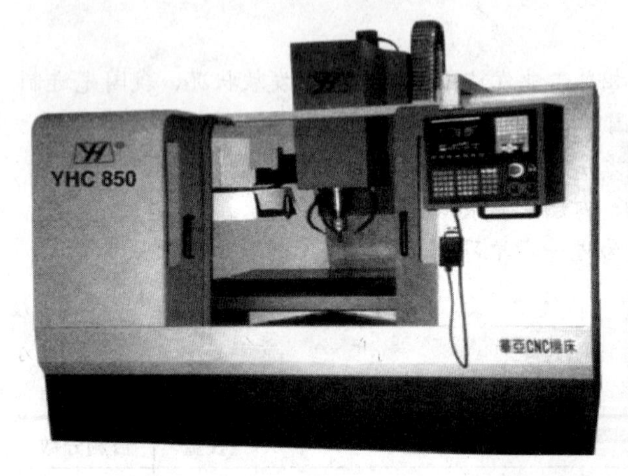

图1.1 数控技术加工生成的零件

目前，高速加工中心进给速度可达80m/min，甚至更高，空运行速度可达100m/min左右。目前世界上许多汽车厂，包括我国的上海通用汽车公司，已经采用以高速加工中心组成的生产线部分替代组合机床。美国CINCINNATI公司的HyperMach机床进给速度最大达60m/min，快速为100m/min，加速度达2g，主轴转速已达60 000r/min。用它加工一薄壁飞机零件只需30min，而同样的零件用一般高速铣床加工需3h，用普通铣床加工需8h；德国DMG公司的双主轴车床的主轴速度及加速度分别达12 000r/min和1g。普通级数控机床的加工精度已由10μm提高到5μm，精密级加工中心则从3~5μm提高到1~1.5μm，并且超精密加工精度已开始进入纳米级(0.01μm)。

1.1 先进制造技术的提出和发展

生产工具作为人类进步与文明的重要标志，与制造技术有着密切的关联。从旧石器时代到新石器时代，人类已经懂得了利用自然界中天然的石块，进行简单的加工，作为谋生的重要工具。在青铜器和铁器时代，采矿、冶炼和铸锻等技术得到了进一步的发展，人类已开始制作一些简单的机械如纺织机械和水利机械等，代替一部分的人工劳动，但机械的动力还是靠人力提供。在蒸汽机时代，手工劳动逐渐被机器生产所代替，这是人类进步的一个重要标志，并由此引发了第一次工业革命。内燃机的发明引发了制造业的又一次新革命，并得到了更迅猛的发展，逐渐在国民生产中占据了主导地位。第二次世界大战后，由于计算机、微电子、信息和自动化技术在制造业中得到广泛的应用，先后出现了数控机床

(NC)、计算机数控(CNC)、直接数控(DNC)、柔性制造单元(FMC)、柔性制造系统(FMS)、计算机辅助设计/制造(CAD / CAM)、计算机集成制造(CIM)、准时生产(JIT)、制造资源规则(MRP)、精益生产(LP)和敏捷制造(AM)等多项先进制造技术与制造模式，这使得制造业经历了一场新的技术革命。

1.1.1　先进制造技术产生的背景

20 世纪 80 年代，首先由美国人提出了先进制造技术的概念，美国政府为了扭转在国际竞争中逐渐处于劣势的局面，批准了由联邦科学和工程与技术协调委员会主持实施的先进制造技术计划(Advanced Manufacturing Technology，AMT)。世界各国尤其是工业发达国家都十分注重其基础理论的研究及应用推广，曾出现过研究与应用先进制造技术的浪潮。先进制造技术作为一门新兴的高新技术，在传统制造技术的基础上，不断吸收现代科学技术在机械、电子、信息、材料、计算机、控制、能源、加工工艺、自动化以及现代管理等领域的最新科研成果，并将其优化集成综合应用于产品的研发设计、制造、检测、销售、使用、管理和服务的环节，从而实现优质、高效、低耗、清洁、精益、敏捷、灵活的生产目标。先进制造技术作为一个多学科的综合体系，其内涵已超越了传统制造技术和企业及车间，甚至国家界限。目前，先进制造技术已成为当代国际间科技竞争的重点，其技术水平在很大程度上反映了一个国家工业的发展水平。

1.1.2　先进制造技术的发展概况

先进制造技术作为一门高新技术，其产生不仅是科学技术的发展结果，同时也是人类历史发展和文明进步的必然结果。目前，不论工业发达国家和新兴工业国家还是发展中国家都已认识到先进制造技术的重要性。为了提高本国的竞争力和振兴国家经济，先进制造技术被放在了战略的高度，先进制造技术已经与一个国家的经济密不可分。据统计，从 1999 到 2001 年，部分工业发达国家的制造业增加值在国内生产总值的比重分布情况如图 1.2 所示。

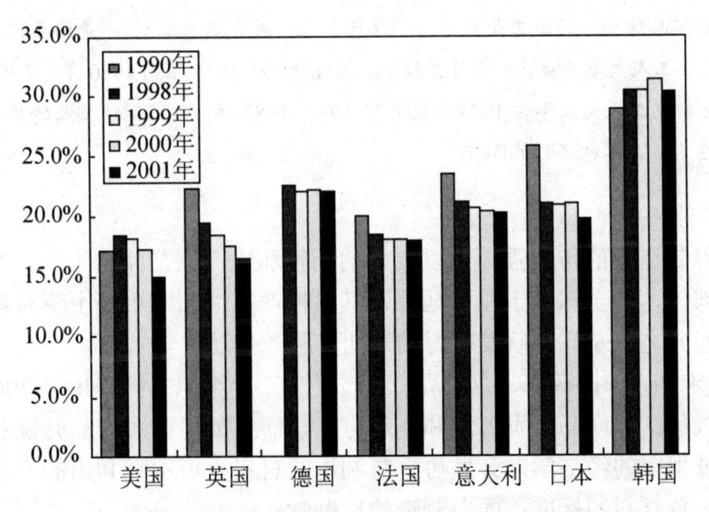

图 1.2　部分国家制造业增加值在国内生产总值的比重分布

注：资料来源，国际统计年鉴(2004)。

由图 1.2 可知，工业发达国家制造业在 GDP 中所占的份额下降趋势减缓，但在制造业中先进制造业的发展迅速，所占的份额呈现上升的趋势。

制造业是一个国家经济发展的基石，也是增强国家竞争力的重要手段。世界上制造业发达的国家如美国、英国、德国、法国、意大利、日本和韩国等，其先进制造都经历了各自不同的发展之路。

1. 美国

在 20 世纪 70 到 80 年代，美国在“第三次浪潮”的影响下，将制造业视为“夕阳工业”。美国人热衷于把科研的重点放在高新技术和军用技术上，注重发明的数量、诺贝尔奖获得者的多少，轻视科研成果在民用方面的转化与应用。这使得美国陷入经济衰退的困境，制造业出现了亏损。到 20 世纪 80 年代末，美国政府逐渐意识到面临的危机，美国各界认识到无论在什么时代，制造业都是创造财富、提供就业机会和促进创新的重要生产部门。美国人开始把雄心勃勃的“星球大战”计划转移到发展先进制造技术的应用和推广上来。通过一系列的举措，美国依然是世界上的制造大国和强国。

目前，制造业在美国经济社会发展中仍占有重要地位，其主要表现为：制造业在国内生产总值中占的比重较大，对其他行业也有较大的推动作用，如销售业和服务业等；美国制造业的全球化程度远高于其他行业；出口的产品主要包括计算机电子设备、化工产品、机械、汽车和飞机等制造领域，占美国出口产品的一半以上。

特别提示

阿尔文·托夫勒是当今最具影响力的社会思想家之一，1928 年 10 月 8 日出生于纽约，纽约大学毕业，1970 年出版《未来的冲击》，1980 年出版《第三次浪潮》，1990 年出版《权力的转移》等未来三部曲，其著作对当今社会思潮有广泛而深远的影响。

他认为，农业的兴起是人类社会发展的第一个转折点，称为第一次浪潮。工业革命是第二次伟大的突破，称为第二次浪潮。工业化在第二次世界大战后的 10 年达到顶峰，第三次浪潮开始。第三次浪潮是不同于农业兴起和工业革命的革命。他认为“第三次浪潮”不仅加速了信息流动，而且还深刻改变了人们赖以行动与处世的信息结构。传统工业被称为“夕阳工业”或“烟囱工业”，是由于信息技术发展的影响使得工厂开工不足，工人大量失业，市场日益缩小。据统计，从 1973 年到 1980 年，美国汽车产量从 1 200 万辆跌到 700 多万辆，工人失业率在 1983 年达到了 19%。1983 年，美国钢铁工业的开工率仅为 42%，西欧国家仅为 40%左右，日本也不过 60%。

2. 德国

德国是世界制造业的传统强国，以良好的质量和生产工艺闻名于世。制造业是德国重要的经济生产部门，在全球处于领先地位，其机械产品在国际市场上享有盛誉，产品占世界同类产品的五分之一左右，研发获得的发明专利数量居世界首位。

在 20 世纪末期，德国政府、企业界、科技界和工会组织共同提出了 2000 年生产计划。其主要研究领域包括：产品开发方法和制造方法，研究如何缩短产品开发和制造周期的方法；产品制造过程中的经济学，开发可重复利用的材料、可重复利用的产品以及“清洁制造”过程，制定新材料的标准；面向制造的后勤学，研究能够缩短制造周期和降低运输费用的方法；面向制造的信息技术，开发适用于制造的高效可控的通信系统；多变环境下的制造方式，研究开放的、具有学习能力的生产组织结构以及可重构生产系统的设计和运行等。

除2000年生产计划外，近几年德国教育、科学、研究与技术部等相关部门相继发起了“质量保证计划”、“工作和技术计划”、“保护环境的生产计划”、“微系统技术计划”、“工业基础技术研究计划”等计划，这些计划主要研究开发可靠的质量管理体系，工业机器人的编程问题，流程工业中的柔性生产结构，计算机多媒体系统，工业生产的发展与环境保护间的协调，微系统制造技术，利用工业基础研究成果开发新产品、新工艺和新技术等。

特别提示

西门子股份有限公司的前身是1847年创建于柏林的西门子—哈尔斯克电报机制造公司。1897年该公司改为股份公司，1966年正式取名为西门子公司。总部位于柏林和慕尼黑的西门子公司是德国乃至欧洲最大的电器电子公司，也是世界上最大的电气工程和电子公司之一。德国西门子公司生产的可编程序控制器在我国的应用也相当广泛，在冶金、化工、印刷生产线等领域都有应用。

1886年，罗伯特·博世先生在德国创办了一间简陋的“精密机械和电器工程车间”。如今已经发展为以博世自己的名字命名的公司，并成为德国第六大制造企业，总部位于德国斯图加特。博世在全球50多个国家设有子公司和分支机构，2005年位列全球500强企业第83名。其产品涉及汽车技术、工业技术、消费品和建筑智能化技术等领域。

3. 英国

英国属于传统制造业强国，曾一度成为“世界工厂”。但受产业结构调整和其他工业强国崛起等诸多因素的影响，英国传统制造业的竞争力有所下降。20世纪80年代是英国制造业以及整个产业体系的结构调整时期，在该时期，英国的许多电子产品在国际上已跻身先进行列。在20世纪80年代末和90年代，虽然英国传统行业的产出出现连续下滑，但英国的先进制造业部门已进入快速持续的增长时期。进入21世纪以来，高附加值的先进制造业成为其发展的重点，主要包括：航空航天工业、通信与光电行业、汽车工业、化学工业等。尤其在先进制造技术上，如医药、化工、交通运输设备制造与光电设备制造，其都有很强的研发与创新能力，研发水平处于世界前列。

英国政府重视先进制造技术的研发，支持工程和技术规划及制造系统工程研究，开展了先进制造技术研究，如计算机集成制造技术(CIMS)、单元式制造技术、快速原型制造技术、人机工程学、并行工程实施方法等。

4. 法国

法国是欧洲经济强国，尤其在核电装备、高速列车、航空与航天、工业机器人、汽车制造和纺织机械等领域长期保持领先地位。制造业曾经是推动法国工业化阶段完成的重要力量，但进入后工业化阶段后，制造业在国民经济中的地位呈下降趋势，在整个20世纪90年代，制造业增加值在法国的国民生产总值中所占的比重有下降的趋势。但制造业依然是法国国民经济中的重要组成部分，对于维持和巩固法国在全球的国家竞争优势地位发挥着不可替代的作用。特别是20世纪90年代以来，随着高新技术产业的发展和传统制造业的高新技术改造，先进制造业在制造业中所占的比例迅速提高，巩固了法国作为世界先进制造业强国的地位。

目前，法国绝大部分制造业行业都充分吸收和应用了世界信息技术发展的成果，主要制造业领域基本实现了信息化，基本建立起与现代技术相适应的生产方式。

5. 意大利

意大利是欧洲重要工业发达国家之一，在工业机器人制造业、机床工业、制药业、纺织机械业、通信设备业和航空航天设备制造业等领域拥有全球领先的技术。意大利作为工业强国之一，其优势主要体现在：炼油能力达到 1 亿吨左右，素有“欧洲炼油厂”之称；钢铁产量居欧洲第一位；塑料工业、拖拉机制造和电力工业等也位居世界前列；制革、制鞋、纺织、家具、首饰、酿酒、机械及电子工业等在全球拥有很高的知名度。

6. 日本

日本是继英、美之后又一个依靠制造业崛起的国家。在第二世界大战后短短几十年的时间里，日本已经跻身世界经济强国之列。战后初期，日本经济技术水平与欧美各国之间差距很大，但日本政府和企业利用相对有利的国际环境，通过持续不断地对应用技术的开发，在 20 世纪 70 年代，已极大地缩短了与欧美工业发达国家之间的差距，并在钢铁、汽车、家用电器等领域达到了世界先进水平。在 20 世纪 80 年代，日本的制造业水平已处于国际领先地位，在该时期成为“世界工厂”，在 20 世纪末期日本经济进入震荡期，该时期日本政府确定了以高科技为导向带动产业结构调整的措施，大力发展以信息技术为代表的先进制造业。进入 21 世纪以来，日本进一步大力调整制造业内部结构，国内主要保留附加价值和技术含量高的部分，而附加值低和技术含量不高的产品生产则向国外转移。

日本为了摆脱“美国出创新概念，日本出创新产品”的不利局面，提出了以信息化带动制造业的智能制造技术(Intelligent Manufacturing System，IMS)国际合作计划。在 20 世纪末期，日本文部省下属的日本科学振兴会发起未来计划。该计划旨在发展本国技术，其中与制造相关的领域有：先进工艺，下一代加工制造技术，智能信息与先进信息控制技术，微机械电子与软机械电子，通过将生命科学与化学技术的集成来生产新型材料等。

7. 韩国

韩国是新兴工业化国家之一，韩国政府通过实施强力主导的产业政策，大力推动了工业化进程，借助国际产业结构调整的机遇，加速了产业结构的转换和升级。韩国政府一直将科学技术进步视为经济发展的主要动力，注重制定与经济发展计划紧密配合的技术进步政策。韩国制造业是从单纯引进到消化、吸收与改进国外先进技术，积累自身技术能力的技术进步战略的成功典型。韩国制造业也经历了劳动密集型、资本密集型到知识技术密集型，由传统生产方式到先进制造模式并最终实现循环经济发展模式的过程。

在 20 世纪 60 年代，韩国建立了以轻工业为中心的制造业体系；在 20 世纪 70 年代，建立了以重工业和化学工业为中心的制造业结构。在 20 世纪 80 年代，与日本相似，韩国的制造业处于结构调整和优化阶段。20 世纪末，受到金融危机的影响，韩国的制造业进入了相对下降和震荡的阶段。

韩国是造船大国，移动电话制造也居世界前列，是拥有高速铁路较早的国家之一，同时是世界汽车生产的大国。目前韩国的制造业水平已进入世界领先行列。

20 世纪末期，韩国政府提出了先进技术国家计划(简称 G7 计划)，由韩国科技部、工商部、能源部和交通部联合实施，旨在将进入 21 世纪时韩国的技术实力提高到世界一流工业发达国家的水平。

知识链接

1991 年 4 月，卢泰愚总统发表了科学技术政策宣言，提出到 2000 年要使韩国的科学技术达到西方 7 国(美国、英国、法国、德国、日本、加拿大、意大利)的水平，作为实现这项宏伟目标的措施之一，韩国政府决定实施先导技术开发计划(Highly Advanced National Project，HAN Project，又称 G7 计划)，其内容见表 1-1。

表 1-1　韩国 G7 计划列表

系　统	领　域	项　目
系统 1 共性基础技术	开放式集成系统	关键单元软件，设计自动化，并行工程网络系统，物料搬运系统，系统仿真，管理软件，系统开发，系统集成
	标准和性能评价	关于 IMS 战略(智能制造系统)，标准化，性能评价，产出评价和运营战略
系统 2 下一代加工系统	加工设备开放	5 轴加工中心，高精度、高生产率加工中心，超精非球面加工中心，CNC 磨削中心，CNC 滚球丝杠磨床
	机械技术	高精度加工和测量，高性能主轴，柔性外围设备，主轴和伺服电机及驱动器，CNC 控制器
	运营技术	智能生产计划和控制，数据库和技术信息管理，系统监督和诊断
	集成技术	CAD/CAM/CAE 智能 CAPP，物料搬运系统，系统集成
系统 3 电子产品的装配与检验系统	下一代印制线路板装配和检验系统	电子元件插装表面安装，COBTABB 附件，印制线路板，高速精密线路测量
	用于装配和制造系统的高性能机械机构	柔性装配的外围设备，装配用高性能机器人技术，图像检测系统
	先进装配用的基本技术	高密度印制线路板的设计和制造，高精密装配，无纤料组合，清洁技术
	系统运行和集成	自动诊断和运行控制，自动装载和卸载，生产计划和控制，生产信息和动作的数据库，系统集成

综上所述，各发达国家先进制造技术的发展具有共同的特点，如以技术为驱动，以支柱产业为依托，注重技术上的超前性和工业发展的需求。

1.2　先进制造技术的内涵及体系结构

先进制造技术是为了适应时代和市场的需求，对制造技术不断优化及推陈出新以提高竞争能力，从而形成的一个相对的、动态的概念。

1.2.1 先进制造技术的内涵和特点

随着社会需求个性化、多样化的发展，生产规模也必然经历从小批量到大批量，最终发展到多品种变批量的阶段。计算机和现代化管理技术的不断引入、渗透与融合逐渐改变着传统制造技术的面貌和内涵，从而形成了先进制造技术自身的特征。

先进制造技术的特点主要体现如下。

1. 动态性

先进制造技术主要针对一定的应用目标，不断地吸收各种高新技术，因此先进制造技术本身的发展并非一成不变，而是随着其他相关技术的发展不断地更新自身的内容，反映在不同的时期先进制造技术有其自身的特点。

2. 广泛性

传统的制造技术是将各种原材料变成成品的加工工艺，而先进制造技术则在传统制造技术的基础上，大量应用于加工和装配过程，但由于生产过程包括了设计技术、自动化技术和系统管理技术等，其涉及面广泛。

3. 实用性

先进制造技术首先是一项面向工业应用、具有很强实用性的新技术。其主要是针对某一具体制造业的需求而发展起来的先进、适用的制造技术，它不以追求技术的高新为目的，而是注重产生效果。先进制造技术以提高效益为中心，以提高企业竞争力、促进国家经济增长和综合国力为主要目标。

4. 集成性

传统制造技术的学科和专业较单一，且界限分明。由于专业和学科间的不断渗透、交叉和融合，使得先进制造技术的界限逐渐淡化，技术趋于系统化、集成化，它已发展成集机械、电子、信息、材料和管理技术为一体的新型交叉学科。

5. 系统性

先进制造技术包括信息的生成、采集、传递、反馈和调整。随着微电子和信息技术等高新技术的引入，一项先进制造技术的产生往往要系统地考虑到制造的全过程，如并行工程就是集成地、并行地设计产品及其零部件和相关各种过程的一种系统方法。这种方法要求产品开发人员与其他人员一起工作，在设计的开始就考虑产品在整个生命周期中从概念形成到产品报废处理等所有的因素，包括质量、成本、进度计划和用户要求等。

6. 高效灵活性

先进制造技术的核心是优质、高效、低耗、清洁等，它根植于传统的制造工艺，并与新技术实现了局部或系统的集成。此外，先进制造技术也必须面临人类在21世纪消费观念变革的挑战，满足日益多变的市场需求，实现灵活生产。

7. 先进性

先进制造技术是多项高新技术与传统制造技术相结合的产物，它代表着制造技术的发展趋势和方向，其内涵与外延将在与其他相关学科的交叉融合中不断丰富和发展。

先进制造技术的最终目标是要提高对动态多变的产品市场的适应能力和竞争能力。随着世界自由贸易体制的进一步完善以及全球交通运输体系和通信网络的建立，制造业将形成全球化与一体化的格局，新的先进制造技术也必将是全球化的模式。

1.2.2　先进制造技术的体系结构及其分类

先进制造技术是一个多学科体系，其自身具有复杂的体系结构，因此对先进制造技术体系结构的认识也不统一。目前，对于先进制造技术的体系结构主要有如下两种观点。

1. AMST 多层次先进制造技术体系

美国机械科学研究院(AMST)提出的由多层次技术群构成的体系强调先进制造技术从基础制造技术、新型制造单元技术到先进制造集成技术的发展过程，AMST 体系结构如图 1.3 所示。

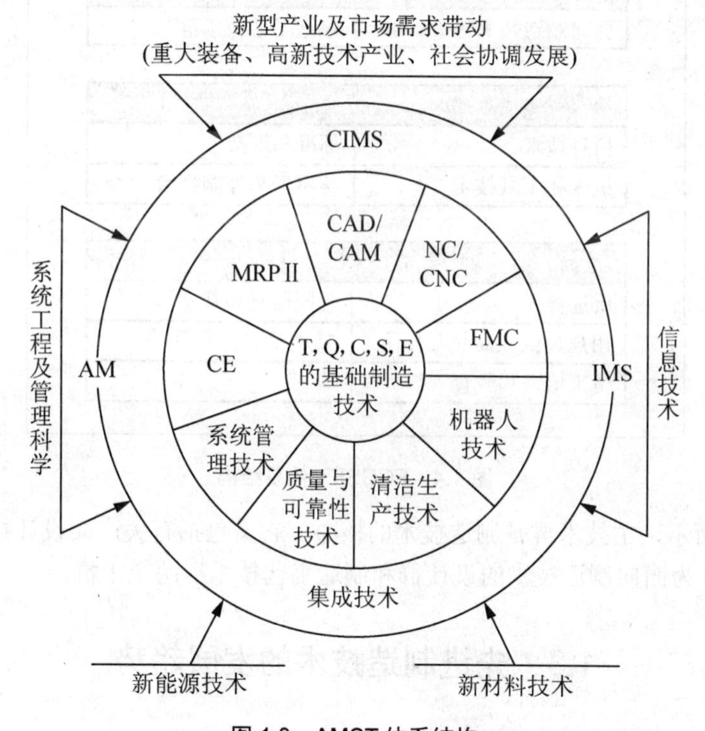

图 1.3　AMST 体系结构

如图 1.3 所示，第一个层次是优质、高效、低耗、清洁基础制造技术。第二个层次是新型的制造单元技术。第三个层次是先进制造集成技术。这是应用信息技术和系统管理技术通过网络与数据库对上述两个层次的技术集成而形成的，如 FMS、CIMS、IMS 以及虚拟制造技术等。

以上 3 个层次都是先进制造技术的组成部分，但其中每一个层次都不等于先进制造技术的全部。这种体系结构强调了先进制造技术从基础制造技术、新型制造单元技术到先进制造集成技术的发展过程。事实上，这个过程正是先进制造技术在新型产业及市场需求的带动之下，在各种高新技术的推动下的发展过程。

2. FCCSET 先进制造技术体系结构

美国联邦科学、工程和技术协调委员会(FCCSET)下属的工业和技术委员会先进制造技术工作组提出了先进制造技术是由主体技术群、支撑技术群、制造基础设施组成的三位一体的体系结构。这种体系不是从技术学科内涵的角度来描绘先进制造技术，而是着重从比较宏观组成的角度来描绘先进制造技术的组成以及各个部分在制造技术发展过程中的作用。1994 年初，该工作组又提出了有关制造技术的分类目录，这是对先进制造技术内涵的首次较系统的说明。根据这一定义，先进制造技术主要包括以下 3 个技术群。

该分类体系主要包括主技术群、支撑技术群和制造技术基础设施(制造技术环境)，三者之间相互联系，相互促进，否则就很难发挥预期的整体功能效益。FCCSET 先进制造技术的体系结构及主要内容如图 1.4 所示。

主技术群	
面向制造技术的设计群	制造工艺技术群

支撑技术群	
信息技术	标准和框架
机床和工具技术	传感器和控制技术

制造技术基础设施	
质量管理	合同监督和基本测评
用户、供应商交互作用	技术获取和利用
员工培训和教育	

图 1.4 FCCSET 体系结构

如图 1.4 所示，主技术群是制造技术的核心，它又包括有关产品设计技术和工艺技术两个部分，可分为面向制造技术的设计群和制造工艺技术群两个子群。

1.3 先进制造技术的发展趋势

制造是创造人类物质财富的源泉，如果没有先进制造技术的原创性研究成果，一个国家的制造业就会失去核心竞争力，在经济全球化进程中不可能成为“制造强国”，也不可能成为世界的“制造中心”。随着经济全球化进程的加快，先进制造技术呈现出新的发展趋势，主要体现如下。

1. 集成化

集成主要是指现代技术的集成，主要包括 3 个方面的内容：首先是现代技术集成，如机电一体化；其次是加工技术的集成，如激光加工、高能束加工、电加工等；最后就是企业的集成，如并行工程、敏捷制造、精益生产和 CIMS 等。

2. 智能化

智能化制造作为一种模式，集自动化、集成化和智能化于一身，并不断地向纵深发展。其具有高技术含量和高技术水平，是一种由智能机器和人类专家共同组成的人机一体化系统。

3. 网络化

网络化是先进制造技术发展的必由之路。企业在生产组织上实行某种深刻的变革，抛弃传统的不适宜的部分，把力量集中在自己最有竞争力的核心业务上。科学技术特别是计算机技术、网络技术的发展，使这种变革的需要成为可能。电子商务目前已经得到实际应用，网络化制造正在成为制造自动化技术的研究热点。

4. 信息化

全球工业发达的国家相继走上以信息化打造新型工业化的道路。作为工业的主体和基础，国外制造业的发展在很大程度上得益于信息化广泛和深入的应用，信息技术与制造技术的融合将进一步给制造技术带来巨大的、革命性的变化。信息化就是将传感技术、计算机技术、软件技术等融入制造业中，实现产品的信息化与数字化，这样不仅可提高产品的性能，还可使之具有一定的智能，从而满足市场日益增长的个性化和多样化的需求。在经济全球化的格局下，基于全球网络化制造的虚拟企业生产方式促进了现代管理理论的发展和创新，全球正在兴起“管理信息化”的浪潮。

5. 自动化

自动化是为了减轻、强化、延伸、取代人的有关劳动的技术或手段。自动化总是伴随着有关的机械或工具来实现。可以说，机械是一切技术的载体，也是自动化技术的载体。第一次工业革命以机械化形式的自动化来减轻、延伸或取代人的有关体力劳动，第二次工业革命即电气化进一步促进了自动化的发展，自动化已成为先进制造技术发展的前提条件。

6. 柔性化

制造自动化系统从刚性自动化发展到可编程自动化，再发展到综合自动化，系统的柔性程度越来越高。模块化技术是提高制造自动化系统柔性的重要策略和方法。硬件和软件的模块化设计，不仅可以有效地降低生产成本，而且可以大大提高自动化系统的柔性。

7. 数字化

数字化技术是以数字电子计算机硬软件、周边设备、协议和网络为基础的信息离散化表述、定量、感知、传递、存储、处理、控制、联网的集成技术。数字化用于制造业可包括数字化制造技术与数字化产品两部分。将数字化技术用于支持产品全生命周期的制造活动和企业的全局优化运作就是数字化制造技术，将数字化技术注入工业产品就形成了数字化产品。数字化技术将实现CAD/CAM/CAE/CAPP的一体化，使产品向无图纸制造方向发展。

例如，设计的产品由CAD软件完成造型后，图形数据经校核后可直接传送给数控机床完成加工。这就实现了无图纸加工，可极大地缩小产品研发的周期和成本。

8. 虚拟化

当前经济全球化、贸易自由化和社会信息化使制造业的经营战略发生了很大的变化。虚拟制造技术是在一个统一模型之下对设计和制造等过程进行集成的，它将与产品制造相关的各种过程与技术集成在三维动态的仿真真实过程的实体数字模型之上。虚拟化可显著降低由于前期设计给后期制造带来的重复，达到产品的开发周期和成本最小化、产品设计质量的最优化和生产效率的最大化。

美国波音 777 飞机采用虚拟制造技术，实现了从设计到加工完全无图纸化，缩短了数千小时的工作量并节省了大量经费。福特、通用等汽车公司也都成功地运用了部分虚拟制造技术，还建立了三维实体模型来进行碰撞分析和运动特性分析，这些虚拟技术的应用大大缩短了设计周期，降低了设计成本。在国内，北京机械科学研究院把虚拟制造技术应用于立体车库设计，初步实现了直观地布局、参数化设计分析和运动模拟。

9. 极端制造

极端制造是指在极端条件下工作，制造极端尺度或极高功能的器件或有极端要求的产品，如在高温、高压、高湿、强磁场、强腐蚀等条件下工作，或有高硬度、大弹性等要求，或在几何形体上极大、极小、极厚、极薄、形状复杂等。

微机电系统(Micro-Electromechanical System，MEMS)是指尺寸在几厘米以下乃至更小的小型装置，它是一个独立的智能系统，主要由传感器、动作器(执行器)和微能源三大部分组成。微机电系统涉及物理学、化学、光学、医学、电子工程、材料工程、机械工程、信息工程及生物工程等多种学科和工程技术。美国已研制成功用于汽车防撞和节油的微机电系统加速度表和传感器，可提高汽车的安全性，节油 10%。仅此一项，美国国防部系统每年就可节约几十亿美元的汽油费。微机电系统在航空航天系统的应用可大大节省费用，提高系统的灵活性，并将带来航空航天系统的变革。例如，一种微型惯性测量装置的样机，尺寸为 2cm×2cm×0.5cm，重 5g。在军事应用方面，美国国防部高级研究计划局正在进行把微机电系统应用于个人导航的小型惯性测量装置、大容量数据存储器件、小型分析仪器、医用传感器、光纤网络开关、环境与安全监测的分布式无人值守传感等方面的研究。该局已演示以微机电系统为基础制造的加速度表，它能承受火炮发射时产生的近 10.5 倍重力加速度的冲击力，可以为非制导弹药提供一种经济的制导系统。设想中的微机电系统的军事应用还有化学战剂报警器、敌我识别装置、灵巧蒙皮、分布式战场传感器网络等。

10. 精密化

精密加工、超精密加工技术、微型机械是现代化机械制造技术发展的方向之一。精密和超精密加工技术包括精密和超精密切削加工、磨削加工、研磨加工以及特种加工和复合加工(如机械化学研磨、超声磨削和电解抛光等)三大领域。

超精密加工技术已向纳米($1nm=10^{-3}\mu m$)技术发展。美国人在 1997 年已首次制造出直径仅为 60μm 的静电微型电机，以及几十微米的微型齿轮、弹簧及微型机构。我国的武汉大学研制成纳米级超微电极，将其插入活体细胞后首次测出细胞内部神经递质的动态信息。

11. 绿色制造

20 世纪 90 年代，国际上提出了绿色制造，又称清洁生产和面向环境的制造。目前，世界各国在绿色产品设计、绿色洁净生产、废旧产品的回收利用和再制造等方面都开展了大量研究和开发工作，并取得了初步成果。美国于 20 世纪 90 年代初建立了国家再制造与资源回收中心以及再制造研究所、再制造工业协会。欧洲也通过了支持再制造的相关法律法规。日本富士施乐公司在国内建立了废弃复印机回收点。

面对日趋严峻的资源和环境约束，世界各国都在制定适合本国国情的可持续发展规划，推行绿色制造技术。德国制定了《产品回收法规》，日本等国提出了减少、再利用及再生的 3R(Reduce、Reuse、Recycle)战略，美国提出了再制造(Remanufacturing)及无废弃物制造(Waste-free Process)的新理念，欧盟颁布了《汽车材料回收法规》。

特别提示

未来先进制造技术 10 个优先发展的领域如下。

(1) 机电产品的创新设计和系统优化设计理论与方法包括全生命周期的产品数字化建模、仿真评估理论及设计规范；产品快速创新开发的设计、优化、规划和管理技术；复杂机电系统创新设计、整体优化设计的理论、技术与方法。

(2) 网络协同制造策略理论和关键技术主要包括制造系统的信息模型和约束描述；支持并行及网络协同制造的理论和技术；制造系统优化运行理论、策略与控制。

(3) 新型成形制造原理和技术包括基于新材料、新工艺的成形原理及技术；精捷成形制造原理和技术；高能束精密成形制造原理及技术。

(4) 数字制造理论和数字制造装备技术包括产品制造过程的数字化模型及多领域物理作用规律；高速高效数字制造理论与技术；基于新原理、新工艺的新型数字化装备；数字制造中多智能体协调和实时自律控制技术。

(5) 制造中的量值溯源和测量的理论和技术主要包括在多尺度空间上的精密测量问题；机械表面微观计量理论与技术；超精密测量、量值溯源原理、新传感器技术等。

(6) 纳米制造科学与技术包括纳米材料制备及其性能测量；纳米尺度加工、制造、测量和装配；纳电子制造和分子原子制造原理与技术。

(7) 生物制造与仿生机械的科学与技术包括结构、功能、能源及运动机械仿生及仿生制造；生物自生长成形制造；机械超前反馈仿生与制造的科学与技术；生物工程制造原理及技术、新一代生物芯片制造原理与技术。

(8) 微系统与新一代电子制造科学与关键技术主要包括微机械、微传感、微光器件的制造机理与技术；纳米级光学光刻与非光学光刻、浅沟槽刻蚀、铜互连等机理及技术；集成电路新型封装工艺原理与技术。

(9) 绿色制造的科学与技术包括产品与人类和自然的协调理论；产品绿色制造工艺；产品的再制造与维修科学；产品绿色使用以及废旧产品资源再利用的理论与方法。

(10) 面向国家安全和国家重大工程的制造科学与技术主要包括针对国家未来将实施的重大工程(如宇宙探索、航天、航空、海洋、能源、交通和国防装备等)中的制造技术与科学问题，提前进行研究，以保证国家重大工程和国家安全有相应的技术储备。

1.4 我国机械制造业的概况

近年来，我国制造业不断采用先进制造技术，但与工业发达国家相比，仍然存在一个阶段性的整体差距，主要体现在如下几方面。

1. 管理方面

工业发达国家广泛采用计算机管理，重视组织和管理体制、生产模式的更新发展，推出了准时生产(JIT)、敏捷制造(AM)、精益生产(LP)、并行工程(CE)等新的管理思想和技术。我国只有少数大型企业局部采用了计算机辅助管理，多数小型企业仍处于经验管理阶段。

知识链接

张曙，我国先进制造技术研究和应用的倡导者和先驱者之一，创造性地提出了“独立制造岛”(AMI)的理论和概念，为我国的工厂自动化发展做出了重要贡献。他曾获国家教委和机械电子部科技进步奖、蒋氏科技成就奖(中国第一位获得此殊荣的机械制造专家)、上海市科技功臣、发明创新科技之星奖(联合国技术信息促进系统颁发)等。

注：香港著名企业家、香港震雄集团创办人兼主席蒋震先生于1990年年底设立了蒋氏工业慈善基金，于1991年起开始颁发蒋氏科技成就奖，被誉为华人的诺贝尔奖。蒋氏科技成就奖为推动机械和制造科技进步及机械和制造工业发展有杰出贡献的华裔人士而设立。蒋氏科技成就奖每两年颁发一次，每次一般授予两个人，每位获奖者将获得10万美元奖金及奖杯。

2. 设计方面

世界工业发达国家不断地更新设计数据和准则，采用新的设计方法，广泛采用计算机辅助设计技术，并且大型企业开始无图纸的设计和生产。我国具有自主知识产权的原创性技术少，产品技术主要依赖于国外，设计基础数据缺乏，设计规范和准则陈旧，缺乏创造性设计，并且新的设计方法应用不够，企业应用CAD技术的主要目的只是“甩开图板”。

3. 制造工艺方面

工业发达国家在20世纪50到60年代已普遍采用高精密加工、精细加工、微细加工、微型机械和微米纳米技术、激光加工、电磁加工、超塑加工以及复合加工技术等新型加工方法。我国在该领域的研发始于20世纪80年代初，发展较快，研究水平已接近或达到国际先进水平，但成果转化和商业化的系统不多，虽说取得了一些成果，但整体上还是处于起始阶段。

知识链接

国外超高速加工主轴转速达到30 000r/min，回转精度一般已达到小于0.002mm，快速进给速度达到50m/min。而我国优质、高效、低耗工艺的普及率仅为10%左右；精密成形技术、快速原型技术、激光加工技术、加工工艺模拟及优化技术等一些新型制造工艺和装备在企业的应用面不广；超高速加工主轴转速只有6 000r/min，回转精度一般为0.005mm，进给速度仅为24m/min。

4. 自动化技术方面

工业发达国家普遍采用数控机床、加工中心及柔性制造单元、柔性制造系统、计算机集成制造系统等，已实现了柔性自动化、知识智能化、集成化。我国尚处在单机自动化、刚性自动化阶段，柔性制造单元和系统仅在少数企业中使用。

5. 创新能力方面

经费投入强度、技术水平、技术引进、生产能力等指标体现了企业的核心竞争力和持续发展能力，我国在经费投入和技术水平等方面都远低于工业发达国家。航天、轨道交通设备、炼油技术等以自主创新为主，但水平与国外仍有较大差距；通信、家电、发电设备、船舶、军用飞机、载重汽车及钢铁制造等在引进国外新技术之后，经过国内企业自主开发，创新能力有明显提高；轿车、大型乙烯成套设备、计算机系统软件等处于引进技术消化吸收阶段，尚未掌握系统设计与核心技术；大型飞机、半导体和集成电路专用设备、光纤制造设备、大型科学仪器及大型医疗设备等主要购买国外产品。

6. 成套设计方面

我国装备制造业基础共性产品研制能力较弱，高精尖如机床、仪器仪表等产品基本依赖于进口；国家重点工程建设所需的一些大型成套设备的工艺和设计技术基本依赖于进口；附加值高的核心设备和关键件也基本依赖于进口，如水轮机转轮、民用燃汽轮机单晶叶片、大马力低速柴油机中的大马力曲轴等。

7. 完整的体系方面

目前，我国绝大多数企业技术开发能力薄弱，尚未成为技术创新的主体；缺乏一支精干、相对稳定的力量从事产业共性技术的研究与开发；科技中介服务体系尚不健全，没有充分发挥作用。同时也说明我国装备制造业亟待通过加强产学研合作增强科研力量，并应制订相应的法律法规，完善配套扶持政策，建立、健全激励我国装备制造业发展的支撑体系。

知识链接

“十一五”期间，依据《国家中长期科学和技术发展规划纲要(2006—2020年)》和《国家高技术研究发展计划(863 计划)“十一五”发展纲要》，863 计划先进制造技术领域围绕国家的重大需求，同时结合先进制造技术精密化、柔性化、网络化、虚拟化、智能化、绿色化和全球化的发展趋势，探索引领未来发展的先进制造前沿技术，为节能减排提供技术支撑，攻克支撑重点行业的共性关键技术，掌握重大装备制造的核心技术，提升装备设计、制造和集成能力，初步实现若干重大成套高技术装备及其关键零部件的自主设计制造，满足行业发展的装备需求，探索低成本、模块化的发展思路，形成一批具有自主知识产权的专利技术和标准。

国家自然科学基金委员会副主任、中国工程院院士孙家广在2005年贵阳召开的“全国先进制造技术高层论坛”上指出，目前中国制造业工业增加值居世界第4位，约为美国的1/4、日本的1/2，与德国接近。我国与发达国家的差距表现为能源消耗大、污染严重。制造业产品能耗和产值能耗约占全国一次能耗的63%。单位产品能耗平均高出国际先进水平20%～30%。单位产值产生的污染远远高出发达国家。全国 SO_2 排放量的67.6%是由火电站和工业锅炉产生的。我国制造业产品以低端为主，附加价值不高，增加值率仅为26.23%，比美国、日本及德国分别低22.99、22.12及11.69个百分点。我国出口的主要是劳动密集型和技术含量低的产品，产业结构不合理。作为国家核心竞争力关键的装备制造业工业增加值占制造业的比重为26.46%，比工业发达国家约低10个百分点。2001年，全国进口装备制造业产品为1 100亿美元，占全国外贸进口总额的48%。而集成电路芯片制造装备的95%，轿车制造装备、数控机床、纺织机械及胶印设备的70%依赖进口。因此，必须看到我国与工业发达国家仍存在阶段性的差距。

孙家广院士指出，大力发展制造业自动化、信息化工程是我国当前及今后必须引起重视的问题。要通过以上措施将我国从制造业大国提升为制造业强国；要通过开发具有我国自主知识产权的软件产品与集成系统来武装我国的制造业；要加大宣传，使更多的企业认识到制造业信息化是企业在激烈的竞争中立于不败之地的前提和条件。他特别提出，国内的制造业要抓住“十一五”制造业信息化的发展机遇，以提高自主创新能力和形成创新体系为出发点和落脚点，加强原始创新、在实践中继承和创新、引进消化吸收创新，真正形成以企业为主体的创新体系。

本章小结

本章主要论述先进制造技术的发展背景、世界主要工业强国制造业的发展状况。先进制造技术的定义、特点、内涵、体系结构及其分类；要求了解我国先进制造技术的发展历程和特点以及与其他先进国家之间的差距，为进一步学习专业课程打下基础。

习　题

1. 简述制造业在国民经济中的地位与作用。
2. 试分析制造业在21世纪所面临的机遇与挑战。
3. 简述主要工业发达国家制造技术的发展历程。
4. 简述先进制造技术提出的背景，各国先进制造技术的发展战略。
5. 比较先进制造技术与传统技术，先进制造技术有何特点。
6. 如何理解制造的概念？简述制造、加工与生产的区别与联系。
7. 简述先进制造技术的定义及先进制造技术的特征。
8. 简述先进制造技术包括哪些技术。
9. 简述先进制造技术的发展趋势。

第2章 现代设计

教学目标

1. 了解现代设计技术的基本特征及发展趋势;

2. 掌握现代设计技术中创新设计、模糊设计、绿色设计、神经网络以及逆向工程技术的基本概念、主要内容及发展应用;

3. 通过实例分析了解这些先进技术手段在日常生活以及现代机械产品中的实际应用。

教学要求

能力目标	知识要点	权重	自测分数
了解现代设计相关知识，掌握其与传统设计的关系	现代设计的概念及特征、现代设计技术的原则、技术的特征以及现代设计的发展趋势	20%	
掌握创新设计相关的基础知识，了解其应用	创新设计的基本概念，创新思维、创新技法的内容及应用，创新设计的前沿研究	20%	
掌握模糊优化设计的数学模型、模糊可靠性设计的内容，了解模糊设计的应用	模糊优化设计、模糊可靠性设计的主要内容，模糊神经网络与模糊专家系统的概念以及模糊设计的发展	10%	
了解绿色设计的相关内容，掌握绿色设计的原则及关键技术	绿色设计的概念，绿色设计的内容、分析方法、关键技术及未来发展趋势	20%	
了解人工神经网络的发展、应用，掌握人工神经网络的基本原理及补偿模糊神经网络的应用	人工神经网络的基本原理、人工神经网络的应用，补偿模糊神经网络的概念、学习算法及应用	15%	
了解逆向工程技术的相关内容，掌握逆向工程的关键技术	逆向工程的基本概念，逆向工程的研究对象、内容、特点及设计程序，逆向工程的关键技术及应注意的问题	15%	

引例

中南大学叶绍勇等人设计的脚踏键盘(图 2.1)就是采用脚踏式机械控制，在现有键盘上外加一个控制装置，脚通过本装置在上面移动，每移动到相应的按键，辅助的显示屏就会指示相应的按键，当用户确认为所需键时，就通过脚部装置进行按键输入，即完成输入过程。该装置主要适用于手部不灵活、上肢有残疾的人。

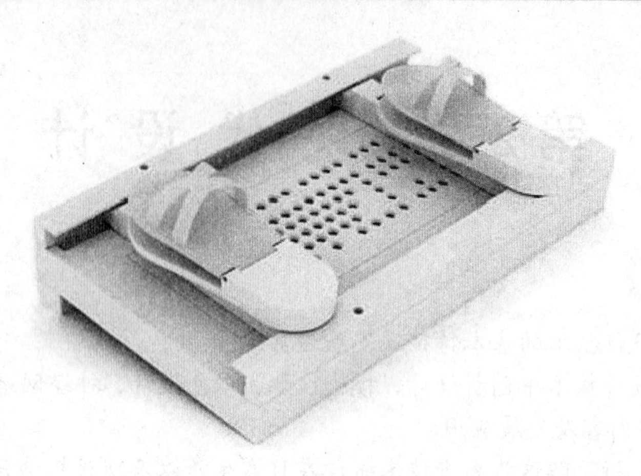

图 2.1　脚踏式键盘

2.1　现代设计技术概论

2.1.1　现代设计概念及特征

在当今社会中，技术的国际性越来越强，也就是说，彼此间的技术水平差异(特别是一般技术与低技术)越来越小，这在消费品的生产中尤为显著。在产品的制造中，设计策划所占的比重越来越大，而生产所占的比重越来越小。随着市场竞争、技术普及和产品更新换代的加快，产品开发与创新、市场营销和服务的增值作用明显提高，知识和信息已经成为重要的生产要素，制造业已成为物质和知识同时加工的产业，这种变化趋势正在加剧。

设计是人类运用已有的知识和技术解决问题或创造新事物以满足社会需要的活动。产品设计过程可分成 4 个设计域：用户域、功能域、物理域、过程域，而设计过程实际上就是求解这 4 个设计域之间的映射关系，如图 2.2 所示。其中，用户域和功能域之间的映射关系建立即为产品定义阶段；功能域和物理域之间的映射关系建立即为产品设计阶段；物理域和过程域之间的映射关系建立即为过程设计阶段。

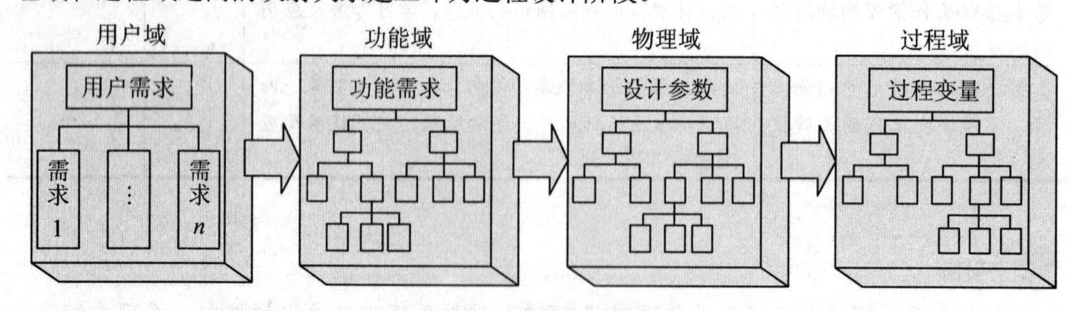

图 2.2　产品设计过程

现代设计是以满足应市产品的质量、性能、时间、成本和价格综合效益最优为目的，以计算机辅助设计技术为主体，以知识为依托，以多种科学方法及技术为手段，研究、改进、创造产品活动过程所用到的技术群体的总称，既要满足用户对产品技术性、经济性和社会性的需求，又必须满足各方面的约束条件，还需考虑产品本身的系统性。现代设计是面向市场、面向用户的设计，不仅要实现产品的基本功能要求，还应该体现人性化和环境友好的先进设计思想。

与传统设计相比，现代设计是传统设计的深入、丰富和完善，而非独立于传统设计的全新设计。虽然目前对现代设计尚无确切的定义，但可从以下特征来理解。

1. *以计算机技术为核心*

这是现代设计的主要特征。计算机技术的飞速发展对设计产生了巨大影响，将计算机全面引入设计，通过设计者和计算机的密切配合，采用先进的设计方法，提高设计质量和速度，才能设计出符合时代要求的新产品。计算机不仅用于设计计算和绘图，同时在信息存储、评价决策、动态模拟、人工智能等方面将发挥更大的作用，具体表现为以下几方面。

1) 设计手段的更新

计算机技术推动了设计手段从“手工”向“自动”的转变。传统设计以图板、直尺、铅笔等为工具，这种设计手段效率低、人工强度大。CAD 技术的出现和发展，甩掉图板的“无纸设计”作为现代设计的主流，显著提高了设计效率。

2) 产品表示的改变

计算机技术推动了产品表示从“二维”向“三维”的转变。传统设计利用投影原理表示产品结构，这种二维表示的数据单一，数据量少，不便于产品的进一步分析和制造。随着 CAD 技术的发展，三维“产品模型(Product Model)”越来越得到广泛的应用。这种表示不仅包括反映产品形状和尺寸的几何信息，还可包括分析、加工、材料、特性等数据，从而可直接用于分析和制造。

3) 设计方法的发展

计算机技术促进了一些新的设计方法的出现，高性能的计算机硬件和先进的软件技术是这些方法实施的保证。一些先进的设计方法如有限元分析、优化、模态分析等都涉及大量的复杂计算，只有计算机技术的发展才能推动这些方法的进步和应用。新的设计方法有并行设计、虚拟设计、计算机仿真等。

4) 工作方式的变化

计算机技术促进了设计方式从“串行”到“并行”的变化。受设计手段的限制，传统设计过程采用串行方式进行，即设计任务按时序从一个环节传入下一个环节。随着数据库技术和网络技术的发展，并行设计正得到广泛应用。它要求设计小组(Team)同时地、并行地参与设计，并最大限度地交流信息，以缩短设计周期及有助于将各种新思想、新技术、新方法融入产品设计中。

5) 设计与制造一体化

存在于计算机内的产品模型可直接进入 CAPP 系统进行工艺规划和 NC 编程，进而加工代码可直接传入 NC 机床、加工中心进行加工。产品模型加强了设计与制造两个环节的连接，提高了产品开发的效率。

6) 管理水平的提高

产品设计是一个复杂的系统工程，设计过程中涉及大量设计数据和设计行为的管理。数据库技术的发展改变了传统的手工管理模式，各种 MIS、PDM 系统的广泛应用大大提高了设计的管理水平，保证了设计过程的高效、协同和安全。

7) 组织模式的开放

网络技术的发展加快了数据通信速度，缩短了企业之间的距离。传统的局限于企业内部的封闭设计正在变为不受行政隶属关系约束的、多企业共同参与的异地设计。为完成一种设计任务而形成的虚拟企业或动态联盟将实现优势互补和资源共享，极大地提高设计效率和水平。

2. 以设计理论为指导

受科学技术发展水平的限制，传统设计是以生产经验为基础，以运用力学和数学形成的计算公式、经验公式、图表、手册等为依据进行的。随着理论研究的深入，许多工程现象不断升华和总结为揭示事物内在规律和本质的理论，如摩擦学理论、模态分析理论、可靠性理论、疲劳理论、润滑理论等。现代设计方法是基于理论形成的方法，利用这种方法指导设计可减少经验设计的盲目性和随意性，提高设计的主动性、科学性和准确性。因此，现代设计是以理论指导为主、以经验为辅的一种设计。

特别提示

在实际生活中的许多情况下，一个设计方案不可能同时满足所有用户的要求，并且设计也不可能一次性完成后就不再修改或不在新的条件下重新进行。为此，设计有必要在基于系统工程的现代设计方法学的指导下来进行。

2.1.2　传统设计与现代设计

经济快速增长的社会靠什么去满足人民日益增长的物质文化需要？靠的是产品，因此丰富精良的产品是社会繁荣的重要标志。一切制造技术的实施对象是什么？是产品，因此产品是制造技术水平的具体体现，一个企业、一个国家的制造技术水平如何，都要通过产品来体现。技术的发展来源于对技术的需求，对制造技术的需求通过什么表现出来？还是产品，因此产品的发展又反过来促进了技术的发展。现代产品的特点主要表现在广泛采用现代技术，对产品的功能、可靠性、效益提出更为严格的要求，而这些特点中，有70%～80%取决于设计，因此，运用新兴信息技术、新材料技术、新能源技术和体现这些技术群体的设计方法和技术，以适应并推动社会生产和生活需要，是工程技术人员的一项重要的历史使命。

传统设计是一种经历了直觉设计、经验设计、半理论经验设计3个发展阶段并于20世纪50年代后期形成，是以经验总结为基础，以长期设计实践和理论计算而形成的经验、公式、图表、设计手册等为设计依据，通过经验公式、近似系数或类比等方法进行设计。传统设计在长期运用中得到不断的完善和提高，是符合当代技术水平的有效设计方法。但传统设计中灵感和经验的成分占有很大比例，偏重于经验的概括和总结，往往忽略了一些难解的问题或非主要的因素，造成设计结果近似性较大，有时不符合客观实际。此外，传统设计流程往往是根据任务和目标，先做出第一方案，甚至造出样机，然后通过评定与考核，形成第二轮方案，如此反复，直到满意为止。各分系统设计之间缺乏协调，在设计过程中无法对整个系统给出准确的描述，整个系统性能只能靠实验来检验，缺乏有效的改进系统性能的技术手段，存在重复建模、降低工作效率、产品开发周期长、开发费用高的缺点。

传统设计对技术与经济、技术与美学也未能做到很好的统一，使设计带有一定的局限性。这些都有待于进一步改进和完善。

随着计算机技术的高速发展，设计工作包括机械产品的设计过程都产生了质的飞跃。另外，许多现代设计技术与方法是在吸取了传统设计技术中的思想、观点、方法之精华后而发展起来的，如系统设计、功能设计、模块化设计、优化设计、并行设计等。因此，可以说现代设计技术是在传统设计方法的基础上继承和发展起来的，是一门多专业和多学科交叉，综合性很强的基础技术科学。传统设计与现代设计的关系见表 2-1。

表 2-1　传统设计与现代设计

设计技术类型	传统设计技术	现代设计技术
设计技术	沿袭下来通常使用的	现在这个时代推广应用的
应用情况	常规的方法和工具	中级水平的方法和工具
核心技术	人工设计、强度设计	计算机设计(CAD)、ICAD
智能部分	人类专家	设计型专家系统
工业生产的特点	利用大量人力操作简单机器，机器操作者的数量和素质是决定生产率的主要因素	数控技术使得单机实现高度自动化，劳动力只从事调整，维护设备和其他辅助性工作。单机自动化设备的数量和优劣成为决定生产率的主要因素
技术研究的特点	设计与制造有了分工，设计面向产品功能，制造服从于设计的情况较为突出	设计与制造相对独立。设计面向制造，面向装配，制造反作用于设计
设计技术具体方法	人工设计、图纸设计、类比设计、……	CAD、ICAD、系统化设计、优化设计、可靠性设计、模块化设计、摩擦学设计、相似设计、价值设计、人性设计、造型设计、蠕变设计、有限元法、失效分析、疲劳设计、断裂设计、仿生设计、抗振设计、降噪声设计、防腐蚀设计……

现代设计与传统设计关系如下。

(1) 继承关系。现代设计是在传统设计的基础上发展起来的，它继承了传统设计的精华之处，克服了传统设计的一些不足，是传统设计的继承、延伸和发展。

(2) 共存与突破的关系。设计方法的发展，从直觉设计到经验设计以至现代设计，都有时序性、继承性和两种方法在一定时期内共存的关系。当前现代设计方法正处在发展中，许多方法自身理论的建立及其可行性、适用性等还有待深入研究，因此可以预见，随着科学技术的进步设计方法必将有新的突破。

特别提示

就目前现代设计所涉及的理论、方法的范畴来看，可以认为它是由现代设计方法学、计算机辅助设计技术、可信性设计技术、试验设计技术等多种学科的交叉与融合。是传统设计技术的继承、延伸与发展，是随着设计实践经验的积累，由个别到一般、具体到抽象、感性到理性，逐步归纳、演绎、综合而发展起来的。

2.1.3　现代设计技术原则与技术体系

1. 现代设计技术原则

设计原则是为设计产品应满足的条件，也是对设计行为的约束。受设计水平、观念、体制等的限制，传统设计所考虑的原则着眼于产品的功能和技术范畴，而设计的影响贯穿产品整个生命周期，所以设计原则必须面向生命周期内的各个阶段。现代设计原则是传统设计原则的扩充和完善，两者并无本质区别，可归纳为以下几类。

1) 功能保证原则

产品设计的目的是构造能够实现规定功能的产品，如果产品不具备要求的功能，设计就失去价值。因此满足功能是各类产品设计的必要原则。

2) 质量保障原则

保证质量是产品设计的重要原则，产品质量主要由性能和可靠性决定,设计力求技术上先进，但更要保证使用中的可靠性，因此这类原则主要包括以下 11 个方面。

(1) 性能指标。指产品的各类技术指标，如机床加工精度、传动系统运动精度，电视机分辨率等。先进的技术指标是实现高质量产品的前提。

(2) 可靠性。指产品在规定的条件和规定时间内完成规定功能的能力。产品只有可靠才有实用价值，因此性能的发挥依赖于可靠性。

(3) 强度原则。要求产品零件具有抵抗整体断裂、塑形变形和某些表面损伤的能力。

(4) 刚度原则。要求外载作用下产品变形在规定的弹性变形之内。

(5) 稳定性。指产品在外载作用下能够恢复其平衡的特性。

(6) 抗磨损性。要求零件在规定时间内材料的磨损量在规定值以内。

(7) 抗腐蚀性。要求产品在恶劣环境下不被周围介质侵蚀的特征。

(8) 抗蠕变性。要求高温环境工作的产品不发生蠕变或蠕变变形在规定值以内。

(9) 动态特性。指在动载荷作用下产品具有良好的抗振特性，以保证产品的平稳和低噪声运行。

(10) 平衡特性。指旋转产品具有良好的静平衡和动平衡特性。

(11) 热特性。保证产品具有要求的温度大小、温度分布和热流状态以及热应力、热变形在规定值以内。

3) 工艺优良原则

指设计能够且容易通过生产过程实现，它包括 3 个方面。

(1) 可制造性。指利用现有设备能够制造出满足精度等要求的零件，且制造成本低，效率高。

(2) 可装配性。指零件能够装配成满足装配精度要求的部件和整机，且装配成本低、效率高。

(3) 可测试性。指产品能够且容易通过适当方法进行有关测试，以评估设计、制造和装配。

4) 经济合理原则

要求产品具有较低的开发成本和使用费用，力求做到经济合理，使产品“物美价廉”，才有较大的竞争能力，创造出较高的技术经济效益和社会效益。也就是说，在满足用户提出的功能要求下，尽可能有效地节约能源，降低成本。

5) 社会使用原则

考虑产品投放市场后的表现行为，包括如下8个方面。

(1) 环境友好性。保证产品产生尽可能少的废水、废气、噪声、射线等，符合环保法规，对生态环境破坏最小。环境友好性是可持续发展战略在设计中的重要体现。

(2) 环境适应性。适应使用环境的湿度、温度、载荷、震动等特殊条件。

(3) 人机友好性。满足使用者生理、心理等方面要求，使产品外形美观，色彩宜人，操作简单、方便、舒适。

(4) 可维修性。使产品能够且易于维修，维修的停机时间、费用、复杂性、人员要求和差错尽可能最小。

(5) 安全性。保证不对人的生命财产造成破坏。

(6) 可安装性。保证产品使用前安装容易、可靠，且安装费用最小。

(7) 可拆卸性。考虑产品的材料回收和零组件的重新使用。

(8) 可回收性。考虑产品报废及回收方式。

6) 创新设计原则

设计本身就是创造性思维活动，只有大胆创新才能有所发明，有所创造。但是，今天的科学技术已经高度发展，创新往往是在已有技术基础上的综合。有的新产品是根据别人研究试验结果而设计，有的是博采众长，加以巧妙的组合。因此，在继承的基础上创新是一条重要原则。

2. 现代设计技术体系

现代设计技术内容广泛，分支学科繁多，有人按分支学科的特征分类，有人从方法论对其聚类归纳，有人按学科的任务、作用分类，以期说明现代设计任务的内容与体系。这些工作对人们全面了解、认识现代设计技术与方法起到了一定的作用。下面对现代设计技术体系结构进行简要的分析，现代设计技术的整个体系好比一棵大树，由基础技术、主体技术、支撑技术和应用技术4个层次组成。这里仅就现代设计技术的体系框架及其与其他学科的关系予以说明，如图2.3所示。

1) 基础技术

基础技术是指传统的设计理论与方法，特别是指运动学、静力学与动力学、材料力学、结构力学、热力学、电磁学、工程数学的基本原理与方法等方面。它不仅为现代设计技术提供了坚实的理论基础，也是现代设计技术发展的源泉。任何科学技术的发展如同社会的发展一样，都以自身长期形成的传统构架为基础，同时又都不能固守于传统，而要使之包含时代和未来的特征。也就是说，传统的科学与技术也和社会的进步一同发展。现代设计技术也可以说是在传统设计技术的基础上，以新的形式和更丰富的内涵发扬光大传统设计技术中的优秀内核与精华。

2) 主体技术

现代设计技术的诞生和发展与计算机技术的发展息息相关、相辅相成。可以毫不夸张地说，没有计算机科学与计算机辅助技术(如计算机辅助设计、智能CAD(Intelligent CAD，ICAD)、优化设计、有限元分析程序、模拟仿真、虚拟设计和工程数据库等)，便没有现代设计技术；另一方面，没有其他现代设计技术的多种理论与方法，计算机技术的应用也会大大受到限制，因为运用优化设计、可靠性设计、模糊设计等理论构造的数学模型来编制计算机应用程序，可以更广泛、更深入地模拟人的推理与思维，从而提高计算机的“智力”。而计算机辅助设计技术正是凭借它对数值计算和对信息与知识的独特处理能力，成为现代设计技术群体的主干。

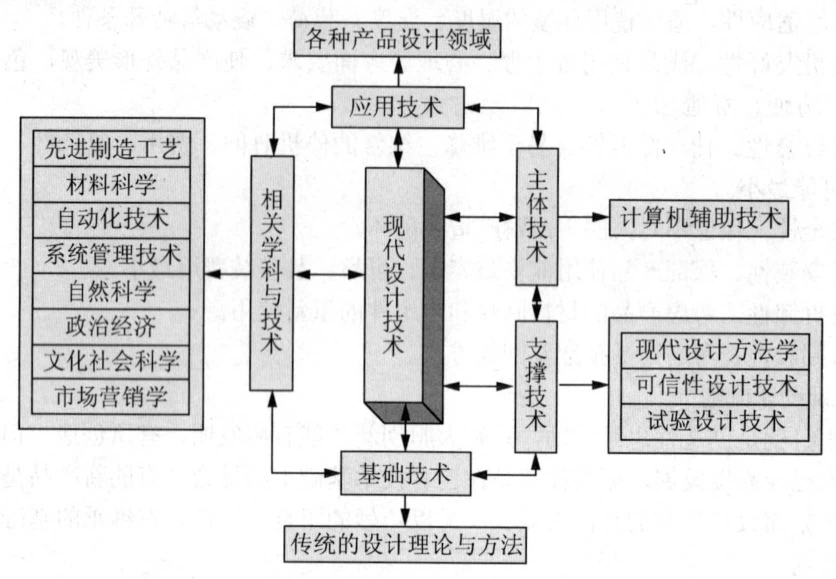

图 2.3　现代设计技术的体系及与其他学科的关系

3) 支撑技术

无论是设计对象的描述，设计信息的处理、加工、推理与映射及验证，都离不开设计方法学、产品的可信性设计技术及设计试验技术所提供的多种理论与方法及手段的支撑。其中，现代设计方法学涉及的内容很广，如平行设计、系统设计、功能设计、模块化设计、价值工程、质量功能配制、逆向工程、绿色设计、模糊设计、面向对象的设计、工业造型设计等。可信性设计技术可看作广义可靠性设计内容的扩展，主要指可靠性与安全性设计、动态分析与设计、防断裂设计、疲劳设计、耐腐蚀设计、减摩和耐磨损设计、健壮设计、耐环境设计、维修性设计、人机工程设计等。设计试验技术不仅指通常的产品性能试验，还应包括可靠性试验、环保性能试验与控制，以及运用计算机技术的数字仿真试验和虚拟试验等。因此，设计方法学、可信性设计技术及试验设计技术所包含的种种内容可视为现代设计技术群体的支撑技术。

4) 应用技术

应用技术是针对实用目的解决各类具体产品设计领域的技术，如机床、汽车、工程机械、精密机械的现代设计内容，可以看作现代设计技术派生出来的丰富多彩的具体技术群。现代设计技术在各类产品设计领域中的广泛应用，促进了产品质量与性能的提高。

现代设计已扩展到产品规划、制造、营销、运行、回收等各个方面，除了必要的传统设计理论与方法的基础知识外，相关的学科与技术，尤其是制造工艺、自动化技术、系统管理技术、材料知识与经验及广泛的自然科学知识等也是十分必要的。此外，设计产品总是以满足社会需求为目的，因此，设计人员还应具备政治、经济、法律、人文社会、艺术等方面的知识与素养。

特别提示

这里需要特别指出的是，现代设计技术体系框架的划分只是相对的，而不是绝对的；主体技术、支撑技术、应用技术、基础技术之间并不存在截然的界限。主体技术所包含的计算机辅助设计的有关技术本身往往就是应用技术。在特定情况下，某些支撑技术也可以成为主体技术，如变载荷及随机干涉下零件的疲劳设计和稳定性设计，这时疲劳设计、健壮设计就是相应情况下的主体技术。有些设计支撑技术本来就是由传统的强度、变形及失效理论“繁衍”出来的设计理论，如疲劳设计、防断裂设计、可靠性设计等，所以，这些设计支撑技术也可看作基础技术。

2.1.4 现代设计发展趋势展望

由于国际化市场的激烈竞争和用户对产品的功能、质量、价格、供货期、售后服务等要求越来越高，以及高新技术的飞速发展，以信息科学与微电子技术为代表的现代科学技术对制造业的渗透、改造和更新，使传统的制造技术演变成为一门涵盖从产品设计、制造、管理、销售到回收再生的全过程、跨学科且高度复杂化、集成化的先进制造技术。柔性自动化，智能化，并行工程，虚拟制造，精密、微细加工等，是当今先进制造技术的发展趋势。现代设计技术是现代制造技术的主体技术之一，也是先进制造技术的核心与灵魂。它必将伴随着先进制造技术的发展、计算机和信息技术的进步、制造业生产模式的变革、竞争与合作的全球化、人们对生态环境、资源的关切和对产品品质多样化等方面的要求，发生着深刻的变化。展望现代设计技术的发展趋势，大致有以下几方面。

1. 设计过程的数字化

不仅要完善工程对象中确定性变量的数学描述和数学建模，而且更要研究非确定性变量，包括随机变量、随机过程、模糊变量(人的智能、经验、创造力、语言及政治、经济、人文等社会科学因素)等的数学描述和数学建模。

2. 设计过程的自动化和智能化研究

健全、研究、发展各种类型的数据库、方法库和知识库，及自动编程、自学习、自适应等高级商品化软件的研制，如研究设计知识、数据信息的获取与处理技术、智能CAD、模糊优化技术、人工神经网络专家系统的模型和应用软件等。

3. 智能性产品设计思想进一步深化

随着科技的不断进步和发展，设计要越来越多地考虑产品智能的因素，通过人工智能等设计手段使产品的智能性得到全面的体现。产品设计要具有一定的自我修复功能，造型上逐渐走向小型化和轻型化，使产品外形更具亲和力。

4. 虚拟设计和仿真虚拟试验及快速成形等技术的深入研究

它是一种以计算机仿真为基础，集计算机图形学、智能技术、并行工程、网络制造、人机工程、材料、成形工艺、光电传感技术和多媒体技术为一体的综合学科研究。

5. 微机电系统的设计理论及方法研究

科技的进步同时推动着制造技术不断创新进步，从手工制造到机器制造，从切削加工到成形制造，从宏观领域制造到微观领域制造，随着人类社会全面向信息化迈进，信息系统的微型化、多功能化和智能化是人们不断追求的目标。微机电系统是一门多学科的综合技术，如智能计算、纳米技术、微型机器人系统及微型机械系统的设计计算等。

6. 绿色设计思想更加重要

环境问题正对人类社会生存与发展造成严重威胁，这就要求设计者在设计时始终立足于人的身心健康，节约资源和能源，加强面向生态环境的绿色设计理论与方法的研究，如绿色产品的设计、清洁化生产过程的设计、产品的可回收性设计等。

7. 基础性设计理论的深层次研究

基础性设计技术，如动态设计、疲劳设计、防断裂设计、减摩和耐磨设计、防腐蚀性设计及运动学、动力学、传动技术、弹塑性理论等，是许多现代设计技术的知识源泉和数学建模的理论基础。

8. 对设计人员的要求不断提高

设计要适应科学技术的发展，就要求设计人员掌握新知识、新技能，掌握计算机辅助设计技能，这样才能设计出满足人类需求的高科技产品。

9. 面向集成制造和分布式经营管理的设计方法、人员组织及规划的研究

企业的成功只有20%来自技术方面，不低于80%依赖于如何组织和设计生产过程。这也是美国、日本大公司成功的经营之道之一。

特别提示

近年来出现的并行工程(Concurrent Engineering，CE)、精益生产(Lean Production，LP)、灵捷制造(Agile Manufacturing，AM)、准时生产(Just－in－Time)、质量功能配置(Quality Function Deployment，QFD)等生产管理中的设计技术，应依据国情和市场的动态变化研究将这些技术贯彻到生产过程中。

2.2 创新设计

推动社会发展的源泉和生命在于“创新”，20世纪是知识不断创新、科技突飞猛进、世界深刻变化的世纪，21世纪科技创新将进一步成为社会和经济发展的主导力量。知识是创新的前提，没有知识就不能掌握现代科学技术，也就没有创新能力。创新学是研究人类创造发明及其一般规律的科学，其宗旨在于通过对人们创新活动和创新发明方法的研究，揭示人类创新发明的一般规律，并用以有效促进人们的各种创造和发明，促进科学技术进步和社会生产力的发展。

知识链接

胡锦涛总书记曾指出“自主创新能力是国家竞争的核心，是我国应对未来挑战的重大选择，是统领我国未来科技发展的战略主线，是实现建设创新型国家目标的根本途径。”

2.2.1　创新设计基本概念

“创新”一词一般认为是由美国一位经济学家J.I.舒彼特最早提出的。概括地说，创新就是创造与创效，它是集科学性、技术性、社会性、经济性于一身，并贯穿于科学技术实践、生产经营实践和社会活动实践的一种横向性实践活动。

创新设计属于技术创新范畴，其要求比对设计的要求提高了许多，不仅是一种创造性的活动，还是具有经济性、时效性的活动。同时还要受到意识、制度、管理和市场的影响与制约，因此需要研究创新设计的思想与方法，使设计能继续推动人类社会向更高的目标发展与进化。归纳起来创新设计具有如下特点。

(1) 创新设计涉及多种学科，包括设计学、创造学、经济学、社会学、心理学等的复合型工作，其结果的评价也是多指标、多角度的。

(2) 创新设计中相当一部分工作是非数据性、非计算机性的，而是要依靠对各学科知识的综合理解与交融，对已有经验的归纳与分析，运用创新的思维方法与创新学的基本原理开展工作。

(3) 创新设计不只是因为问题而设计，更重要的是提出问题，解决问题。

(4) 创新设计是多种层次的，不在乎规模的大小，也不在乎理论的深浅，注重的是新颖、独创、及时。

(5) 创新设计的最终目的在于应用。

2.2.2　创新思维

思维是人的大脑进行有意识活动的一种复杂心理现象，是人脑对客观事物概括、间接的反映，也是人类能推动社会文明进步的根本原因。创新思维是创造力的核心，是指在思考过程中，采用能直接或间接起到某种开拓、突破作用的一种思维。它既是一种能动的思维发展过程，又是一种积极的自我激励过程，深刻认识和理解创新思维的实质、类型和特点，不仅有助于人们掌握现有的各种创造技法，而且能够促进和推动人们探索和获取新的创造技法。现在的创新学主要是从行为学角度来认识人类创造性思维的特点、创新性思维的思维形式、思维方式、思维模式及其思维的规律，同时也研究如何对一般人进行更有效的创新性思维培养和训练。

1. 创新思维特点

由于人们对于自身的创造性思维往往了解不多，研究得不够深入，因而对于创新思维特点的看法也极不一致。总的来说，创新思维具有如下特点。

1) 创新思维具有开放性特点

开放性思维敢于突破定势思维、打破常规、挑战潮流、富有改革精神，强调思维的多向性，即从多种角度出发考虑问题。其思维的触角向各个层面和方位延伸，具有广阔的思维空间。开放性思维强调思维的灵活性，不依照常规思考问题，不是机械的重复思考，而是能够及时地转换思维视角，为创新开辟道路。

2) 创新思维具有求异性特点

求异性是独具卓识的思维，强调思维独特型。其思维角度、思维方法和思维路线别具一格，标新立异，同时强调思维的新颖性。

3) 创新思维具有突发性特点

突发性思维主要体现在直觉与灵感上。所谓直觉思维是指人们对事物不经过反复思考和逐步分析，而对问题的答案做出合理猜测、设想，是一种直接的洞察。灵感思维不同于直觉，是由人们的潜意识与显意识多次叠加而形成的，是长期创新思维活动达到的一个必然阶段。

4) 创新思维是逻辑与非逻辑思维的有机结合

逻辑思维是一种线性思维模式，具有严谨的推理。逻辑思维常采用的方式一般有分析与综合、抽象与概括、归纳与演绎、判断与推理等，是人们思考问题常采用的基本手段。而非逻辑思维是一种面性或体性思维模式 ，侧重于开放性、灵活性、创造性。在创新思维中，需要这两种思维的互补、协调与配合，这样才能产生一个完美的创新成果。

2. 创新思维类型

创新思维是多种成对的辩证思维类型的综合，认识成对的辩证思维类型，特别是其中对创新影响较大的思维类型，有助于锻炼发展自己的创新思维。

1) 形象思维和抽象思维

事物形象是指一切物体在一定空间和时间内所表现出来的各方面的具体形态，而形象思维就是对感知过的形象进行加工、改造，通过联想、想象从而创造出新形象的过程。形象思维较活跃，能激发联想、类比、幻想等，产生创新构思。抽象思维又称逻辑思维，凭借概念、判断、推理来概括事物的本质，揭示各事物之间的联系与差距，从而推断出事物具有新概念的思维模式。抽象思维较严密，在新条件下，也可通过逻辑推理产生创新构思。在创新思维过程中，形象思维和抽象思维是密不可分的两个方面，通过左右脑相互作用，相互渗透，二者结合能产生更多的创新成果。

2) 发散思维和收束思维

发散思维是遇到问题时，根据问题的信息，沿着非常规的不同的正向、逆向、侧向、全方位思维和角度，多方面寻求可能的解答，是创造性思维的基本形式之一，是创造的出发点。创新者可以通过发散思维，由此及彼，由一事一物想到万事万物，创造出较大的思维空间，从而有可能得到尽可能多和最佳的创造选择。其主要有 3 个特征：流畅性、变通性及独特性。例如，设想“清除垃圾”有哪些方式，可以提出“清扫”、“吸收”、“黏附”、“冲洗”等手段。在有限的时间内，提供的数量越多，说明思维流畅性越好；能说出不同的方式，说明变通性好；说出的用途是别人没有说出的、新异的、独特的，说明具有独创性。发散思维的 3 个特点有助于人们消除思维定势和功能固着等消极影响，顺利地解决创造性问题。

收束思维是把来自多方面的知识信息指向同一问题，通过分析综合，逻辑推理，引出答案。与发散思维相反，它总是以研究对象为中心，将众多思路中获取的信息利用已有的经验和知识，将其逐步引入到条理化的逻辑序列中，以便最终得出一个合乎逻辑的结论。有研究者曾经认为，收束思维可能对创造活动有阻碍作用。这种说法并不正确。收束思维对创新活动的作用也是正面的、积极的，和发散思维一样，是创造性思维不可缺少的。两种思维运用得当，都会对创新活动起促进作用。

3) 逻辑思维和非逻辑思维

逻辑思维注意事物的常规功能，应用抽象概念把复杂问题简单化，从而找出主要因素。特点在于其有序性、递推性。它是一种严密的思维方式，是人们掌握较好的一种常规思维方式。非逻辑思维指逻辑思维以外的各类思维模式，不严格遵守逻辑程式，灵活自由，往往能突破常规，引发事物的潜性质和特殊功能，产生新颖独创的构思。

4) 定向思维和逆向思维

定向思维通过寻找合乎逻辑的、成熟的或常规的方法或途径，循序渐进地推断和认识事物。这种思维方式慎重、稳妥，但往往由于思路狭窄、保守而缺乏新意，然而由于其思维方向明确，因此这种思维模式能够使创造性活动沿最稳妥的方向发展，也是在创造性活动的后期验证创新成果十分必要的思维方式。

知识链接

托马斯·曼说过："一条伟大的真理在于它的对立面也是一条伟大的真理。"逆向思维包括反向思维、辩证逻辑和雅努斯式思维。它们都是创造性地利用事物的对立面的方法。相对定向思维而言，逆向思维常有悖情理，在突破传统思路的过程中力求标新立异。在运用逆向思维时，首先要明确问题求解的传统思路，再以此为参照，尝试着从影响事物发展的诸要素方面进行思维反转以寻求新的思路。因此，要在逆向思维中有所创新，必须从学习科学更新知识入手。在其他条件相同的情况下，知识基础越丰厚牢固、科学创新的可能性就越大，独创的见解就更深刻，就能对眼前的一系列"异端"做出准确的判断，使创新更富准确性、科学性和创造性。

2.2.3　创新技法

创新技法源于创造学的理论与规则，是以创新思维为基础，通过实践总结出的一些创造发明的技巧和方法。而这些技巧提供了某些具体改革与创新的应用程序，提供了进行创新探索的一种途径。其基本原则是克服思维定势，营造环境条件，给以启发激励，按照一定步骤方法去做，促成出现创新成果。在创造实践中总结出的这些创造技法还可以在其他创造过程中加以借鉴使用，能提高人们的创造力和创造成果的实现率。

1. 组合法

组合创新是很重要的创新方法。有一部分创造学研究者甚至认为，所谓创新就是人们让不能组合在一起的东西组合到一起。日本创造学家菊池诚博士说过："我认为搞发明有两条路，第一条是全新的发现，第二条是把已知其原理的事实进行组合。"近年来也有人曾经预言，"组合"代表着技术发展的趋势。

总起来说，组合是任意的，各种各样的事物要素都可以进行组合。例如，不同的功能或目的可以进行组合；不同的组织或系统可以进行组合；不同的机构或结构可以进行组合；不同的物品可以进行组合；不同的材料可以进行组合；不同的技术或原理可以进行组合；不同的方法或步骤可以进行组合；不同的颜色、形状、声音或味道可以进行组合；不同的状态可以进行组合；不同领域不同性能的东西也可以进行组合；两种事物可以进行组合；多种事物也可以进行组合。这既可以是简单的联合、结合或混合，也可以是综合或化合等。

1) 同物组合

同物组合是指把若干同类事物组合在一起，用于创新。同物组合法设计思路有些像"搭积木"，使同类产品既保留了自身的功能和外形特征，又相互契合，紧密连接，为人们提供了操作和管理便利。例如，组合家具是最典型同物组合产物。通过对各种家具进行结构上的改进和联系，使组合家具既利于组合又便于拆卸，使用率和有效性大大超过了传统家具。

2) 异物组合

异物组合指把两种不同类事物组合在一起从而得到创新。异物组合设计法的运用也非常广泛，是将功能作了加法，将体形作了减法，获得的创新产品极大地方便了人们的使用，满足了人的精神需求。

例如，带电子表的圆珠笔、带收音机的应急灯、可拍照的手机、可当作 U 盘使用的 MP3 等等。

3) 辐射组合

辐射组合是以一种新技术或令人感兴趣的技术为中心，同多方面的传统技术结合起来，形成技术辐射，从而引出多种技术创新的发明创造方法。用通俗的话说，就是把新技术或令人感兴趣的技术进一步地开发应用，这也是新技术推广的一个普遍规律。这类设计适用于那些未曾进行附加改动，原有产品已经得到人们的广泛认可和使用的产品，但是人们的潜意识里仍然会感觉到这些原有产品的某些缺憾，或渴望它们有更好的表现。

2. 类比法

所谓类比发明法，就是一种确定两个以上事物间同异关系的思维过程和方法。即根据一定的标准尺度，把与此有联系的几个相关事物(这既可是同类事物，也可是不同类事物)加以对照，把握住事物的内在联系进行创造。

特别提示

类比方法在人们的日常生活中也是常常运用到的。比如，为了买一样称心如意的商品，常要跑几个商店，从商品的价格、功能状况、使用价值和经久耐用的程度等方面进行比较，然后确定是否买下。但这不是类比发明，因为它没有创造，只是在同类产品中挑选好一点的，与所讲的类比发明法是不同的，这里要求的是在类比中有新的创造。

【应用案例 2-1】

物理学家欧姆在研究电流流动时，将电与热进行类比，把通过导体的电动势比作温度、把电流总量比作一定的热量，运用傅里叶热传导理论的基本思想再引入电阻概念进行研究，终于在世界上首先提出了著名的欧姆定律。

类比发明法是一种富有创造性的发明方法，人们可以把各种不同的事物进行类比，将会不断地产生新的创造设想，获取更多的创造成果。但是，从异中求同，从同中见异的类比发明法也有缺点，就是运用这种方法推导出来的结论或提出的创造设想，成功的可靠性不高。有时会把人引入迷途，尽管如此，它仍然是一种很好的创造性的发明方法。

3. 移植法

移植法是发明者把某一技术领域中的技术手段和方法，移植应用到另一技术领域中，用以变革和创新，从而搞出新发明。移植法常与类比思维相结合，主要包括以下几种方法。

1) 技术手段移植

技术手段移植是指操作手段与技术方案的移植。例如，电吹风机的工作原理与技术方法经过移植产生了被褥烘干机。

2) 原理移植

原理移植指将某种科学技术原理向新的领域类推或外延，如电话。美国发明家贝尔，运用移植法，在技术原理方面进行移植转用，利用簧片振动传声引出人的声带振动同样可以发生传声，从而发明设计出电话，并于1878年取得了美国电话专利权。

3) 技术功能移植

1838年，莫尔斯运用移植法，采用技术功能移植“烽火传信号电报传信号”，从而发明设计了电报并取得了美国电报专利权。

4) 材料移植

材料移植是指将某种产品使用的材料移植到别的产品的制作上，以实现更新产品、改变性能、节约材料、降低成本的目的。

5) 结构移植

结构移植是指将动物、植物或物品的良好形状移植于发明创造中。应用结构移植法，一是要广泛地研究各种物品的结构，开发它的应用领域，去进行创造发明。二是要从需要解决的问题出发，寻求应用合理的结构，实施结构移植，解决实际问题。

4. 联想法

联想发明法是依据人的心理联想发明的一种创造方法。那么，联想是什么？普通心理学认为，联想就是由一事物想到另一事物的心理现象。这种心理现象不仅在人的心理活动中占据重要的地位，而且在回忆、推理、创造的过程中也起着十分重要的作用。许多新的创造都来自于人们的联想。联想可以在特定的对象中进行，也可在特定的空间中进行，还可以进行无限的自由联想。而且这些联想都可以产生新的创造性设想，获得创造性的成功。还可从联想的不同类型，发现不同的联想方法，去进行发现、发明和创造。

由联想捕获设计构思的方法就是联想设计法，它是易于操作且很有效果的设计方法。联想设计法可分为以下3大类。

1) 自由联想设计法

自由联想设计法就是鼓励自由地联想，让思维尽情发散，不受任何约束，从而产生连锁反应，引发出新设想。发明性新产品多半是由自由联想产生的。

2) 相似联想设计法

相似联想设计法是由一种产品的原理、结构、功能、形态等联想到另一种产品的原理、结构、功能、形态，由此产生新的设想。改进型新产品开发多采用此种方法。如通过对汽车的造型、节能、用材、零件、结构和安全装置等方面不断改进或开发而出现的一系列汽车新品种就是从其他产品联想而来的。相似联想使设计平面得以展开。

3) 对比联想设计法

对比联想设计法是由一件产品联想到其对立面的东西，就此产生新的设想的方法。换代性新产品多采用此方法构思。如无彩的对立面是有彩，由此由黑白电视机产生了彩色电视机；放的对立面是录，电视机进入家庭后，家用录像机也随之出现。因此，对比联想使设计的层面向纵深发展。

5. 换元法

换元法是指对不能直接解决的问题采用“替代”手段，使问题得到解决或使创新活动深入开展。如孔明将“造箭”替换为“借箭”。

换元法在运用中有以下特点。

(1) 应用领域广泛。

(2) 成果一般是产生解决问题的新方法。

(3) 关键是寻找可以替代的事物。

(4) 换元事物之间客观上存在着某方面的等值关系。某些事物的某种功能或成分、条件、状态，在另外一个不同的事物上也能或多或少地表现出来，即说明它们在某方面存在等值关系，就称这两事物之间有可换元要素。

6. 模仿法

模仿法是指以某一模仿原型为参照，在此基础上加以变化产生新事物的方法。模仿法的步骤如下。

(1) 发现问题；

(2) 选准样本；

(3) 观念移植；

(4) 利用矛盾；

(5) 要“快”而“高”。

如果是模仿已出现的新产品、新事物，就要学得快、用得快。同时要在质量上“青出于蓝而胜于蓝”。只有这样才能最大限度地节省科研投资和减小市场风险。

7. 创造需求法

创造需求法是指寻求人们想要得到的东西，并给予他们、满足他们的一种创新技法。创新需求的关键，就是要将大家内心模糊的希望具体化。这里介绍几种解决这个问题的方法。

1) 观察生活法

【应用案例 2-2】

英国有位叫曼尼的女士，她的长筒丝袜总是往下掉，上街上班，丝袜掉下来是很尴尬的事。询问了许多女同事，他们都有同感。面对大家的需求，她灵机一动，开了一间专售不易滑落的袜子店，大受女顾客青睐。

2) 顺应潮流法

这个方法是指顺着消费者追求流行的心理来把握创新机遇的技法。

3) 艺术升格法

这是对一些市场饱和的日用消费品进行艺术嫁接之类的深加工，以此提高产品的档次、形象和身价，以求在更高层次的消费领域拓展新的市场的方法。给产品注入艺术，是比较容易入门的一种创新技法。将原有的产品艺术化，可以使消费者在得到物质上满足的同时，又能得到精神上的享受，从而引发消费者潜藏在心底的某种消费需求。

1) 引伸需求链条法

一种新产品诞生后，就有可能带动若干相关或类似产品出现，这种现象叫做“不尽链条”。它表明产品需求具有延伸性。找出某一产品的延伸性需求来进行创新活动，就是引伸需求链条法。要想引伸链条法运用成功，首要条件是找准“可以连接的链条”，然后展开联想的翅膀去琢磨市场需求的新产品。

2) 预测需求法

即是指通过预测未来市场需求并积极提前准备，在需求到来时能满足需求的创新技法。

8. 三思法

三思法是对某一具体方案从积极、消极、和兴趣感触等 3 个方面思考后再做出决策的方法。三思法将使方案更趋完善，执行中更具稳健。三思法的内容如下。

(1) 从正方向思考，即从积极的一面，有益的一面思考。

(2) 从反方向思考，即从消极的一面，有害的一面或产生副作用的一面思考。

(3) 从有兴趣的、有感触的一面去思考。

9. 聪明 12 法

(1) 加一加：在原有的基础上加高、加厚、加多等。如万吨货轮、摩天大厦的建造等。

(2) 减一减：在原有事物的基础上减轻、减少、省略、降低、拆散等。如无线电话、无人驾驶飞机、微型收音机、集成电路芯片的发明等。

(3) 扩一扩：在原有事物的基础上放大、扩展，从而导致发明。如放大镜、宽银幕、多功能器物的发明等。

(4) 缩一缩：在事物原有基础上运用缩小体积或浓缩等办法来实现发明。比如在有了挂钟、台钟之后，人们又相继发明了怀表、手表、电子表等；以及人们发明了笔记本电脑等。

(5) 变一变：通过在事物原有基础上改变形状、颜色、气味、次序、轻重等来实现发明。如电视机由黑白到彩色，由单频道到多频道，由单一画面到双画面、多画面等。

(6) 改一改：在原有基础上改不足、改缺点、改不便。如方便食品的发明等。

(7) 联一联：即考虑事物的原因、结果之间的联系，考虑能否和其他东西联系起来。

【应用案例 2-3】

哈尔滨的卖鞋“女能手”杨华，由“大手大脚”想到人的脚肥瘦大小与人的手是否有什么关系，于是，经过 10 年的观察与实践，看手测鞋号正确率达到 100%。

(8) 学一学：学习别人的先进技术和工艺，以提高自己产品的产量或质量。

(9) 代一代：用另外的方法、另外的材料与零件来代替原有的东西。如以纸代布制成衣，用大豆食品代替肉类等。

(10) 搬一搬：将某种事物移作他用，将原理、技术、方法、经验移作他用。如超声波在生产、生活中的广泛应用等。

(11) 反一反：颠倒事物的方向、顺序、结构等。如缝纫机的发明，就是反过来把线纫在针尖上的一种发明。

(12) 定一定：为事物定个界限、标准、型号等，以求得新的发明设想。

特别提示

创造的技法很多，仁者见仁，智者见智，这些方法互相交叉、互相渗透。如果青少年能理解和运用这些发明创造的技法，那么必将大大开发他们的潜力，使每个学生都有可能成为一个具有创造能力的人才。

2.2.4 创新设计技术前沿研究

1. 认知科学对创新设计本质的研究

认知心理学家通过研究总结出这样的结论，即创新设计的过程是：愿望、准备、处理酝酿得出暗示的线索、阐明解、验证解。于是可以得出创新性思维具有主动性、目的性、预见性、求异性、发散性、独创性和突变性等特征。对于这些特征的研究和阐述，有助于认识创新设计的本质。

2. 原理方案设计目录

原理方案设计目录(Principle Conceptual Design Catalogs，PCDC)文档是设计原理方案解的集合，根据设计方法学对设计本质和设计过程的阐述，以图文表格的方式进行有条理的组织，是建立智能系统知识库结构的依据。在设计方法学的指导下，PCDC 智能系统通过对原理方案的优选、分解和组合可以产生新的原理方案，从而实现产品的创新设计。PCDC 片段是原理方案的设计实例，适合于采用基于实例的推理(Case-Based Reasoning，CBR)方法。CBR 方法能够以实例(Case)的方式很好的表达 PCDC 片段，并以合理的组织模式建立实例库，最终建立起有效的推理和自学策略，这样就可以组建成一个原理方案设计型的智能系统。此智能设计系统既能进行原理方案的一般求解，又能对原理方案进行合理修改、分解和组合，以产生新的原理方案，再对相应的原理方案进行细化，从而实现创新设计。PCDC 方法充分运用了设计方法学的成果，为智能创新系统提供了有效的知识背景，现已受到普遍的关注并有人开始从事该方法的研究。

3. 创新问题求解理论

创新问题求解理论(the Theory of Inventive Problem Solving，TIPS)是建立在对各工程领域大量专利的分析、综合，并整理出一般规律的基础上的。它认为所有工程系统都是按照相同的规律进行演化和发展的，创新问题可以看成是新的需求与不能满足要求的旧系统之间的冲突(Conflict)，对它求解的过程也就是解决冲突的过程。

TIPS 包含了工程系统开发规律性的深层知识，其原理是众多领域设计实例的抽象。它是支持创新设计的知识系统，主要由工程系统演化的定律(LAWS)、问题求解技术、精选的专利集和价值工程分析(Value-Engineering Analysis,VEA)等 4 部分组成，其创新设计的结果往往是不同领域知识在当前领域中的应用。基于 TIPS 的智能设计系统是以检索式的超文本建立的，并由求解创新原理、创新标准和科学工程效应集 3 大部分的子系统所构成。

4. 材料的选择

在工程设计中，材料的不同常会导致完全创新的设计结果。在这方面，剑桥大学开展了大量的理论研究和应用实践，并开发出了相关的商品化软件 CMS 2.0。借助于此软件输入设计的各项参数，它可以从繁琐的材料库中找出可选用的各种材料及其相应的评价系数，再由用户进行选择。

5. 机械创新设计

机械创新设计包含以下几种。

(1) 新的驱动技术(超导、超声等驱动)；

(2) 新的特种传动技术(Traction、五齿等传动)；

(3) 新的无级变速技术(VST 等无级变速传动)；

(4) 新的制造工艺及其设备设计技术。

2.3 模糊设计

随着科学技术的发展，系统越来越复杂，需要人们研究的变量越来越多且变量之间的关系也越来越复杂，对系统的判别和推理的精确性也越来越高。为了适应新的要求，许多过去与数学毫无关系或关系不大的学科，现在也迫切要求定量化和数学化，而这些学科中有大量的模糊概念和模糊问题，这就需要处理模糊性的方法。

2.3.1 模糊集合与隶属函数

在现实的客观世界及工程领域中，既存在着许多确定性与随机性的现象，又普遍存在着模糊现象。模糊现象是边界不清楚，在质上没有确切的含义，在量上没有确切界限的某种事物的一种客观属性，是事物差异之间存在着中间过渡过程的结果。无明确边界的集合就叫做模糊集合，模糊集合最重要的特点是，把原来普通集合对类属、性态的非此即彼的绝对属于或不属于的判定，转化为对类属、性态作从 0 到 1 不同程度的相对判定。而隶属函数，是为了将普通集合与模糊集合加以区别，把模糊集合的特征函数称为隶属函数，记作 $\mu_{\underset{\sim}{A}}(x)$，它表示元素 x 属于模糊集合 $\underset{\sim}{A}$ 的程度。这里 μ 可在［0,1］区间连续取值。

【应用案例 2-4】

操作员在进行温度控制过程中，“温度偏高”中的“偏高”、“加入较多冷却水”中的“较多”等。又如，人们常说的设计产品“性能好”、“效率高”、“寿命长”、“安全可靠”、“使用维护方便”等。此外，在机械系统中大量发生的疲劳、磨损、振动失稳等失效形式，均不是确定的“非此即彼”的二值[0,1]逻辑状态，而是存在着从“正常”到“失效”的中间过渡过程，即模糊的“亦此亦彼”的逻辑状态。

2.3.2 模糊优化设计

国外从 20 世纪 70 年代、国内从 20 世纪 80 年代开始，以数学规划论为基础，以计算机为工具的优化设计技术取得了不断的发展和广泛的应用，收到了显著的效益。但是常规的优化设计把设计中的各种因素均处理成确定的二值逻辑，忽略了事物客观存在的模糊性，使得设计变量和目标函数不能达到应有的取值范围，往往会漏掉一些真正的优化方案，甚至会带来一些矛盾的结果。事实上，不仅由于事物差异之间的中间过渡过程带来事物普遍存在的模糊性，而且由于研究对象的复杂化必然要涉及模糊，由于信息技术、人工智能的研究必然要考虑到模糊信息的识别与处理，以及由于工程设计不仅要面向用户需求的多样化和个性化，还要以满足社会需求为目标，并依赖社会环境、条件、自然资源、政治经济政策等比较强烈的模糊性问题等，这些都必然使上述领域的优化设计涉及种种模糊因素。如何处理工程设计中客观存在的大量模糊性，这正是模糊优化设计所要解决的问题。模糊优化设计是将模糊理论与普通优化技术相结合的一种新的优化理论与方法，是普通优化设计的延伸与发展。

1. 模糊优化设计的要素

模糊优化设计包括建立数学模型和应用计算机优化程序求解两方面的内容。如何从实际问题中抽象出正确的数学模型，是工程模糊优化设计的关键之一，也是工程设计人员进行模糊优化设计的首要任务。与常规优化设计一样，目标函数、约束条件和设计变量是模糊优化设计数学模型的3要素。

1) 目标函数

目标函数是衡量设计方案优劣的某一指标或某几个指标。寻找优化设计方案的目的，就是追求可靠性最高，造价、维修费用最小或其他性能指标最优。由于设计方案的“优”与“劣”本身就是一个模糊概念，没有明确的界限和标准，特别是对于多目标优化问题，往往只能得到满意解。因此，一般来说，目标函数是模糊的，记为 $f(x)$。

2) 约束条件

设计中并非所有方案都是可行的，可行方案必须满足设计规范和标准中所规定的条件或其他条件。这些条件大致可分为3类。

(1) 几何条件方面的约束，如尺寸约束、形状约束、位移约束等。

(2) 性能方面的约束，如应力约束、频率约束、稳定性约束，如果承受交变应力，还要考虑疲劳强度约束等。

(3) 人文因素方面的约束，如经济政策约束、管理水平和环境因素约束等。这些约束条件，特别是在性能约束和人文因素约束中，包含了大量的模糊因素。

特别提示

这些约束条件，特别是在性能约束和人文因素约束中，包含了大量的模糊因素。人们通常所讲的模糊优化设计，大多数是具有模糊约束的优化设计。

3) 设计变量

建立优化设计数学模型的一个难点是：哪些参数应该定为设计变量，哪些参数取为常量。虽然从理论上说，各种参数都可以按设计变量处理，但实际上这样做有时是不合理的，甚至是不可能的。过去都把设计变量视为确定性的或随机性的，但严格说来，设计变量大多具有不同程度的模糊性，因此从理论上说，均应视为模糊变量。

2. 模糊优化设计的寻优过程

根据模糊目标函数与约束函数的关系，模糊优化数学模型分为对称与非对称两种。在对称模型中，目标和约束的地位及作用是同等的、对称的，并且可以互换位置。在非对称模型中，目标和约束所起的作用是不同等的、非对称的，即要在满足约束的前提下，寻求最优的目标，其中满足约束是首要的。

1) 模糊优化问题求解基本思想

求解模糊优化问题的基本途径就是把模糊优化问题转化为非模糊优化问题，再用各种常规优化方法求解。模糊优化问题各种解法的核心就是从模糊到非模糊的转化，不同的转化方式产生不同的模糊优化解法。模糊优化问题的解是不唯一的，是由所谓的模糊判决给出的。解的不唯一性是模糊优化的特点，基本思路主要如下。

(1) 最优水平截集法是从工程实际出发，在事物模糊性(模糊集合)的中间过渡状态中，截取一系列 λ 水平截集，并从中获取一最优 λ 水平截集，得到一个确定性的解，这样便把一个原来的模糊优化问题转化为相应的普遍优化问题。虽然最优水平截集法也能给出一系列可供选择的解及最优的解，但这种方法在求解之前就将模糊优化问题转化为非模糊性的优化问题，过早地失掉了问题描述的模糊性，这是最优水平截集法值得研究和改进的地方。

特别提示

最优水平截集法简单且思路明确，考虑了事物中间过渡性质，所以目前仍是模糊优化中普遍采用的一种方法。

(2) 近似模糊集合法是用一个普通集合法去近似一个模糊集合，并使两者之差在允许的精度范围之内，从而把一个模糊优化问题转化为普通优化问题。国内外均有从事模糊理论研究的学者提出这样一个新观点，一个模糊优化问题应该得到一个模糊解，即发展一种方法，使其在优化之前不失掉问题的模糊性，带着模糊性进行求解，最后结果能用模糊集表示。这不仅是一个工程及技术问题，更是一个模糊数学的理论问题，近似模糊集合法还有待于进一步深入研究和探索。

2) 对称优化数学模型

这种模型是指目标和约束地位是同等的、对称的，并且可以互换位置。若论域 X 上的模糊目标集为 $\underset{\sim}{G}$，模糊约束集为 $\underset{\sim}{C}$，则它们的交集 $\underset{\sim}{D}=\underset{\sim}{G}\cap\underset{\sim}{C}$ 称为模糊优越集。

对称模糊优化设计的基本思想是，在设计空间中寻求模糊优越集的隶属度取大值的 x^*，称为模糊最优解，它同时使目标与约束得到最大程度的满足。于是，对称模糊优化的数学模型可以表示为求 x^*，使

$$\mu_{\underset{\sim}{D}}(x^*)=\max\mu_{\underset{\sim}{D}}(x)=\mu_{\underset{\sim}{G}}(x)\wedge\mu_{\underset{\sim}{C}}(x) \tag{2-1}$$

其中，$\mu_{\underset{\sim}{D}}(x)$——模糊优越集 $\underset{\sim}{D}$ 的隶属函数；

$\mu_{\underset{\sim}{G}}(x)$——模糊目标集 $\underset{\sim}{G}$ 的隶属函数；

$\mu_{\underset{\sim}{C}}(x)$——模糊约束集 $\underset{\sim}{C}$ 的隶属函数。

上述模糊优化问题求解思路是借助最优水平截集法，将模糊优化问题转化为普通优化问题。模糊约束集 $\underset{\sim}{C}$ 的 λ 水平集为 $C_\lambda=\left\{x\middle|\mu_{\underset{\sim}{C}}(x)\geqslant\lambda,x\in X\right\}$，由分解定理可证得，模糊优越集的最大值为

$$\max_{x\in X}\mu_{\underset{\sim}{D}}(x)=\max_{x\in(0,1)}\left[\lambda\wedge\max_{x\in C_\lambda}\mu_{\underset{\sim}{G}}(x)\right] \tag{2-2}$$

由于 $\max \mu_{\underset{\sim}{G}}(x)$ 随水平截集 C_λ 的不同而变化，即随值 λ 的不同而变化(见图 2.4)，在 $\lambda \in (0,1)$ 范围内必存在一个 λ 通过 A 点使下式成立：

$$\lambda^* = \max \mu_{\underset{\sim}{D}}(x) = \max \mu_{\underset{\sim}{G}}(x)$$

据此，就把模糊优化问题归结为求 λ^* 的问题了。

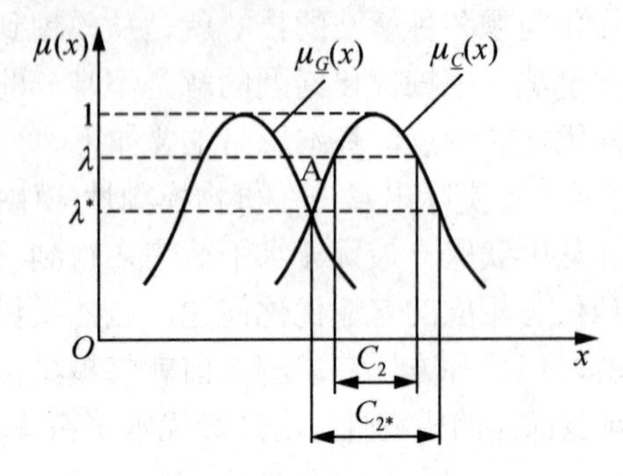

图 2.4　模糊优化集的几何意义

这就是说，若求得 λ^*，则在水平截集 $C_\lambda{}^*$ 下极大化模糊目标函数 $\mu_{\underset{\sim}{G}}(x)$，便可得到问题的最优解 x^*，这是一个普遍化问题。将上式改写为

$$\lambda^* - \max \mu_{\underset{\sim}{G}}(x) = 0 \qquad x \in C_\lambda \tag{2-3}$$

上式为获得最优 λ^* 提供了一个迭代解法的基本方程。通过迭代过程可获得 λ^*，从而获得最优解 x^*。

3) 非对称优化数学模型

这种模型是指目标和约束在模型中的地位是不对称的，即所起的作用是不同等的，要在满足约束的前提下，去最优化目标，满足约束是首要的。在非对称优化数学模型中，根据约束的模糊性，又分为普通模糊约束和广义模糊约束两类。

(1) 普通模糊约束是指约束函数本身是确定性的，而约束的取值范围是模糊的，其优化设计模型为求

$$\begin{aligned} & x = [x_1, x_2, \cdots, x_n]^T \\ & \min f(x) \\ & s.t. g_i(x) \subseteq \underset{\sim}{G}_i \end{aligned} \tag{2-4}$$

(2) 广义模糊约束是指约束函数本身和约束函数的取值范围两者都是模糊的。其优化设计模型为求

$$\begin{aligned} & x = [x_1, x_2, \cdots x_n]^T \\ & \min f(x) \\ & s.t. \underset{\sim}{g}_i(x) \subseteq \underset{\sim}{G}_i \end{aligned} \tag{2-5}$$

在上面两种数学模型中，目标函数 $f(x)$ 与设计变量 x 两者是确定的，只有约束条件是模糊的。其约束函数 $g_i(x)$ 和 $\underset{\sim}{g}_i(x)$ 代表应力、变形、频率、速度、加速度等物理量，$\underset{\sim}{G}_i$ 是 $g_i(x)$ (或 $\underset{\sim}{g}_i(x)$)的允许范围。约束条件的物理意义与普通约束是相同的，而数学模型中的模糊性均不是来自确定性的设计变量，而是来自影响设计方案的其他因素，如设计水平、制造水平、材料性能、重要程度等。

求解普通模糊约束优化问题的基本思想是，通过水平截集将模糊子集 $\underset{\sim}{G}_i$ 分解为若干个

普通集合 $G_{i\lambda}$，其中必存在一个最优 $\lambda*$ 及相应的最优水平截集 $G_{i\lambda*}$，这样便将模糊优化问题转化为在 $G_{i\lambda*}$ 上的普通优化问题，从而获得模糊优化问题的最优解 $x*$。最优水平截集上的常规优化模型为求

$$\begin{aligned} & x=[x_1,x_2,\cdots,x_n]^T \\ & \min f(x) \\ & s.t.\mu_{Gi}(g_i(x))\lambda* \end{aligned} \tag{2-6}$$

特别提示

最优水平值 $\lambda*$，可通过模糊综合评判法加以确定。广义模糊约束优化问题，同样按照上述思路，运用最优水平截集法，将其转化为普通优化问题即可获得最优解。

目前，国内外理论及应用已取得较大进展，我国在机械结构的模糊优化设计、抗振结构的模糊优化设计等方面，取得了较多成果。特别值得一提的是，将系统分析、经典优化技术中的动态规划原理与模糊优化理论相结合，为求解多目标、多层次、多阶段的复杂大型成套机械设备系统的优化问题提供了新的途径。

2.3.3　模糊可靠性设计

常规的可靠性设计运用有机方法对产品的故障(失效)、完好(正常)及可靠、不可靠等状态的随机性予以精确的描述，从而对产品进行概率设计。该设计理论认为，系统(产品与零件)总是处于能满意地完成预定功能的完好状态或不能完成其预定功能的故障状态之一，只是系统牌体积状态是随机的，因此，对系统状态仍作有二值[0，1]逻辑的假设，这种假设在满足工程精度要求范围内有时是许可的、可行的。中间过渡状态，既不是完全完好，也不是完全故障，而是呈现出“亦此亦彼”的模糊性。因此，许多机械系统中的随机性与模糊性是密切相关同时存在的。这就需要在常规可靠性设计中引入模糊分析方法。可以说模糊可靠性设计是将随机理论与模糊理论相结合对产品进行可靠性设计的一种新的设计理论与方法，是常规可行性设计的拓展，也是可行性设计理论的重要研究方向之一。有关这方面的内容主要有以下几点。

1. 模糊可靠性指标的计算

根据模糊事件的概率定义，模糊可靠度与模糊概率有以下情况及相应的计算公式。

1) 控制失效应力为模糊变量

控制失效强度为随机变量。现考虑到控制失效应力为设计论域 X 中的一个模糊子集 $\underset{\sim}{s}$，因为 $\underset{\sim}{s}$ 的隶属函数 $\mu_{\underset{\sim}{s}}(x)$ 定量地表征了某一应力 $x\in X$ 属于控制失效应力集 $\underset{\sim}{s}$ 的可能性程度，故可以把 $\mu_{\underset{\sim}{s}}(x)$ 作为一种失效判据。若控制失效强度 r 的概率密度函数为 $f_r(x)$，则在这种失效判据 $f_r(x)$ 下模糊概率为

$$\underset{\sim}{F}=1-\underset{\sim}{R} \tag{2-7}$$

其中模糊可靠度为

$$\underset{\sim}{F}=\int_X \mu_{\underset{\sim}{s}}(x)f_r(x)\mathrm{d}x \tag{2-8}$$

2) 控制失效强度为模糊变量

控制失效应力为随机变量。依照上述推理，模糊可靠度为

$$\underline{R} = \int_X \mu_r(x) f_{\underline{s}}(x)\mathrm{d}x \tag{2-9}$$

模糊失效概率为

$$\underline{F} = 1 - \underline{R} = 1 - \int_X \mu_r(x) f_{\underline{s}}(x)\mathrm{d}x \tag{2-10}$$

式中，$\mu_r(x)$——控制失效强度模糊集 r 的隶属函数；

$f_r(x)$——控制失效应力 $\underline{s}$ 的概率密度函数。

3) 干涉变量为模糊变量

在可靠性设计中定义干涉变量 $Y=r-s$，这里 r 表示强度变量，s 为应力变量，$Y>0$ 的概率即为可靠度。

若干涉随机变量为论域｛Y｝上一个模糊子集 $\underline{Y}$，其隶属函数为 $\mu_{\underline{Y}}(y)$，概率密度函数为 $f_Y(y)$，同样可得可得模糊可靠度为

$$\underline{R} = \int_{\{Y\}} \mu_{\underline{Y}}(x) f_Y(y)\mathrm{d}y \tag{2-11}$$

4) 寿命模糊地大于某时刻 t

若产品寿命的概率密度函数为 $f(t)$，“寿命 T 模糊地大于时刻 t”的隶属函数为 $\mu(t)$，则这一模糊事件的概率即模糊可靠度为

$$\underline{R} = (t)P(T \geqslant t) = \int_t^{\infty} \mu(t) f(t)\mathrm{d}t \tag{2-12}$$

上述几种模糊可靠度的数学形式是等价的，它与普通可靠度的物理意义不同，考虑了事物的模糊性，带有设计者的经验、智能判断和推理成分。普通可靠度可作为模糊可靠度的极限情况来看，模糊可靠度可看作普通可靠度的推广。国内外许多学者对模糊可靠性理论做了许多有效的研究。运用上述的模糊可靠性理论与方法，较好地解决了具有模糊信息的零件耐磨性模糊可靠度及结构断裂模糊失效概率的计算，从而可模糊预测零件磨损及结构断裂的可靠寿命。这种将普通可靠度的计算扩展到模糊可靠度的计算，是可靠性设计理论的发展、设计概念的深化。

遵照普通可靠度扩展到模糊可靠度的推理思路，还可以定义模糊失效率 $\underline{\lambda}(t)$、模糊平均寿命 $\underline{m}(t)$、模糊维修度 $\underline{M}(\tau)$。模糊有效度 $\underline{A}$、模糊维修率 $\underline{\mu}(t)$ 等产品的模糊可靠性指标。

2. 系统的模糊可靠度

1) 串联系统的模糊可靠度

对于 n 个相互独立单元组成的串联系统模糊可靠度为

$$\underline{R}_s(t) = \prod_{i=1}^{n} \underline{R}_i(t) \quad i = 1,2,\cdots,n \tag{2-13}$$

2) 并联系统的模糊可靠度

对于 n 个相互独立单元组成的并联系统的模糊可靠度为

$$\underline{R}_s(t) = 1 - \prod_{i=1}^{n}[1 - \underline{R}_i(t)] \quad i = 1,2,\cdots,n \tag{2-14}$$

式中，$\underline{R}_i(t)$——单元的模糊可靠度。

仿照上面相同的方法，亦可写出表决系统和开关系的模糊可靠度计算公式。

有关模糊可靠性设计的内容，尚有多状态系统的可靠性分析与评价、系统的可靠性模糊预测与模糊最优分配，以及模糊失效模式和效应分析(FMEA)、模糊故障树分析(FTA)、模糊故障诊断、模糊寿命估计等。应当说明的是，模糊可行性理论与方法只是近几年才发展起来的，其中有些理论与方法已趋于成熟，有的仍处在探索阶段，需要在实践中不断完善、发展模糊可行性设计理论与方法，特别是如何应用这种理论与方法，解决常规可靠性设计难以解决的问题。

2.3.4　模糊神经网络与模糊专家系统

1. 模糊神经网络

人工神经网络，以模仿人类大脑的拓扑结构作为一种新颖的技术，从 20 世纪 80 年代中期开始，由启蒙阶段到成熟并已扩展到工程的各个领域。将网络思想与模糊逻辑推理思想相结合形成的模糊神经网络，作为人工智能领域一种新的技能正向着更高层次的研究与应用方面发展。1991 年，日本就开始推出神经网络模糊式的家电产品，并在我国市场供应。1987 年，美国 Bart Kosko 教授提出了一种称为模糊联想记忆神经网络(Fuzzy Associative Memory，FAM)，这种联想记忆神经网络是将模糊控制的规则隐含地分布在整个网络中，在神经网络的基础上通过学习训练产生模糊规则，一次模糊联想记忆就是一次模糊逻辑推理。因而，它在模糊控制、知识推理和模式匹配等领域有着潜在的应用前景。

1985 年，Bart Kosko 提出模糊认知映射网络(Fuzzy Cognitive Map，FCM)。在这种网络中，各单元(节点)表示各个不同的模糊集，单元之间的连接权(或称棱)表示相应模糊概念之间的因果关系。它是一种知识网络，任何一个专家都可以把他的知识用这种模糊神经网络表达出来。应用 FCM 网络能灵活地、较好地表达专家的知识，进行自动推理和预测，能很好地解决知识的合成问题。1990 年中国科学院自动化研究所应行仁、曾南，提出采用 BP 神经网络记忆模糊规则的控制，并进行了倒立摆的仿真试验。采用神经网络实现的模糊控制，不必进行复杂费时的规则搜索、推理，而只需通过高速并行分布计算就可产生输出结果。可以说，人工神经网络吸取了生物控制论的精华，对信息储存与处理是分布式(或全息式的)和并行式的。在这种方式下，各种神经元在信息共享的基础上各部分信息相互支持、相互补充，各自独立地从与其输入端相连接的其他神经元采集输入，并计算其输出，再将其传递给上一层(或其他)的神经元，作为它们的一个输出，或作为整个模型的输出，从而赋予模型较强的容错抗错性能和联想能力，使它不会因为部分神经元的损坏而严重影响其总体性能，也不会因为输入信号受到一定程度的噪声污染而严重歪曲其输出。因此，人工神经网络具有鲁棒性。

近十年，人工神经网络在我国机械工程领域进行了大量研究及应用的探索性工作。另外，在结构分析、设计综合多因素优化、复杂曲面建模等方面，人工神经网络的应用，也以它特有的优势受到高度重视。

2. 模糊专家系统

“专家系统”是一种计算机程序，并且是一种能够在专家水平上工作的计算机程序。由于具有领域专家的知识和能力，因此这种系统能够在特定的领域和范围内，运用领域专家的专门知识和推理能力，解决在通常情况下难以处理的问题。

目前，专家系统已经进入第二代，即模糊专家系统。与第一代专家系统不同的是，第二代专家系统采用模糊集、模糊数和模糊关系来表示和处理知识的不确定性和不精确性，输入给系统的可能是一些模糊数和离散的模糊集，规则(即模糊产生式规则)则可能包含模糊数，输出(即推理结果)则可能是一个模糊集。就专家系统的结构(即组成部分)和设计方法而言，模糊专家系统与传统专家系统是类似的，模糊专家系统主要需要解决的是如下两个问题。

(1) 模糊知识表示。

(2) 模糊推理方法。

对知识表示而言，由于使用了语言变量以及它的值由上下文相关的模糊集来定义，而模糊集的含义可用各种不同的隶属函数来表示，这些隶属函数的值由领域专家给出主观判断。模糊集为这类不确定知识的表示提供了一种有力武器，它可以处理下列知识的表示。

(1) 模糊谓词，如“小”、“年轻”、“美好”。

(2) 模糊真值，如“相当真”、“很真”、“几乎是假的”。

(3) 模糊量词，如“大部分”、“很多”、“至少 50%”。

(4) 模糊概率，如“可能”、“不可能”、“不大可能”。

(5) 模糊可能性，如“很可能”、“几乎不可能”。

(6) 谓词修正词，如“很”、“或多或少”、“相当”。

由此看出，与传统专家系统相比，知识表示能力获得了极大的提高。

对基于知识的系统的模糊推理而言，模糊逻辑提供了一种统一的计算方法。例如，广义的肯定前提的假言推理、广义的否定结论的假言推理等推理方法都是基于模糊逻辑的，并在模糊(近似)推理中得到广泛应用。在传统的专家系统中，观察事实与规则前提只允许精确匹配，不允许部分匹配，而在模糊专家系统中则允许部分匹配，这就使得它与传统逻辑系统有了本质的不同，即模糊逻辑可以提供一种近似和相似的推理机制，而前者仅提供了一种精确推理机制。当然，模糊逻辑也能处理精确推理，实际上，精确推理只是近似(模糊)推理的一种特殊情况。

3. 机械设计模糊知识的表示

机械设计知识不仅丰富、复杂，而且往往具有不确定性，其主要表现在设计标准、载荷、材料强度及其应用等知识具有随机性和模糊性，知识工程师只有充分考虑到机械设计知识的不确定性，才能使专家系统设计出更加合理、经济和适用的产品，主要表现在以下几个方面。

1) 设计数据的模糊性

(1) 设计载荷的模糊性。载荷的模糊性指系统或构件承受外力是明确的(非随机的)，但不能用确定的计算或实验手段给出其值，因而载荷具有模糊性。同样载荷性质也是如此，例如，在计算减速器轴的强度时，尽管知道其载荷大小，但不能明确断定其隶属于脉动载荷还是对称/非对称循环载荷。

(2) 设计要求中概念的模糊性。设计要求作为设计的输入，存在许多定义不完备的概念。对这些概念，设计者能灵活地把握，但对计算机来说，则必须给予模糊性的描述和表达，例如，“产品的成本比预计的小得多”；“工作环境主要是……”；“我们倾向于使用……”等，它们很难用概率来描述。

(3) 设计标准、规范的模糊性。设计标准、规范等设计法规，通常给定某些参数的取值区间。对不同的设计问题，规范中的参数值是一个模糊变量，如许用应力、摩擦系数、传动效率等。

2) 设计计算模型的模糊性

设计计算模型是经过若干假设抽象而成的数学模型，对某些设计问题，不同的假设可能导出差异较大的计算模型。因此计算模型本身很难以某一明确的数学形式存在，从而使其具有模糊性。

3) 设计决策的模糊性

由于设计数据、计算模型均具有模糊性，而设计决策是以数据和模型为依据的，所以其模糊性更加复杂。

(1) 选择决策的模糊性。在设计过程中，设计者必须对总体方案、计算模型、材料、参数等作出选择，由于设计数据模糊性的传递，如“工作平稳时，K=1”，“平稳”本身是模糊概念，导致 K 选择不确定以及设计数据模糊性的叠加，如“工作平稳时，K=1～1.5”使选择决策具有模糊性。

(2) 再设计决策的模糊性。再设计即修改某一设计方案的一个或几个设计变量，是一个十分复杂的模糊决策过程。它依赖于性能参数不满足的程度(模糊的)和设计变量之间的模糊关系。

(3) 可接受决策的模糊性。对某一设计方案，确定其是否作为设计解，必须在具有模糊性甚至相互矛盾的设计要求和设计时间等多因素中决策，加之设计者的主观因素，故可接受性决策是十分不确定的。

正如上述机械设计知识所体现的模糊性一样，现实世界中求解有关问题的信息常常具有模糊性、不完备性，甚至矛盾性，人类处理这些问题的信息所使用的知识也常常是不精确、不完备的。同样的道理，当利用专家系统求解领域问题时，由于领域问题的知识和数据具有不精确性，它必然导致专家系统求解结果的不精确性，所以系统应该具备分析数据的不精确性对求解结果的可靠性估价值，即可信度因子(简记为 CF)。

2.3.5　模糊设计展望

模糊设计技术的关键是构造符合实际的隶属函数和隶属度，这种模糊关系的确定，不可避免地伴有一些人为因素，因此工程设计中必须针对客观实际，全面、细致地分析有关因素之间变化关系的特性，参照人们长期研究、积累的经验，并在实践中加以完善与调整，以确定合适的隶属函数与隶属度。

模糊逻辑推理的关键是模糊规则与模糊关系的合成运算，这涉及知识的获取与提炼及模糊算子的选择。有时，人们对生产过程还难以总结出什么成熟的经验，或者生产过程有较大的随机干涉和较大的非线性以及时滞等特征，那么控制规则就难以描述了，而合成规则及模糊算子的选择等模糊理论与计算问题，尚有待于人们去探索和完善。现在，人们把模糊逻辑与神经网络理论相结合，吸取人脑对复杂对象进行随机识别和判别的特点，不仅已取得了多方面的应用成果，而且也是模糊设计技术的一个发展趋势。

目前的模糊化解法只能得到一个确定性的点解。虽然水平截集法也能给出一系列可供选择的解，但这种方法在求解过程之前就将模糊优化问题转化为非模糊优化问题，过早地失掉了问题描述的模糊性，显得不够严密。目前，国内外从事模糊理论研究的学者提出一个新观点：一个模糊优化问题应该得到一个模糊解，即带着模糊性进行优化求解，最后结果能用模糊集合表示。这既是一个工程技术问题，又是模糊数学的理论问题，值得深入研究与探索。

模糊设计技术从模糊控制方面的应用成功，已发展到专家系统，机器人、工程结构优化，可靠性设计等方面。目前，人们正在将模糊技术扩展到经济、人文领域，并期待着在处理复杂的自然现象(如大气污染、天气、地震预报等)及复杂的工程问题(如大型成套设备的优化、CAPP、CIMS、并行工程等先进制造领域及人工智能、设计自动化等领域)中发挥较大的作用。上述广阔深层次领域的应用前景，可集中到两方面：一是智能化模糊设计软件的开发研制，它向具有高超的自然语言处理，自学习、自适应、自调整、功能强的方面发展；二是模糊技术的硬件研制，即模糊处理器、模糊计算机的研制，向体积小、速度快、推理结果准确、使用方便等方向发展。

2.4　绿色设计

过去半个多世纪的生产实践充分展示了欣欣向荣的全球经济，但是经济的迅速增长，资源的消耗以及人口的剧增，迫使人类不得不对生态系统"寅吃卯粮"。工业生产低效率地利用着资源和能源，同时大量地产生并向环境排放各种废水、废气、废渣、噪声、电磁等污染物质，使得人类的健康和生存空间受到了严重威胁。进入20世纪90年代以后，各国的环保战略开始经历新的转折，全球性的产业结构调整出现了新的绿色战略趋势，这就是向资源利用合理化、废物产生减量化及向环境无污染或少污染的方向发展。在这种"绿色浪潮"的冲击下，绿色产品逐渐兴起，相应的绿色产品设计方法就成为目前的研究热点。

2008年北京奥运会，也提出了绿色奥运的口号。不管是什么产品，只要和绿色联系起来，就能脱胎换骨，在竞争中立于不败之地。

2.4.1　绿色设计基本概念

绿色设计(Green Design)，又称生态设计(Ecological Design)、面向环境的设计(Design for Environment)等，是指借助产品生命周期中与产品相关的各类信息(技术信息、环境协调性信息、经济信息)，利用并行设计等各种先进的设计理论，使设计出的产品具有先进的技术性、良好的环境协调性以及合理的经济性的一种系统设计方法。它是以环境保护为核心的设计过程，要求在产品的整个生命周期内，着重考虑产品的环境属性(自然资源的利用、环境影响及可拆性、可重复利用性等)，并将其作为设计的目标，在满足环境目标要求的同时，满足产品应有的功能、使用寿命、经济性和质量等指标要求。

传统设计主要是根据用户提出的功能、质量和成本来设计的，这种设计方法很少考虑能源、资源再生利用以及对生态环境的影响。制造出来的产品没有有效的管理、处置和再生利用的方法，结果造成了严重的资源浪费和环境污染，这种粗放型传统设计对自然资源的可持续利用和人类生存环境构成了极大的威胁。

与现有设计相比，绿色设计的内涵更加丰富，主要表现在：绿色设计将产品的生命周期拓展为从原材料制备到产品报废后的回收处理及再利用。再利用系统的观点，将环境、安全性、能源、资源等因素集成到产品的设计活动中，其目的就是获得真正的绿色产品，绿色产品是绿色设计的最终体现。图 2.5 表示了绿色产品设计框图。

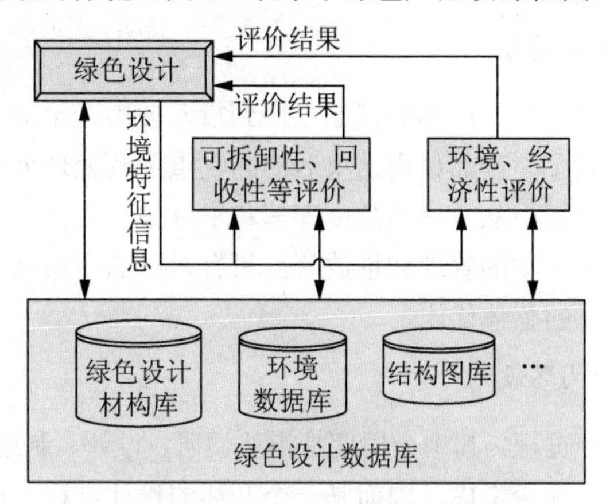

图 2.5　绿色产品设计框图

从设计过程来看，绿色设计和传统设计比较类似，包括产品定义阶段、产品设计阶段以及工艺设计阶段 3 个阶段。结合绿色设计的特点和设计流程可以将绿色设计流程细分为如图 2.6 所示的 6 个阶段：需求分析、概念设计、方案评审、详细设计、方案评审以及改进分析 6 个阶段，这 6 个阶段构成一个反馈系统，并不断地与产品数据库、知识库交换信息，为后续的设计提供知识储备。

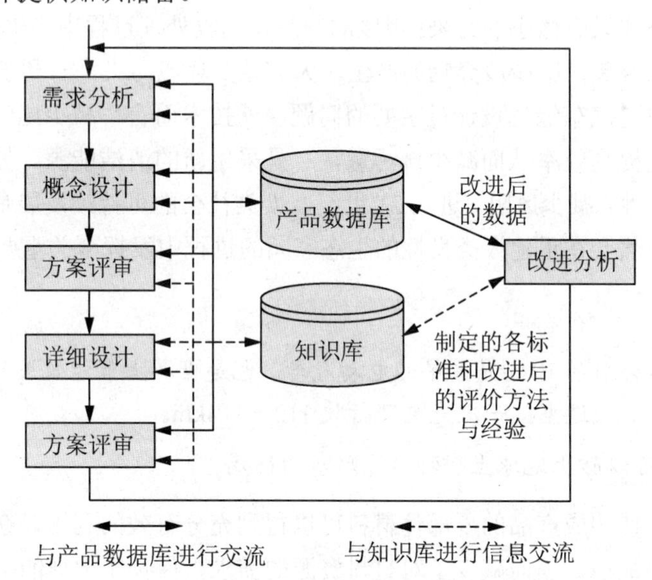

图 2.6　绿色设计过程

由于绿色设计将产品生命周期中的各个阶段(包括原材料制备、产品设计制造、产品使用维护、回收处理及再利用等)看成一个有机的整体，并从产品生命周期的整体性出发，在产品概念设计和详细设计的过程中运用并行工程的原理，在保证产品的功能、质量和成本等基本性能的条件下，充分考虑产品生命循环周期各个环节中资源和能源的合理利用、环境保护和劳动保护等问题。因此有助于实现产品生命周期中“预防为主，治理为辅”的绿色设计与制造战略，从根本上达到保护环境、保护劳动者和优化利用资源与能源的目的。综上所述，绿色设计具有以下特点。

1. 扩大了产品的生命周期

传统产品的生命周期是从“产品的试制生产到投入使用乃至淘汰”为止，而绿色设计将产品的生命周期延伸到了“产品使用结束后的回收重用及处理处置”。这种扩大了的生命周期概念便于在设计过程中从总体的角度理解和掌握与产品有关的环境问题及原材料的循环管理、重复利用、废弃物的管理和堆放等。只有对产品生命周期的各个阶段进行综合考虑，才能进行绿色设计的整体优化。

2. 绿色设计是并行闭环设计

传统设计是串行设计过程，其生命周期是指从调研、设计、制造直至报废的各个阶段，而产品报废后的回收处理很少考虑，因而是一个开环的设计过程。而绿色设计的生命周期除传统生命周期外，还包括产品废弃后的拆卸回收、处理处置，实现了产品生命周期的闭路循环，而且这些过程在设计时必须并行考虑，所以绿色设计是并行闭环设计。

3. 绿色设计有利于保护环境，维护生命系统平衡

在设计过程中分析和考虑产品的环境需求是绿色设计区别于传统设计的主要特征之一。企业在生产过程中选用清洁的原料和工艺过程，生产出清洁的产品；用户在使用产品时不产生环境污染或只有微小的污染；报废的产品在回收处理过程中产生的废弃物也很少。因而绿色设计可从源头上减少废弃物的产生，大大减少环境污染，有利于环境保护。

减少污染排放是汽车绿色设计最主要的问题。就技术而言，减少尾气污染的方法主要有两个方面，一是提高效率从而减少排污量，二是采用新的清洁能源。另外，还需要从外观造型上加强整体性，减少风阻。进入21世纪，人类社会的可持续发展是一项极为紧迫的课题，绿色设计必然会在重建人类良性的生态家园的过程中发挥至关重要的作用。

知识链接

美国通用汽车公司的EV1是最早的电动汽车，也是世界上节能效果最好的汽车。它采用全铝合金结构，流线造型，一次充电可行驶112～114km。

4. 绿色设计可以防止地球上矿物资源财富的枯竭

由于绿色设计使构成产品的零部件材料可以得到充分有效的利用，在产品的整个生命周期中消耗的能源最小，因而减少了对材料资源的需求，保护了地球的矿物资源，使其可合理持续利用。

5. 绿色设计的结果是大大减少了废弃物数量及对其处理的棘手问题

绿色设计将废弃物的产生消灭在萌芽状态，可使其数量降低到最低限度，大大缓解了垃圾处理的矛盾。

2.4.2　绿色设计主要内容

绿色设计研究的主要内容包括以下 5 个方面。

1. 绿色产品的描述与建模

准确全面地描述绿色产品，建立系统的绿色产品评价模型是绿色设计的关键。例如，针对冰箱产品，已提出了绿色产品的评价指标体系、评价标准制定原则，利用模糊评价法对冰箱的“绿色程度”进行了评价，并开发了相应的评价工具。

2. 绿色设计的材料选择与管理

材料选用是绿色产品设计中的重要环节，选材的合理性在很大程度上影响着产品的整个设计过程以及产品的功能和性能。传统的产品设计主要是从材料的功能、性能、是否经济、是否满足使用者要求的角度考虑选材，而很少考虑材料的加工对环境影响和材料是否可重利用的问题。随着环境的日益恶化，人们的绿色意识不断增强，现代生活消费和工业生产对产品提出了更高的要求：产品不仅应满足功能、使用性能以及经济性要求，还应能有效地保护环境，即具有很好的环境协调性。然而，在成千上万种工程材料中，有许多是有毒的或不易回收处理的，它们的使用必定会给环境和人类健康造成极大的损害。因此，为了向市场提供绿色产品，在产品设计阶段必须认真选材与管理。影响产品材料选择的因素很多，但按照绿色设计的设计原则归纳起来主要有 3 条，即材料的技术性、环境的协调性以及经济性。

1) 材料的技术性原则

材料的技术性主要包括材料的力学性能(强度、延展性、硬度、耐磨性等)、物理性能(密度、导热性、导电性、磁性等)、化学性能(抗氧化性、抗腐蚀性等)。

2) 材料的环境协调性原则

材料的环境协调特性评估是绿色产品设计过程中材料选择的重要依据之一。它是指材料在其生命循环周期内节省能源、节省资源、保护环境、保护劳动者的程度。例如，在汽车和电子工业中，最常用的是含铅和锡的焊料。但是铅的毒性极大，所以近年来，已经在油漆、汽油和其他诸多产品中限制或禁止使用它。

3) 材料的经济性原则

材料的经济性原则不仅指优先考虑选用价格比较便宜的材料，还指要综合考虑材料对整个制造，运行使用、产品维修乃至报废后的回收处理成本等的影响，以达到最佳技术经济效益。

相关案例

宝马(BMW)公司生产的 Z1 型汽车，其车身全部由塑料制成，可在 20 分钟内从金属底盘上拆除。车上的门、保险杠和前、后、侧面的操作板都由通用公司生产的可回收利用的热塑性塑料制成。

3. 产品的可拆卸性设计

产品的可拆卸性设计(Design For Disassembly，DFD)，现代机电产品要具有良好的拆卸性能，拆卸性设计已成为目前绿色设计研究的重点之一。拆卸分为破坏性拆卸(Destructive

Disassembly)和非破坏性拆卸(Non-destructive Disassembly)两种，目前对 DFD 的研究主要集中于非破坏性拆卸。可拆卸性要求在产品设计的初期就把可拆卸性作为结构设计的一个评价准则，使所设计的结构易于拆卸，维护方便，并可在产品报废后可重用部分能充分有效地回收和重用，以达到节约资源和能源、保护环境的目的。可拆卸性评价指标就是对设计方案进行评价——修改——再评价——再修改直至满足设计要求的一种动态过程，包括拆卸费用、拆卸时间、拆卸能耗和拆卸造成的环境影响等，如图 2.7 所示。

根据产品设计经验及技术资料，应考虑以下几方面内容。

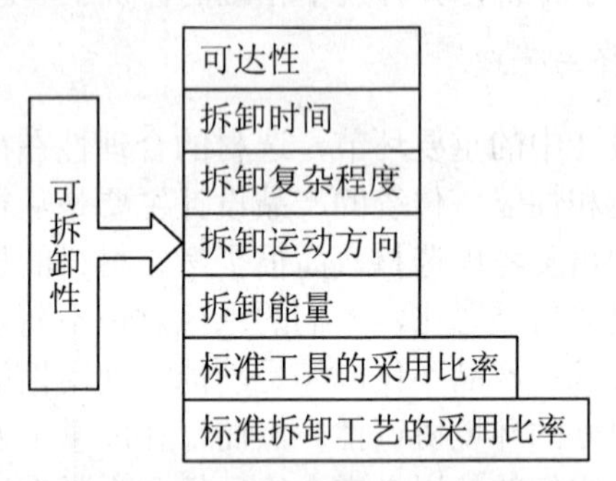

图 2.7　可拆卸性的主要指标

1) 明确拆卸对象

在进行产品设计时，首先应该明确产品报废后，哪些零件必须拆卸，应如何进行拆卸，拆卸所得资源应以什么方式进行再生、再利用。

2) 尽量减少拆卸工作量

拆卸工作量是用来衡量产品拆卸性能的重要指标。减少拆卸工作量可以通过两种途径来实现：一种就是在保持产品原有的功能要求和使用条件的前提下，尽可能简化产品结构和外形，减少组成零部件数量和类型，或者是使产品的结构设计更加利于拆卸；另一种就是尽量简化拆卸工艺，减少拆卸时间，降低对维护、拆卸回收人员的技能要求。

3) 在结构上尽量简化设计，减小拆卸难度

产品零部件之间的连接方式对拆卸性能有重要的影响。设计过程中要尽量采用简单的连接方式，尽量减少紧固件数量，减少紧固件的类型，在结构设计上应该考虑到拆卸过程中的可操作性并为其留有操作空间，使产品具有良好的可达性和简单的拆卸路线。

4) 易于拆卸

要提高拆卸效率，拆卸的可操作性和方便性是非常重要的。

5) 易于分离

在产品设计时，应尽量考虑避免零件表面的二次加工(如油漆、电镀、涂覆等)、零件及材料本身的损坏、回收机器(如切碎机等)的损坏，并为拆卸回收材料提供便于识别的标志。

6) 产品结构的可预估性准则

产品在使用过程中，由于存在污染、腐蚀、磨损等，且在一定的时间内需要进行维护，这些因素均会使产品的结构产生不确定性，即产品的最终状态与原始状态之间发生了较大的改变。

4. 产品的可回收性设计

产品的可回收性设计(Design For Recycling & Recovery，DFR)，产品回收在其生命周期中占有重要的位置，一般回收策略可分为使用中的回收和使用后的回收两类，它们包括继续使用(Reusing)、重新使用(Using on)、继续利用(Reutilization)和重新利用(Utilizing on)，正是通过各种各样的回收策略，产品的生命周期形成了一个闭合的回路。可回收性设计是在产品设计初期充分考虑其零件材料的回收可能性、回收价值大小、回收处理方法、回收处理结构工艺性等与回收性有关的一系列问题，最终达到零件材料资源、能源的最大利用，并对环境污染的最小的一种设计思想和方法。在美国、欧洲、日本，国家指定的回收法规引起学术界和工业界的高度重视，许多学者和研究人员针对产品的可回收性提出了各自的理论。

可回收性设计主要包括以下几方面的内容。

(1) 可回收材料及其标志；

(2) 可回收工艺与方法；

(3) 可回收性经济评价；

(4) 可回收性结构设计。

5. 绿色产品的成本分析

绿色产品的成本分析与传统的成本分析不同，包括了生产成本、使用成本以及回收处置成本。由于在产品设计初期，就必须考虑产品的回收、再利用等性能，因此在进行成本分析时，就必须考虑污染物的替代、产品拆卸、重复利用成本、特殊产品相应的环境成本等，对企业来说，是否支出环保费用，也会形成产品成本上的差异；同样的环境项目，在各国或地区间的实际费用，也会形成企业间成本的差异。因此，在做每一项设计决策时都应进行绿色产品成本分析，以便设计出的产品“绿色程度”高且总体成本低。

6. 绿色产品设计数据库

绿色产品设计数据库是一个庞大复杂的数据库。该数据库对绿色产品的设计过程起着举足轻重的作用，它应包括产品寿命周期中与环境、经济、技术、对策等有关的一切数据与知识，如材料成分、各种材料对环境的影响值、材料自然降解周期、人工降解时间、费用、制造、装配、销售、使用过程中所产生的附加物数量及对环境的影响值、环境评估准则所需的各种评判标准、设计经验等。

2.4.3 绿色设计分析方法

为了满足绿色产品技术、环境协调性和经济特性的需求，绿色设计将多种现代设计思想和方法有机地集成起来。下面是一些常用的分析方法。

1. 系统论的设计思想与方法

绿色设计活动是利用机械学、电子技术、材料科学、计算机技术、环境科学、自动化技术等学科的理论和方法，将各种产品需求转化为有形(或无形)产品或财富的过程。为了有效地实现这种转变，必须将设计中涉及的方方面面(人、组织、技术和方法等)有机集成起来，形成一个整体，才能达到总体最佳的效果。设计活动不能随心所欲，它受到来自各方面的约束。由此可见，绿色设计是一个复杂而庞大的系统工程，设计者必须运用系统工程的原理和方法来规划绿色设计。

绿色设计在原来只强调技术和经济的现有设计的基础上增加了有关环境协调性的内容，因此设计往往具有多个目标。由于设计中的各种因素对目标的影响程度是不一样的，因此在设计时，应该从整体、综合的角度来分析问题，避免因片面追求某一目标，而忽略了其他目标，使设计在技术与艺术、功能与形式、环境与经济、环境与社会等联系中寻求一种平衡和优化。

绿色设计的设计信息涉及产品整个生命周期过程中的各种技术信息、环境协调性信息、经济信息以及法律法规(如各种设计方法、相关生产设备、市场分析信息、产品需求以及相关的法律法规等)，信息收集跨越的时间长、空间广，各种信息之间存在一定的相关性，因此应运用系统论的思想对其影响范围、影响方式和影响程度进行研究，找到设计中的主要矛盾和次要矛盾，使设计者能够有的放矢。

可见，系统论作为一种方法论，它研究的是如何认识和创造事物，并非是一种设计技术，但它却是绿色设计的基础，对指导设计具有重要的意义。

2. 并行工程

并行工程是集成和并行地设计产品及相关过程的系统化方法，是全球市场竞争的需求，也是增强企业新产品开发能力的有效手段。它要求产品开发人员从设计一开始即考虑产品生命周期中的各种因素。它通过组成多学科产品开发队伍、改进产品开发流程、利用各种计算机辅助工具等手段，使产品开发的早期阶段能及早考虑下游的各种因素，达到缩短产品开发周期、提高产品质量、降低产品成本、实现产品的绿色特性、增强企业的竞争能力的目的。由于并行工程站在产品生命周期全过程的高度，打破了传统组织结构带来的部门分割封闭的观念，强调参与者协同工作的效应，重构产品开发过程并运用先进的设计方法学，在产品设计的早期阶段就考虑到其后期发展的所有因素，它有助于将绿色设计中产品生命周期各阶段的技术信息、经济信息、环境信息、能源资源信息以及劳保信息有机集成起来，从全生命周期的角度实现绿色产品，因此，并行工程被认为是绿色设计的核心，如图 2.8 所示。

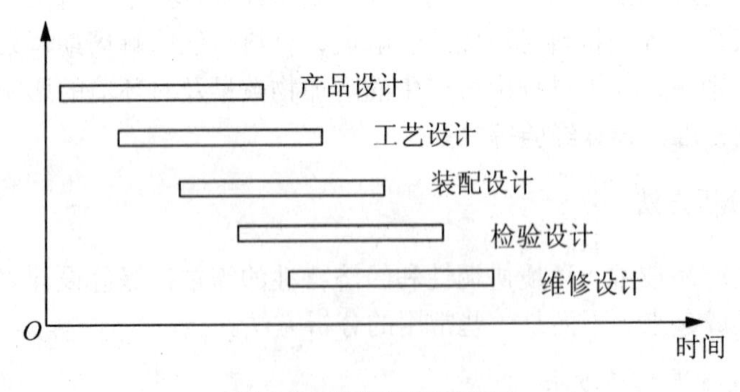

图 2.8　并行工程示意图

3. 生命周期分析

生命周期分析(Life Cycle Analysis，LCA)，是绿色设计的分析基础。它根据产品待分析或评估目标(如技术特性、经济特性、环境协调性等)，对产品生命周期的各个阶段(材料制备、设计开发、制造、包装、发运、安装、使用、最终处理及回收再生)进行详细的分析或评估，从而获得产品相关信息的总体情况，为产品性能的改进提供完整、准确的信息。它是针对日益严重的环境问题和公众日益提高的环保意识而发展起来的一门技术。其评价框架如图 2.9 所示。LCA 方法一经提出，便受到各国学术界、工业界和政府的重视。

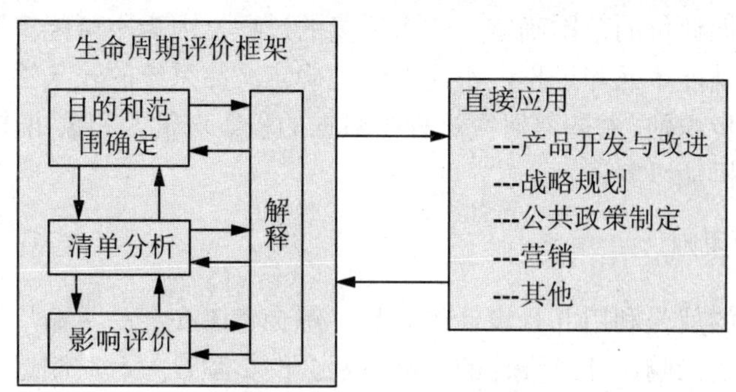

图 2.9　生命周期评价框架

**知识链接**

从 1993 年以来，国际标准化组织(the International Organization for Standardization，ISO)便开始进行 LCA 的国际标准化研究。LCA 的普通标准已于 1997 年完成，并编制在 ISO14040 中。主要包括：①确定 LCA 的目标和界定范围(Goals & Scoping)；②清单分析(Inventory Analysis)；③影响评价(Impact Assessment)；④生命周期解释(Life Cycle Interpretation)几个部分。

绿色设计的生命周期评价过程主要包括如下 5 个方面。

1) 确定评价目标

确定评价目标是生命周期评价的第一步，该步骤的作用就是让决策者或设计者决定用生命周期评价方法做什么，或者根据生命周期评价的结果确定如何进一步进行产品设计或改进，以实现产品技术先进性、环境协调性和经济合理性三者的综合最优。评价目标必须根据进行生命周期评价的动机而定，可以是一个，也可以是多个。

2) 确定评价范围

在评价目标确定后，生命周期评价的任务就是妥善规定研究范围，以保证研究的广度、深度和详尽程度与之相符，并足以适应所确定的评价目标。

3) 确定输入输出初步选择准则

产品生命周期中的输入输出很多，因此必须对输入输出作出初步选择，以确定产品系统中重要的输入输出。

4) 确定数据质量的要求

数据质量直接关系到生命周期评价结果的正确性、可信度。表述数据的质量要求对于正确认识研究结果的可靠性以及恰当解释研究结果都是很重要的。数据质量应通过定性、定量及数据收集与合并方法来表征。

5) 确定影响类型和影响评价方法

在进行方案比选时，通常会出现这样的情况：某方案的某几项指标优于别的方案，但另外几项指标又比别的方案差。因此确定合理的影响类型和影响评价方法会直接影响产品生命周期评价的结果。

由此可见，在进行产品生命周期评价范围确定时，必须弄清楚产品的制造、使用和废弃后的处理全过程以及用户的需求，同时结合基准产品的分析信息，并以此为依据进行确定。也就是说，产品生命周期评价范围的确定实际上就是一个粗略的评估过程。这里特别强调：产品生命周期评价的范围确定有一个反复的过程，因为不可能一开始就能准确地确定产品系统的关键功能单元和过程，不能准确地确定产品系统的输入输出。一般都是先利用现有数据作出初步识别，并随着研究进程中数据的积累对输入和输出作出更充分的识别，最后通过敏感性分析加以验证。

2.4.4 绿色设计的原则

绿色设计的目的就是利用并行设计的思想，综合考虑在产品生命周期中的技术、环境以及经济性等因素的影响，使所设计的产品对社会的贡献最大，对制造商、用户以及环境的负面影响最小。这是解决生产的环境污染和资源效率问题的根本方法和途径，是未来产品生产的必由之路，也是发展循环经济的新要求。与传统设计相比，绿色设计的设计原则如下。

1. 技术先进性原则

绿色设计要使设计出的产品为“绿色”，强调在产品生命周期中采用先进的技术，从技术上保证安全、可靠、经济地实现产品的各项功能和性能，保证产品生命周期全过程具有很好的环境协调性。

2. 技术创新性原则

技术创新是绿色设计的灵魂，绿色设计作为一门新兴的交叉性边缘学科，它面对的是以前从来没有解决过的新问题，这样的学科必然伴随着技术上的创新。所以在绿色设计中，设计者们要善于思考，敢于想象，大胆创新。

3. 功能先进实用原则

功能先进实用是绿色设计的根本原则，绿色设计的最终目标是向用户和社会提供功能先进实用的绿色产品。不能满足顾客需求的设计是绝对没有市场的。所以在任何时候，都应将产品功能先进实用作为设计的首要目标。

功能先进性意味着产品应采用先进技术来实现产品的功能。同样的功能，用先进技术来实现不仅容易，产品的可靠性也会提高，产品会变得更加实用，功能的扩展也更容易。功能实用性意味着产品的功能不仅能够满足用户要求，并且性能可靠、简单易用，同时它排斥了冗余功能的存在。目前国际上兴起的“低价位”产品热正好反映了制造厂家观念的改变。

4. 环境协调性原则

绿色设计强调在设计中通过在产品生命周期的各个阶段中应用各种先进的绿色技术和措施，使得所设计的产品具有节能降耗、保护环境和人体健康等特性。环境协调性原则就是指产品从生产到使用乃至废弃、回收处理的各个环节都对环境无害或危害最小，使产品和环境和谐，这就要求设计人员在设计时，首先，要使用绿色材料，从环保的角度出发，在选择材料时，尽可能用低能耗、无毒、无污染或污染最小、能降解的材料。其次，在考虑选用资源时，设计者应从社会可持续生产的观念出发，考虑资源的再生能力，应尽可能选用可再生资源。最后，设计者还应尽可能最大限度地利用资源，力求使产品产生的废气、废水、废渣最少。

5. 资源最佳利用原则

资源最佳利用原则包括两个方面的内容：一是在选用资源时，应从可持续发展的观念出发，考虑资源的再生能力和跨时段配置问题，不能因资源的不合理使用而加剧枯竭危机，尽可能使用可再生资源；二是设计师尽可能保证所选用的资源在产品的整个生命周期中得到最大限度的利用。

6. 能量最佳利用原则

在选用能源类型时，应尽可能选用可再生能源，优化能源结构，尽量减少不可再生能源的使用，以有效地减缓能源危机。通过设计，力求使产品在全生命周期中能量消耗最少以减少能源的浪费，同时，减少由于这些浪费的能量造成的环境污染。

7. 污染极小化原则

绿色设计应彻底抛弃传统的“先污染、后治理”的末端治理方式，在设计时就充分考虑如何使产品在其全生命周期中对环境的污染最小，如何消除污染源，从根本上消除污染，要兼顾产品的整个生命周期及整个回收过程都不排放有毒有害不可降解的物质。产品在其全生命周期中产生的环境污染为“零”是绿色设计的理想目标。

8. 安全宜人性原则

绿色设计不仅要求考虑如何确保产品生产者和使用者的安全，而且还要求产品符合人机工程学、美学等有关原理，以使产品安全可靠、操作性好、舒适宜人。也就是说，绿色设计不仅要求所设计的产品在其全生命周期过程中对人们的身心健康造成的伤害最小，还要求给产品的生产者和使用者提供舒适宜人的作业环境。

9. 综合效益最佳原则

经济合理性是绿色设计中必须考虑的因素之一。一个设计方案或产品若不具备用户可接受的价格，就不可能走向市场。与传统设计不同，绿色设计不仅要考虑企业自身的经济效益，而且还要从可持续发展的观点出发，考虑产品全生命周期的环境行为对生态环境和社会所造成的影响，即考虑设计所带来的生态效益和社会效益。以最低的成本费用收到最大的经济效益、生态效益和社会效益。

【应用案例 2-5】

以一款新型电视机的设计为例。

首先进行项目描述与制定。随着环境与生产矛盾的日益突出以及绿色观念的盛行，再加上生产技术成熟、普及率的提升，电视机作为人们常用的大型家电之一，其传统模式的生产与销售面临着重重压力。为提高产品竞争力和市场占有率，宜采用可持续发展的绿色设计观，研制出健康、宜人的绿色电视机。其次进行市场调研。网络调查为主，实地考察为辅，以调查问卷或设计竞赛的形式搜集电视机需求与创意，把握目标对象及大致价格；从专利、新闻资料中搜查科技、法律信息，以利于产品材料选择、结构工艺的设计，调查生产企业的企业文化、生产能力、设备、绿色程度等。最后进行产品及工艺设计。可持续发展的绿色设计观要求产品设计要综合考虑环境、材料、工艺、造型、使用环境、消费者心理等各种因素，而以环境亲和性、使用合理性、消费者心理的满足性为开发的重点。

(1) 设计定位。经过信息汇总后，将使用人群主要定位于初建家庭的青中年身上，价格在人民币 1 000～3 000 元之间。他们正处于精力旺盛的时期，收入丰厚，生活紧张。电视机对他们来说，既是获得信息、充实生活的工具，更是饭后休息、缓解生活压力的有效渠道。因此，他们对电视机的健康安全性、造型体现的文化性尤其关心。

(2) 设计方案。经过创意整合，各部门的共同参与，确立了本套方案。

A.环境因素。

a. 材料——以可完全回收的聚碳酸酯类为主，配以木质外壳；因技术所限，部分有毒有害的材料集成于模块之中。外包装为可再生纸，内衬泡类防振物。

b. 结构工艺——通过可拆卸、可回收的模块化设计，使整个产品成为利于拆卸的几个部分，方便装配、拆卸、维修、回收。

c. 生产加工——注重生产过程的环境、资源属性，对木质材料浅加工。

d. 运输与销售——提高运输效率，适度扩大生产网点；货到后立即拆去包装，运回再使。

e. 使用——杜绝辐射污染，采用新技术使其具有节能特点。

f. 维修与服务——模块化生产零部件，再加上易拆卸结构，遍布网点，为消费者创造优秀的服务。

g. 回收处理——优先重用回收零部件，尽量提高材料回收利用率，革新废弃物的处理工艺，减弱其对环境的影响。

B. 人体生理因素。

采用液晶(LCA)等先进无辐射技术，保证人体的健康；设定电视摆放高度、倾斜度、视距等参考值；遥控器、按键等按人机工程学设计，并保证有较大自由度，方便抓握、使用。

C. 人体心理因素。

该作品取名为“画影”，深刻阐释了其造型及功能的完美含义：彩电荧屏好似一幅侧放的国画，纯平，比例恰当；“画轴”则是两个可互换的音箱，营造出立体声的效果；内设电子器件的木质底座，平衡稳定。另外，彩电的遥控器造型精巧，风格飘逸。

这款绿色电视充分地体现了未来电视所应具备的优点。它在生产制造的过程中采用了环保节能型材料加工、零部件制造、装配工艺，慎重到了考虑生产部门的工作环境对人们生理、心理的影响，充分地展现了未来绿色产品的方向。这既符合法律法规的要求，又体现人类的道德伦理。

2.4.5 绿色设计关键技术

1. 面向环境的设计

面向环境的设计(Design For Environment，DFE)是在世界“绿色浪潮”中诞生的一种新型产品设计概念，DFE 是以面向环境的技术为原则进行的产品设计。与传统设计不同的是，DFE 涉及产品整个生命周期，是从摇篮到再现的过程，其强调要从根本上防止污染，节约资源和能源，关键在于设计与制造，不能等产品产生了不良的环境后果后再采取防治措施，要预先设法防止产品及工艺对环境产生负作用，然后再制造。

面向环境的产品设计的关键技术主要有以下 9 个方面。

(1) 绿色产品的描述和建模；

(2) 绿色产品的评价体系和方法研究；

(3) 绿色产品的集成设计理论与方法的研究；

(4) 适合绿色产品设计的环境指标的建立及其规则化和量化；

(5) 绿色产品设计的材料数据及数据库的建立；

(6) 面向回收的产品可拆卸性设计及评价方法和评价指标体系的建立；

(7) 可拆卸结构的模块划分及接口设计；

(8) 可回收零件及材料的识别与分类系统；

(9) 开发针对具体产品的系统设计工具平台。

2. 面向能源的设计

面向能源的设计技术是指：用对环境影响最小和对能源消耗最少的方式支持产品的整个生命周期，并以最少的代价获得能源的可靠回收和重新利用。首先是能源供给驱动方式的优化，不同类型的产品在设计中可明确优化出能源的供给形式；其次是能源的回收和重新利用的有效性、经济性分析和优化。各种能源的消耗最终多是以热量消耗的形式排放，采用传热学理论并将相应的技术方法如热管、热泵、蓄热镶边材料等技术应用于产品设计，有效回收排放的热量，并进行品质提升，供其他环节再使用。

面向能源设计技术应用的最终目的是控制能源消耗和无效排放，从而达到节约能源和保护环境的目的，其关键技术主要有 10 个。

(1) 新能源基础理论和技术实现的可行性研究；

(2) 新能源技术经济性分析和成本控制技术研究；

(3) 主能源结合辅助能源的相关性和成本控制研究；

(4) 产品能源消耗关系模型研究；

(5) 减少能源消耗环节直接驱动机理和应用研究；

(6) 能源回收机理的基础性研究；

(7) 能源回收重用转换机制和结构体系的研究；

(8) 能源回收利用的经济性研究；

(9) 能源使用最佳控制方式的研究；

(10) 能源先进控制技术的标准化研究。

3. 面向材料的设计

面向材料的设计技术是以材料为对象，在产品的整个生命周期中的各个阶段中，以材料对环境的影响和有效利用作为控制目标，在实现产品功能要求的同时，使其对环境污染最小和资源消耗最少的绿色设计技术。首先是产品计划阶段，用产品的技术性、经济性和环境性等多指标进行新产品设计的可行性分析，选择对环境污染小的绿色材料加以有效利用，确定出各种可行的与环境协调的方案；其次是方案设计阶段，在对各种可行性方案进行功能及经济性分析的同时，还要对满足功能要求的各种材料进行环境性能评价，选择出性能最优的设计方案；再次是结构设计阶段，优化筛选新材料，使所设计的结构要具备应有的功能、良好的工艺性，同时还要易于拆卸和回收；最后是详细设计阶段，对产品所用材料按其拆卸性能、回收性能和重复利用性能进行统计建库，以便于产品废弃后的回收与处理。

绿色产品的材料选择就是要强调保护环境，防止污染和非再生资源的滥用，以及把环保因素及材料的工程性质共同作为选材的目标，使产品既具有优良的预定性性能，又有利于保护生态环境，其关键技术主要有 7 个。

(1) 新材料的开发和研制技术；
(2) 新材料的使用化设计技术；
(3) 现有材料的环境性能改进技术；
(4) 材料的回收、处理和再利用技术；
(5) 绿色材料的数据库管理技术；
(6) 绿色材料的评价技术；
(7) 基于材料选择的 CAD 技术。

4. 面向再生的设计

减少环境污染和节省自然资源是绿色产品设计的基本目标，合理的再生方法会产生巨大的经济和社会效益。然而，目前废弃产品再生的再生率并不理想。造成再生困难的原因一是缺少更有效的再生技术；另一个主要原因就是产品的设计没有考虑回收和再生，如果能够在设计时就考虑回收和再生，就可以大大提高废弃产品的再生率，这样就产生了面向再生的设计方法。

依照产品再生的形式，面向再生的设计策略关键技术主要有如下两方面。

(1) 零部件的再使用。零部件的拆卸应尽可能不损坏原有的功能，并且使拆卸过程尽可能的方便。

(2) 材料的再利用。限制材料的种类数，特别是塑料，考虑材料的兼容性，并尽可能使用再生材料，形成一个有效使用资源的良性循环。

2.4.6 绿色设计发展及未来趋势

1. 国外绿色设计研究进展

绿色设计已成为现代设计技术的研究热点之一，是近几年来重要国际会议探讨的主要内容。

【应用案例 2-6】

国际 CIRP 执行成员，丹麦工业大学的 Leo Alting (奥尔廷)教授等于 1993 年提出了对环境、职业健康、资源消耗产生最小影响的持续工业生产。美国国际贸易及工业部工业科学技术代理处所属的机械工程实验室的 Inoue 及 Sato 也提出了对工业产品环境问题的看法，并在该实验室开始着手“生态工厂技术”的协作项目。日本通产省从 1992 年开始实施一项“生态工厂”的十年计划，对生产系统工厂和恢复系统工厂进行研究。美国克莱斯勒、通用和福特三大汽车公司共同创立了汽车回收开发中心，对新车进行拆卸研究，以便学会如何改进汽车设计，使拆卸更容易。瑞典富豪汽车公司(Volvo)正在实施一项为期 4 年的汽车回收计划，目标是建立一个示范性汽车回收设施，以便充分地利用废旧汽车的塑料、橡胶、玻璃、织物和钢材。

2. 国内绿色设计研究进展

我国也对绿色设计和绿色制造进行了一些研究，并且一些成果已在一些绿色产品的设计中得到应用，但与发达国家相比，无论是在范围还是数量上都有很大差距，尚处于初步的萌芽阶段。我国工业发展至今还没有完全走出高能耗、高投入的粗放型发展模式，单位能耗比发达国家高出许多，“三废”排放量大，污染严重，严重影响了国产产品的国际市场竞争力。因此，能否在绿色设计与制造方面有所作为，已不再是一个间接的或长远的效益问题，而是一个直接的效益问题。

知识链接

可喜的是，绿色设计的研究已得到国内各方面的广泛重视，在国家自然科学基金、“863”高技术研究项目中，与绿色设计有关的内容不断增加；研究单位也不断增多，目前已有合肥工业大学、重庆大学、华中科技大学、上海交通大学等科研院所在从事这方面的研究工作。从总体研究现状来看，与国外基本处于同一水平，但目前尚缺乏系统的绿色设计理论、设计方法和绿色设计计算机辅助支持工具。所以应加大投入，结合我国国情开展系统的绿色设计研究，尽快地使我国的产品和产业与国际市场接轨，提高竞争力，实现经济、社会与环境保护的同步发展。

3. 绿色设计与传统设计

传统设计是绿色设计的基础，绿色设计是传统设计的发展补充和完善，传统设计只有在运用设计目标的基础上把环境属性也作为产品的设计目标之一，才能使所设计的产品满足绿色性能的要求，具有市场竞争力，二者在设计依据、设计人员、设计工艺、设计目的等方面都存在极大的不同。为传统设计与绿色设计之间的关系见表 2-2。

表 2-2　传统设计与绿色设计

比较项目	传统设计	绿色设计
设计依据	依据用户对产品提出的功能、性能、质量及成本要求来设计	依据环境属性与产品的基本属性来设计
设计人员	很少考虑产品的环境属性	要求设计人员在产品构思及设计阶段必须考虑降低能耗、资源重复利用及环保
设计工艺	在制造和使用中很少考虑产品回收，仅优先考虑贵重金属材料的回收	在产品制造和使用中可拆卸、易回收、不产生毒副作用，保证产生最少的废弃物

续表

比较项目	传统设计	绿色设计
设计目的	为需求而设计	为需求和环境而设计，满足可持续发展的要求
产品	传统意义的产品	绿色产品或绿色标志产品

4. 绿色设计工具软件

由于绿色设计方法涉及的内容很复杂，因而必须有相应的工具软件借助于计算机的支持才能完成其工作。随着新理论与方法的出现，大量相关软件业随之研制开发。目前比较著名的软件有斯坦福大学生命周期工程小组开发的 LASER 1.0；G.Boothroyd 和 P.De Whurst 开发的 DFA 软件 DFA/Pro 7.1；匹兹堡绿色工程公司开发的原形软件系统 Restar；Windso 大学并行工程系开发的 EDIT 等。

5. 绿色设计的未来趋势

国际经济专家分析认为：目前的绿色产品比例大约为 5%～10%。再过 10 年，所有的产品都将进入绿色设计家族，可回收、易拆卸、部件或整机可翻新和循环利用。也就是说，在未来 10 年内，绿色产品有可能成为世界主要商品市场的主导产品，而绿色产品的设计也将成为工业生产行为的规范。可以预言，今后不实行绿色设计，产品进入国际市场的资格将被取消。

绿色设计从社会、经济和环境的复杂系统结构出发，采用技术手段和方法，实现三者之间的有效协调和平衡。绿色设计不仅降低了成本，提高了产品质量，而且增加了产品的附加值，甚至可以带动企业或整个行业的振兴与全面发展。绿色设计已成为我国机械制造业实现可持续发展的有效途径，具有广泛的应用前景。但是，由于绿色设计涉及的学科领域多(如机械学科、材料学科、环境保护、社会科学和管理科学等)，范围广，属于多学科交叉研究范围，目前还处于不断的发展完善之中。因此，绿色设计的实施还需要企业、社会和研究机构共同努力，协同研究。

产品绿色设计与制造的发展趋势的主要表现如下。

(1) 全球化。随着近年来全球化市场的形成以及我国加入 WTO，绿色产品的市场竞争将是全球化的。

(2) 社会化。绿色设计和制造的研究与实现需要全社会的共同努力和参与，以建立绿色设计与制造所必需的社会支持系统。

(3) 集成化。目前，产品和工艺设计与材料选择系统的集成、用户需求与产品使用的集成、绿色制造的过程集成等集成技术的研究将成为绿色设计与制造的重要研究内容。

(4) 并行化。绿色设计今后的一个重要趋势就是与并行工程相结合，从而实现并行式绿色设计。

(5) 智能化。绿色设计与制造的决策目标体系是现有制造系统目标体系与环境影响、资源消耗的集成，绿色产品评估指标体系及评估专家系统，均需要人工智能技术的参与。

(6) 产业化。绿色设计与制造的实施将导致一批新兴产业的形成，包括废弃物的回收处理装备制造业、废弃物回收处理的服务产业、绿色产品设计与制造业和实施绿色设计与制造的软件产业等。

2.5 人工神经网络

人类大脑是宇宙中已知的最复杂、最完善和最有效的信息处理系统。解释大脑活动的机理和人类智能的本质，制造具有类似人类智能活动能力的智能机器，开发智能应用技术，模仿人类的智能是长期以来人们认识自然、改造自然和认识自身的理想。在过去的几十年里，在神经生理学、心理学、控制论、信息论和认知科学等一大批基础学科研究成果的基础上，从信息处理的角度来研究脑和机器的智能，取得了许多可喜的进展。人工神经网络具有一些显著的特点：具有非线性映射能力；不需要精确的数学模型；擅长从输入输出数据中学习有用的知识；容易实现并行计算；由于神经网络由大量简单的计算单元组成，因而易于用软件实现等等。正因为神经网络是一种模仿生物神经系统构成的新的信息处理模型，并具有独特的结构，所以人们期望它能解决一些用传统方法难以解决的问题。

2.5.1 人工神经网络发展

人工神经网络起源于 20 世纪 40 年代。目前，其理论和应用研究得到了极大的发展，而且已经渗透到几乎所有的工程领域。但是，人工神经网络的发展过程并不是一帆风顺的，至今发展已半个多世纪，大致分为 3 个阶段。

1. 20 世纪 50 年代至 20 世纪 60 年代：第一次研究高潮

早在 1943 年，心理学家 McCulloch 和数学家 Pitts 就已合作提出了神经元的数学模型，即 MP 模型，从此开创了神经科学理论研究的时代。1949 年，心理学家 Hebb 提出了神经元之间突触联系强度可变的假设，即改变神经元连接强度的 Hebb 规则，为神经网络的学习算法奠定了基础。1957 年 Rosenblatt 提出了感知机模型(Perceptron)，第一次把神经网络研究把纯理论的探讨付诸于工程实践。1962 年 Widrow 提出了自适应线性元件(Adaline)。它是连续取值的线性网络，主要用于自适应系统，这与当时占主导地位的以符号推理为特征的传统人工智能途径完全不同，因而形成了神经网络、脑模型研究的高潮。

2. 20 世纪 60 年代至 20 世纪 70 年代：低潮时期

到了 20 世纪 60 年代，人们发现感知器存在一些缺陷，例如，它不能解决异或问题，因而研究工作趋向低潮。不过仍有不少学者继续对神经网络进行研究。Grossberg 提出了自适应共振理论；Kohenen 提出了自组织映射；Fukushima 提出了神经认知机网络理论；Anderson 提出了 BSB 模型；Webos 提出了 BP 理论等。这些都是在 20 世纪 70 年代和 20 世纪 80 年代初进行的工作。

3. 20 世纪 80 年代至今：第二次研究高潮

进入 20 世纪 80 年代，神经网络研究进入高潮。1982 年，美国物理学家 Hopfield 提出了 Hopfield 神经网络模型，有力地推动了神经网络的研究。他引入了“计算能量函数”的概念，给出了网络稳定性判据。1984 年，他又提出了连续时间 Hopfield 神经网络模型，为神经计算机的研究做出开拓神经网络用于联想记忆和优化计算的新途径，有力地推动了神经网络的研究。 Felemann 和 Ballard 的连接网络模型指出了传统的人工智能计算与生物计算的区别，给出了并行分布处理的计算原则。Hinton 和 Sejnowski 提出的 Boltzmann 模型借用了统计物理学的概念和方法，首次提出了多层网络的学习算法。1986 年，Rumelhart 和 McCelland 等人提出了并行分布处理(PDP)的理论，同时提出了多层网络的误差反向传播学习算法，简称 BP 算法。这种算法根据学习的误差大小，把学习的结果反馈到中间层次的隐单元，改变它们的权系数矩阵，从而达到预期的学习目的，解决了多层网络的学习问题。BP 算法从实践上证明了神经网络的运算能力很强，可以完成许多学习任务，解决许多具体问题。BP 网络是迄今为止最常用、最普通的网络。1987 年 6 月在美国加州举行了第一届神经网络国际会议，有一千多名学者参加，并成立了国际神经网络学会。之后确定每年召开两次国际联合神经网络大会。1990 年我国的 863 高科技研究计划批准了关于人工神经网络的 3 项课题，自然科学基金与国防科技预研基金也都把神经网络的研究列入选题指南，对中选的课题提供研究资助。

2.5.2 人工神经网络的应用

神经网络的智能化特征与能力使其应用领域日益扩大、潜力日趋明显，特别是在人工智能、自动控制、计算机科学、信息处理、机器人、模式识别、CAD/CAM 等方面都有重大的应用。下面列出一些主要的应用领域。

(1) 模式识别和图像处理。神经网络可应用于印刷体和手写体字符识别、语音识别、签字识别、指纹识别、人体病理分析、目标检测和识别、图像压缩和图像复制等。

(2) 信号处理。神经网络广泛应用于自适应信号处理和非线性信号处理。前者如信号的自适应滤波、时间序列预测、谱估计、噪声消除等；后者如非线性滤波、非线性预测、非线性编码、调制/解调等。

(3) 系统辨识。在自动化控制问题中，系统辨识的目的是建立被控对象的数学模型。神经网络所具有的非线性特性和学习能力，使其在系统辨识方面有很大的潜力，为解决具有复杂的非线性、不确定性和不确知对象的辨识问题开辟了一条有效的途径。

(4) 神经控制器。神经网络具有自学习和自适应等智能特点，因而非常适合于作控制器。对于复杂非线性系统，神经控制器所达到的控制效果往往明显好于常规控制器。近年来，神经控制器在工业、航空以及机器人等领域的控制系统应用中已取得许多可喜的成就。

(5) 智能检测。随着智能化程度的提高，功能集成型已逐渐发展为功能创新型，如复合检测、特征提取及识别等，而这类信息处理问题正是神经网络的强项。

(6) 控制和优化。化工过程控制、机器人运动控制、家电控制、半导体生产中掺杂控制、石油精炼优化控制和超大规模集成电路布线设计等。

(7) 预报与职能信息管理。股票市场预测、地震预报、有价证券管理、借贷风险分析、IC 卡管理和交通管理。

(8) 通信。自适应均衡、回波抵消、路由选择和 ATM 网络中的呼叫接纳识别和控制等。

(9) 空间科学。空间交汇对接控制、导航信息智能管理、飞行器制导和飞行程序优化管理等。

2.5.3 人工神经网络基本原理

1. 人工神经网络的生物基础

人脑极其复杂，大约是由千亿个左右的神经细胞交织在一起构成的一个网状结构系统。神经元是神经系统中接受或产生信息、传递和处理信息的最基本单元。人脑的智能和信息并不是存储在单个神经元中，而是存在于大规模的神经元相互连接之中，存在于网络神经元相互作用之中，即智能是分布式的存储者，主要存在于神经元之间的连接模式和连接强度之中。尽管人脑的运算速度比电脑慢得多，但它完成某些任务却比当今最快的计算机都要快若干个数量级，这主要是因为人脑具有大规模的并行结构，大脑每时每刻都有大量的神经元在并行工作。国际著名的神经网络专家、第一个计算机公司的创始人和神经网络实现技术的研究领导人 Hecht Nielsen 给人工神经网络的定义是：神经网络是一个以有向图为拓扑结构的动态系统，它通过对连续或断续式的输入作状态响应而进行信息处理。

2. 人工神经网络的基本结构

人工神经网络(Artificial Neural Network)是由大量简单的处理单元组成的非线性、自适应、自组织系统，它是在现代神经科学研究成果的基础上，试图通过模拟人类神经系统对信息进行加工、记忆和处理的方式，设计出的一种具有人脑风格的信息处理系统。最普通形式的神经网络就是对人脑完成特定任务或感兴趣功能的方法进行建模的机器。人工神经网络既可以用硬件实现，也可以用软件实现；既可以看作一种计算模式，也可以看作一种认知模式。因此，从某种意义上说，人工神经网络、并行分布处理、神经计算机是同一概念。

1) 人工神经元模型

(1) 一组连接权(对应于生物神经元的突触)，连接强度由各连接上的权值表示，权值为正表示激活，为负表示抑制。

(2) 一个求和单元，用于求取各输入信息的加权和(线性组合)。

(3) 一个非线性激励函数，起非线性映射作用并限制神经元输出幅度在一定的范围之内[一般限制在(0，1)或(−1，1)之间]。人工神经元模型如图 2.10 所示，各参数间关系如公式(2-15)所示。

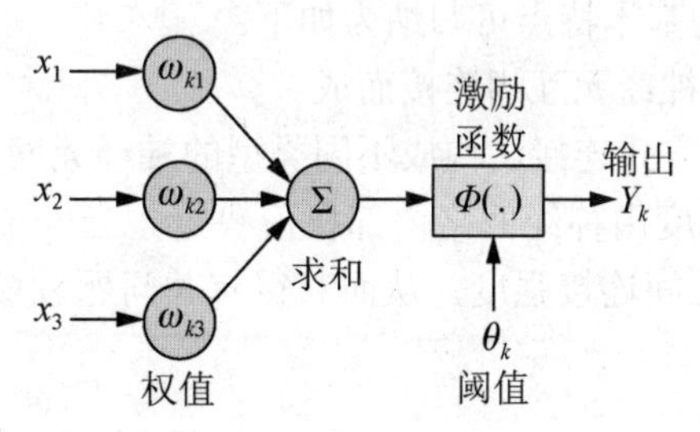

图 2.10 人工神经元模型

$$
\begin{aligned}
U_k &= \sum_{i=1}^{P} \omega_{kj} x_j \\
V_k &= U_k - \theta_k \\
Y_k &= \Phi(V_k)
\end{aligned}
\tag{2-15}
$$

2) 神经网络的学习方式

通过向环境学习获取知识并改进自身性能是神经网络的一个重要特点。经过训练的神经网络具有某一类问题的处理能力，但是在训练之前，神经网络不具备这种能力，所以学习训练功能是人工神经网络的特征之一。所谓学习就是通过一定的算法或规则来确定人工神经网络内神经元之间的连接权值。一般情况下，学习的方式分为以下 3 种。

(1) 监督学习(有教师学习)。如图 2.11 所示，这种学习方式需要外界存在一个“教师”，他可给一组输入提供应有的输出结果，将已知的输入输出数据称为训练样本，学习系统可根据已知的输出与实际输出间的差值(误差信号)来调节系统参数。

(2) 非监督学习(无教师学习)。如图 2.12 所示，在进行非监督学习时不存在外部教师，学习系统完全按照环境提供数据的某些统计规律来调节自身参数或结构(这是一种自组织过程)，以表示外部输入的某种固有特性(如聚类或某种统计上的分布特征)。

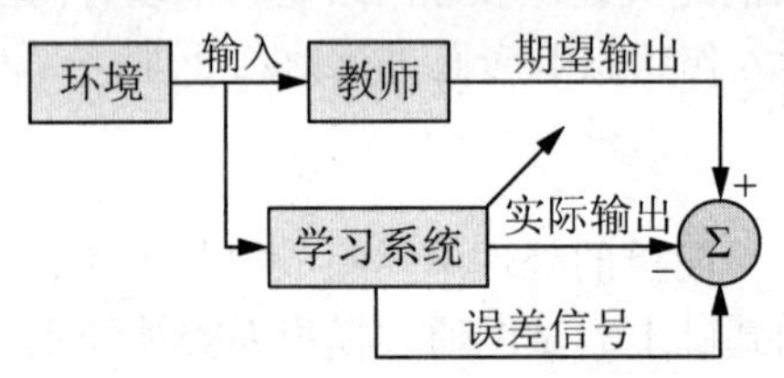

图 2.11　有教师指导的学习框图

图 2.12　无教师指导的学习框图

(3) 再励学习(强化学习)。如图 2.13 所示，这种学习介于上述两种情况之间，外部环境对系统输出结果只给出评价信息(奖或惩)而不是给出正确答案。学习系统通过强化那些受奖励的动作来改善自身的性能。

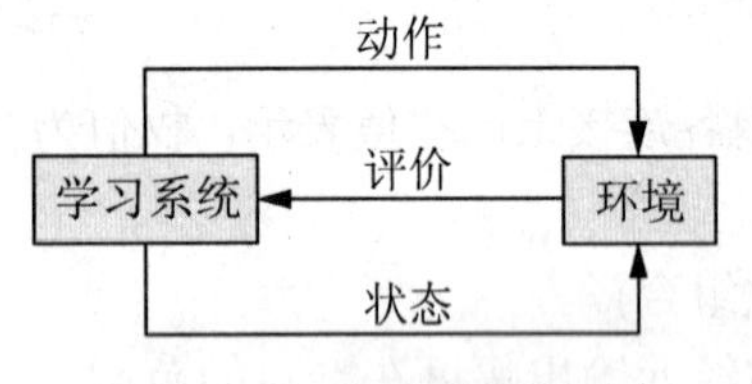

图 2.13　再励学习框图

3) 网络设计内容

(1) 网络结构：涉及对不同网络结构所具有的功能及本质的认识，一般分为前向网络和反馈网络两大类。

(2) 网络权值确定：涉及对不同网络权值训练所用的学习规则的掌握，方法为监督式学习和非监督式学习。

4) 神经网络的结构特点

神经网络的互联结构的基本特点可归纳为如下。

(1) 神经网络由大量的神经元互相连接而成。

(2) 大量神经元按不同方式连接，构成不同类型的神经元网络。

(3) 各神经元间连接强度由神经网络内部权值决定。当一个神经网络的结构确定后，将根据学习规则调整神经元间连接强度，从而获得有关问题领域的知识，即学习自适应和自组织。

2.5.4　补偿模糊神经网络

补偿模糊神经网络是一个结合了补偿模糊逻辑和神经网络的混合系统，由面向控制和面向决策的模糊神经元构成，这些模糊神经元被定义为执行模糊化运算、模糊推理、模糊补偿运算和反模糊化运算。由于补偿模糊逻辑神经网络引入了补偿模糊神经元，使网络能够从初始正确定义的模糊规则或者初始错误定义的模糊规则进行训练，使网络容错性更高，系统更稳定。同时，常规的模糊神经网络中，模糊运算往往采用静态的、局部化运算方法，例如，最小运算、最大运算、乘积运算或者代数和运算。而在补偿模糊神经网络中，模糊运算采用了动态的、全局优化运算，并且在神经网络的学习算法中，又动态地优化了补偿模糊运算，是网络更适应、更优化。网络不仅能适当调整输入、输出模糊隶属函数，也能借助补偿逻辑运算动态地优化适应的模糊推理，其网络参数具有明确的含义，可以用一个启发式算法去预置，以加快训练速度。

1. 网络结构

一个补偿神经网络结构具有5层结构：输入层、模糊化层、模糊推理层、模糊运算层、反模糊化层。层与层之间依据模糊逻辑系统的语言变量、模糊 IF-THEN 规则、最坏-最好运算、模糊推理方法、反模糊函数所构建，其网络结构如图2.14所示。

其中第一层每个神经元结点直接与每个输入分量相连；第二层每个神经元结点代表一个模糊语言变量，作用是计算输入向量的每一个分量属于各语言变量值所对应的模糊集合的隶属度；第三层每个神经元结点表示一条模糊规则，作用是匹配模糊规则，计算每条规则的适用度；第四层神经元结点进行补偿模糊运算；第五层神经元结点进行反模糊化计算，获得网络输出的精确值。

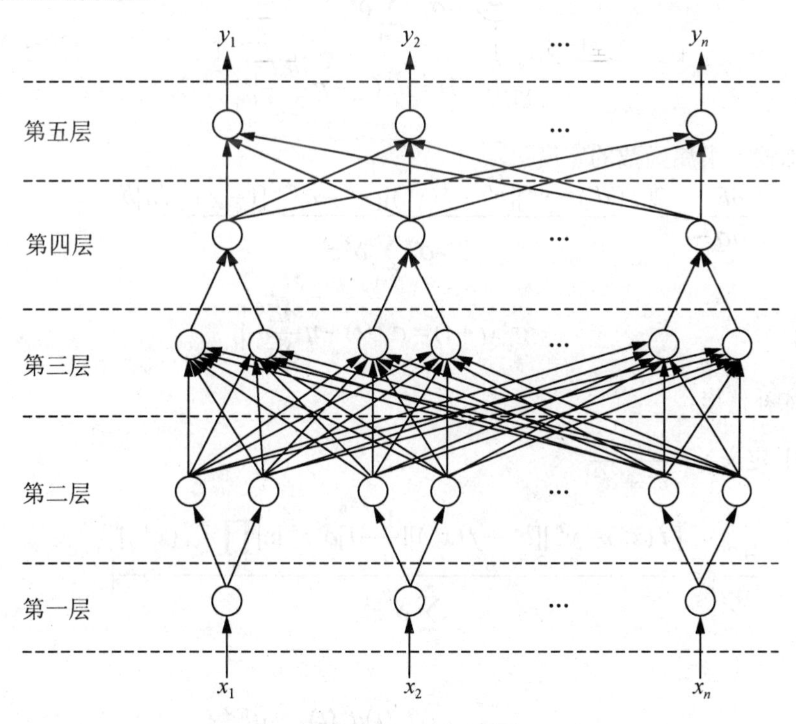

图2.14　补偿模糊神经网络

2. 网络学习算法

补偿模糊神经网络的学习算法分为两个过程：正向的补偿模糊推理过程和逆向的误差传播过程。在训练开始时，先预置输入、输出模糊隶属函数的中心和宽度，以及补偿度，然后以此为起点进行补偿模糊推理及误差的逆传播过程，循环迭代直到满意为止。

对 n 维输入和一维输出数据设计一个训练算法区，最优调整模糊神经系统输入与输出隶属函数的中心和宽度。

目标函数定义为：

$$E^p = \frac{1}{2}[f(x^p) - y^p]^2 \tag{2-16}$$

根据梯度下降法，有

(1) 训练输出隶属函数的中心：

$$b^k(t+1) = b^k(t) - \eta \frac{\partial E^p}{\partial b^k}\bigg|_t = b^k(t) - \eta \frac{[f(x^p) - y^p]\delta^k z^k}{\sum_{k=1}^{m} \delta^k z^k}\bigg|_t \tag{2-17}$$

(2) 训练输出隶属函数的宽度：

$$\delta^k(t+1) = \delta^k(t) - \eta \frac{\partial E^p}{\partial \delta^k}\bigg|_t = \delta^k(t) - \eta \frac{[f(x^p) - y^p][b^k - f(x^p)]z^k}{\sum_{k=1}^{m} \delta^k z^k}\bigg|_t \tag{2-18}$$

(3) 训练输入隶属函数的中心：

$$\frac{\partial E^p}{\partial a_i^{\,k}} = \frac{2[f(x^p) - y^p][b^k - f(x^p)][x_i^{\,p} - a_i^{\,p}][1 - \gamma + \gamma/n]\delta^k z^k}{\sigma_i^{k^2} \sum_{k=1}^{m} \delta^k z^k}\bigg|_t \tag{2-19}$$

$$a_i^{\,k}(t+1) = a_i^{\,k}(t) - \eta \frac{\partial E^p}{\partial a_i^{\,k}}\bigg|_t \tag{2-20}$$

(4) 训练输入隶属函数的宽度：

$$\frac{\partial E^p}{\partial \sigma_i^{\,k}} = \frac{2[f(x^p) - y^p][b^k - f(x^p)][x_i^{\,p} - a_i^{\,p}]^2[1 - \gamma + \gamma/n]\delta^k z^k}{\sigma_i^{\,k} \sum_{k=1}^{m} \delta^k z^k}\bigg|_t \tag{2-21}$$

$$\sigma_i^{\,k}(t+1) = \sigma_i^{\,k}(t) - \eta \frac{\partial E^p}{\partial \sigma_i^{\,k}}\bigg|_t \tag{2-22}$$

(5) 训练补偿度：

$\gamma \in [0,1]$, 定义 $\gamma = \dfrac{c^2}{c^2 + d^2}$

$$\frac{\partial E^p}{\partial \gamma} = \frac{[f(x^p) - y^p][b^k - f(x^p)][\frac{1}{n} - 1]\delta^k z^k \ln[\prod_{i=1}^{n} u_{A_i^k}(x_i^{\,p})]}{\sum_{k=1}^{m} \delta^k z^k}\bigg|_t \tag{2-23}$$

于是

$$c(t+1) = c(t) - \eta\left\{\frac{2c(t)d^2(t)}{[c^2(t) + d^2(t)]^2}\right\}\frac{\partial E^p}{\partial \gamma}\bigg|_t \tag{2-24}$$

$$d(t+1) = d(t) + \eta\left\{\frac{2d(t)c^2(t)}{[c^2(t) + d^2(t)]^2}\right\}\frac{\partial E^p}{\partial \gamma}\bigg|_t \tag{2-25}$$

$$\gamma(t+1) = \frac{c^2(t+1)}{c^2(t+1) + d^2(t+1)} \tag{2-26}$$

其中η是学习率，t=0,1,2,…

【应用案例 2-7】

例如，笔者所研究的某摩擦焊接实验，试件经超声波检测得到接头含缺陷信息的信号，应用补偿模糊神经网络对其进行缺陷的分类识别，通过建立模糊规则，选择学习率，并确定网络结构进行训练。最终建立一套适合摩擦焊接头缺陷的网络模型。

通过采用样本中的 32 组测试样本对所建立的摩擦焊接缺陷识别模糊神经网络模型进行验证，其中包括 10 个无缺陷信号、8 个弱结合缺陷信号以及 14 个未焊合缺陷信号。网络学习率为 0.02，经过训练得到如图 2.15～2.17 所示的验证结果。

图 2.15、图 2.16、图 2.17 是 3 种训练样本的期望输出与实际输出的对比图，其中“○”代表期望输出，“*”代表实际输出。可以看出，网络对测试样本拟合情况比较理想，实际输出与期望输出基本吻合，并且单个验证样本的期望输出与实际输出相对误差也比较小。网络经验证后的实际输出与期望输出最大误差不超过 5.31%，说明该网络模型满足要求，可实现对摩擦焊接缺陷的分类识别。

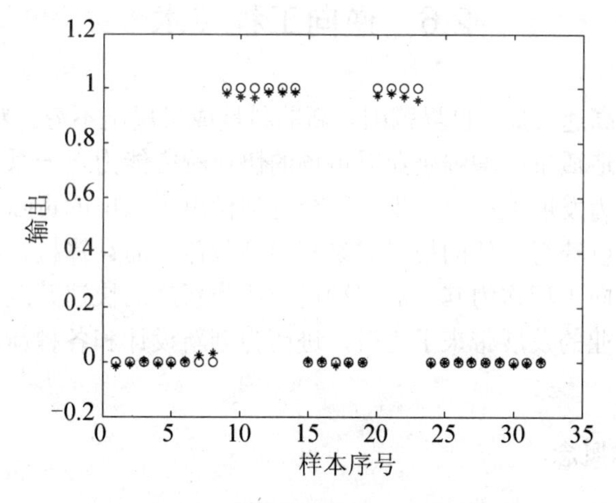

图 2.15　输出变量 1 验证结果

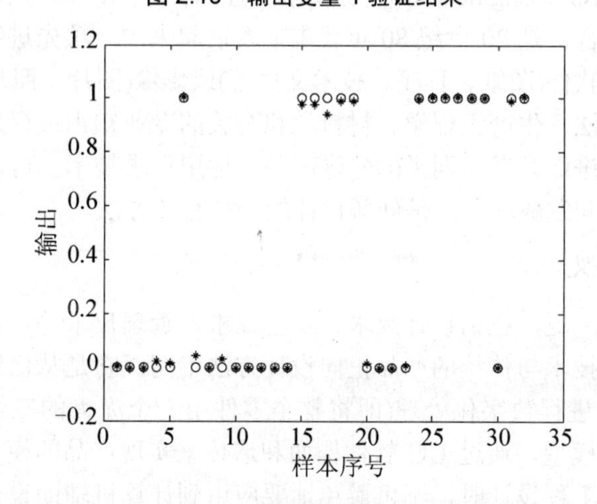

图 2.16　输出变量 2 验证结果

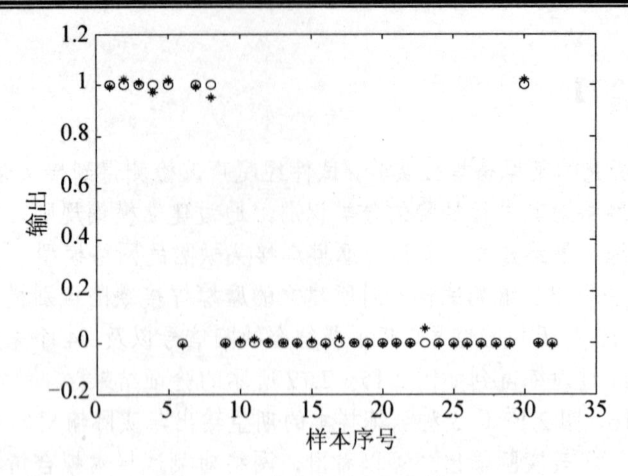

图 2.17　输出变量 3 验证结果

2.6　逆向工程技术

随着科学技术的高速发展，世界范围内新的科技成果层出不穷。为缩短产品开发周期、提高产品的设计和制造质量、增强企业对市场的快速响应能力，一系列新的产品快速开发技术应运而生，它们为发展生产力、推动社会进步做出了杰出的贡献，充分地、合理地利用这些科技成果，可以获得最佳的技术成果和经济效益。而计算机、数控和激光测量技术的飞速发展，使得逆向工程作为其中的一种已经成为新产品快速开发过程中的核心技术。其实际应用为许多企业的发展带来了生机，进而为创新设计和各种新产品开发奠定了良好的基础。

2.6.1　逆向工程基本概念

逆向工程 RE(Reverse Engineering)也称反求工程，针对消化吸收先进技术的一系列分析方法和应用技术的组合，是 20 世纪 80 年代末期发展起来的一项先进制造技术。它以先进产品或设备的实物、软件(图纸、程序、技术文件等)或影像(图片、照片等)作为研究对象，应用现代设计理论方法、生产工程学、材料学和有关的专业知识进行系统分析和研究，探索掌握其关键技术，进而开发出同类的先进产品。运用反求技术，可以缩短新产品的开发时间，提高新产品的开发成功率，是创新设计的一种有效方法。

1. 逆向工程的含义

逆向工程的含义广泛，包括设计反求、工艺反求、管理反求等。作为一种逆向思维的工作方式，逆向工程技术与传统的产品正向设计方法不同，它是从已经存在的产品或零件原型入手，首先对其进行数字化处理(即将整个零件用一个庞大的三维点的数据集合来表示)，然后构造 CAD 模型，通过 UG 软件构面和造体来实现产品的模型，是对已有设计的再设计。在进行逆向工程设计时，不可避免地要应用到计算机辅助设计技术、有限元分析技术等现代设计和分析技术，而再创造则是反求设计的灵魂。

1) 正设计与反设计

正设计是一个从无到有的产品设计过程，设计人员首先根据市场需求提出目标和技术要求，然后进行功能设计，创造新方案，经过一系列的设计活动形成产品。概括地说，正设计是由未知到已知、由想象到现实的过程，如图 2.18 所示。

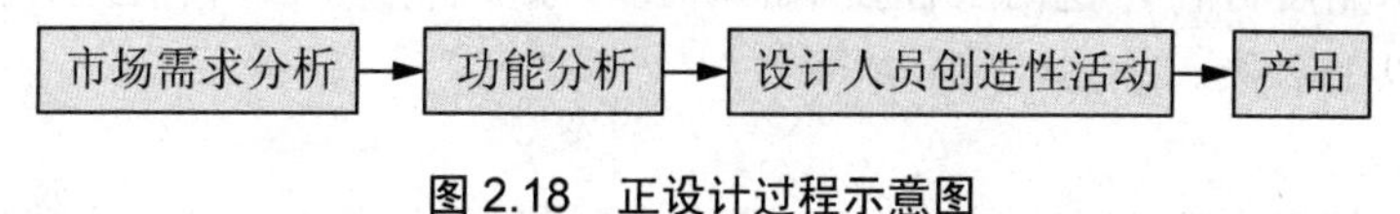

图 2.18　正设计过程示意图

反设计是从已知事物的有关信息去寻求这些信息的科学性、技术性、先进性、经济性、合理性和改进的可能性等。图 2.19 所示为反设计过程示意图。

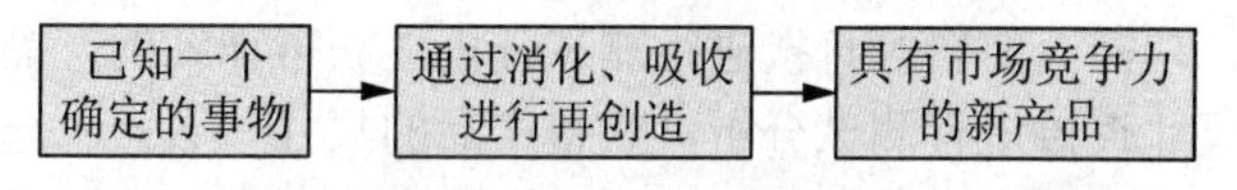

图 2.19　反设计过程示意图

特别提示

如果说正设计的关键是“怎么做？”，那么反设计的关键则是要解答“为什么要这么做？”，即已有确定目标后，去探索和掌握这个目标如何逐步实现。因此，正设计是主动的创造，而反设计是先被动后主动的创造。

2) 仿制与逆向工程

逆向工程与仿制不同，它是简单、低级的仿制，其产品质量和生命周期不会有竞争力，并且是一种侵权行为，要受产权保护法的制裁。

2. 逆向工程的步骤

1) 引进技术的应用过程

学会引进产品或生产设备的技术操作和维修，使其在生产中发挥作用并创造经济效益。在生产实践中，了解其结构、生产工艺、技术性能、特点以及不足之处。

2) 引进技术的消化过程

对引进产品或生产设备的设计原理、结构、材料、制造工艺、管理方法等项内容进行深入的分析研究，用现代的设计理论、设计方法及测试手段对其性能进行测定和计算，了解其材料配方、工艺流程、技术标准、质量控制、安全保护等技术条件，特别要找出它的关键技术，做到“知其然，知其所以然”。

3) 引进技术的创新过程

在上述基础上消化综合引进的技术，取众家之长进行创新设计，开发出适合我国国情的新产品。最后完成从技术引进到技术输出的过程，创造出更大的经济效益。这一过程是利用逆向工程进行创新设计的最后阶段，也是逆向工程中最重要的环节。

逆向工程的最终目的是完成对反求对象的仿制和改进，要求整个逆向工程的设计过程快捷、精确。因而，在实施逆向工程的过程中应注意以下几个问题：①综合考虑反求对象的结构、测量及制造工艺，有效地控制制造过程引起的各种误差；②充分了解反求对象的工作环境及性能要求，合理确定仿制改进零件的规格和精度；③从应用的角度出发，综合考虑样本零件的参数取舍及再设计过程，尽可能提高所获取参数的精度和处理效率。

2.6.2 逆向工程技术的研究对象及研究内容

1. 逆向工程技术的研究对象

从工程技术角度分析，逆向工程技术的研究对象多种多样，所包含的内容也比较多，主要可以分为以下 3 类。

1) 实物类反求

实物类反求是指在已有产品实物的条件下，通过试验、测绘、分析来确定其关键技术，再创造出新产品的过程。反求的产品实物可以是整机、部件或零件。反求的内容包括产品的功能、原理方案、结构性能、材料、精度等。其具有如下特点：①具有形象直观的实物；②可对产品的性能、功能、材料等直接进行测试分析，获得详细的产品技术资料；③可对产品各组成部分的尺寸直接进行测试分析，获得产品的尺寸参数；④起点高，缩短了产品的开发周期；⑤实物样品与新产品之间有可比性，有利于提高新产品开发的质量。实物反求设计的一般过程如图 2.20 所示。

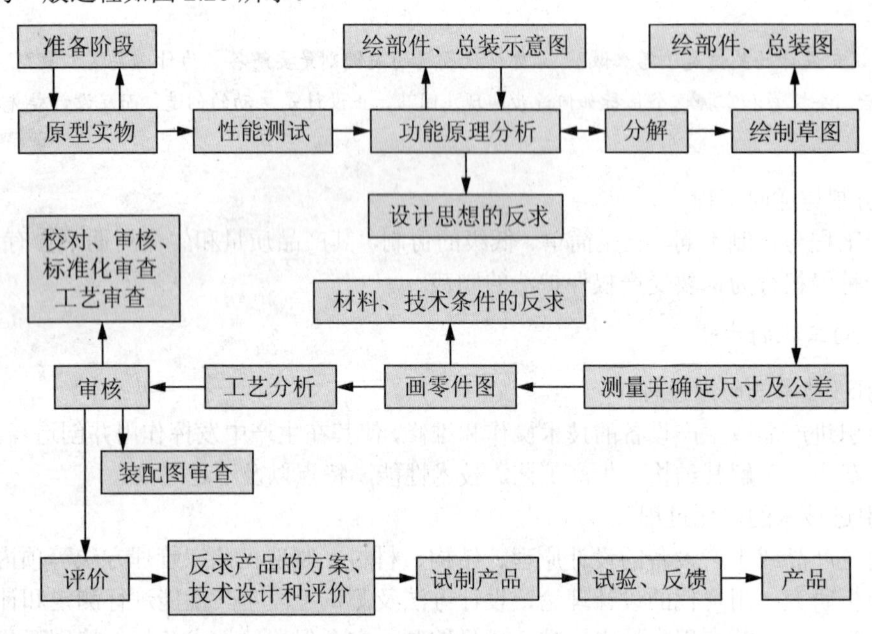

图 2.20 实物反求设计的过程

与软件反求和影像反求相比，实物反求有如下特点。

(1) 具有直观、形象的实物。

(2) 对产品功能、性能、材料等均可进行直接试验分析，求得详细的设计参数。

(3) 对机器设备能进行直接测绘，以求得尺寸参数。

(4) 仿制产品起点高，设计周期可大大缩短。

(5) 引进的样品即为所设计产品的检验标准。

在运用实物反求对所分析的产品进行尺寸参数测绘时，要充分利用一些高科技仪器和手段，如三坐标测量仪、工业计算机断层扫描(Computer Tomography，CT)、核磁共振图像(Nuclear Magnetic Resonance，NMR)、激光扫描、快速成形技术等，以求迅速、经济地制造出产品样品，缩短产品的设计、制造周期，使所设计、制造的产品尽快地投入使用和投放市场，充分体现实物反求设计的经济效益和社会效益。

2) 软件类反求

软件反求是以产品的样本资料、产品标准、产品规范以及与设计、研制、生产制造有关的技术资料和技术文件等为研究对象的逆向工程技术。软件反求设计的目的是通过对所引进的如上所述的技术软件的分析和研究，提高本国在该产品技术上的设计、生产制造能力。一般有两种情况：一种是既有技术软件，又有产品实物；另一种没有产品实物，只有技术软件。与实物反求相比，软件反求应用于技术引进的软件模式中，具有更高的层次。其基本内容如图 2.21 所示。

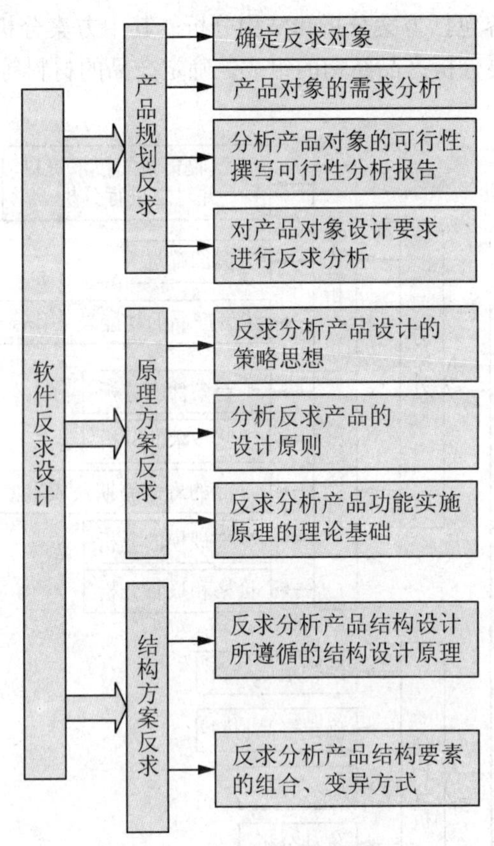

图 2.21　软件反求设计内容

软件反求的一般过程如下。

(1) 必要性论证，包括对引进对象做市场调研及技术先进性、可操作性论证等。

(2) 软件反求成功的可能性论证，并非所有技术软件都能反求成功。

(3) 原理、方案、技术条件的反求设计；零、部件结构、工艺的反求设计；产品的使用、维护、管理反求；产品综合性能测定及评价。

软件反求的设计步骤如下。

(1) 分析需求，明确反求设计的目的。

(2) 对所进行分析的产品进行功能上和结构上的分析。

(3) 分析并验证产品的性能参数。

(4) 调研国内外同类产品，并从中吸收有益的成分。

(5) 撰写反求设计论证书。

3) 影像类反求

在影像反求过程中，产品的图片、照片、广告介绍，以及参观印象或影视画面等均属于影像。这是反求对象中信息量最小、难度最大，但也最富有创新性的反求设计。反求工作主要是依据影像提供的产品外形、尺寸、比例，运用透视变换与投影以及各种专业知识进行分析，领会其功能、性能、结构特点等，然后进行从原理方案、构型综合直到完成产品的创新。

影像反求的主要内容包括方案分析和结构分析，其中方案分析的重点是技术分析和经济分析，而结构分析主要分析产品结构的组成，确定产品的材料等。图 2.22 所示为影像反求设计的主要内容。

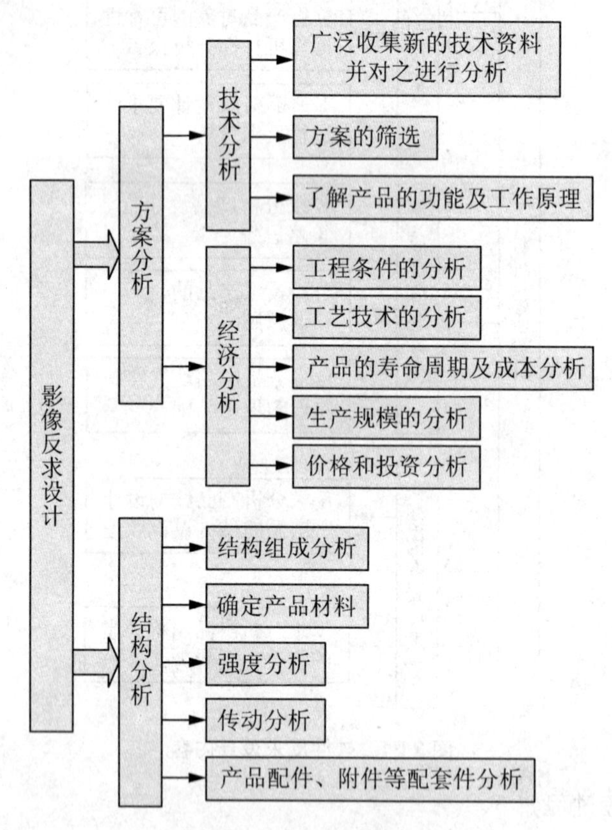

图 2.22　影像反求基本内容

影像反求的基本步骤如下。

(1) 收集同类产品的相关资料，用于设计时进行对比与参照。

(2) 对参考资料进行多方面的分析、研究。

(3) 产品的方案设计、评价。

(4) 利用产品外形结构特点、透视变换原理、三维信息技术、图像扫描技术、色彩判断等手段，反求产品结构形状、尺寸大小、工作原理以及材料。

在运用影像反求方法进行分析设计时，由于研究对象主要是产品的外观图片、画面、影像等，很难甚至无法了解到产品的内部结构，这时只能根据产品的功能、结构特点和由内部结构所反映出的产品外部结构特征来进行设计和分析。而产品的外形尺寸主要是靠对参考资料的分析研究来确定的，但是要考虑到产品的结构特性和功能需求。为此，在运用该方法进行设计时，要求工程技术人员必须掌握相应的理论和分析方法，如中心投影规律、透视变换和透视投影、透视图的形成原理、色彩、阴影等。

2. 逆向工程技术的研究内容

逆向工程是以引进的先进设备、技术、生产线系统为具体研究对象的，其研究内容应该包括对所引进产品设备设计理论、生产制造工程、管理工程等诸多方面，大体包括以下几个方面。

1) 反求对象指导思想、功能原理方案分析

产品的功能目标是产品设计的核心问题，不同目标可引出不同的原理方案，充分了解反求对象的功能有助于对产品原理方案的分析、理解和掌握，有助于在进行反求设计时得到基于原产品而又高于原产品的原理方案，这才是逆向工程技术的精髓所在。

特别提示

要分析一个产品，首先要从分析产品的设计指导思想入手。产品的设计指导思想决定了产品的设计方案，深入分析并掌握产品的设计指导思想是分析了解整个产品设计的前提。了解反求对象的功能将有助于对产品设计方案的分析、理解和掌握，才有可能在进行反求设计时得到优于原产品的设计方案。

2) 反求对象材料的分析

同一零件采用不同的材料及材料处理方式，对零件的功能、加工工艺、使用性能有着重要影响。对反求对象材料的分析包括了材料成分的分析、材料组织结构的分析和材料的性能检测几大部分。其中，常用的材料成分分析方法有钢种的火花鉴别法、钢种听音鉴别法、原子发射光谱分析法、红外光谱分析法和化学分析微探针分析技术等；而材料的结构分析主要是分析研究材料的组织结构、晶体缺陷及相互之间的位相关系，可分为宏观组织分析和微观组织分析；性能检测主要是检测其力学性能和磁、电、声、光、热等物理性能。反求对象材料分析的一般过程如图 2.23 所示。

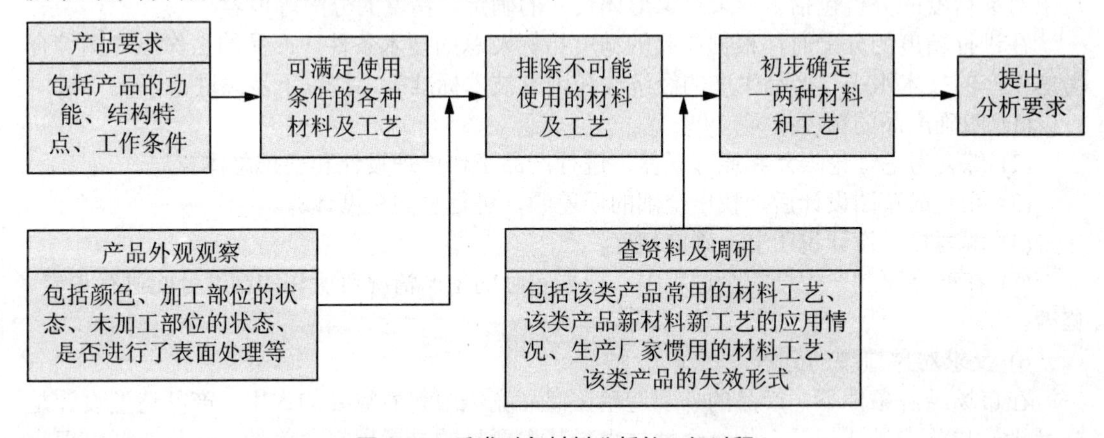

图 2.23　反求对象材料分析的一般过程

3) 反求对象工艺、装配分析

反求设计和反求工艺是相互联系，缺一不可的。在某种情况下，逆向工程中的工艺问题比设计问题更难处理。因此，在缺乏制造原型产品的先进设备与先进工艺方法和未掌握某些技术诀窍的情况下，对反求对象进行工艺分析通常采用以下几种方法。

(1) 采用反判法编制工艺规程。以零件的技术要求如尺寸精度、形位公差、表面质量等为依据，查明设计基准，分析关键工艺，优选加工工艺方案，并依次由后向前递推加工工序，编制工艺规程。

(2) 改进工艺方案，保证引进技术的原设计要求。在保证引进技术的设计要求和功能的前提条件下，局部地改进某些实现较为困难的工艺方案。对反求对象进行装配分析主要是考虑用什么装配工艺来保证性能要求、能否将原产品的若干个零件组合成一个部件及如何提高装配速度等。

(3) 曲线对应法反求工艺参数。先将需分析的产品的性能指标或工艺参数建立第一参照系，以实际条件建立第二参照系，再根据已知点或某些特殊点把工艺参数及其有关量与性能的关系拟合出一条曲线，并按曲线的规律适当拓宽，从曲线中找出相对于第一参照系性能指标的工艺参数。

(4) 材料国产化，局部改进原型结构以适应工艺水平。由于材料对加工方法的选择起决定性作用，所以在无法保证使用原产品的制造材料，或在使用原产品的制造材料后工艺水平不能满足要求时，可以使用国产化材料，以适应目前的工艺水平。

4) 反求对象零部件形体尺寸分析

根据反求对象为实物、影像或软件的不同，在确定形体尺寸时所选用的方法也有所不同。若是实物反求，可通过常用的测量设备如万能量具、投影仪、坐标机等对产品直接进行测量，以确定形体尺寸；若是软件反求和影像反求，则可采用参照物对比法，利用透视成像的原理和作图技术，并结合人机工程学和相关的专业知识，通过分析计算来确定形体尺寸。对于具有复杂曲线曲面的零件，则要采用一些先进的测绘手段及测绘仪器才能实现。

5) 反求对象精度的分析

产品的精度直接影响到产品的性能，对反求分析的产品进行精度分析是反求分析的重要组成部分。零件尺寸易于获得，但尺寸精度难以确定，这也是反求设计中的难点之一。反求对象精度的分析包括了反求对象形体尺寸的确定、精度的分配等内容。

在进行精度的分配时，根据产品的精度指标及总的技术条件、产品的工作原理图综合考虑生产的技术水平、产品生产的经济性和国家技术标准等，按以下步骤进行。

(1) 明确产品的精度指标。

(2) 综合考虑理论误差和原理误差，进行产品工作原理设计和安排总体布局。

(3) 在完成草图设计后，找出全部的误差源，进行总的精度计算。

(4) 编写技术设计说明书，确定精度。

(5) 在产品研制、生产的全过程中，根据实际的生产情况对所作的精度分配进行调整、修改。

6) 反求对象造型的分析

在市场经济条件下，产品的外观造型在商品竞争中起着重要的作用。产品造型设计是产品设计与艺术设计相结合的综合性技术，其主要目的是运用工业美学、产品造型原理、人机工程学原理等，对产品的外形构型、色彩设计等进行分析，以提高产品的外观质量和舒适方便程度。

2.6.3　逆向工程技术的研究特点及设计程序

1. 逆向工程的研究特点

先进产品通常采用先进的设计手段和工具设计。先进的设计理论和设计方法是先进产品设计的理论基础，而先进的设计手段和工具则是先进产品设计的实践技术。反求分析要求对反求对象从功能、原理方案、零部件结构尺寸、材料性能、加工装配工艺等有全面深入的了解，明确其关键功能和关键技术，对设计特点和不足之处做出必要的评估。在进行逆向工程分析的过程中，要求工程技术人员除了要具有基础理论(如数学、力学等)和相关专业的理论和知识外，还要掌握系统工程、价值工程、优化设计、工业造型、相似理论、人机工程学等现代设计理论和方法，及时地跟踪有关产品的技术发展动向，能准确地把握住该类产品在设计、生产制造过程中的关键技术，以求达到对研究对象的全面分析和研究。

2. 逆向工程的设计程序

逆向工程设计在反求分析的基础上可进行测绘仿制、变参数设计、适应性设计或开发性设计，分为反求对象分析和设计两个阶段。反求对象分析阶段通过对原有产品的剖析，寻找原产品的技术缺陷，吸取其技术精华、关键技术，为改进或创新设计提出方向。设计阶段在对原产品进行反求分析的基础上，进行测绘仿制、开发设计和变异设计，研制出符合市场需求的新产品。开发设计就是在分析原有产品的基础上抓住功能的本质，从原理方案开始进行创新设计；变异设计就是在现有产品的基础上对参数、机构、结构和材料等改进设计，或对产品进行系列化设计。图 2.24 所示为逆向工程的程序设计流程图。

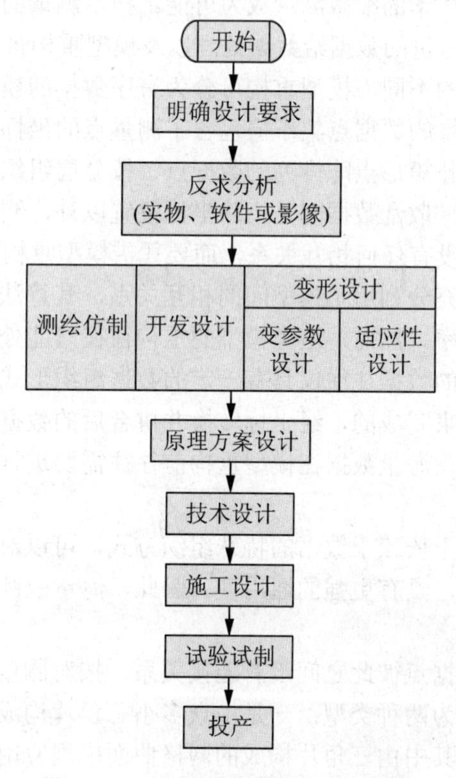

图 2.24　逆向工程的设计程序流程图

2.6.4 逆向工程的关键技术

1. 逆向工程中的测量技术

反求对象的数字化是逆向工程中的一个关键环节，根据反求对象信息源(实物、软件或影像)的不同，确定反求对象形体尺寸的方法也不同，逆向工程的测量方法可分成两大类：接触式与非接触式。

1) 接触式测量方法

(1) 坐标测量机法。坐标测量机是一种大型精密的三坐标测量仪器，可以对具有复杂形状的工件的空间尺寸进行测量。坐标测量机一般采用触发式接触测量头，一次采样只能获取一个点的三维坐标值。坐标测量机的主要优点是测量精度高、适应性强。但一般接触式测头测量效率低，而且对一些软质表面无法进行测量。

(2) 层析法。层析法是近年来发展起来的一种逆向工程技术。它将研究的零件原型填充后，采用逐层铣削和逐层扫描相结合的方法获取零件原型不同位置截面的内外轮廓数据，并将其组合起来获得零件的三维数据。层析法的优点在于可对任意形状、任意结构零件的内外轮廓进行测量，但测量方法是破坏性的。

2) 非接触式测量方法

根据测量原理的不同，非接触式测量有光学测量、超声波测量、电磁测量等。

2. 逆向工程中的模型重构技术

所谓模型重构，就是根据所采集的样本几何数据在计算机内重构样本模型的技术。坐标测量技术的发展使得对样本的细微测量成为可能。样本测量的数据十分庞大，常达几十万甚至上百万个数据点，海量的数据给数据处理以及模型重构带来了一定的困难。

按照所处理数据对象的不同，模型重构可分为有序数据的模型重构和散乱数据的模型重构。有序数据是指所测量的数据点集不但包含了测量点的坐标位置，而且包含了测量点的数据组织形式，如按拓扑矩形点阵排列的数据点、按分层组织的轮廓数据点、按特征线或特征面测量的数据点等。散乱数据则是指除坐标位置以外，测量点集中不隐含任何的数据组织形式，测量点之间没有任何相互关系，而要凭借模型重构算法来自动识别和建立。

有序数据的模型重构充分利用了模型间的相互关系，其算法具有针对性，可以简化计算方法，提高模型重构效率。然而，这类模型的重构往往只能处理某类数据，不具有通用性。通常测量机一次测得的数据往往仅具有一定的数据组织形式，而许多样本的测量都是靠多视点测量数据的拼合来完成的，经坐标转换并拼合后的数据在整体上一般不再具有原来数据组织的规律。此外，海量数据在模型重构前往往需要进行简化，也会影响原有的数据组织形式。

散乱数据的模型重构不依赖于数据的特殊组织方式，可以对任意测量数据进行处理，扩大了所能解决的问题域，具有更强的通用性。因此，海量散乱数据的模型重构更为人们所关注。

测量机测得的原始数据点彼此之间没有连接关系。按对测量数据重构后表面表示形式的不同，可将模型重构分为两种类型：一是由众多小三角片构成的网格曲面模型；二是分片连续的样条曲面模型。其中由三角片构成的网格曲面模型应用更为普遍，其基本构建过程是采用适当的算法将集中的 3 个测量点连成小三角片，各个三角片之间不能有交叉、重叠、穿越或存在缝隙，从而使众多的小三角片连接成分片的曲面，它能最佳地拟合样本表面。

通常，样本模型重构的基本步骤如下。

1) 数据预处理

测量机输出的数据量极大并包含一些噪声数据。数据预处理就是要对这些原始数据进行过滤、筛选、去噪、平滑和编辑等操作，使数据满足模型重构的要求。

2) 网格模型生成

测量数据经过预处理后，就可以采用适当的方法生成三角网格模型。根据各种测量设备所输出数据点集的特点，开发配套的专用模型重构软件；也可以采用通用的逆向工程模型重构软件生成网格模型。

3) 网格模型后处理

基于海量数据所构造的三角网格模型中的小三角片数量较大，常达几十万甚至更多。因此，在精度允许的范围内，有必要对三角网格模型进行简化。此外，由于各种原因，模型重构所得到的三角网格面往往存在一些孔洞、缝隙和重叠等缺陷，还需要对存在问题的三角网格面进行修补作业。

经过上述步骤，就可以在计算机中得到重构的样本零件模型了。

2.6.5　实施逆向工程应注意的一些问题和建议

(1) 要注意反求与试验相结合。逆向工程的应用需要新理论、新方法的指导以减少设计的盲目性；但在解决产品定型问题时必须通过定量的试验来考证。

(2) 逆向工程技术的应用必须以反求对象为样本，深入了解设计的技术内涵和技术原理，要掌握问题的实质。

(3) 应用逆向工程必须目标明确。

(4) 应用逆向工程时，必须综合运用各种现代设计理论、技术和手段。

(5) 应用逆向工程时要注意引进和创新相结合。

【应用案例 2-8】

近年来，随着高速扫描设备和计算机技术的飞速发展，特别是逆向工程 CAD 软件研究和应用水平的不断提高，能够体现逆向工程 CAD 建模问题特点的软件也在不断推出，比较有实力的系统包括：Surfacer、ICEM/Surf 和 RE-SOFT，这些系统除了能够直接处理“点云”数据外，也具备了一定完成曲面造型和计算的功能，是目前逆向工程 CAD 领域最有前途的软件系统。

图 2.25 所示的应用实例是由 RE-SOFT 与 UGII 软件共同完成的整体叶轮、吸尘器复杂曲面的逆向工程曲面建模结果，经过“散乱点数据三角Bézier 曲面整体 G^1 连续曲面插值→基于特征保持的 NURBS 曲面重构→利用 UGII 对输出 NURBS 曲面进行二次设计”这样的过程，最终得到整体光滑的 NURBS 曲面模型。图 2.26 和图 2.27 所示的应用实例(2)和实例(3)是由 RE-SOFT 与 UGII 软件经过和实例(1)相似的逆向工程设计过程，共同完成的摩托车轮轴盖板、某型战机整流罩模具型面复杂曲面的逆向工程曲面模型。值得注意的是，这样获得的逆向工程曲面模型可以利用商业 CAD/CAE/CAM 软件进一步完成 CAE、CAM

工作。

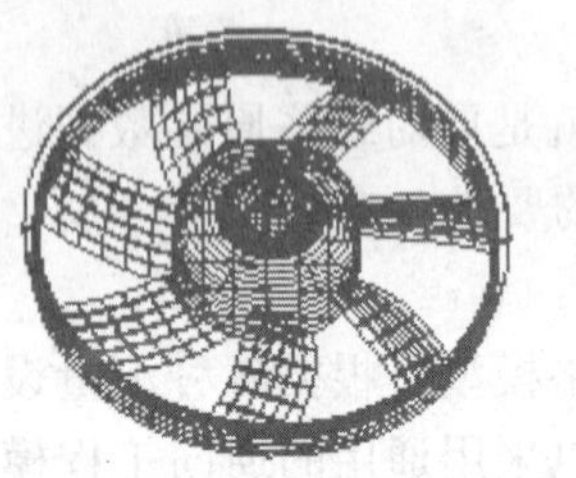

(a) 整体叶轮逆向工程曲面建模

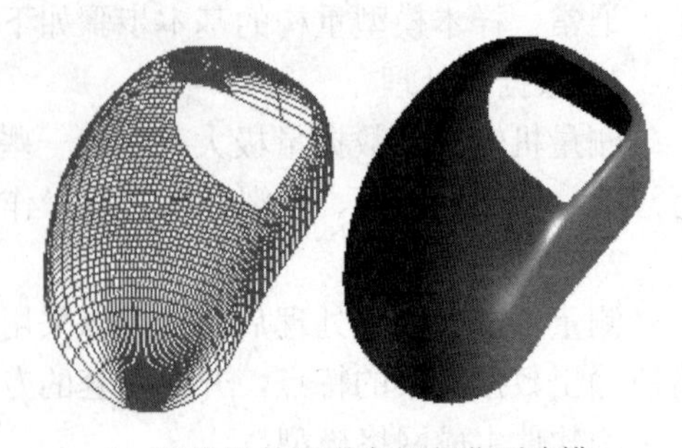

(b) 吸尘器外形逆向工程曲面建模

图 2.25　逆向工程应用实例(1)

图 2.26　逆向工程应用实例(2)

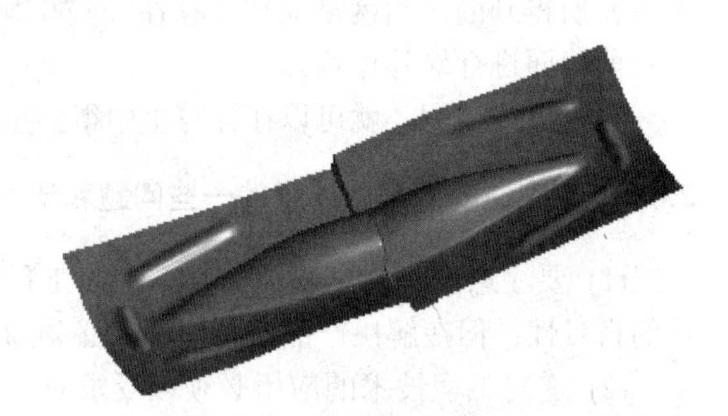

图 2.27　逆向工程应用实例(3)

本 章 小 结

本章主要论述现代设计技术的基本特征及发展趋势，介绍了创新设计、模糊设计、绿色设计、神经网络以及逆向工程技术的基本概念、主要内容及发展应用，并介绍了这些先进技术手段在日常生活以及现代机械产品中的实际应用。

背景知识

(1) 美国的制造业经过第二次世界大战和战后空前的发展阶段，由于战争需要及战后在全球范围中占有市场(如马歇尔计划等)，在刚性生产的模式下，某些制造业(如轿车)曾经经历过极度的发展，他们是在这种发展之后谈“夕阳工业”的。我国的制造业从来没有经历过这种发展：1949 年前，我国是一个半殖民地国家，工业十分落后，几乎谈不上自己的制造业；1949 年后，虽然工业得到一定程度的发展，但发展是不完整的，一是始终依赖苏联技术，二是没有市场经济环境。在一个封闭的、贫穷的经济条件下，又频繁地受到政治因素的干扰，这种发展先天不足，后天失调，根本谈不上夕阳不夕阳的问题。

(2) 美国的制造业经历长期的发展过程之后，在企业中都形成了强大的研究开发力量。这种研究开发力量是它不断推出一代又一代产品到市场上去竞争的支柱。例如，据说贝尔实验室曾平均每天产生一个专利。美国的企业对大学和研究单位的要求往往只是出论文，而由论文至技术到产品的任务则是在大企业的研究开发中心内进行。在这种模式下，企业的研究开发部门不仅积累了大量的经验知识，而且形成了一整套的管理体制。我国则不然，研究开发力量比基础研究力量还要弱，在某些领域中几乎等于零。除了上述的在技术发展方面有先天不足以外，由于计划经济体制，设计和开发任务长期以来是放在设计院、研究所中，工厂只负责按图纸制造；又由于条块分割，一个行业只管自己行业的产品，而于其他方面从不问津。一旦计划经济体制改变，工厂变成独立经营的企业，这种研究开发力量绝不是一朝一夕能建立起来的。即使强制将一些设计院、研究所并入某个工厂，也绝非很快就能运行自如。尤其是要使产品多样化以适应市场，例如，生产大电机的工厂要生产家用烤箱，生产轧钢机的工厂要生产集成芯片，则更是难上加难。从我国企业对高等教育人才培养规格的要求上，也可以看出强烈的反差，当然这只能在其他地方讨论。另一方面，美国在大谈“夕阳工业”并把制造业向国外转移的时候，转出去的主要是企业产品的制造部分，而其研究开发部门仍牢牢地控制在国内。可见，产品研究和开发是制造业中执牛耳的部分。

(3) 美国的基础研究是当今世界上最领先的，其他任何国家都无法与之相比拟。基础研究为制造业提供了丰富的元知识和领域知识。美国还集中了全世界由他国出资培养的、携带着在他国积累的丰富经验的优秀研究人才，他们不断为美国制造业输送新的思想和研究成果。我国则不然，基础研究经费少得可怜，由于技术开发对基础研究需求疲软，研究成果的利用率十分低，而且基本上处于一种无组织状态。另一方面我国培养的许多人才，把他们在国内得到的经验连同他们在国内的研究成果，在毫无知识产权保护的情况下，随着他们到美国去学习或工作无偿地带到美国，为美国制造业做贡献。所以，在反差这样大的情况下，必须非常认真地选择我国的“先进制造技术”的研究领域，解决自己的问题，不能跟着美国学者漫无边际地去探索。

因此，在制定我国发展“先进制造技术”策略的时候，必须从我国国情出发，走自己的路。配置先进的制造设备，固然是必要的，但是自行设计出能在市场上有竞争力的产品(另一种说法是能够不断产生出有自己知识产权的设计)，也就不得不被放到优先考虑的位置上了。

习　题

1．试分析现代设计技术的内涵与特点。

2．描述现代设计技术的体系结构，为什么说计算机辅助设计技术是现代设计技术的主体？它与其他技术的关系如何？

3．创新设计中的创新技法主要体现在哪些方面？

4．描述模糊优化设计的数学模型，什么是设计变量、目标函数和设计约束？

5．试分析模糊优化的设计过程与步骤。

6．分析模糊可靠性设计的主要内容和指标。
7．绿色设计包含哪些主要内容？绿色设计的基本内涵是什么?
8．简述拆卸设计的含义、目的，拆卸类型，拆卸设计的主要准则、评价指标。
9．简述绿色制造的体系结构(模型)和研究内容体系。
10．简述绿色设计的主要内容与原则。
11．简述绿色技术与可持续发展的关系。
12．简述绿色产品的评价标准。具体评价绿色产品时，常考虑哪几个方面?
13．绿色制造的定义与内涵是什么？简述绿色制造的特点。
14．简述绿色设计的关键技术。
15．人工神经网络的原理及结构是什么？
16．人工神经网络的学习方式有哪些？
17．补偿模糊神经网络与人工神经网络的联系与区别在哪里？
18．简述逆向工程的含义。分析逆向工程作业的基本步骤。
19．逆向工程设计的基本设计方法有哪些？
20．简述逆向工程的设计过程，其中三维几何测量方法有哪些？
21．常用的逆向工程软件有哪些？各有何特点？
22．在实施逆向工程的过程中应注意的问题有哪些？

第 3 章　先进制造工艺技术

教学目标

1. 了解先进制造工艺技术的基本特征及发展趋势；

2. 掌握先进制造工艺技术中超高速加工技术、超精密加工技术、特种加工技术、快速原型制造技术以及微细加工技术的基本概念、关键支撑技术及发展应用；

3. 通过实例分析了解这些先进技术手段在日常生活以及现代机械产品中的实际应用。

教学要求

能力目标	知识要点	权重	自测分数
了解先进制造工艺技术的定义、内涵及现状	先进制造工艺技术的定义及内涵、先进制造工艺技术的现状、先进制造工艺技术的特点	5%	
掌握超高速加工技术相关的基础知识，了解其现状及应用	超高速加工的基本概念及特点，超高速切削的关键技术、超高速磨削的关键技术，超高速切削、磨削技术的应用	20%	
掌握超精密加工技术相关的基础知识，了解其现状及应用	超精密加工技术的基本概念及特点，超精密切削加工和超精密磨削加工的关键技术，超精密加工机床的组成，超精密加工技术的应用	20%	
了解快速原型制造技术相关内容，掌握几种典型的快速原型工艺方法	快速原型制造的原理和特点，典型的快速原型工艺方法，快速成形技术的应用及发展现状	20%	
掌握激光加工、电子束加工、离子束加工、超声波加工的原理、特点、应用	现代特种加工技术的发展、应用，激光加工、电子束加工、离子束加工、超声波加工的工作原理、特点、设备组成以及应用	25%	
掌握微细加工技术的相关内容，理解微细加工技术的加工工艺	微机械及微细加工技术的定义、特点，微细加工技术的应用和发展趋势，微细加工技术的加工工艺	10%	

引例

在航空航天、汽车、电子电器等工业领域，要求提高零部件的强度与刚度、韧性、抗腐蚀抗断裂能力，同时降低它们的重量。为此，广泛使用轻合金材料制成的薄壁整体结构件。它们还可以减少零件总数和装配工作量。图 3.1 所示为高速铣削的空中客车飞机机身整体结构件，它使肋片明显减薄，高度增大，有效减轻了飞机的自重而降低耗油量，最终实现了远东至西欧中间不着陆的洲际直飞。

图 3.1　空中客车铝合金结构件

3.1　先进制造工艺技术概述

如何以最快的速度、最低的成本为用户提供实用的高质量的产品，是制造业追求的目标，为此，必须对传统的制造技术进行改进。先进制造工艺技术是先进制造技术的核心和基础，是使机械工艺不断变化和发展后形成的制造工艺方法，包括常规的工艺和经过优化后的工艺，以及不断出现和发展的新型加工方法。优化的工艺过程、工艺参数、工艺程序、工艺规范决定了制造技术的固有技术水平和效率，也决定了产品制造质量和使用效率。任何高级自动化系统只能对工艺起到使过程稳定和质量保持一致的作用，如果工艺本身有问题，任何精良的自动化系统都不可能产生本质的改善。工艺过程一般有离散工艺过程和连续工艺过程。按对零件的作用效果可分为改变形态的工艺过程(如切削加工)、改变性态的工艺过程(如热处理)和改变外观性能的工艺过程(如电镀)等；按零件的精密程度可分为普通工艺过程、精密工艺过程以及超精密工艺过程；按使用的工具及能量形式不同，又可分为常规工艺、特种工艺、复合工艺以及快速制造工艺等。随着科学技术的不断发展和进步，新的制造工艺方法也将不断出现。

3.1.1　机械制造工艺的定义和内涵

机械制造工艺是将各种原材料通过改变其形状、尺寸、性能或相对位置，使之成为成品或半成品的方法和过程。机械制造以工艺为本，机械制造工艺是机械制造业的一项重要基础技术。机械制造工艺的内涵可以用图 3.2 所示的流程来表示。

由图 3.2 可知，机械制造工艺流程是由原材料和能源的提供、毛坯和零件成形、机械加工、材料改性与处理、装配与包装、质量检测与控制等多个工艺环节组成。按其功能的不同，可将机械制造工艺分为如下 3 个阶段：零件毛坯的成形准备阶段，包括原材料切割、焊接、铸造、锻压、加工成形等；机械切削加工阶段，包括车削、钻削、铣削、刨削、镗削、磨削加工等；表面改性处理阶段，包括热处理、电镀、化学镀、热喷涂、涂装等。在现代制造工艺中，上述阶段的划分逐渐变得模糊、交叉，甚至合二为一，如粉末冶金和注射成形工艺，则将毛坯准备与加工成形过程合二为一，直接由原材料转变为成品的制造工艺。

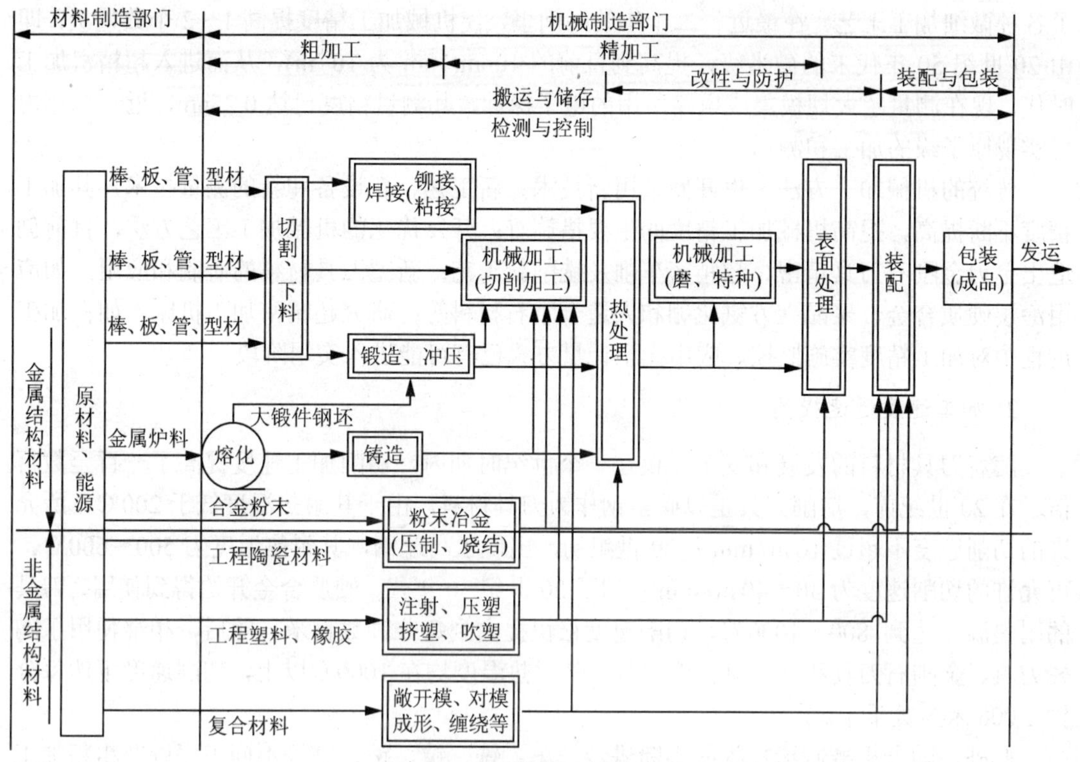

图3.2 机械制造工艺流程图

此外，机械制造工艺还应包括检测和控制工艺环节。然而，检测和控制并不独立地构成工艺过程，而是附属于各个工艺过程而存在，其目的是提高各个工艺过程的技术水平和质量。

3.1.2 先进制造工艺的发展趋势

制造工艺技术是应现代工业和科学技术的发展需求而发展起来的。现代工业和科学技术的发展越来越要求制造加工出来的产品精度更高、形状更复杂，被加工材料的种类和特性更加复杂多样，同时又要求加工速度更快、效率更高、具有高柔性以快速响应市场的需求。现代工业与科学技术的发展为制造工艺技术提供了进一步发展的技术支持，如新材料、计算机技术、微电子技术、控制理论与技术、信息处理技术、测试技术、人工智能理论与技术的发展与应用都促进了制造工艺技术的发展。先进制造工艺的发展趋势主要体现在以下方面。

1. 加工精度不断提高

随着机械制造工艺技术水平的提高，机械制造精度在不断提高，目前工业发达国家在加工精度方面已达到纳米级。加工第一台蒸汽机所用的汽缸镗床，其加工精度为1mm，而到20世纪初，由于发明了能测量0.001mm的千分尺和光学比较仪，加工精度便向微米级过渡，成为机械加工精度发展的转折点，当时把机械工业中达到微米级精度的加工称为精密加工。20 世纪 50 年代以来，宇航、计算机、激光技术以及自动控制系统等尖端科学技术的发展，就是先进技术和先进工艺方法相结合的结果。由于生产集成电路的需要，出现了各种微细加工工艺。在最近一二十年的时间里，使机械加工精度提高 1～2 个数量级，即由 20 世纪 50 年代末的微米级，提高到目前的 10nm(1nm 为 10^{-9}m)，从而进入超精密加工时代，现在测量超大规模集成电路所用的电子探针，其测量精度已达 0.25nm，近一二年内可实现原子级的加工和测量。

传统的机械加工方法，也开始采用新技术、新工艺、新设备和新的测量技术，其加工精度不断提高，提高机械加工精度的主要措施有：开发优化的机械加工工艺方法，目前创造出单刃金刚石刀具精密、超精密车削及铣削新工艺；新型刀具材料的研制和应用，如应用涂层硬质合金、聚晶立方氮化硼和人造金刚石材料等；研究超精密加工机床，如在加工过程中对加工精度实施监控，应用光学计量方式已有可能进入实用阶段。

2. 加工速度迅速提高

随着刀具材料的发展和变革，仅在一个世纪时期内，切削加工速度提高了一百至数百倍。在 20 世纪前，切削刀具是以碳素钢作为刀具材料，由于其耐热温度低于 200℃，所允许的切削速度不超过 10 m/min；20 世纪初，出现了高速钢，其耐热温度为 500～600℃，可允许的切削速度为 30～40 m/min；到了 20 世纪 30 年代，硬质合金开始得到使用，刀具的耐热温度达到 800～1000℃，切削速度很快提高到每分钟数百米。随后，相继使用了陶瓷刀具、金刚石刀具和立方氮化硼刀具，其耐热温度均在 1000℃以上，切削速度可达每分钟 1 000 米至数千米。

此外，随着机械制造技术的不断进步，车、铣、镗、钻、磨等不同工序以及粗精加工的不同工序得以综合应用，切削速度也大大提高。工业发达国家已使超高速切削、超高速磨削技术实现工业化及产业化，这极大地提高了加工效率。

3. 材料科学促进制造工艺变革

材料科学发展对制造工艺技术提出了新的挑战。一方面迫使普通机械加工方法要改变刀具材料、改进制造装备；另一方面对于新型功能材料的加工，要求应用更多的物理、化学、材料科学的现代知识来开发新的制造工艺技术。近几十年来发展了一系列特种加工方法如电火花加工、超声波加工、电子束加工、离子束加工以及激光加工等，这些加工方法，突破了传统的金属切削方法，使机械制造工业出现了新的面貌。

超硬材料、超塑材料、高分子材料、复合材料、工程陶瓷、非晶微晶合金、功能材料等新型材料的应用，扩展了加工对象，导致某些崭新加工技术的产生，如加工超塑材料的超塑成形、等温铸造、扩散焊接；加工陶瓷材料的热等静压、粉浆浇注、注射成形；沉积 TiN、TiC、CBN、人造金刚石等超硬薄膜用的化学气相沉积(CVD)、物理气相沉积(PVD)、物理化学气相沉积(PCVD)、等离子弧化学气相沉积(PACD)等，加工光感硬化树脂的光造型直接成形技术等。新材料与新工艺的结合还促使某些新学科的形成，如半导体硅材料与微细加工工艺相结合已形成一门崭新的微机械加工技术。

新型材料的出现也使传统的铸造、锻造、焊接、热处理、切削加工工艺的技术逐渐发生变化，如使焊接技术从以“焊钢”为中心的时代，逐渐进入同时焊接各种非铁金属乃至非金属的时代，使单一的焊接技术演变成焊接连接技术。在焊接连接工程塑料、复合材料、工程陶瓷、单晶微晶非晶金属材料时，固态焊接、扩散连接、特种钎焊比传统熔化焊显示出了明显的优势。

4. 自动化和数字化工艺装备的发展提高了机械加工的效率

由于微电子、计算机、自动检测和控制技术与制造工艺装备相结合，使工艺装备实现了从单机到系统、从刚性到柔性、从简单到复杂等不同档次的多种自动化转变，使工艺过程的检测和控制方式和手段发生了质的变化，可以使整个工艺过程和工艺参数得到实时的优化，大大提高了加工制造的效率和质量。

5. 优质清洁表面工程技术获得进一步发展

优质清洁表面工程技术已获得了重要进展并进一步完善。表面工程技术是经表面处理后，通过表面涂覆、表面改性、表面加工、多种表面技术复合处理，改变固体金属表面的形态、化学成分和组织结构，以获取与基体材料不同性能要求的一项应用技术。虽然人们使用表面技术已有悠久的历史，然而使之形成一门表面工程独立学科只是近20年的事。近几十年来，出现了如电刷镀、化学镀、物理气相沉积、化学气相沉积、热喷涂、化学热处理、激光表面处理、离子注入等一系列先进表面处理技术。这些技术的出现对节约原材料、提高新产品性能、延长产品使用寿命、装饰环境、美化生活等方面发挥了巨大的作用。

3.1.3　先进制造工艺的特点

从先进制造工艺技术的内涵和发展，可以清晰地看出，先进制造工艺具有优质、高效、低耗、洁净和灵活5个方面的显著特点。

(1) 优质。以先进制造工艺加工制造出的产品质量高、性能好、尺寸精确、表面光洁、组织致密、无缺陷杂质、使用性能好、使用寿命和可靠性高。

(2) 高效。与传统制造工艺相比，先进制造工艺可极大地提高劳动生产率，大大降低了操作者的劳动强度和生产成本。

(3) 低耗。先进制造工艺可大大节省原材料消耗，降低能源的消耗，提高了对日益枯竭的自然资源的利用率。

(4) 洁净。应用先进制造工艺可做到零排放或少排放，生产过程不污染环境，符合日益增长的环境保护要求。

(5) 灵活。能快速地对市场和生产过程的变化以及产品设计内容的更改做出反应，可进行多品种的柔性生产，适应多变的产品消费市场需求。

3.2　超高速加工技术

20世纪50年代初，美国麻省理工学院(MIT)发明的数控技术开创了世界制造技术的新纪元。从此，机械制造由过去采用机床和组合机床组成的生产线逐渐发展到采用加工中心和其他数控机床组成的柔性生产系统(FMS)，实现了多品种、小批量生产的柔性自动化，成功地解决了形状复杂、重复加工精度要求高的零件的加工问题，并且节省了生产过程中的辅助工时，显著地提高了生产率。数控技术被国内外权威学者称为现代制造技术的开端。

20 世纪 80 年代，计算机控制的自动化生产技术的高速发展成为国际生产过程的突出特点，工业发达国家机床的数控化率已达到 70%～80%。随着数控机床、加工中心和柔性制造系统在机械制造中的应用，使机床空行程动作(如自动换刀、上下料等)的速度和零件生产过程的连续性大大加快，机械加工的辅助工时大为缩短。在这种情况下，再一味地减少辅助工时，不但技术上有困难，经济上不合算，而且对提高生产率的作用也不大。这时辅助工时在总的零件单件工时中所占的比例已经较小，切削工时占去了总工时的主要部分，因而切削工时成为主要矛盾。只有大幅度地减少切削工时，即提高切削速度和进给速度，才有可能在提高生产率方面出现一次新的飞跃和突破。这就是超高速加工技术(Ultra-high Speed Machining，USM)得以迅速发展的历史背景。

随着科学技术的发展和社会的进步，为追求高效地生产出高质量的产品，世界各国都不惜耗费巨资，投入大量人力物力，采用最先进的技术手段，不断地深入研究与探讨切削、磨削加工方法及其理论。超高速加工技术正是在这种形势下发展起来的，并以其极高的切削速度、进给速度、加工精度和表面质量被公认为是现代制造技术的一大突破。国内外权威学者认为，如果把数控技术看成是现代制造技术的第一个里程碑，那么超高速加工技术就是现代制造技术的第二个里程碑。超高速加工、超精密加工、高能束和复合加工以及自动化加工构成了当今四大先进加工技术。

3.2.1　超高速加工技术的内涵和特点

1. 超高速加工的概念

超高速加工是用一种比常规高得多(一般指 10 倍左右)的速度对零件进行加工的先进技术。目前世界各国对其还没有一个确切的定义，根据近年来对超高速加工的特点和设备的研究可将其定义为：超高速加工技术是指采用超硬材料的刀具、磨具和能可靠地实现高速运动的高精度、高自动化、高柔性的制造设备，以极大地提高切削速度来达到提高材料切除率、加工精度和加工质量的现代制造加工技术。其显著标志是使被加工塑性金属材料在切除过程中的剪切滑移速度达到或超过某一阈值，开始趋向最佳切除条件，使得切除被加工材料所消耗的能量、切削力、工件表面温度、刀具和磨具磨损、加工表面质量等明显优于传统切削速度下的指标，而加工效率则大大高于传统切削速度下的加工效率。

超高速加工是一个相对的概念，不同的工件材料、不同的加工方式有着不同的切削速度范围，因而很难就超高速加工的切削速度范围给定一个确切的数值。德国 Darmstadt 工业大学的研究给出了 7 种材料的超高速加工的速度范围，见表 3-1。

表 3-1　常见材料超高速加工速度范围

加工材料	加工速度范围/(m/min)
铝合金	2 000～7 500
铜合金	900～5 000
钢	600～3 000
铸铁	800～3 000
超耐热镍基合金	80～500
钛合金	150～1 000
纤维增强塑料	2 000～9 000

此外，超高速加工的切削速度也可按工艺方法划分，分别是车削：700～7 000m/min；铣削：300～6 000m/min；钻削：200～1 100m/min；磨削：150m/s 以上(540km/h)。

2. 超高速加工的特点

超高速加工的速度比常规加工速度几乎高出一个数量级，在切削原理上是对传统切削认识的突破。由于切削机理的改变，而使超高速加工产生出许多自身的优势，主要表面在以下几个方面。

(1) 大幅度提高切削、磨削效率，减少设备使用台数。

在切削加工方面，随着切削速度的大幅度提高，进给速度也相应提高 5～10 倍，这样，单位时间材料切除率可提高 3～6 倍，因而零件加工时间通常可减缩到原来的 1/3。同时非切削的空行程时间也大幅度减少，从而提高了加工效率和设备利用率，缩短了生产周期。

在磨削方面，实验表明，200m/s 超高速磨削的金属切除率在磨削力不变的情况下比 80m/s 时提高 150%，而 340m/s 时比 180m/s 时提高 200%。与金属相比，采用 CBN 砂轮进行超高速磨削，砂轮线速度由 80m/s 提高至 300m/s 时,切除率由 $50mm^3/mm \cdot s$ 提高至 $1\,000mm^3/mm \cdot s$，因而可使磨削效率显著提高。

(2) 切削力、磨削力小，工件加工精度高。

在切削方面，对同样的切削层参数，由于加工速度高，高速切削的单位切削力明显减小，使剪切变形区变窄，剪切角增大，变形系数减小，切削流出速度加快，从而可使切削变形较小，切削力比常规切削力降低 30%～90%，刀具耐用度可提高 70%。若在保持高效率的同时适当减少进给量，切削力的减幅还要加大，这使工件在切削过程中的受力变形显著减小。同时，高速切削使传入工件的切削热的比例大幅度减少，加工表面受热时间短、切削温度低，因此，热影响区和热影响程度都较小。有利于提高加工精度，有利于获得低损伤的表面结构状态和保持良好的表面物理性能及机械性能。故超高速加工特别适合于大型框架件、薄壁件、薄壁槽形件等刚性较差工件的高精度、高效加工。

而在磨削方面，随着砂轮速度的提高，单位时间内参与切削的磨粒数增加，每个磨粒切下的磨屑厚度变小，导致每个磨粒承受的磨削力变小，总磨削力也大大降低。由于磨屑厚度变薄，在磨削效率不变时，法向磨削力随磨削速度的提高而大幅度减小，从而减小磨削过程中的变形，提高工件的加工精度；由于砂轮速度提高，磨粒两侧材料的隆起量明显降低，能显著降低磨削表面粗糙度数值。实验表明：在其他条件一定时，将磨削速度由 33m/s 提高至 200m/s，磨削表面的粗糙度值由 2.0 μm 降低至 1.1 μm 。

(3) 加工能耗低，节省制造资源。

高速切削时，单位功率所切削的切削层材料体积显著增大。如洛克希德飞机公司的铝合金超高速切削，主轴转速从 4 000r/min 提高到 20 000r/min 时，切削力下降 30%，而材料切除率增加 3 倍。单位功率的材料切除率可达 $130～160cm^3/(min \cdot kW)$，而普通铣削仅为 $30cm^3/(min \cdot kW)$。由于切除率高，能耗低，工件的在制时间短，提高了能源和设备的利用率，降低了切削加工在制造系统资源中的比例。因此，超高速切削符合可持续发展战略的要求。

(4) 简化了工艺流程，降低生产成本。

由于在某些应用场合，高速铣削的表面质量可与磨削加工媲美，高速铣削可直接作为最后一道精加工工序。因而简化了工艺流程，降低了生产成本，其经济效益十分可观。因为不但在购置机床时节省了磨床的费用，而且可以在生产中提高铣床的使用率，通过简化工艺流程带来的效益是高速切削的真正潜力。当然，高速切削也存在一些缺点，如昂贵的刀具材料及机床(包括数控系统)、刀具平衡性能要求高以及主轴寿命低等。

3.2.2　超高速切削的关键技术

高速、超高速切削技术是在机床结构及材料、机床设计制造技术、高速主轴系统、快速进给系统、高性能CNC控制系统、高性能刀夹系统、高性能刀具材料及刀具设计制造技术、高效高精度测量测试技术、高速切削机理、高速切削工艺等相关的硬件与软件技术的基础之上综合而成的。因此，高速切削加工是一个复杂的系统工程，由机床、刀具、工件、加工工艺、切削过程监控及切削机理等方面形成了高速切削的相关技术。

1. 超高速切削的刀具技术

刀具是超高速切削工艺系统中最活跃的因素。刀具材料的发展，刀具结构的变革及刀具可靠性的提高，成为超高速切削得以实施的工艺基础。

1) 超高速切削的刀具材料

超高速铣削时，产生的切削热和对刀具的磨损比普通切削速度时要高得多，因此，超高速铣削使用的刀具材料要有很大的不同，对刀具材料有更高的要求，主要有：①高硬度、高强度和耐磨性；②韧性高，抗冲击能力强；③高的热硬性和化学稳定性；④抗热冲击能力强等。

目前已有不少新的刀具材料，但能同时满足上述要求的刀具材料还很难找到。因此，在具有比较好的抗冲击韧度的刀具材料的基体上，再加上高热硬性和耐磨性层的刀具材料是刀具技术发展的重点。目前适合于超高速切削的刀具材料主要有以下几种。

(1) 涂层刀具：通过在刀具基体上涂覆金属化合物薄膜，以获得远高于基体的表面硬度和优良的切削性能。刀具基体材料主要有高速钢、硬质合金、金属陶瓷等。目前的涂层基本都是由几种涂层材料复合而成的复合涂层。硬涂层材料主要有 TiN、TiCN、TiAlN、TiAlCN、Al_2O_3 等。

(2) 金属陶瓷刀具：与硬质合金刀具相比可承受更高的切削速度，陶瓷刀具与金属材料的亲和力小，热扩散磨损小，其高温硬度优于硬质合金，故耐磨损、耐高温。

(3) 立方氮化硼(CBN)刀具：突出优点是热稳定性好(1400℃)，化学惰性大，在1200～1300℃下也不与铁系材料发生化学反应。因此特别适合于高速精加工硬度 45～65HRC 的淬火钢、冷硬铸铁、高温合金等，实现“以切代磨”。

(4) 聚晶金刚石(PCD)刀具：摩擦因数低，耐磨性极强，具有良好的导热性，适用于加工有色金属、非金属材料，特别适合于难加工材料及粘连性强的有色金属的高速切削，但价格较贵。

2) 超高速切削的刀柄结构

刀柄是超高速加工机床(加工中心)的另一个重要配套件，它的作用是提高刀具与机床主轴的连接刚性和装夹精度。高速切削时，为使刀具保持足够的夹持力，以避免离心力造成刀具的损坏，对刀具的装夹装置也提出了相应的要求。在超高速切削条件下，刀具与机床的连接界面装夹结构要牢靠，工具系统应有足够的整体刚性。同时，装夹结构设计必须有利于迅速换刀，并有最广泛的互换性和较高的重复精度。目前超高速加工机床上普遍采用是日本的 BIG-PLUS 刀柄系统和德国的 HSK 刀柄系统。

图 3.3 所示是由日本昭和精机(BIG)开发的 BIG-PLUS 刀柄系统，仍采用 7∶24 锥度，其结构设计可减小刀柄装入主轴时(锁紧前)与端面的间隙，锁紧后可利用主轴内孔的弹性膨胀对该间隙进行补偿，使刀柄与主轴端面贴紧，下半部为普通 BT 刀柄。

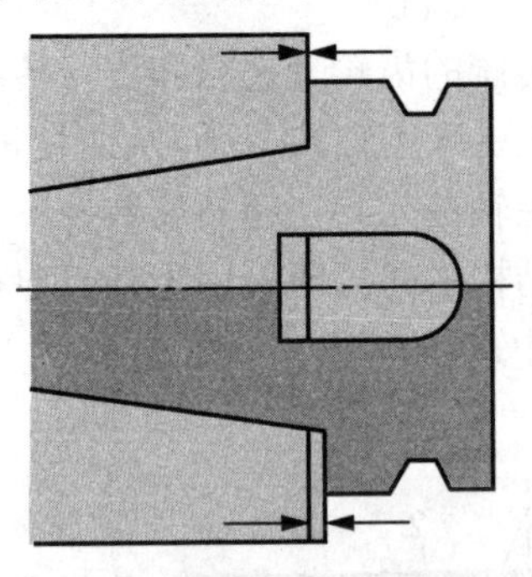

图 3.3　BIG-PLUS 刀柄系统

BIG-PLUS 刀柄系统具有以下优点：①增大了与主轴的接触面积，提高了系统的刚性，增强了对振动的衰减作用；②利用端面的矫正作用提高了ATC(Automatic Tool Changing)的重复精度；③端面定位作用使系统轴向尺寸更为稳定。由于 BIG-PLUS 刀柄系统仍采用 7∶24 锥度，锁紧机构也无不同，因此它与一般非两面定位系统之间具有互换性，这也是 BIG-PLUS 刀柄系统得以迅速推广的一个重要原因。

HSK 刀柄系统是由德国亚琛工业大学及 40 余家机床厂家、刀具厂商和用户共同开发的，于 1996 年列入德国工业标准 DIN 6983，2001 年加入国际化标准组织 ISO 12164。HSK 是一个首字母缩略词，来自德文空心(H)、短(S)和锥度(K)3 个词。HSK 刀柄结构如图 3.4 所示。这种刀柄以锥度 1∶10 代替传统的 7∶24，楔紧作用加强，用锥面再加上法兰端面的双面定位。转速高时，锥体向外扩张，增加了压紧力。刀柄为中空短柄，其工作原理是利用锁紧力及主轴内孔的弹性膨胀补偿端面间隙。由于中空刀柄自身具有较大的弹性变形，因此刀柄的制造精度要求相对较为宽松。此外，由于 HSK 刀柄系统的质量轻、刚性高、转动扭矩大、重复精度好、连接锥面短，可以缩短换刀时间，因此适应主轴高速运转，有利于高速 ATC 及机床的小型化。全世界采用这种中空短锥双面接触的强力 HSK 刀柄的机床已突破 6 000 台。

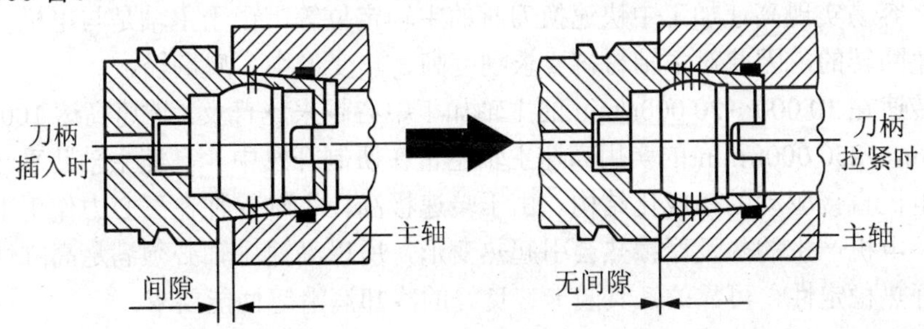

图 3.4　HSK 刀柄与主轴连接结构与工作原理图

2. 超高速切削机床

1) 高速主轴系统

实现高速切削的关键因素之一是拥有性能优良的高速切削机床，自 20 世纪 80 年代中期以来，开发高速切削机床便成为国际机床工业技术发展的主流。高速主轴是高速切削机床的关键零件之一。

在超高速运转的条件下，传统的齿轮变速箱和皮带传动方式已不能适应要求，代之以宽调速交流变频电机来实现数控机床主轴的变速，从而使机床主传动的机械结构大为简化，形成一种新型的功能部件——主轴单元。在超高速数控机床中，几乎无一例外地采用了主轴电机与机床主轴合二为一的结构形式。即采用无外壳电机，将其空心转子直接套装在机床主轴上，带有冷却套的定子则安装在主轴单元的壳体内，形成内装式电机主轴，简称“电主轴”，如图 3.5 所示。

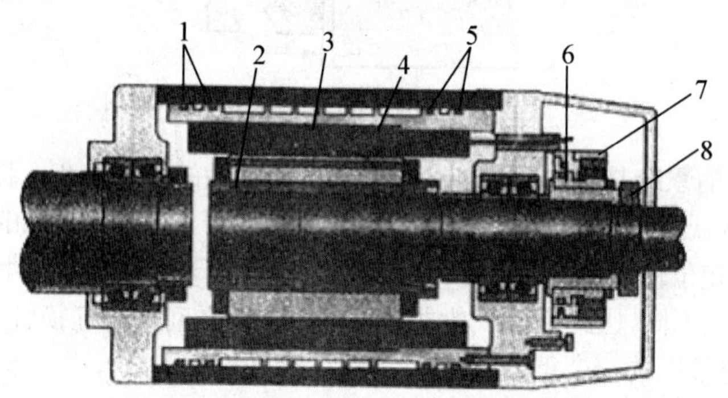

图 3.5　超高速电主轴结构

1，2，5—密封圈；3—定子；4—转子；6—旋转变压器转子；7—旋转变压器定子；8—螺母

电机的转子就是机床的主轴，机床主轴单元的壳体就是电机座，从而实现了变频电机与机床主轴的一体化。由于它取消了从主电机到机床主轴之间的一切中间传动环节，把主传动链的长度缩短为零。故称这种新型的驱动与传动方式为“零传动”。由于完全取消了机械传动机构，其转速可轻而易举地达到 42 000r/min，甚至更高，不仅如此，由于结构紧凑，消除传动误差，它还具有重量轻、惯性小、响应快、可避免振动与噪声的优点。

集成式电机主轴振动小，由于直接传动，减少了高精密齿轮等关键零件，消除了齿轮的传动误差。同时，集成式主轴也简化了机床设计中的一些关键性的工作，如简化了机床外型设计，容易实现高速加工中快速换刀时的主轴定位等。由于主轴是与电机直接装在一起进行高速回转的，因此对主轴材料要求刚度高、热变形小、质量轻。

目前转速在 10 000～20 000r/min 的主轴加工中心越来越普及，转速高达 100 000r/min、200 000r/min、250 000r/min 的实用高速主轴也正在研制开发中。高速主轴几乎全部是内装交流伺服电机直接驱动的集成化结构。由于转速极高，主轴零件在离心力作用下会产生振动和变形，电机产生的热及摩擦热会引起热变形，所以高速主轴必须满足高刚性、高回转精度、良好热稳定性、可靠的工具装卡、良好的冷却润滑等性能要求。

由于集成化主轴组件结构的传动部件减少，轴承成为决定主轴寿命和负荷能力的关键部件。为了适应高速切削加工，高速主轴越来越多地采用陶瓷轴承、磁悬浮轴承及空气轴承等。

陶瓷滚动球轴承与传统的球轴承相比，采用陶瓷替代传统的钢滚珠。陶瓷的密度是轴承钢的 40%，热膨胀系数是轴承钢的 1/4，而弹性模量是轴承钢的 1.5 倍。因此，由于它的密度小，在高速时产生的离心力就小，回转平稳；弹性模量大，那么它的刚度就高。此外，它还具有不导磁、不导电、耐高温、低导热系数等特点，所以它比一般的钢制轴承的转速可提高 50%左右，温度可降低 35%～60%。寿命可提高 3～6 倍。尽管如此，陶瓷轴承一般只能用在准高速轴(25 000～30 000r/min)上，在超高速轴上使用还是较少的。

磁悬浮轴承(Active Magnetic Bearing，AMB)的工作原理是利用电磁力将转子悬浮于空间的一种新型高性能、智能化轴承。由于轴承定子与转子之间间隔 0.3～1.0mm，电磁轴承采用的是电磁力自反馈原理进行控制，其主轴回转精度可达到 0.2 μm，所以基本上做到了无机械磨损。转子的理论寿命无限长，结构简单并能达到很高的转速。在国外，德国的 KAPP 公司生产的磁悬浮轴承工作转速已达到 40 000～70 000r/min，瑞典、日本、意大利的机床生产厂也将磁悬浮轴承用于超高速磨床。但是在国内由于磁悬浮主轴电气控制系统较复杂，整个轴承制造成本较高，初期投入成本高，产品种类还没有标准化和系列化，所以在高速设备上的应用还较少。但是随着新磁性材料的出现及其他相关技术的发展，磁悬浮轴承在高速机床上的应用前景将越来越广泛。磁悬浮轴承高速主轴结构示意图如图 3.6 所示。

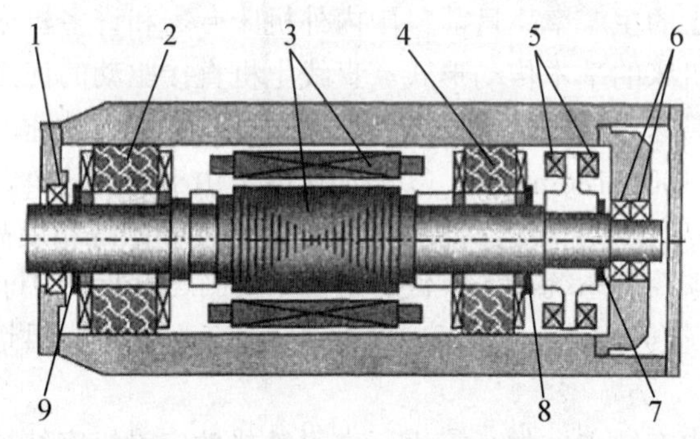

图 3.6 磁悬浮轴承高速主轴结构示意图

1—前辅助轴承；2—前径向轴承；3—电主轴；4—后径向轴承；5—双面轴向推力轴承；
6—后辅助轴承；7—轴向传感器；8—后径向传感器；9—前径向传感器

2) 快速进给系统

超高速加工进给单元是超高速加工机床的重要组成部分，是评价超高速机床性能的重要指标之一。它不仅对提高生产率有重要意义，而且也是维持超高速加工中刀具正常工作的必要条件。超高速机床不但要求主轴有很高的转速和功率，同时也要求机床工作台有与之相应的进给速度和运动加速度。也就是说要求进给系统能瞬时达到高速、瞬时停止。这就要求超高速切削机床的进给系统不仅要能达到很高的进给速度，还要具有大的加速度以及高的定位精度。

传统机床采用旋转电机带动滚珠丝杠的进给方案，由于其工作台的惯性以及受螺母丝杠本身结构的限制，进给速度和加速度一般比较小。目前，快速进给速度很难超过 60m/min，工作进给速度通常低于 40m/min，最高加速度很难突破 $1m/s^2$。要获得更高的进给加速度，只有采用直线电机直接驱动的形式，它可提供更高的进给速度和更好的加减速特性。图 3.7 给出了超高速加工机床直线电机系统的原理图。

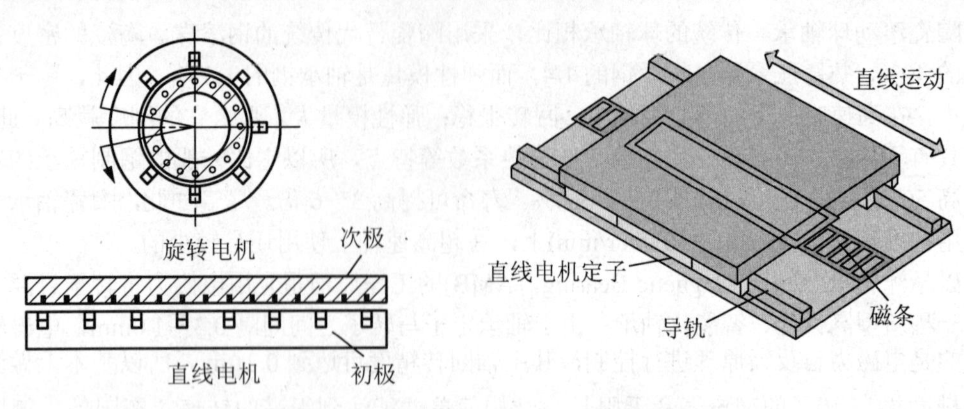

图 3.7　超高速加工机床直线电机原理图

直线电机从原理上就是将普通的旋转电机沿过轴线的平面剖开，并展成一直线而成。由定子演变而来的一侧为直线电机的初级，由转子演变而来的一侧为直线电机的次极。当交流电通入绕组时，就会在直线电机的初、次极之间产生磁场，使其相对运动。在高速加工机床上，动子与工作台固连，定子安装在机床上。从而消除了一切中间传动环节，实现了直接驱动，直线驱动最高加速度可提高到 1m/s^2 以上，加速度的提高可大大提高盲孔加工、任意曲线曲面加工的生产率。目前，国内外机床专家和许多机床厂家普遍认为直线电机直接驱动是新一代机床的基本传动形式。直线电机直接驱动的优点是：①控制特性好、增益大、滞动小，在高速运动中保持较高的位移精度；②高运动速度，因为是直接驱动，最大进给速度可高达 100～180m/min；③高加速度，由于结构简单、质量轻，可实现的最大加速度高达 2～10m/s^2；④无限运动长度；⑤定位精度和跟踪精度高，以光栅尺为定位测量元件，采用闭环反馈控制系统，工作台的定位精度高达 0.1～0.01 μm；⑥起动推力大(可达 12 000N)；⑦由于无传动环节，因而无摩擦、无往返程空隙，且运动平稳；⑧有较大的静、动态平衡。

但直线电机驱动也有缺点，如：①由于电磁铁热效应对机床结构有较大的热影响，需附设冷却系统；②存在电磁场干扰，需设置挡切削防护；③有较大功率损失；④缺少力转换环节，需增加工作台制动锁紧机构；⑤由于磁性吸力作用，造成装配困难；⑥系统价格较高，应用技术还不完善。

目前超高速加工进给单元的速度已由过去的 8～12m/min 提高到 30～50m/min，某些加工中心已达到了 60m/min。日本研制的高效平面磨床，工作台进给采用直线电机，最高速度 60m/min，最大加速度可以达到 10m/s^2。

3) 支承制造技术

超高速加工机床的支承制造技术是指超高速加工机床的支承构件，如床身、立柱、箱体、工作台、底座、拖板和刀架等的制造技术。

由于超高速加工机床同时需要高主轴转速、高进给精度、高加速度，又要求用于高精度的零部件加工，因而集“三高”(高速度、高精度、高刚度)于一身就成为超高速加工机床的最主要特征。目前常采用的措施有：一是改革床身结构，如 Gidding 和 Lewis 公司在其 M 高速加工中心上将立柱与底座合为一个整体，使机床整体刚性得以提高；二是使用高阻尼特性材料，如聚合物混凝土。日本牧野高速机床的主轴油温与机床床身的温度通过传感控制保持一致，协调了主轴与床身的热变形。机床厂商同时在切除、排屑、丝杠热变形等方面采用各种热稳定性措施，极大地保证了机床稳定性和精度。

机床的床身一般采用整体铸造结构。超高速加工机床中，为减少直线和回转运动的动量与惯量(移动质量和转动质量)，对于相同刚度而言，可采取轻质材料来制造运动零部件，如钛合金、铝合金和显微强化复合材料等。

3. 超高速切削机理

目前，关于铝合金的高速切削机理研究，已取得了较为成熟的理论，并已用于指导铝合金高速切削生产实践。而关于黑色金属及难加工材料的高速切削加工机理研究尚在探索阶段，其高速切削工艺规范还很不完善，是目前高速切削生产中的难点，也是切削加工领域研究的焦点。正开展的研究工作主要包括铸铁、普通钢材、模具钢、钛合金和高温合金等材料在高速切削过程中的切屑形成机理、切削力、切削热变化规律及刀具磨损对加工效率、加工精度和加工表面完整性的影响规律，继而提出合理的高速切削加工工艺。另外，高速切削已进入铰孔、攻丝、滚齿等的应用中，其机理也都在不断研究之中。

4. 超高速切削工艺

高速切削作为一种新的切削方式，目前，尚没有完整的加工参数表可供选择，也没有较多的加工实例可供参考，还没有建立起实用化的高速切削数据库，在高速加工的工艺参数优化方面，也还需要做大量的工作。高速切削 NC 编程需要对标准的操作规程加以修改。零件程序要求精确并必须保证切削负荷稳定。多数 CNC 软件中的自动编程都还不能满足高速切削加工的要求，需要由人工编程加以补充。应该采用一种全新的编程方式，使切削数据适合高速主轴的功率特性曲线。

知识链接

超高速切削理论的研究源于 20 世纪 30 年代，即 1931 年 4 月，德国切削物理学家萨洛蒙(Carl Salomon)曾根据一些实验曲线，即“萨洛蒙曲线”，提出了超高速切削理论。萨洛蒙指出：在常规的切削速度范围内，切削温度随着切削速度的增加而提高。但是，当切削速度增大到某一个值以后，切削速度再增加，切削温度反而降低。

3.2.3 超高速磨削的相关技术

超高速磨削($v \geqslant 150$m/s)是近年迅猛发展的一项先进制造技术，被誉为“现代磨削技术的最高峰”。日本先端技术研究学会把超高速加工列为五大现代制造技术之一。国际生产工程学会(CIPP)将超高速磨削技术确定为面向 21 世纪的中心研究方向之一。东北大学自 20 世纪 80 年代开始一直跟踪高速/超高速磨削技术发展，并对超高速磨削机理、机床设备及其关键技术等开展了连续性的研究，建造了我国第一台额定功率为 55kW、最高砂轮线速度达 250m/s 的超高速试验磨床，进行了超高速大功率磨床动静压主轴系统研究、电镀 CBN 超高速砂轮设计与制造、超高速磨削成屑机理及分子动力学仿真研究、超高速磨削热传递机制和温度场研究、高速钢等材料的高效深磨研究、超高速单颗磨粒 CBN 磨削试验研究、超高速磨削砂轮表面气流场和磨削摩擦系数的研究等，部分研究成果达到国际先进水平。图 3.8 给出了超高速磨削所需的各项相关技术。

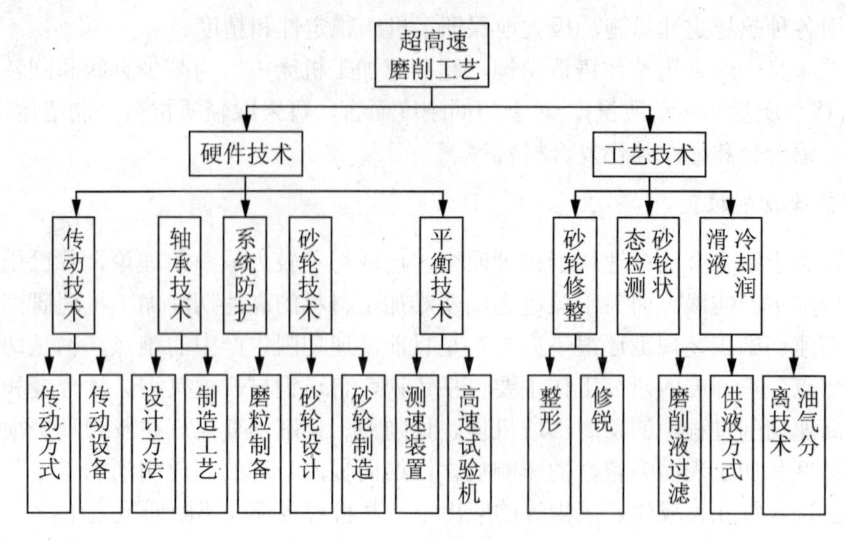

图 3.8　超高速磨削相关技术

1. 超高速磨削用砂轮

超高速磨削砂轮应具有良好的耐磨性、高动态平衡精度和机械强度、高刚度和良好的导热性等。超高速磨削砂轮可以使用 Al_2O_3、SiC、CBN 和金刚石磨料。从发展趋势看，CBN 和金刚石砂轮在超高速磨削中所占的比重越来越大。超高速磨削砂轮的结合剂可以是树脂、陶瓷和金属。

20 世纪 90 年代，陶瓷或树脂结合剂的 Al_2O_3、SiC、CBN 磨料砂轮，线速度可达 125m/s，CBN 或金刚石砂轮的使用速度可达 150m/s，而单层电镀 CBN 砂轮的线速度可达 250m/s 左右，甚至更高。由于减少了磨料层厚度并改善了相应的制造工艺，目前日本的陶瓷结合剂砂轮已在 300m/s 的线速度下安全回转。德国亚琛工业大学在其砂轮的铝基盘上使用熔射技术实现了磨料层与基体的可靠黏结。日本一些公司使用了碳纤维加强塑料基体，但成本很高。大阪金刚石工业公司的 HIV 型超高速砂轮采用 CFRP-M(M 指金属，如钢或铝)复合基体在不影响基体回转强度的情况下可提高砂轮安装部位的耐磨性并降低砂轮成本。

为了充分发挥单层超硬磨料砂轮的优势，国外在 20 世纪 80 年代中后期开始以高温钎焊替代电镀开发了一种具有更新换代意义的新型砂轮——单层高温钎焊超硬磨料砂轮。由于钎焊砂轮结合强度高，使其砂轮寿命很高，极高的结合强度也意味着砂轮工作线速度可达到 300～500m/s 以上。又由于砂轮锋利、容屑空间大、不易堵塞，因此在与电镀砂轮相同的加工条件下，磨削力、功率消耗、磨削温度会更低，甚至可接近冷态切削。美国 Norton 公司利用铜焊技术研究出的金属单层砂轮，是将单层 CBN 磨粒直接用铜焊在金属基体上，由于铜是一种活性金属，从而能与磨粒和基体产生强大的化学粘接力。图 3.9 是普通电镀砂轮和 MSL 砂轮的对比。MSL 砂轮的磨粒突出比已达到 70%～80%，容屑空间大大增加，结合剂抗拉强度超过了 1 553N/mm^2，在相同磨削条件下可使磨削力降低 50%，进一步提高了磨削效率极限，但其制造成本极高，仍处于实验研究阶段。

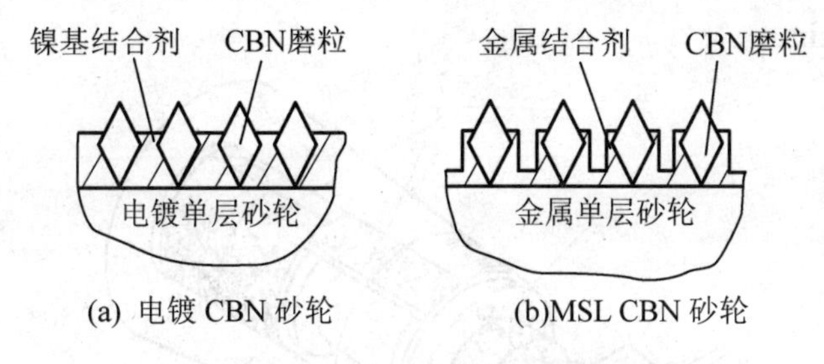

图3.9 普通电镀砂轮与MSL砂轮

高速磨削砂轮的基体设计必须考虑高转速时离心力的作用，并根据应用场合进行优化。图3.10所示为一个经优化后的砂轮基体外形。砂轮以铝合金为基体，腹板为一个变截面等力矩体，优化的基体不是单独一个大的法兰孔，而是用多个小的螺孔代替，以充分降低基体在法兰孔附近的应力。基体外缘的尺寸，则主要根据应用场合而定。

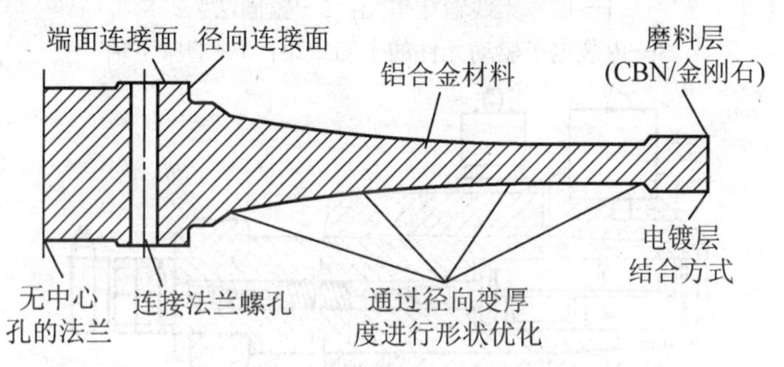

图3.10 高速砂轮的结构和形状优化

2. 超高速主轴及轴承

超高速磨削时对砂轮主轴的基本要求与高速切削时相似，各种主轴的类型、结构及特点可参见“高速切削的关键技术”的“高速主轴系统”，不同之处在于直径一般大于铣刀的直径。由于制造和调整装夹等误差，更换砂轮或者修整砂轮后甚至在停车后重新启动时，砂轮主轴必须进行动态平衡。所以高速磨削主轴必须有连续自动动平衡系统，以便能把由动不平衡引起的振动降低到最小程度、保证获得较低的工件表面粗糙度。

目前市场上有许多不同的动平衡系统产品，图3.11所示为机电动平衡系统，它由两块内装电子驱动元件并可在轴上做相对转动的平衡重块3、紧固法兰2和信号无线传输单元1组成。整个平衡系统构成一个完整的部件，装在磨床主轴4上，如图3.12所示。进行动平衡时，主轴的动不平衡振幅值由振动传感器测出，动不平衡的相位则通过装在转子内的电子元件来测得。相应的电子控制信号驱动两平衡块1做相对转动，从而达到平衡的目的。这种平衡装置的精度很高，平衡后的主轴残余振动幅值可控制在0.1～1μm。该系统的平衡块在断电时仍保持在原位置上不动，所以停机后重新启动时主轴的平衡状态不会发生变化。

高精密轴承是超高速主轴系统的核心部件，目前国内外大多数高速磨床采用的都是滚动轴承。为提高其极限转速，主要采用如下措施：第一，提高制造精度等级，但这样会使轴承价格成倍增长；第二，合理选择材料，如选用陶瓷球和钢制轴承内外圈的混合球轴承，若润滑良好，可使其寿命提高3～6倍，极限转速增加60%，而温升降低35%～60%，其*dn*值可达300万；第三，改进轴承结构，如德国Kapp公司采用的磁悬浮轴承砂轮主轴，转速可达 60 000r/min。

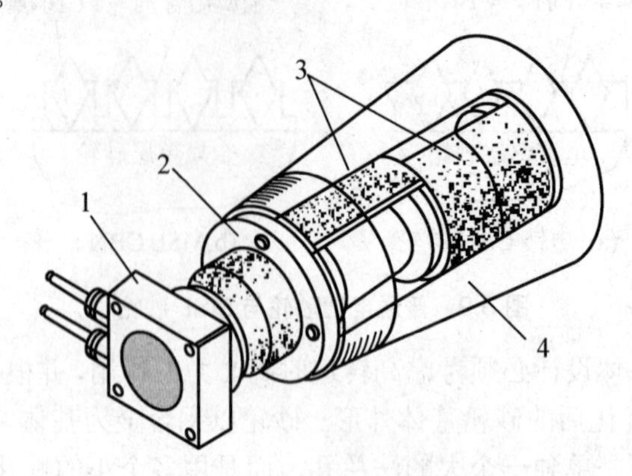

图 3.11　机电动平衡系统

1—信号无线输送单元；2—紧固法兰；

3—内装电子驱动元件的平衡重块；4—磨床主轴

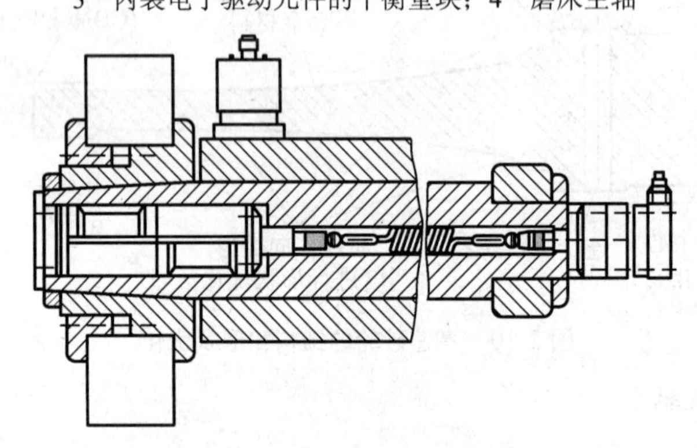

图 3.12　装有机电动平衡系统的砂轮主轴

3.2.4　超高速加工技术的应用

1. 超高速切削技术的应用

超高速切削的工业应用目前主要集中在以下几个领域。

1) 航空航天工业领域

减轻重量对于航空航天器有着极其重要的意义，其主要采取两个措施来减重。

(1) 零部件尽可能采用铝合金、铝钛合金或纤维增强塑料等轻质材料，这 3 种材料所占飞机材料的比重在 70%以上，在常规切削中一般采用很低的切削速度。如果采用高速切削，其切削速度可提高到 100～1 000m/min，不但能大幅度提高机床生产率，而且能有效减少刀具磨损，提高工件表面加工质量。表 3-2 列出了几种军用飞机使用各种结构材料的重量百分比；

表 3-2　军用飞机使用各种结构材料的重量百分比

机种	铝合金	钢	钛合金	复合材料	其他
YF17	73%	10%	7%	8%	2
F/A-18A/B	49.5%	15%	12%	9.5%	14%

续表

机种	铝合金	钢	钛合金	复合材料	其他
F/A-BC/D	50%	16%	13%	10%	21%
F/A-18E/F	29%	14%	15%	23%	19%
YF-12	35%	5%	24%	23%	13%
Y-22	15%	5%	41%	24%	14%

(2) 用“整体制造法”把过去由几十个、甚至几百个零件通过铆接或焊接起来的组合构件，合并成为一个带有大量薄壁和细筋的复杂零件，即从一块实心的整体毛坯中切除和掏空 85%以上的多余材料加工而成。用高速加工来制造这类带有大量薄壁、细筋的复杂轻合金构件，材料切除率高达 100～180cm^3/min，为常规加工的 3 倍以上，可大大压缩切削工时。图 3.13 所示为“整体制造法”加工的铝合金薄壁件，壁厚 0.2mm、高 20mm。

【应用案例 3-1】

图 3.14 所示为某战斗机的一个大型薄壁构件 7075 铝合金零件(相当于 LC9)，壁厚：0.330mm，底厚：0.381mm，外形：2 388mm × 2 235mm × 82.6mm，毛坯净重：1818kg，加工后零件质量：14.5kg。对这样大型、薄壁、加强肋复杂的铝合金零件进行高精度、高效率加工是切削加工技术中的一个难题。传统方法加工这个构件需由 500 多个零件组装而成，制造这个组合构件的生产周期是 3 个月。现在用一块整体毛坯，通过高速加工来制造这个零件，主轴 18 000r/min，进给速度 2.4 ~ 2.7m/min，刀具直径 18 ~ 20mm，最大切深 200mm，可大幅度提高生产效率，切削效率为传统切削的 2.5 ~ 2.8 倍，大型零件的铣削加工仅要 100 ~ 300 小时，并可节省经费，降低制造成本。

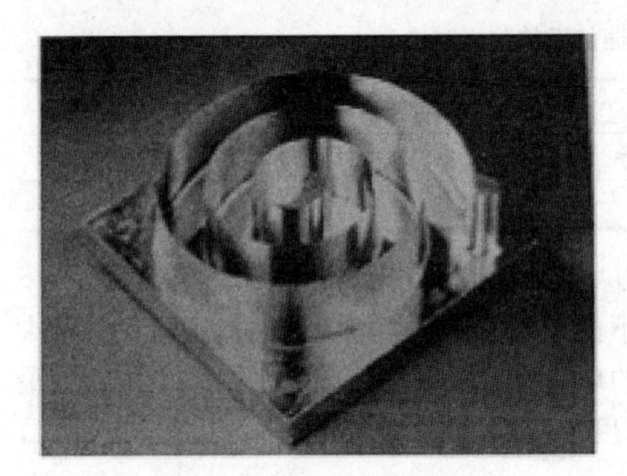

图 3.13　铝合金薄壁件

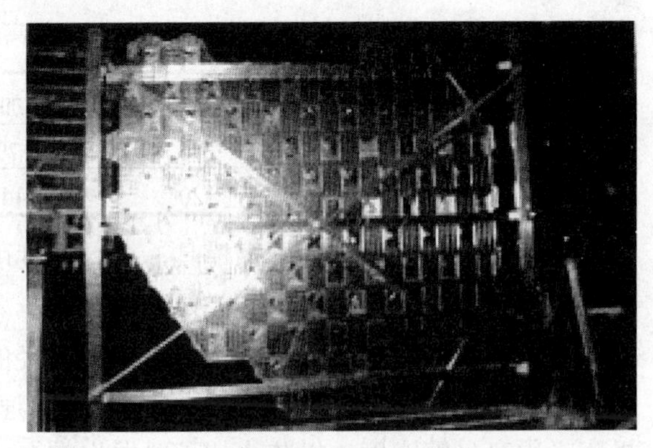

图 3.14　某战斗机上采用的铝合金零件

2) 汽车、摩托车工业领域

近 10 年来新建的汽车、摩托车生产线，多半采用由多台加工中心和数控机床组成的柔性生产线，虽然它能适应产品不断更新的要求，但由于是单轴顺序加工，生产效率没有原来的多轴、多面、并行加工的组合机床自动线的高。这又产生了“高柔性”和“高效率”之间的矛盾。高速加工为这个矛盾的解决指出了一条根本的出路，办法就是采用高速加工中心和其他高速数控机床组成高速柔性生产线。这种生产线集“高柔性”与“高效率”于一身，既能满足产品不断更新换代的要求，又有接近于组合机床刚性自动线的生产效率。这就打破了汽车生产中有关“经济规模”的传统观念，实现了多品种、中小批量的高效生产。

例如，Ford 汽车公司和 Ingersoll 机床公司合作，寻求能兼顾柔性和效率的汽车生产线方案。经过分析提出，如能采用高速加工，将单轴加工中心的生产率提高 5 倍，则即使是顺序加工，仍可以达到 5 根主轴同时加工的组合机床的生产率。经过多年努力，两公司研制的 HVM800 卧式加工中心，同时采用高速电主轴和直线电机，主轴最高转速为 20 000r/min，工作台最大进给达 76.2m/min。用这种高速加工中心组成的柔性生产线加工汽车发动机零件，其生产率与组合机床自动线相当，但建线投入要少 40%。生产的准备时间也少得多，主要工作是编制软件，而不是大量制造夹具，现已成为一条名副其实的敏捷制造生产线。

我国汽车工业近年来也开始用高速加工中心组成柔性生产线取代组合机床刚性自动线。如一汽大众捷达轿车自动生产线，由冲压、焊接、涂装、总装、发动机及传动器等高速生产线组成，年产轿车 15 万辆，制造节拍 1.50 分/辆；又如上海大众桑塔纳轿车自动生产线等。国外如美国通用发动机总成工厂的高速柔性自动生产线、福特汽车公司和 Ingersoll 机床公司合作研制的以 HVM800 卧式加工中心为主的汽车生产线等。

3) 模具工业领域

由于模具大多由高硬度、耐磨损的合金材料经过热处理来制造，所以加工难度大。以往广泛采用电火花(EDM)加工成形，而电火花是一种靠放电烧蚀的微切削加工方式，生产效率极低。用高速铣削代替电加工是加快模具开发速度、提高模具制造质量的一条崭新的途径。用高速铣削加工模具，不仅可用高转速、大进给，而且粗、精加工一次完成，极大地提高了模具的生产效率，表 3-3 为放电电极传统加工与高速加工的效果对比。

表 3-3 传统加工与高速加工的效果对比

加工方式	总工序数	总时间/h	型槽加工/h	加工精度/mm	表面粗糙度 Ra / μm
传统加工	22	256	179	±0.2～±0.5	1.6
高速加工	17	120	44	±0.10	0.4

采用高速切削加工淬硬钢模具，模具硬度可达 60HRC 以上，表面粗糙度 0.4μm，达到了磨削的水平，效率比电加工高出好几倍，不仅节省了大量的修光时间，还可代替绝大部分的电加工工序。模具型腔一般采用小直径的球头铣刀进行高速硬铣削，要求机床的最高主轴转速高达 20 000～40 000r/min，但进给速度不要求特别高，一般 v_{max}=30m/min 即可，机床必须有足够刚度，以防止加工时发生颤振。

知识链接

目前工业产品零件粗加工的 70%、精加工的 50%及塑料零件加工的 90%都是用模具来完成的。没有高质量的模具就没有高质量的产品。模具工业是衡量一个国家科技水平的重要指标之一。

4) 超精密微细切削加工领域

在电路板上，有许多 0.5mm 左右的小孔，为了提高小直径钻头的钻刃切削速度，提高效率，目前普遍采用高速切削方式。日本的 FANUC 公司和电气通信大学合作研制了超精密铣床，其主轴转速达 55 000r/min，可用切削方法实现自由曲面的微细加工，据称，生产率和相对精度均是目前光刻技术领域中的微细加工所不能及的。

高速切削的应用范围正在逐步扩大，不仅用于切削金属等硬材料，也越来越多地用于切削软材料，如：橡胶、各种塑料、木头等，经高速切削后，这些软材料被加工表面极为光洁，比普通切削的加工效果好得多。随着高速加工技术的成熟和发展，其应用领域将会进一步扩大。

【应用案例 3-2】几种典型零件的超高速加工(图 3.15)

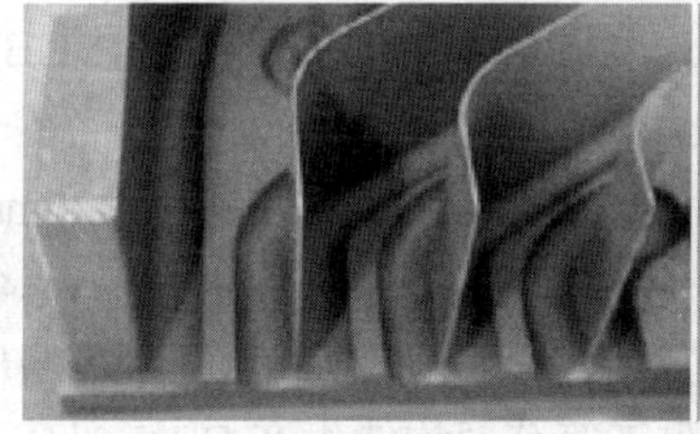

(a) 石墨电机

(b) 汽轮机叶片

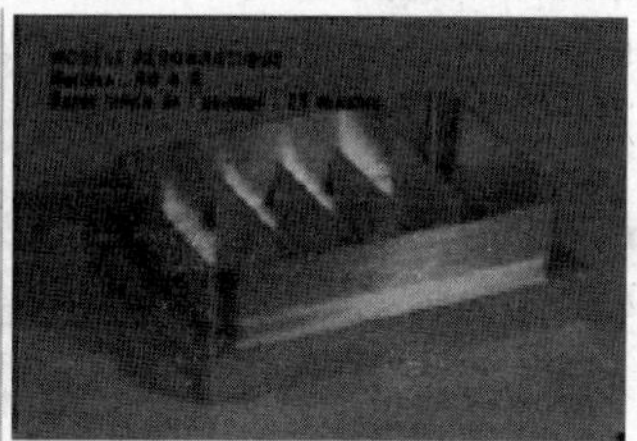

(c) 薄壁铜电机

图 3.15　超高速切削的应用

【案例点评】

(1) 石墨加工。在模具的型腔制造中，由于采用电火花烧蚀加工，因而石墨电极被广泛使用。但石墨很脆，因此必须采用高速切削才能较好地进行成形加工，且高速铣削的电极无需人工抛光，粗加工和精加工电极之间的几近完美的一致性会提高放电加工的效率。同时，由于高速铣削可以加工薄壁，因而可以加工带肋的整体电极，这就消除了传统铣削中多次装夹产生的位置累积误差，相应地节省了时间并提高了质量。

(2) 汽轮机叶片。叶片是汽轮机的核心部件之一，汽轮机效率的高低，很大程度上取决于叶片型面的设计和制造水平。叶片在工作中承受着高温、高压、极大的离心力和蒸汽的交变应力，因此叶片的材料都较为特殊。如材料中含 Ni、V、N 等成分，硬度在 360HBS 以上，强度 $\delta_{0.02}$ 为 800MPa 以上，加工性较差，同时叶片汽道部分(通流部分)是一个光滑的空间曲面，其精度要求高，加工难度大。传统的仿形铣、普通的三坐标或四坐标铣床都不能满足加工工艺要求。用普通数控铣床加工，一方面受叶片结构的限制，刀具与工件容易产生干涉，另一方面加工效率低且为近似加工，加工质量不能满足要求，手工修整量较大，加工过程中需多次装夹，使用多台机床和专用工装才能完成相应的加工。使用超高速加工以后，比四坐标机床加工节省 12～15 道工序，比常规叶片加工方法节省 25 道工序。

2. 超高速磨削技术的应用

1) 高效深磨(High Efficiency Deep Grinding)

对于提高磨削生产率方面，最典型的应用是高效深磨技术。高效深磨技术是近几年发展起来的一种集砂轮高速度、高进给速度(0.5～10m/min)和大切深(0.1～30mm)为一体的高效率磨削技术。高效深磨可以获得与普通磨削技术相近的表面粗糙度，同时使材料磨除率比普通磨削高得多。高效深磨可直观地看成是缓进给磨削和超高速磨削的结合。高效深磨与普通磨削不同，可以通过一个磨削行程，完成过去由车、铣、磨等多个工序组成的粗、精加工过程，获得远高于普通磨削加工的金属磨除率，表面质量也可达到普通磨削的水平。

高效深磨的磨削速度范围一般在 60～250m/s 之间。采用陶瓷结合剂砂轮，以 120m/s 的磨削速度，磨除率可达 500～1 000mm^3/(mm • s)，比普通磨削高 100～1 000 倍，比车削和铣削高 5～20 倍。如果采用 CBN 砂轮，以 120m/s 的磨削速度磨削，则可获得更高的磨除率。英国采用盘形 CBN 砂轮对低合金钢 51CrV4 进行了 146m/s 的高效深磨试验研究，材料磨除率超过 400mm^3/(mm • s)。德国的 Guhring Automation 公司是目前生产高速和超高速高效深磨机床的著名厂家。德国不来梅(Bremen)大学的 100～180m/s、Aachen 工业大学的 500m/s 超高速高效深磨磨床就是该公司的产品。该公司生产的 FD613 超高速平面磨床，在磨削宽 1～10mm、深 30mm 的转子槽时，工作台进给速度可达 3 000mm/min；用 CBN 砂轮，磨削速度可达 150m/s。在 RB625 超高速外圆磨床上，使用 CBN 砂轮，可将毛坯一次磨成主轴，每分钟可磨除 2kg 金属。在砂轮速度为 125m/s 的沟槽磨床上，磨削 D20mm 的钻头沟槽可一次完成，金属磨除率达 500mm^3/(mm • s)。

高效成形磨削作为高效深磨的一种，也得到了广泛的应用，高效深磨工艺一次可磨出齿轮槽、扳手槽、蜗杆螺旋槽等。日本的丰田工机、三菱重工等公司均能生产 CBN 超高速磨床，三菱重工生产的 CA32-U50A 型 CNC 超高速磨床，使用陶瓷结合剂砂轮圆周速度可达 200m/s。GP233 型超高速磨床采用工作台自动进给定位装置，用 CBN 砂轮以 120m/s 的磨削速度，可实现对工件不同部位的自动磨削。美国 Edgetrk Machine 公司也生产高效深磨机床，该公司主要发展小型 3 轴、4 轴和 5 轴 CNC 高效深磨机床，采用 CBN 成形砂轮，可实现对淬硬钢的高效深磨，表面质量可与普通磨床媲美。

2) 超高速精密磨削(Precision Ultra-high Speed Grinding)

试验表明，提高砂轮速度可减小工件表面残留凸峰及塑性变形的程度，从而有助于减少磨削表面粗糙度。超高速精密磨削在日本应用最为广泛，可以说日本研究和使用超高速的目的不是为了提高磨削效率，而是为追求磨削精度和表面质量。日本的丰田工机在 GZ0 型 CNC 超高速外圆磨床上装备了其最新研制的 Toyoda State Bearing 轴承，采用线速度 200m/s 的薄片 CBN 砂轮对回转体零件沿其形状进行一次性纵磨来完成整个工件的柔性加工。

超高速精密磨削是采用超高速精密磨床，并通过精密修整微细磨料磨具，采用亚微米级以下的切深和洁净的加工环境来获得亚微米级以下的尺寸精度，使用微细磨料磨具是精密磨削的主要形式。用于超精密镜面磨削的树脂结合剂砂轮的金刚石磨粒的平均粒径可小至 4 μm 。D300mm 硅片的集成制造系统采用单晶金刚石砂轮使延性磨削和光整加工在同一个装置上进行，使硅片表面粗糙度达 Ra<1nm(R_y<5～6nm)、平面度<0.12 μm /D300mm。超精密研磨通常选用粒度只有几纳米的研磨微粉，达到极高的表面质量。

3) 难磨材料的超高速磨削

难磨材料的磨削特性是：导热系数低，高温强度高、硬度高，韧性大、切屑易粘附，加工硬化趋势强。由于存在以上的磨削特性，在磨削难加工材料时容易出现表面烧伤、裂纹、振痕、变形以及磨粒切削刃严重粘附，砂轮迅速钝化，急剧堵塞，磨削比下降等典型的难加工现象。国外为改善难加工材料的磨削性能，进行了大量的工艺研究，取得了很大的进展。研究结果表明，难加工材料难磨的原因是：工件材料本身的化学亲和性强，致使砂轮急剧堵塞所造成的。磨削温度越高，化学亲和性越强。超高速磨削能实现对硬脆材料的延性域磨削，因超高速磨削的磨屑厚度极小，当磨屑厚度接近最小磨屑厚度时，磨削区的被磨材料处于流动状态，所以使陶瓷、玻璃等硬脆性材料以塑性形式生成磨屑。难磨材料如钛合金、高温合金和淬硬钢、高强合金等采用超高速磨削工艺，都能获得良好的加工效果，所以超高速磨削是解决难磨材料加工的一种有效方法。

3.3　超精密加工技术

3.3.1　概述

1. 超精密加工技术的内涵

不断地提高加工精度和加工表面质量，是现代制造业的永恒追求，其目的是提高产品的性能、质量以及可靠性。超精密加工技术是机械加工的重要手段，在提高机电产品的性能、质量和发展高新技术方面都有着至关重要的作用。因此，超精密加工技术已成为衡量一个国家先进制造技术水平的重要指标之一。

超精密加工包括超精密切削(车削、铣削)、超精密磨削、超精密研磨和超微细加工。每一种超精密加工方法，都应针对不同零件的精度要求而选择，其所获得的尺寸精度、形状精度和表面粗糙度是普通精密加工无法达到的。

在当前技术条件下，根据加工精度和表面粗糙度的不同，可以将现代机械加工划分为以下 4 种。

(1) 普通加工：加工精度在 1 μm 、表面粗糙度 *Ra* 为 0.1 μm 以上的加工方法。在目前的工业发达国家中，一般工厂能稳定掌握这样的加工精度。

(2) 精密加工：加工精度在 0.1～1 μm 、表面粗糙度 *Ra* 为 0.011～0.1 μm 之间的加工方法，如金刚石精镗、精磨、研磨、珩磨加工等。

(3) 超精密加工：加工精度小于 0.1 μm ，表面粗糙度 *Ra* 小于 0.01 μm 的加工方法，如金刚石刀具超精密切削、超精密磨削加工、超精密特种加工和复合加工等。

(4) 纳米加工：加工精度高于 10^{-3} μm (纳米，1nm=10^{-3} μm)，表面粗糙度 *Ra* 小于 0.005 μm 的加工技术。这类加工方法已不是传统的机械加工方法，而是原子、分子单位的加工。目前多用于微型机械产品的加工，如直径是 50 μm 的齿轮的加工。

由于超精密加工所具有的独特优点，极高的加工精度和低的表面粗糙度，因此，它在提高机电产品的性能、质量和发展高新技术方面都有着非常重要的作用。目前超精密加工不是一种孤立的加工方法和单纯的加工工艺，而是一门综合多学科的高新技术，它涉及被加工工件的材料、加工设备及工艺设备、光学、电子、计算机、检测方法、工作环境和人的技术水平等。

特别提示

从概念上讲，超精密加工具有相对性。随着加工技术的不断发展，超精密加工的技术指标也会不断地变化。如在 20 世纪 40 年代，认为精度在 1 μm 就是超精密加工技术，而现在精度在 0.1 ~ 0.01um 才是超精密加工，预计在未来超精密加工的精度将更高，可能会达到纳米级。

2. 超精密加工技术发展的重要性

现代机械制造业之所以要致力于提高加工精度，其主要的原因在于：可提高产品的性能和质量，提高其稳定性和可靠性；促进产品的小型化；增强零件的互换性，提高装配的生产率。

超精密加工技术在尖端产品和现代化武器的制造中占有非常重要的地位。例如：导弹的命中精度是由惯性仪表的精度决定的，而惯性仪表的关键部件是陀螺仪，如果 1kg 重的陀螺转子，其质量中心偏离对称轴 0.5nm，则会引起 100m 的射程误差和 50m 的轨道误差。美国民兵Ⅲ型洲际导弹系统陀螺仪的精度为 0.03°～0.05°，其命中精度的概率误差为 500m；而 MX 战略导弹(可装载 10 个核弹头)制导系统陀螺仪精度比民兵Ⅲ型导弹高出一个数量级，从而保证命中精度的概率误差只有 50～150m。

人造卫星的仪表轴承是真空无润滑轴承，其孔和轴的表面粗糙度达到 1nm，其圆度和圆柱度均以 nm 为单位。红外探测器中接收红外线的反射镜是红外导弹的关键性零件，其加工质量的好坏决定了导弹的命中率，要求反射镜表面的粗糙度达到 *Ra*0.01～0.015μm。

再如，若将飞机发动机转子叶片的加工精度由 60μm 提高到 12μm，而加工表面粗糙度 *Ra* 由 0.5μm 减少到 0.2μm，则发动机的压缩效率将从 89%提高到 94%。而传动齿轮的齿形及齿距误差若能从目前的 3～6μm 降低到 1μm，则单位齿轮箱重量所能传递的扭矩将提高近一倍。

计算机磁盘的存储量在很大程度上取决于磁头与磁盘之间的距离(即所谓“飞行高度”)，目前已达到 0.3μm，近期内可争取达到 0.15μm。为了实现如此微小的“飞行高度”，就要求加工出极其平坦、光滑的磁盘基片及涂层。

综上所述可以看出，只有采用超精密加工技术才能制造出精密陀螺仪、精密雷达、超小型电子计算机及其他尖端产品。近十几年来，随着科学技术和人们生活水平的提高，精密和超精密加工不仅进入了国民经济和人民生活的各个领域，而且从单件小批量生产方式走向大批量的产品生产。在工业发达国家，已经改变了过去那种将精密机床放在后方车间，仅用于加工工具、量具的陈规，已将精密机床搬到前方车间直接用于产品零件的加工。

特别提示

从先进制造技术的实质而论，主要有超精密加工技术和制造自动化两大领域，前者追求加工上的精度和表面质量极限，后者包括了产品设计、制造和管理的自动化，不但是快速响应市场需求、提高生产率、改善劳动条件的重要手段，而且是保证产品质量的有效举措，两者有密切的关系。有许多精密、超精密加工要依靠自动化技术才得以达到预期指标，制造自动化要通过精密加工才能准确可靠地实现。两者具有全局的决定性作用，是先进制造技术的支柱。据国外统计，在经济发展阶段，机械工业的发展速度要高出整个经济发展速度的 20%～50%。历史证明，哪一个国家不重视机械制造工业，它就会遭到历史的惩罚。

3. 超精密加工技术的国内外发展现状

超精密加工是在 20 世纪 60 年代提出来的。日本著名学者谷口纪男教授在其发表的多篇文章以及所著的《纳米技术的应用和基础——超精密、超微细加工和能束加工》一书中，从综合加工精度出发，将加工的发展分为普通加工、精密加工、高精密加工和超精密加工 4 个阶段，并预计在 2000 年加工精度可达到纳米级。由于物质的原子或分子的尺寸大小，即原子晶格间距是 0.2～0.4nm，因此提出了纳米加工技术是当今的极限工艺。

超精密加工提出以后，首先受到了日本等国的重视。日本历来强调“技术立国”和“新技术立国”。久负盛名的精密加工学会，每年分春、秋两季举行两次学术交流盛会，对超精密加工技术的研究起到了重要的推动作用。日本在工科大学里，大多设置了精密加工学科，十分注重培养精密加工方面的高级技术人才。许多著名的企业，如东芝、精工、三菱电气、住友、冈本、西铁城、三井精机等，在超精密加工设备、测量系统等方面卓有成效。

图 3.16 所示是日本一台比较理想的盒式超精密立式机床，其结构设计有以下特点：整机采用了盒式结构，加工区域形成封闭空间，自成系统，不受外界影响；采用热对称结构、石材等低热变形复合材料，从结构上使热变形得到抑止；采用冷却液淋浴、恒温冷却液循环、热源隔离等措施，以保证整个机床处于恒温状态，形成局部恒温环境，再将机床安装在恒温室内，可达到更好的恒温效果；整个机床本身采用隔振结构，放在防振地基上，可获得更好的防振效果。这台机床反映了现代超精密设备的最高水平。

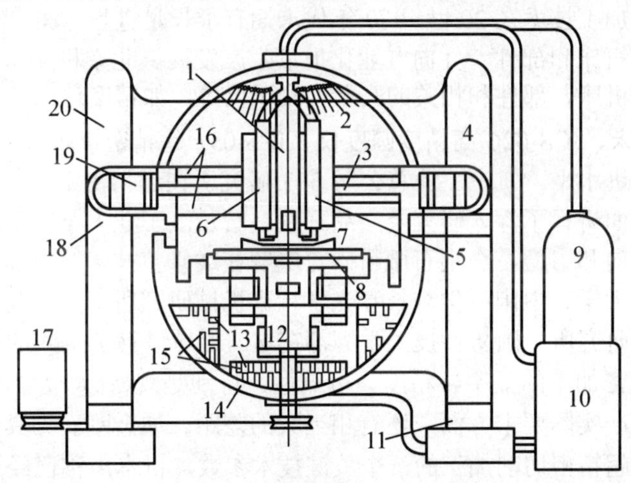

图 3.16　盒式超精密立式机床

1—用低热变形复合材料制成的拖板；2—冷却液淋浴；3—陶瓷滚珠丝杠；4—对称热源的位置；
5—冷却液喷射装置；6、9—切屑回收装置；7—热变形补偿微位移工作台；8—卡盘附件；
10—油温控制装置；11—隔振功能和水平调整功能装置；12—空气静压轴承；13—冷却散热片；
14—热对称壳体结构；15—恒温循环装置；16—两个热对称圆导轨；17—热源隔离；
18—热流控制功能和衰减调整功能装置；19—滚珠丝杠驱动用电子冷却轴；20—热对称三点支撑结构

美国在超精密加工方面也有雄厚的实力，加利福尼亚大学的 Lawrence Livemore 国家实验室(LLNL)、Union Carbide 公司、Moore 公司、Pneunm Precision 公司等均研究和制造出高水平的超精密机床和装置。其中，LLNL 实验室和美国空军合作研制出的大型光学金刚石车床(Large Optics Diamond Turning Machine，LODTM)是为镜面加工大直径光学镜头而开发的，它采用双立柱式车床结构，六角刀盘驱动，多重光路激光干涉测长进给反馈，分辨力为 0.7nm，定位精度为 0.002 5μm；为了减少热变形影响，采用低热膨胀材料组合技术、恒温液体冷却，液体温度控制在 20℃±0.0005℃，如图 3.17 所示。用该机床进行精密加工，其加工精度可达到的形状误差为 28nm(半径)，圆度和平面度为 12.5nm，加工表面粗糙度为 4.2nm，该机床被公认为现在世界上技术水平最高、精度最高的大型超精密金刚石车床。

图 3.17　LLNL 的 LODTM 大直径光学超精密车床

英、德等欧洲国家在超精密加工机床的制造与机密测量方面也处于世界的先进行列。

我国的超精密加工技术在 20 世纪 70 年代末期有了长足进步，80 年代中期出现了具有世界水平的超精密机床和部件，并向专业化批量生产发展。北京机床研究所研制出了多种不同类型的超机密机床、部件和相关的高精度测试仪等，如精度达 0.025 μm 的精密轴承、JCS-027 超精密车床、JCS-026 高精度圆度仪、JCS-031 超精密铣床、JCS-035 超精密车床等，达到了国际先进水平。航空工业总公司 303 研究所在超精密主轴、花岗岩加工及应用三坐标测量机等方面进行了深入研究及产品开发。哈尔滨工业大学在金刚石超精密切削、金刚石刀具晶体定向和刃磨、金刚石微粉砂轮电解在线修整技术等方面进行了卓有成效的研究。此外，清华大学、中国科学院长春光学精密机械研究所、华中科技大学、沈阳第一机床厂、成都工具研究所、国防科技大学等都在这一领域进行了深入的研究。

但我国在超精密加工的效率、精度、可靠性，特别是规格(大尺寸)和技术配套性方面与国外相比，在生产实际要求方面，还有相当大的差距。如金刚石刀具切削刃钝圆半径的大小是金刚石刀具超精密切削加工的一个关键技术参数，日本声称已经达到 2nm，而我国还处于亚微米水平，相差一个数量级。

未来超精密加工技术发展趋势是向更高精度、更高效率方向发展；向大型化、微型化方向发展；向加工检测一体化方向发展；机床向多功能模块化方向发展；不断探讨适合于超精密加工的新原理、新方法、新材料。

3.3.2　超精密加工的主要方法

1. 超精密切削加工

超精密切削加工主要指金刚石刀具超精密车削，用于加工有色金属材料及其合金，以及光学玻璃、石材和碳素纤维等非金属材料，加工对象是精度要求很高的镜面零件。

1) 超精密切削对刀具的要求

为实现超精密切削，刀具应满足以下要求。

(1) 极高的硬度、极高的耐磨性和极高的弹性模量，以保证刀具有很长的寿命和很高的尺寸耐用度。

(2) 有研磨得特别锋利的刃口。刃口半径 ρ 值极小，能实现超薄的切削厚度。刀刃无缺陷。因切削时刃形将印在加工表面上，而不能得到超光滑的镜面和工件材料的抗黏结性好、化学亲和性小、摩擦系数小的要求。

2) 金刚石刀具

天然金刚石具有无与伦比的硬度，是超精密加工的最佳切削刀具材料。近年来，单晶体金刚石刀具，特别是天然单晶体金刚石刀具已成为超精密镜面切削的主要刀具，受到研究者的高度重视。

天然单晶体金刚石一般为八面体和十二面体，有时也会是六面体或其他晶形。人造单晶体金刚石常为六面体、八面体和十二面体。金刚石晶体具有各向异性和接理现象，不同晶向物理性能相差很大。利用这一特性可对金刚石进行定向，使切削刀具承受切削力的方向在某一确定的晶面上，并与该晶面硬度最大的方向一致，从而保证刀具磨损最大的方向具有最高的耐磨性。

金刚石刀具一般不采用主切削刃和副切削刃相交为一点的尖锐刀尖，这样的刀尖容易崩刃和磨损，而且还会在加工表面上留下加工痕迹，使表面粗糙度增加。金刚石刀具的主切削刃和副切削刃之间采用过渡刃，对加工表面起修光作用，可以把刀刃设计成圆弧形或带直线修光刃的折线形，以减少切削残留面积对粗糙度的影响。图 3.18 所示是超精密切削中常采用的金刚石刀刃形式。

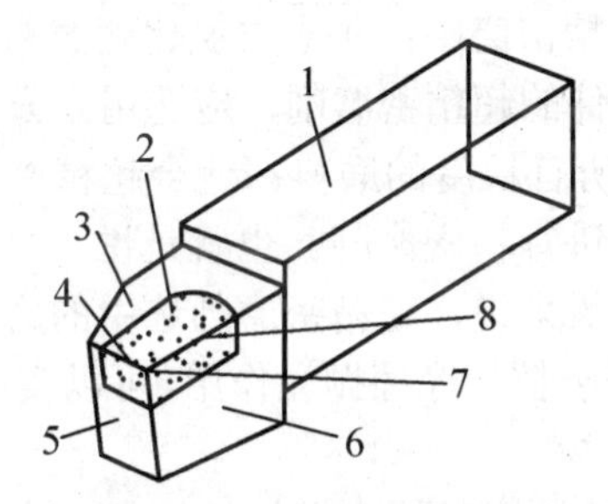

图 3.18　金刚石刀刃形式

1—刀体；2—前面；3—刀头；4—副切削刃；
5—副后面；6—主后面；7—刀尖；8—主切削刃

采用圆弧修光刃，对刀容易，使用方便，但不能选用大的进给量，且刀具制造研磨费事，价格要高些。国外金刚石刀具较多采用圆弧修光刃，推荐的修光刃圆弧半径 r=0.5～1.5mm。

直线修光刃可采用较大的进给量，刃磨质量也易保证。考虑到修光效果及对刀的方便，通常取 s=0.08～18mm。从理论上讲，加工表面粗糙度 Ra 完全取决于刀刃的表面粗糙度值，因此要获得加工表面粗糙度 Ra 为 0.01 μm，刀刃粗糙度 Ra 应小于 0.01 μm，前后刀面的表面粗糙度值应更小。

由于金刚石硬度极高，加工困难，且还要求有极锋锐的刃口，因此制造金刚石刀具技术难度很大，特别是金刚石的研磨加工。国外多采用将金刚石刀具送回原制造厂重磨的方法，也有将金刚石钎焊在硬质合金片上，再用螺钉夹固在杆上的不重磨金刚石刀具。

2. 超精密磨料加工

超精密磨料加工是指利用细粒度($80^{\#}$～$400^{\#}$)的磨粒或微粉磨料进行砂轮磨削、砂带磨削、研磨、抛光等超精密加工的总称，即利用磨料进行的超精密加工。

超精密磨料加工分为固结磨料加工和游离磨料加工两大类。固结磨料加工是指采用烧结、粘接、涂覆等方法，将磨粒或微粉与结合剂均匀地结合，并固结成一定形状和强度的磨具，如砂轮、砂带等，形成超精密磨削；游离磨料加工是指在磨料加工时呈游离状态，如研磨、抛光等，形成超精密研磨、抛光等。

超精密磨料加工的关键技术在于砂轮的选择、砂轮的修整、磨削的用量和高精度的磨削机床。

1) 超精密磨削砂轮

砂轮特性包括磨料、粒度、硬度、结合剂、组织、强度、形状和尺寸 8 个方面。其中磨料、粒度及尺寸是超精密磨削质量控制方面的首要因素。

(1) 磨料的影响。磨料是制造砂轮的主要原料。要获得很好的磨削表面，磨料应与工件材料选配适当。因为不同的磨料和不同的工件材料是由不同的化学元素组成的，受磨削高温作用，选配不当的磨料磨削工件材料时，就会出现工件表面的氧化作用、工件与磨粒的化学反应，并导致磨粒过早磨损或工件表面质量变差等不良现象。

通过试验研究和生产实践表明，磨料与工件材料的选配应遵循以下基本规律：①钢铁和铸件零件的超精密磨削，应选用刚玉砂轮；②铜合金和铝合金零件的超精密磨削，刚玉磨粒、碳化硅磨料均可采用；③在刚玉磨料系列中，单晶刚玉对各种材料的超精密磨削都比较适用，微晶刚玉不宜于超精密磨削；④立方氮化硼磨料适合各种硬度和不同韧性材料的超精密磨削；⑤硬脆材料零件的超精密磨削，应选用立方氮化硼、金刚石磨料的砂轮。

(2) 粒度的影响。并不是所有粒度的磨料都适合超精密磨削，只有经过精修后能形成等高性良好的微刃砂轮，才能进行精密磨削。也就是说，具备形成微刃的粒度才是超精密磨削用的砂轮选用的粒度，一般来说，超精密磨削选用的磨料粒度为 $80^{\#}$～$400^{\#}$，若选用 W63 以下粒度的砂轮通过加强磨粒的摩擦抛光作用，可以实现表面粗糙度 Ra 为 20nm 以下的镜面磨削。

(3) 砂轮硬度的影响。砂轮硬度是标志砂轮特性的一个重要参数。它影响着被磨削工件的表面质量和砂轮的寿命。在超精密磨削过程中，不允许砂轮表面上的磨粒颗粒脱落，以免划伤和拉毛工件表面。从这个角度考虑选用硬度稍高一点的砂轮是有利的，而超精密磨削是一种微量切削厚度的加工，磨削时产生的磨削力小，一般不会导致磨粒整颗脱离砂轮表面。同时，为了增强砂轮磨削过程中的摩擦抛光作用，砂轮应具有适合的弹性，因此要求所选用砂轮的硬度不宜过硬。鉴于此，硬度中软的砂轮较适合于超精密磨削使用。

(4) 结合剂的影响。在超精密磨削时宜用陶瓷结合剂(V)，其次是树脂结合剂(B)。在相同的磨削条件下通过对两种结合剂的砂轮进行磨削试验，发现陶瓷结合剂砂轮比树脂结合剂砂轮能获得更低的工作表面粗糙度。

(5) 砂轮组织的影响。超精密磨削要求砂轮表面微刃等高性好、磨粒耐磨，单位面积磨粒数要多。因此，在超精密磨削时，应选用组织紧密的砂轮，而且磨粒分布要均匀。

图 3.19、图 3.20 给出了用超硬磨料制成的砂轮、涂覆磨具结构图。

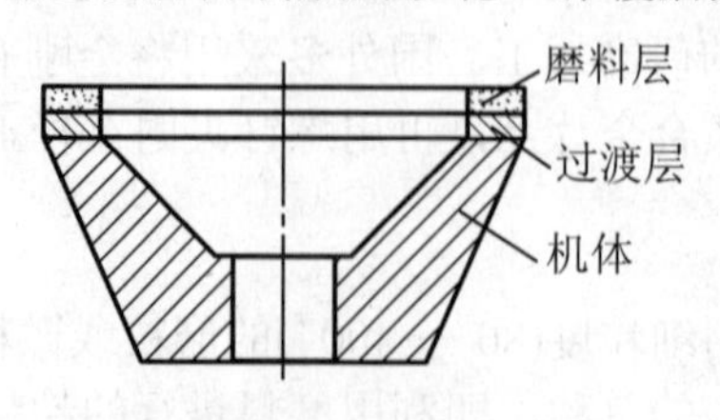

图 3.19　超硬磨料砂轮

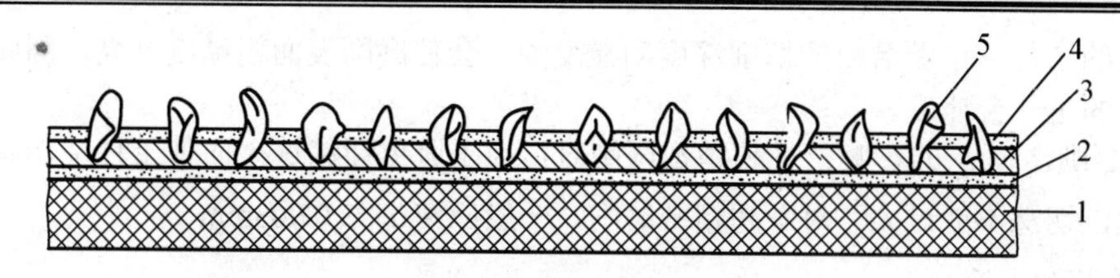

图 3.20　涂覆磨具结构示意图

1—基底；2—粘接膜；3—粘接剂(底胶)；4—粘接剂(覆胶)；5—磨粒

2) 砂轮修整

(1) 砂轮的修整方法。砂轮的修整方法有车削法、对磨法、滚压法、电解法、电火花法、激光烧蚀和超声研磨法等。对于超精密磨削，车削法和电解法是最佳也是应用最广泛的修整法。车削法适用普通磨料砂轮的修整，而电解法适合用金属结合剂超硬磨料砂轮的修整。电解法又称电解在线修锐法(Electrolytic in-process Dressing，ELID)，图 3.21 给出了电解在线修锐法的原理图，将超硬磨料砂轮接电源的正极，石墨电极接电源负极，在砂轮与电机之间通以电解液，通过电解腐蚀作用去除超硬磨料砂轮的金属结合剂，使微粉磨粒露出表面而形成微刃，从而达到修锐效果。

(2) 修整次数对磨削质量的影响。如果修整次数过多，不但浪费了砂轮磨料，而且大大浪费了生产时间。如果修整次数过少，又不能使砂轮表面上形成等高性良好的微刃。因此，应合理选择修整次数。

(3) 光磨次数的影响主要体现在：在超精磨削时，光磨次数与工件表面粗糙度的关系相当紧密。在超精密磨削的开始光磨阶段，工件表面粗糙度随光磨次数的增加而降低，但随着几个光磨行程以后，粗糙度降低不明显。一般只需光磨 3～10 次即可。

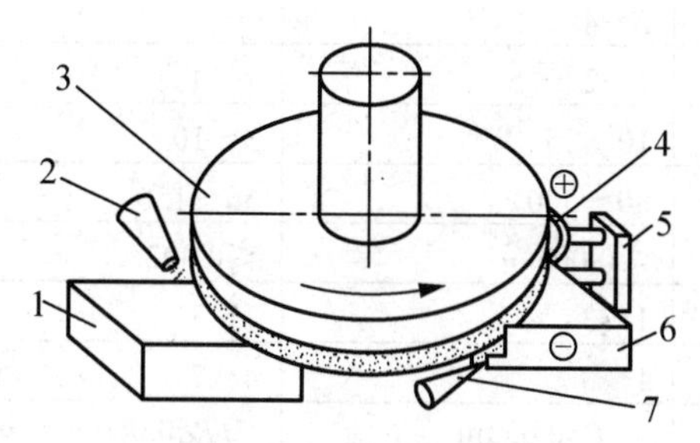

图 3.21　电解在线修锐法

1—工件；2—冷却液；3—超硬磨料砂轮；

4—电锯；5—支架；6—负电机；7—电解液

3) 磨削用量

磨削用量对超精密磨削表面的影响主要体现在 3 个方面。

(1) 砂轮速度 v_s 的影响。在超精密磨削时，砂轮速度对磨削表面粗糙度无显著影响。砂轮速度增大时，砂轮的切削能力提高了，这对提高生产率是有利的，但是当速度增高时，磨削热增加，机床振动变大，均对工件加工不利。因此为了保证超精密磨削工件表面的质量，宜采用较低速度为宜，一般取 v_s =15～30m/min。

(2) 工作台速度 v_w 的影响。在超精密磨削中，工作台速度对磨削表面质量的影响很大。工作台速度增大时，磨削力及振动都会加强，也会产生磨削烧伤等磨削缺陷。同时，随工作台速度的增加，单颗磨粒的切削深度明显变深，会使磨削表面粗糙度升高。因此，宜选用低一点的工作台速度。

(3) 磨削深度 a_p 的影响。在超精密磨削时，为了避免切深过大而使工件烧伤和表面粗糙度恶化，切深不能过大。对于超精密磨削，一般应使 $a_p \leqslant 0.003\text{mm}$ 。

4) 冷却润滑液

在超精密磨削时，为了充分发挥砂轮对工件的摩擦抛光作用，选择合适的冷却润滑液是很重要的。超精密磨削中砂轮与工件之间的挤压作用很强，易产生冷焊等问题。采用冷却润滑液避免了这种磨削缺陷，同时，由于磨削冷却润滑液具有良好的清洗性，可以净化磨削表面。

不同的磨削方式，所选用的磨削用量不同，表 3-4 列出外圆、平面超精密磨削所采用的磨削参数。只要按照表中参数进行磨削，便可获得合格的超精密磨削表面。

表 3-4　不同磨削方式的磨削参数

磨削加工方法 / 工艺参数	加工方法		
	精密磨削 Ra0.002～0.1μm	超精密磨削 Ra0.001～0.02μm	镜面磨削 Ra0.001～0.05μm
砂轮粒度	60#～80#	80#～320#	W5～W20
修整工具	金刚石笔	金刚石修整棒	锋利天然金刚石颗粒
砂轮速度/(m/s)	20～35	15～25	15～25
修整时工作台速度/(m/min)	15～50	10～15	10～15
修整时横向进给量/mm	≤0.005	0.001～0.005	0.004～0.008
修整时横进给次数	2～4	—	2～4
光修次数(单个行程)	1～2	1～4	1～2
工作进给速度/(m/min)	10～15	3～10	8～12
磨削时工作台速度/(mm/min)	80～300	50～150	50～100
磨削时横进给量/mm	≤0.005	≤0.002	≤0.0015
磨削时横进给次数	1～3	1～3	1～3
光磨次数	1～3	4～7	10～20
磨削工件表面粗糙度要求	≤ Ra0.63μm	≤ Ra0.08μm	≤ Ra0.04μm
修整时横进给次数	2～4	2～4	2～4
光修次数(单个行程)	1～2	1	1
磨削深度/mm	0.002～0.03	0.001～0.004	0.001～0.003
磨削时工作台速度/(mm/min)	8 000～20 000	500～1 500	500～1 000
磨削时横进给量/mm	≤1/2 砂轮宽度	≤1/2 砂轮宽度	≤1/2 砂轮宽度
光磨次数	1～3	4～7	3～10

特别提示

传统的研磨与抛光是有明显区别的，前者采用硬加工，磨料有切削作用，不仅可提高精度，而且可降低表面粗糙度；后者采用软工具，主要用于降低表面粗糙度，对加工精度无提高，甚至还会降低或破坏几何形状。但游离磨料加工，如磁力研磨、流体动力抛光等，由于其工具有时半软半硬，或在磁力作用下磨料产生了微切削作用，因此已模糊了研磨和抛光的概念。

3.3.3　超精密加工机床

超精密加工是一项综合技术，除金刚石刀具、超硬磨料砂轮外，被加工材料、超精密机床、加工环境及精密测量技术，都对加工精度和表面质量有重要的影响。

超精密加工机床是实现超精密加工的首要条件，超精密加工机床应具有高精度、高刚度、高加工稳定性和高度自动化的要求。超精密机床的质量主要取决于机床的主轴、床身导轨以及驱动等关键部件的质量。

目前的超精密加工机床一般是采用高精度空气静压轴承支撑主轴系统、空气静压导轨支撑进给系统的结构模式。要实现超微量切削，必须配有微量移动工作台的微进给驱动装置和满足刀具角度微调的微量进给结构，并能实现数字控制。

1. 主轴及其驱动装置

主轴是超精密机床的圆度基准，故要求极高的回转精度，其精度范围为 0.02～0.1 μm 。此外，主轴还要具有相应的刚度，以抵抗受力后的变形。主轴运转过程中产生的热量和主轴驱动装置产生的热量对机床精度有很大影响，故必须严格控制温升和热变形。为了获得平稳的旋转运动，超精密机床主轴广泛采用空气静压轴承和液体静压轴承，主轴驱动采用皮带卸载驱动和磁性联轴节驱动的系统。

液体静压轴承回转精度高(≤0.1 μm)，且刚度和阻尼大，因此转动平稳，无振动。图 3.22 所示为典型的液体静压轴承主轴结构原理图。压力油通过节流孔进入轴承偶合面间的油腔，使轴在轴套内悬浮，不产生固体摩擦。当轴受力偏斜时，偶合面间泄油的间隙改变，造成相对油腔中油压不等，油的压力差将推动轴回到原来的中心位置。但液体静压轴承也有明显的缺点：如工作时油温会升高，将造成热变形，影响主轴精度；会将空气带入油源，将降低液体静压轴承的刚度。因此，它一般用于大型超精密机床。

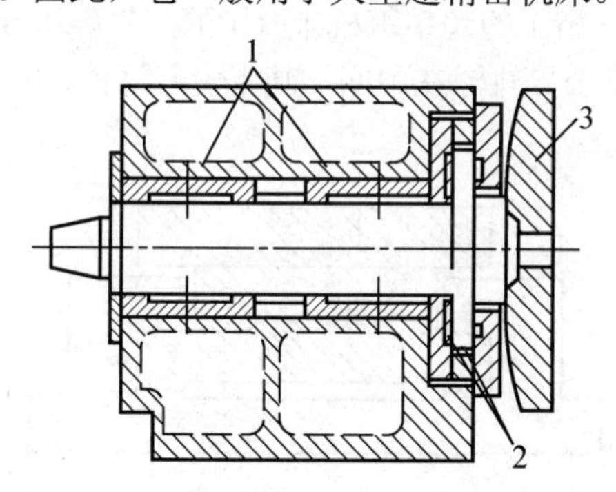

图 3.22　典型的液体静压轴承主轴结构原理图

1—径向轴承；2—推力轴承；3—真空吸盘

空气静压轴承的工作原理与液体静压轴承类似，但在高速下摩擦发热小，因而温升及热变形很小。尽管有刚度较低的不足，但由于超精密切削的切削力很小，空气静压轴承仍可以满足要求，目前在中小型超精密机床中已有较广泛的应用。图 3.23 所示为一种双半球结构空气静压轴承主轴，其前后轴承均采用半球状，既是径向轴承又是推力轴承。由于轴承的气浮面是球面，有自动调心的作用，可提高前后轴承的同心度和主轴的回转精度。

2. 精密导轨和床身

导轨是超精密机床的直线性基准，精度一般要求0.02～0.2 μm /mm。在超精密机床上，有滑动导轨、滚动导轨、液体静压导轨和空气静压导轨，但应用最广泛的是空气静压导轨与液体静压导轨。滑动导轨直线性最高可达0.05 μm /100mm；滚动导轨可达0.1 μm /100mm；液体静压导轨与空气静压导轨的直线性最稳定，可达0.02 μm /100mm；采用激光校正的液体静压导轨与空气静压导轨精度可达0.025 μm /100mm。利用静压支承的摩擦驱动方式在超精密机床的进给驱动装置上的应用愈来愈多，这种方式驱动刚性高、运动平稳、无间隙、移动灵敏。

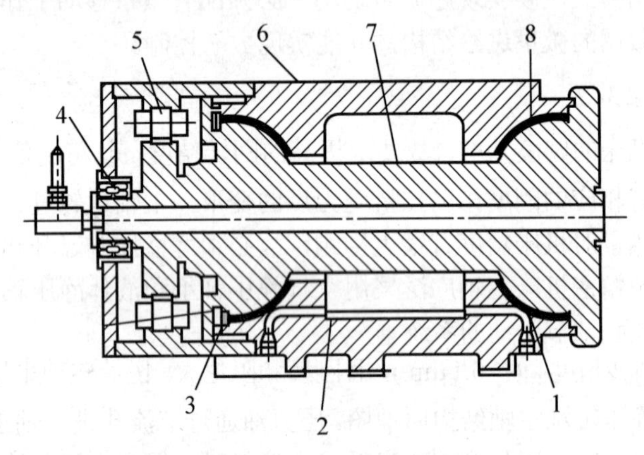

图 3.23　双半球空气静压轴承主轴

1—前轴承；2—供气孔；3—后轴承；4—旋转变压器；
5—无刷电动机；6—外壳；7—轴；8—多孔石墨

图3.24所示为日本日立精工的超精密机床所用的空气静压导轨，其导轨的上下、左右均在静压空气的约束下，整个导轨浮在中间，基本没有摩擦，有较大的刚度和运动精度。

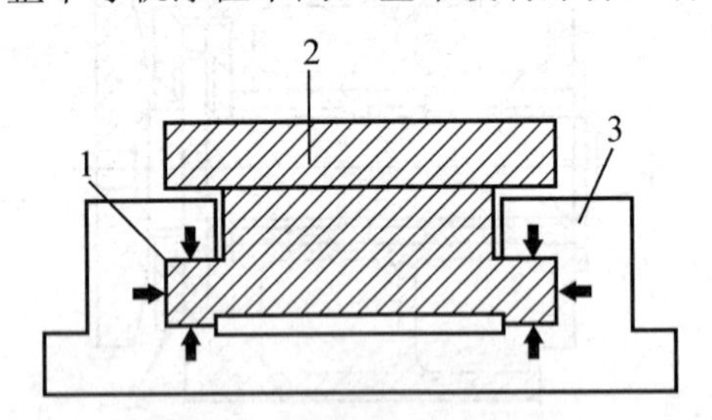

图 3.24　平面型空气静压导轨

1—静压空气；2—移动工作台，约200kg；3—底座

床身是超精密机床的主要部件，应具有尺寸稳定性好，热膨胀系数小、振动衰减能力强、耐磨性好，加工工艺性好等特点。目前超精密机床床身多采用人造花岗岩材料制造。人造花岗岩由花岗岩碎粒用树脂黏结而成，它不仅具有花岗岩材料的尺寸稳定性好、热膨胀系数低、硬度高、耐磨且不生锈的特点，又可铸造成形，且吸湿性低，并对振动的衰减能力加强。

3. 微量进给装置

在超精密加工中，微量进给装置用于刀具微量调整，以保证零件尺寸精度。微量进给装置有机械式微量进给装置、弹性变形式微量进给装置、热变形式微量进给装置、电致伸缩微量进给装置、磁致伸缩微量进给装置以及流体膜变形微量进给装置等。

4. 机床的稳定性

超精密加工对振动环境的要求很高，这是因为工艺系统内部和外部的振动干扰，会使加工和被加工物体之间产生多余的相对运动而无法达到需要的加工精度和表面质量。例如在精密磨削时，只有将磨削时振幅控制在 1～2 μm 时，才能获得 *Ra*0.01μm 以下的表面粗糙度。

为了保证超精密加工的正常进行，必须采取有效措施以消除振动干扰，其途径包括如下两方面。

(1) 提高机床结构的抗振性和减少机床内的振动。防振的措施有：①各运动部件精密动平衡，消灭或减少内部的振源；②采用合理优化的系统结构，提高机床结构的抗振性；③在机床结构的易振动部分，加入阻尼，减小振动；④使用振动衰减能力强的材料制造机床的结构件。

(2) 隔振。外界振动干扰常常是独立存在而不可控制的，只能采取各种隔离振动干扰的措施，阻止外部振动传播到工艺系统中来。最基本的隔离措施有：①尽量远离振源，如空压机、泵等应尽量移走；②如振源无法移走，采用单独地基，隔振沟、隔振墙等；③使用空气隔振垫。如图 3.17 所示，美国 LLNL 实验室 LODTM 大型超精密机床就用了 4 个很大的空气隔振垫将机床架起来，并自动保持机床水平。此外，恒温、超净是超精密加工必备的工作环境。当要求 0.1 μm 的加工精度时，工作环境温度应控制在 0.1℃之内。按照国际标准化组织对空气净化的定级，超精密加工需在“超精级洁净室”，即 10 级以下的高洁净环境中进行。在超精级洁净室环境中，对过滤器的要求是过滤 0.1 μm 以上的微粒应达到 99.999%。

3.3.4　超精密加工技术的应用

1. 超精密切削加工技术的应用

金刚石超精密切削技术在航空、航天领域超精密零件的加工和在精密光学器件及其民用产品的加工中，都取得了良好的效果。表 3-5 列出了一些具有代表性的应用实例。

表 3-5　超精密切削加工的应用举例

领域	加工零件	可达到的精度
航空及航天	高精度陀螺仪浮球	球度 0.2～0.6 μm，表面粗糙度 *Ra*0.1 为 μm
	气浮陀螺和静电陀螺的内外支承面	球度 0.05～0.5 μm，尺寸精度 0.6 μm，表面粗糙度 *Ra* 为 0.012～0.025 μm
	激光陀螺平面反射镜	平面度 0.05 μm，反射率 99.8%，表面粗糙度 *Ra* 为 0.012 μm
	液压泵、液压电动机转子及分油盘	转子柱塞孔圆柱度 0.5～1 μm，尺寸精度 1～2 μm，分油盘平面度 0. 5～1 μm，表面粗糙度 *Ra*`为 0.05～0.1 μm
	雷达波导管	内腔表面粗糙度 *Ra* 为 0.01～0.02 μm，平面度和垂直度 0.1～0.2 μm
	航空仪表轴承	孔、轴的表面粗糙度 *Ra*<0.001～0.02 μm

续表

领域	加工零件	可达到的精度
光　学	红外反射镜	表面粗糙度 Ra 为 0.01～0.02 μm
	激光制导反射镜	
	其他光学元件	表面粗糙度 $Ra<0.01$ μm
民　用	计算机磁盘	平面度 0.1～0.5 μm，表面粗糙度 Ra 为 0.03～0.05 μm
	磁头	平面度 0.04 μm，表面粗糙度 $Ra<0.1$ μm，尺寸精度 ±2.5μm
	非球面塑料镜成形模	形状精度 0.3～1 μm，表面粗糙度 Ra 为 0.05 μm
	激光印字用多面反射镜	平面度 0.08 μm，表面粗糙度 Ra 为 0.016 μm

2. 超精密磨削加工技术的应用

超精密磨削可用于钢铁及其合金等金属材料，如耐热钢、钛合金、不锈钢等合金钢，特别是经过淬火等处理的淬硬钢，也可用于磨削铜、铝及其合金等有色金属。陶瓷、玻璃、石英、半导体、石材等硬脆非金属材料都比较难加工，超硬磨料砂轮磨削是其主要的超精密加工方法。

磨削作为一种典型的传统加工方法，有外圆磨削、内圆磨削、平面磨削、无心磨削、坐标磨削、成形磨削等多种形式，用途广泛。超精密磨削也是如此，目前已有超精密外圆磨床、超精密平面磨床、超精密内圆磨床、超精密坐标磨床等问世，用于外圆、平面、孔和孔系的超精密磨削。

【应用案例 3-3】硅片加工

硅片是集成电路 IC 芯片的主要材料，IC 业的发展离不开晶体完整、高纯度、高精度、高表面质量的硅晶片，全球 90%以上的 IC 都要采用硅片。硅片的加工尺寸将影响 IC 芯片的制造成本和出片率，表面平整度、粗糙度和表面完整性是影响集成电路刻蚀线宽和 IC 芯片性能的重要因素，因此实现大尺寸硅片的高精度、高质量和高效率的工业化生产是目前 IC 行业关注的焦点。

硅片制造的传统工艺流程为：拉单晶→磨外圆→切割→倒角→研磨→腐蚀→清洗→抛光(图 3.25)。但在实际生产中该工艺难以保证硅片的高精度面型，加工效率低，控制难度很大，不易实现自动化，而且腐蚀和清洗还存在污染环境问题。

随着集成电路制造技术的飞速发展，为增大芯片产量，降低单元制造成本，要求硅片的直径不断增大。同时，为了提高集成电路的集成度，要求硅片的刻线宽度越来越细。到 2005 年，硅片直径已扩大至 300mm，特征线宽将也减小至 0.1μm。下一代集成电路制造对硅片加工精度、表面粗糙度、表面缺陷、表面洁净度和硅片强度等提出了更高的要求。此外，硅片需求量的剧增，还要求硅片加工具有较高的生产效率。这些要求使硅片的加工面临新的挑战。为了克服传统工艺在加工大尺寸硅片的面型精度和生产效率方面的缺点，由内圆锯片切割技术向多丝线锯切割技术发展，采用微粉金刚石砂轮的延性域磨削工艺和采用微粉金刚石磨盘的磨抛工艺来代替传统的游离磨料研磨和腐蚀，进行大尺寸硅片平整化加工，可以获得很高的加工精度和加工效率，大大减小表面损伤层深度。

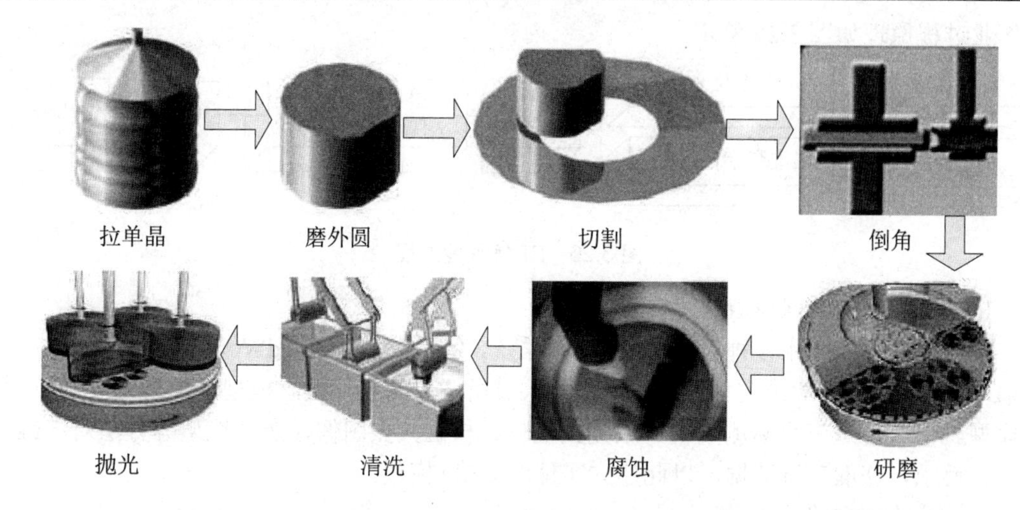

图 3.25　硅片加工的传统工艺流程

【案例点评】

传统的研磨抛光方法完全靠微细磨粒的机械作用去除被研磨面的材质，以达到较高质量的加工表面。磨粒和切屑越细其机械去除作用越小，获得的研磨表面质量越高。而本案例中的研磨抛光方法，其工作原理已不完全是纯机械的去除，而是以不破坏表层结晶结构的加工单位进行材料切除。这些新的研磨方法有的可以达到分子级和原子级材料的去除，并达到相应的极高几何精度和无缺陷无变质层的研磨表面。

3.4　快速原型制造技术

快速原型制造技术(Rapid Prototyping Manufacturing，RPM)是在20世纪90年代发展起来的一种快速成形技术。它突破了传统的加工模式，不需要机械加工设备即可快速地制造出形状极为复杂的工件，被认为是近20年制造技术领域的一次重大突破。它产生的背景是由于全球市场一体化的形成，制造业竞争非常激烈，产品开发的速度日益成为竞争的主要矛盾，在这种情况下，自主快速开发产品的能力就成为制造业全球竞争的实力基础；同时制造业为满足日益变化的用户需求(消费者的需求表现为主体化、个性化和多样化)，又要求制造技术有较强的灵活性，能够以小批量甚至单件生产而不增加产品的成本。因此，从20世纪开始，企业的发展战略已经从60年代“如何做得更多”、70年代“如何做得更便宜”、80年代“如何做得更好”发展到90年代“如何做得更快”。RPM就是在这种社会背景下发展起来，并很快地在全世界范围内推广开来的。

3.4.1　RPM技术的原理和特点

1. RPM技术的原理

快速原型技术不同于传统的在型腔内成形、毛坯切削加工后获得零件的方法，而是在计算机控制下，基于(软件)离散/(材料)堆积原理，采用不同方法堆积材料最终完成零件的成形与制造的技术。快速原型技术是综合利用CAD技术、数控技术、材料科学、机械工程、电子技术和激光技术等的集成以实现从零件设计到三维实体原型制造的一体化系统技术。

其作业过程原理如图 3.26 所示。

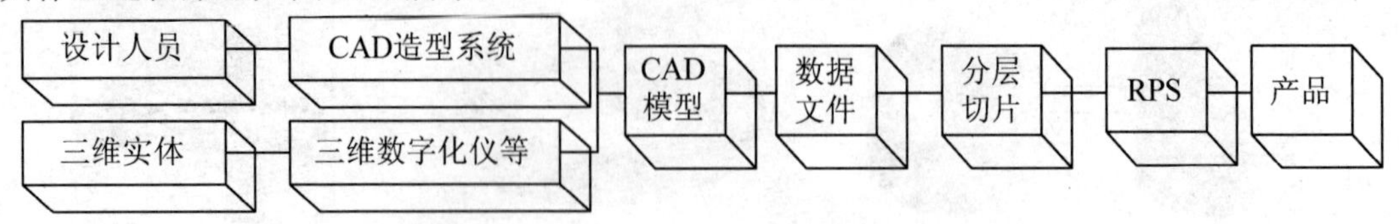

图 3.26　RPM 作业过程

1) 零件 CAD 数据模型的建立

设计人员可以应用各种三维 CAD 造型系统，包括 MDT、SolidWorks、Solidedge、UG、Pro/E、Ideas 等进行三维实体造型，将设计人员所构思的零件概念模型转换为三维 CAD 数据模型。也可通过三坐标测量仪、激光扫描仪、核磁共振图像、实体造型等方法对三维实体进行反求，获取三维数据，以此建立实体的 CAD 模型。

2) 数据转换文件的生产

由三维造型系统将零件 CAD 数据模型转换成一种可被快速成形系统所能接受的数据文件，如 STL、IGES 等格式文件。由于 STL 文件易于进行分层切片处理，目前绝大多数快速成形系统采用 STL 格式文件。所谓 STL 格式文件即为对三维实体内外表面进行离散化所形成的三角形文件，所有 CAD 造型系统均具有对三维实体输出 STL 文件的功能。

3) 分层切片

分层切片处理是将三维实体沿给定的方向(通常为 Z 向)离散成一系列有序的二维层片的过程，薄片的厚度可根据快速成形系统制造精度在 0.05～0.5mm 之间选择。

4) 层面信息处理

根据每层轮廓信息，进行工艺规划，选择加工参数，系统自动生成刀具移动轨迹和数控加工代码。

5) 快速堆积成形

快速成形系统根据切片的轮廓和厚度要求，用片材、丝材、液体或粉末材料制成所要求的薄片，通过一片片的堆积，最终完成三维实体原型的制备。

6) 后处理

清理零件表面，去除辅助支撑结构。

2. RPM 技术的特点

与传统的成形方式相比，快速成形具有以下几大特点。

(1) 可以制造任意复杂的三维几何实体，不受传统机械加工中刀具无法达到某些型面的限制。RPM 是利用光、热、电等物理手段实现材料的分离与堆积的，不像传统机械加工时的成形需用刀具、模具实现。因此它在成形过程中，无振动、噪声，能耗也少，没有或极少有废弃材料，是一种环保型制造技术。另外制造者在产品设计的最初阶段就能拿到实在的产品样本，这便于他们及早地对产品设计提出意见，最大限度地减少失误和返工，大大节省工时、降低成本。

(2) 成形过程中无人工干预或较少干预，大大减少了对熟练技术工人的需求。在实体的制造过程中，CAD 数据的转化(分层)可 100%全自动完成，而不像数控切削加工中需要高级工程人员数天复杂的人工辅助劳动才能完成。

(3) 任意复杂零件的加工只需在一台设备上完成，也不需要专用的工装、夹具和模具。因而大大缩短了新产品的开发成本和周期，其加工效率也远胜于数控加工，设备购置投资也远低于数控机床。系统柔性高，只需修改 CAD 模型就可生成各种不同形状的零件，所以零件的复杂程度与制造成本毫无关系。

3.4.2　典型的 RPM 工艺方法

自从美国的 3D-Systems 公司推出它的第一代商用快速原型制造系统 SLA-1 以来的 10 年间，RPM 得到异乎寻常的快速发展。目前全球范围内有超过 30 种系统。一般可将其分为两大类：一类是基于激光或其他光源的成形技术，如立体印刷法(Stereolithgphy Appatus，SLA)、分层实体制造(Laminated Object Manufacturing，LOM)、选择性激光烧结(Selective Laser Sintering，SLS)等；另一类是基于喷射的成形技术，如熔融沉积制造(Fused Deposition Modeling，FDM)、三维打印制造(Three Dimensional Printing，TDP)等。下面介绍几种典型的 RPM 技术。

1. 立体印刷

立体印刷法是最早出现的一种快速原型工艺，目前是 RPM 技术领域中研究最多、技术最为成熟的方法。它产生于 1987 年，美国的 3D-Systems 公司推出的名为 Stereolithgphy Appatus 的快速原型装置，有人又称之为光固化成形、激光立体光刻、光立体造型等。它主要是利用液态光固化树脂在一定剂量的紫外激光照射下就会在一定区域内固化的现象成形的。

图 3.27 所示的是立体印刷工艺的原理图。液槽中盛满液态光固化树脂，成形开始时，工作平台在液面下，聚焦后的激光束或紫外光点在液面上按计算机的指令逐点扫描，在同一层内的则逐点固化。当一层扫描完成后被照射的地方就被固化，未被照射的地方仍然是液态树脂。然后升降架就带动平台再下降一个层的高度，上面又布满一层光敏树脂，以便进行第二次扫描，新固化的一层牢固地粘在前一层上，如此重复直到三维零件制作完成。之后进行剥离、固化(紫外烘 30min 以上)、修补、打磨抛光等。目前立体印刷已达到±0.1mm 的制作精度，已较广泛地用来为产品和模型的 CAD 设计提供样本和试验模型。

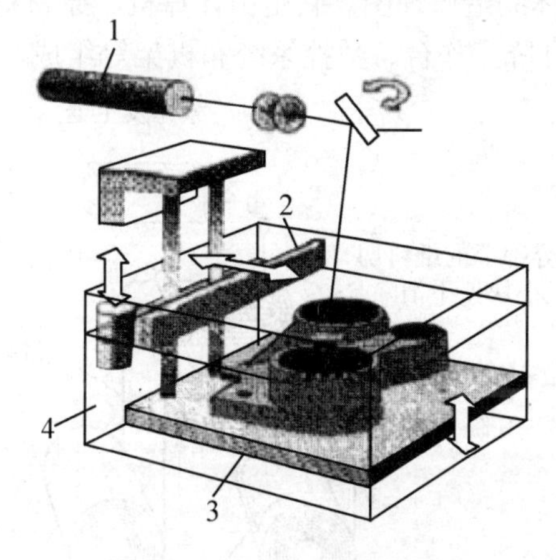

图 3.27　SLA 工艺原理图

1—激光器；2—刮刀；3—可升降工作台；4—液槽

但这种方法也有其自身的局限性，如需要支撑、树脂收缩将会导致精度下降，光固化树脂有一定的毒性，不符合绿色制造发展的趋势。

【应用案例 3-4】

在产品开发过程中，难以采用传统加工工艺的许多曲面形状复杂的零部件，都可以采用 SLA 方法建立。目前，SLA 在汽车行业、航空领域、医学领域都有广泛的应用。如图 3.28 所示的飞机操纵手柄，传统上从设计思想到实物，10 件需要 30 天，花费 10 万元，而西安交通大学通过采用光固化成形技术仅需 23h 制造原型，2 天制造硅橡胶模，3 天内生产出该飞机的操纵手柄，仅花费 3 万元。

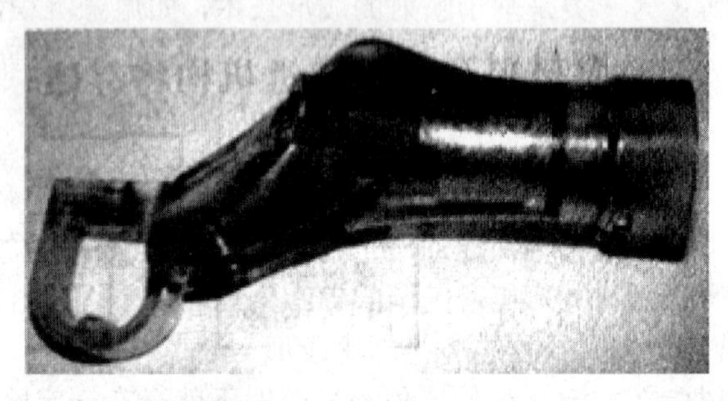

图 3.28　飞机操纵手柄

此外，在赛车领域，为了实现更低的风阻和尽善尽美的流线外形，以及快速制作来赢得时间，目前普遍采用快速成形技术，因为从 CAD 设计到 SLA 模型仅用不到一天的时间，由 SLA 模型到最终的金属制件仅或注塑件仅用不到一周的时间，大大提高了开发速度。

2. 分层实体制造

分层实体制造是采用激光或刀具对箔材和纸进行切割，将所获得的层片粘连成三维实体，图 3.29 所示为分层实体制造原理图。它是由计算机、原材料存储及送料机构、热粘压机构、激光切割系统、可升降工作台、数控系统和机架等组成。

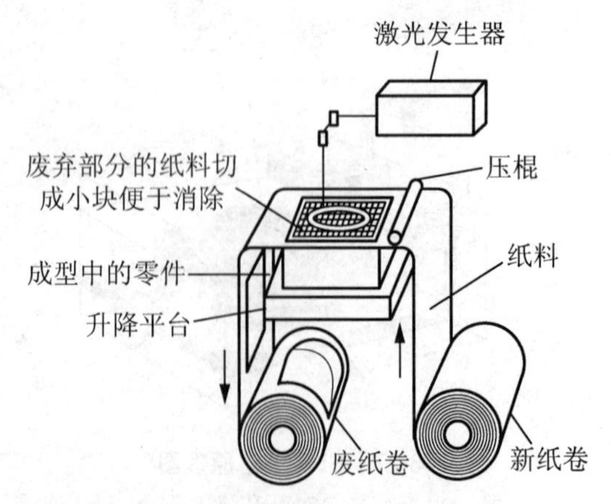

图 3.29　分层实体制造原理图

首先由原材料存储及送料机构在升降平台上铺上一层箔材(这里说的箔材是指涂有黏结剂覆层的纸、陶瓷箔、金属箔或其他材质层的箔材)，然后用 CO_2 激光切割系统在计算机控制下切出本层轮廓，非零件部分全部切碎以便于去除。当本层完成后，升降台下移，然后由送料机构再铺上一层箔材，用滚子碾压并加热，以固化黏结剂，使新铺上的一层牢固地黏结在已成形体上，再切割该层的轮廓。如此反复直到加工完毕。最后去除切碎部分以得到完整的零件。所以对分层实体制造来说，它的关键技术是控制激光的光强和切割速度，使它们达到最佳配合，以便保证良好的切口质量和切割深度。

目前用分层实体制造所得到的原型精度较高，此外所得制件能承受高达 200℃的温度，有较高的硬度和较好的力学性能，可进行各种切屑加工。但是对分层实体制造来说，它有一个缺点，就是不能制作塑料工件。另外工件遇湿膨胀，成形后应尽快进行表面防潮处理。

【应用案例 3-5】

分层实体制造应用的范围非常广，在汽车车灯、制鞋业、砂型铸造、快速模具母模等方面应用有其独特的优越性。如北京殷化激光快速成形及模具公司采用 LOM 技术生产的奥迪轿车刹车钳体精铸母模原型，如图 3.30 所示。

图 3.30　奥迪轿车刹车钳体精铸母模的 LOM 原型

3. 选择性激光烧结

选择性激光烧结的原理和立体印刷非常相像，主要区别在于所使用的材料及其形状。SLA 所使用的材料是液态的紫外光敏树脂，而 SLS 则使用粉末材料。这是该项技术的主要优点之一，因为理论上任何可熔的粉末都可以用来制造模型，这样的模型可以用作真实的原型制作。下面就详细介绍一下 SLS 的工作原理。

图 3.31 所示是选择性激光烧结的成形原理图。首先采用铺粉辊将一层粉末材料平铺在工作台上，然后用激光束在计算机控制下有选择地进行烧结(零件的空心部分不烧结，仍为粉末材料)，被烧结的部分便固化在一起构成零件的实心部分。当一层截面烧结完后，工作台下降一个层的厚度，铺粉辊又在上面铺上一层均匀密实的粉末，进行新一层截面的烧结，并与下面已成形的部分实现粘接，直至完成整个模型。在成形过程中，未经烧结的粉末对模型的空腔和悬臂部分起着支撑作用，不需要另外的支撑。

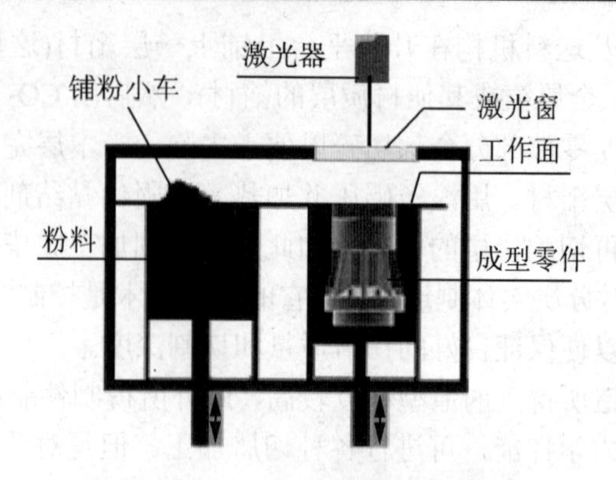

图 3.31　激光烧结成形原理图

目前，SLS 不仅能生产塑料材料，还可以直接生产金属和陶瓷零件。它可以选择不同的材料粉末制造不同用途的模具，如选用 SLS 工艺可以制作高尔夫球头的模具及产品、内燃机进气管模型等。用该工艺制作的工件精度较高，一般工件整体范围的公差±(0.05～2.5)mm，当粉末粒径为 0.1mm 以下时，成形后的原型精度可达±1%。此外，它的材料利用率高，价格便宜，成本低。

4. 熔融沉积成形

FDM 是一种不使用激光器的加工方法，它是将丝状的热熔性材料加热熔化，通过带有一个微细喷嘴的喷头挤喷出来。技术的关键在于喷头，喷头在计算机的控制下沿 x 轴方向移动，而工作台则沿着 y 轴方向移动，丝材在喷头中被加热并略高于其熔点。如果热熔性材料的温度始终高于固化温度，而成形部分的温度稍低于固化温度，就能保证热熔性材料挤喷出喷嘴后，随即与前一层面熔结在一起。一个层面完成后，工作台按预定的增量下降一个层的厚度，再继续熔融沉积，直至完成整个实体造型。图 3.32 所示为熔融沉积成形的工艺原理图。

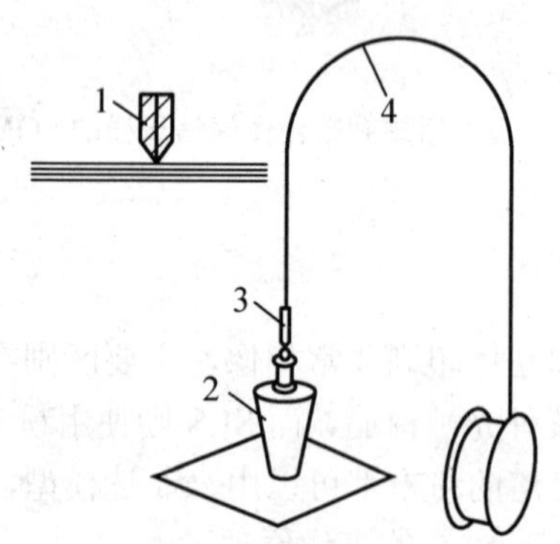

图 3.32　熔融沉积成形的工艺原理图

FDM 技术的最大优点是成形速度快，不需要 SLA 中的刮板再加工这一道工序。此外，整个成形过程是在 60～300℃下进行的，没有灰尘、也无有毒化学气体、激光或液态聚合物的泄漏，适宜办公室环境使用。目前 FDM 成形工艺已广泛应用于家用电器、办公用品、医疗器械、玩具、汽车、航空航天等产品的设计开发过程中，无需任何刀具和模具，与传统方法必须几个星期、几个月才能制造的复杂产品模型相比，FDM 瞬间便可完成。

【应用案例 3-6】

美国福特汽车公司常年需要部件的衬板。在部件从一个工厂到另一个工厂的运输过程中，衬板用于支撑、缓冲和防护。衬板的前表面根据部件的几何形状而改变。由于汽车改型，福特公司一年间要采用一系列衬板。一般，每种衬板的改型将花费上千万美元和 12 周时间制作必需的模具。新衬板的注塑消失模被公司选作生产的部件。两个部件的蜡靠模采用熔融沉积造型生成。蜡靠模的制作必须小心地检验蜡靠模的尺寸，测出模具收缩趋向，周期仅 3 天。接着从石蜡模翻出钢模，该处理过程花费一周时间。车削模具外表面，划上修改线和水平线以便机械加工。该模具在模具后部设计成中空区，中空区填入化学粘接瓷，以减少用钢量。模具的制作仅用 5 周时间和正常费用的一半，至少可生产 30 000 万套衬板。

5. 三维打印机原理

三维打印(3DP)工艺使用喷头喷出粘接剂，选择性地将粉末材料粘接起来。可以使用的原型材料有石膏粉、淀粉、热塑材料等。图 3.33 所示为 3DP 的原理示意图。左面是储粉筒，材料被放置在快速成形过程的起始位置，零件是由粉末和胶水组成的。右面就是部件制作的地方。在工作平台的里面是一个平整的金属盘，上面一层微细的粉末由滚筒铺开，然后在制作过程中由打印头喷出粘接剂进行粘接。

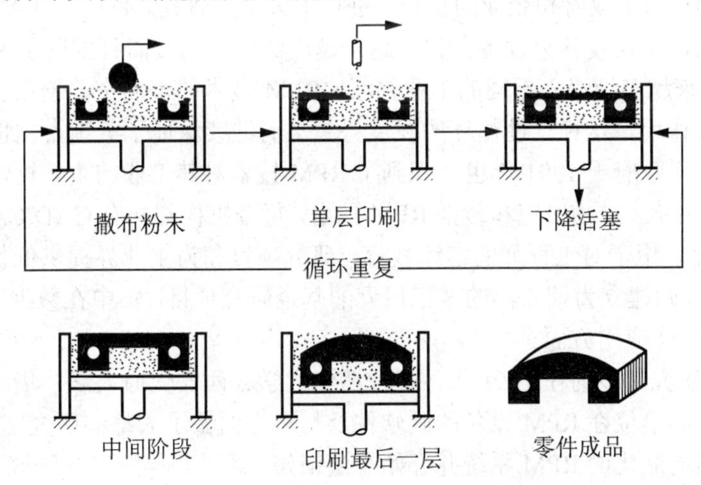

图 3.33　3DP(三维打印)工艺原理图

三维打印成形机突出的特点是速度快、成本低、操作简单、绿色环保，支持多种成形材料，制作速度比其他技术快 5～10 倍，其他快速成形设备两天才能成形的零件，三维打印成形机几个小时之内就可以完成；由于采用粉末材料，不需要制作支承，成本远远低于其他的快速成形技术，是其他快速成形技术的一半以下；支持多种材料类型，可以制作出具有石膏、塑料、橡胶、陶瓷等属性的产品模型。不仅可以制作概念模型，而且可以制作产品模型。美国人提出三维打印成形机的研制目标是：要让三维打印成形机能够复制出从运动鞋到人体器官等各种物体。

由上述快速成形原理可以看出，快速成形技术彻底摆脱了传统的“去除式”加工法——去除部分大于工件毛坯上的材料来得到工件，而采用全新的"添加式"加工法——用一层一层的二维模型逐步叠加成大工件，将复杂的三维加工分解成简单的二维加工组合。因此，它不需采用传统的加工机床和模具，快速成形建立产品样本或模具的时间和成本只有传统加工方法的 10%～30%和 20%～35%。由于快速成形具有上述突出的优势，所以近年来发展迅速，已成为先进制造技术中的一项支柱技术。

总之，快速成形技术自十几年前出现以来，以其显著的时间效益和经济效益得到制造业的广泛关注，并迅速成为世界著名高校和研究机构研究的热点，涌现出了多种快速成形技术方法和相应的商品化设备，出现了专门从事快速成形设备、快速成形技术研究的公司和机构，大大地促进了快速成形技术地推广与应用，为机械行业、汽车行业、医疗行业及其相关的其他行业带来了显著的效益。

3.4.3 RPM 技术的发展现状

RPM 技术近年发展非常迅速，目前，全球范围内有超过 30 种系统，RPM 设备总计达 1 000 台以上，可以制造各种材料与尺寸的原型和零件。1995 年 RPM 的市场增长率为 49%，年销售额为 2.85 亿美元，1998 年年销售额达到约 10 亿美元。

RPM 技术从一开始就受到了各国政府、企业、高等院校和研究机构的重视。在国外的技术发展情况看，美国在这一领域一直处于领先地位，每年 8 月世界 SFF(Solid Freedom Fabrication)会议就在美召开，会议侧重点就是 RPM 科学研究，1997 年论文重点集中在快速制造模具方面。由于政府和企业的重视，进行了大量的研究。目前，许多 RPM 高技术公司直接面向市场，不仅使各类设备占领了越来越广泛的市场，而且发展了 RPM 技术服务，使 RPM 技术越来越多地浸入不同的工业领域。RPM 技术的市场空前繁荣已对美国制造业的发展起到重要作用，这种良性循环的发展势头从而继续保证了美国占据世界制造业的领先地位。澳大利亚政府于 1991 年也认识到了 RPM 技术对其工业的重要性，建立了一个有 6 家教育机构的网络，鼓励研究和传播 RPM 技术，每个机构都配有 CAD/CAM 工作站和一台 SLA-250 机器，用于对工程师的继续教育、研究项目和为工业界提供低价的服务。日本政府从 1994 年开始建立为期 4 年的 8 亿日元的基金研究项目，集中在数据交换、树脂固化的基础研究和 RPM 应用方面。

国内 RPM 研究起步约在 1991 年，目前清华大学、西安交通大学、华中科技大学、南京航空航天大学等单位在 RPM 设备的硬软件及材料方面做了大量的研究工作，有些单位已经或接近开发出商品化的 RPM 系统并开始少量销售。经过几年的追踪研究，目前已研制出类似于国外 SLA、SLS、LOM、FDM 原理的 RPM 设备。这些设备都是多种技术的集成，主要是为了提高 RPM 制作精度和可靠性。此外我国的企业如海尔、春兰、海信等也引进了快速成形设备，为企业带来了一定的经济效益。快速成形在我国有很大的潜在市场。另外，政府、研究机构也给予了高度重视。1995 年召开了我国第一届快速原型制造会议。1998 年在西安交通大学召开了全国 RPM 与 RT 技术会议，掀起了国内 RPM 技术研究及技术服务方面的高潮。1998 年 7 月在清华大学召开了第一届北京国际快速成形及制造会议，这是我国举行的第一次快速成形与制造技术领域的国际会议。目前，国内 RPM 技术与世界先进水平虽有差距，但并不大，某些方面还有领先之处。

3.4.4　快速成形技术的应用

RPM 技术在国民经济极为广泛的领域得到了应用，目前已可应用于制造业、与美学有关的工程、医学、康复、考古等，RPM 技术还可应用到首饰、灯饰和三维地图的设计制作等方面，并且还在向新的领域发展。图 3.34 列出了部分快速原型制造的产品。

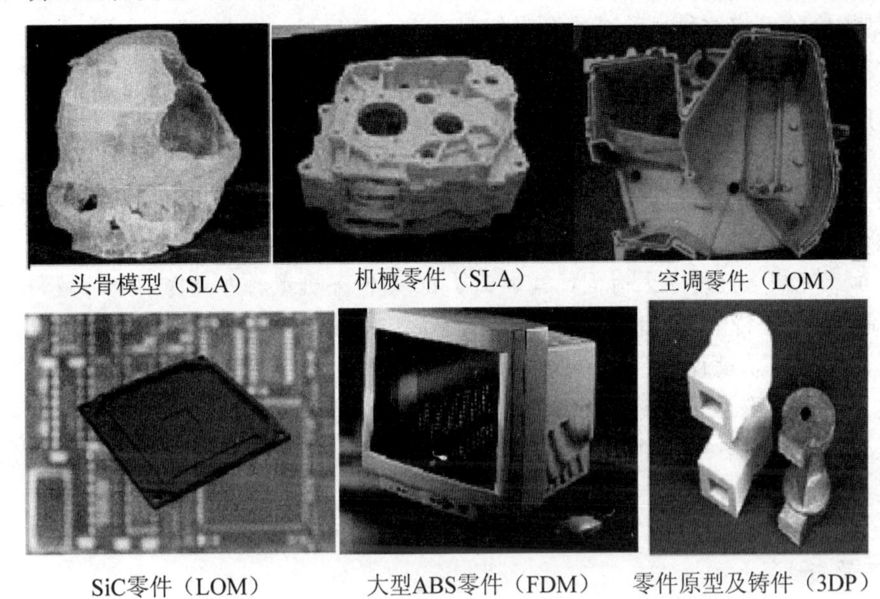

图 3.34　RPM 技术制造的产品

1. 新产品快速开发

在产品开发方面，通过快速制造一项新设计的概念模型、功能模型和技术模型等，立体直观地进行设计评价、装配检验、功能测试和市场投标等，大大提高了产品开发的成功率，开发成本大大降低，总体的开发时间也大大缩短。RPM 在快速产品开发中的应用如图 3.35 所示。

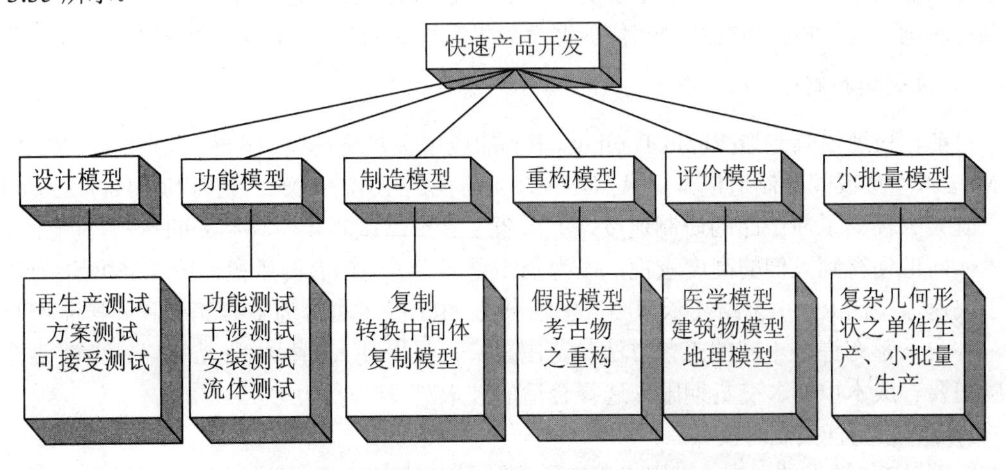

图 3.35　快速原型制造在快速产品开发中的应用

RPM 在产品开发中的关键作用和重要意义是很明显的，它不受形状复杂程度的限制，可迅速地将显示于计算机屏幕上的设计结果变为可进一步评估的实物原型，根据该原型可对设计的正确性、造型的合理性、可装配性和干涉性进行具体的检验。对于一些新产品或如模具这样形状复杂、造价昂贵的零件，若根据 CAD 模型直接进行最终的加工制造，风险很大，有时往往需要多次返工才能成功，这样不仅研制周期长，资金消耗也相当大。通过 RPM 原型的检验可将这种风险减小到最低限度。

【应用案例 3-7】

美国 Ready Com 公司计划推出新的传呼机产品 Read Talk。他们委托设计公司先用 HP 公司的软件设计了全套传呼机的机械零件，再用快速成形机将传呼机外壳做出，满意后将外壳两天加工完成。仅用 7 天时间，就加工了 60 套传呼机塑料外壳件到市场做调查。又用 4 天时间制作 60 套传呼机附件。市场实测满意后，厂家要求加工中心生产 1 450 套。加工仅用 4 周的时间，从设计到新产品投向市场，全部用了 7 周时间。于是，Ready Com 公司远远超过了对手，取得了成功。据专家预测，如果按传统的机械加工方法，即使没有任何差错和返工，至少要半年时间才能完成。由此可见，将 CAD 快速成形和数控注塑模制造结合在一起，其效果明显。

2. 医学领域

在医学上，应用 RPM 技术进行辅助诊断和辅助治疗也得到日益推广。如脑外科、骨外科，可直接根据 CT 扫描和核磁共振数据转换成 STL 文件，再采用各种 RPM 工艺技术均可制造出病变处的实体结果，以帮助外科医生确定复杂的手术方案。在骨骼制造和人的器官制造上，RPM 也有着独特的用处，如人的右腿遭遇粉碎性骨折，则可用左腿的 CT 数据经对称处理后获得右腿粉碎破坏处的骨组织结构数据，通过 RPM 技术制取骨骼原型，可取代已破坏的骨骼，注以生长素，可在若干天后与原骨骼组织长为一体。这项技术已被清华大学等单位所掌握并开始应用。在康复工程上，人体假肢的制造采用 RPM 技术可以大大缩短制造时间，假肢和肌体的结合部位能够做到最大程度的吻合，减轻了假肢使用者的痛苦。

3. 快速模具制造

目前，快速模具制造(Rapid Tooling，RT)的应用主要还是集中在模具制作上。RT 采用 RPM 技术直接或间接制造模具，只需传统加工方法的 10%～30%的工时和 20%～35%的成本，既大大提高了新产品的研制速度，又节省了新产品试制和模具制造的费用，因此，该技术一问世便得到人们的高度重视，成为企业提高竞争力的有力手段。图 3.36 所示为各种基于快速原型的 RT 工艺路线示意图。由图可见，RT 技术可分为直接制模和间接制模两大类，各自又都有许多不同的工艺方法，范围之广，足以使人们根据产品规格、性能要求、精度需要、成本控制、交货期限来选择合适的技术路线。

1) RP 原型直接制造模具

随着 RPM 技术的发展，可用来制造原型的材料越来越多，性能也在不断改进，一些非金属 RP 原型已有较好的机械强度和热稳定性，因此可以直接用作模具。如采用 LOM 工艺成形的纸基原型，坚如硬木，能承受 200℃的高温，并可进行机械加工，经适当的表面处理(如喷涂清漆、高分子材料或金属)后，可用作砂型铸造的木模、低熔点合金的铸模、试制用的注塑模以及熔模铸造用蜡模的成形模。用作砂型铸造的木模时，可制作 50～100 件砂型，用作蜡模的成形模时，可注射 100 件以上的蜡模。

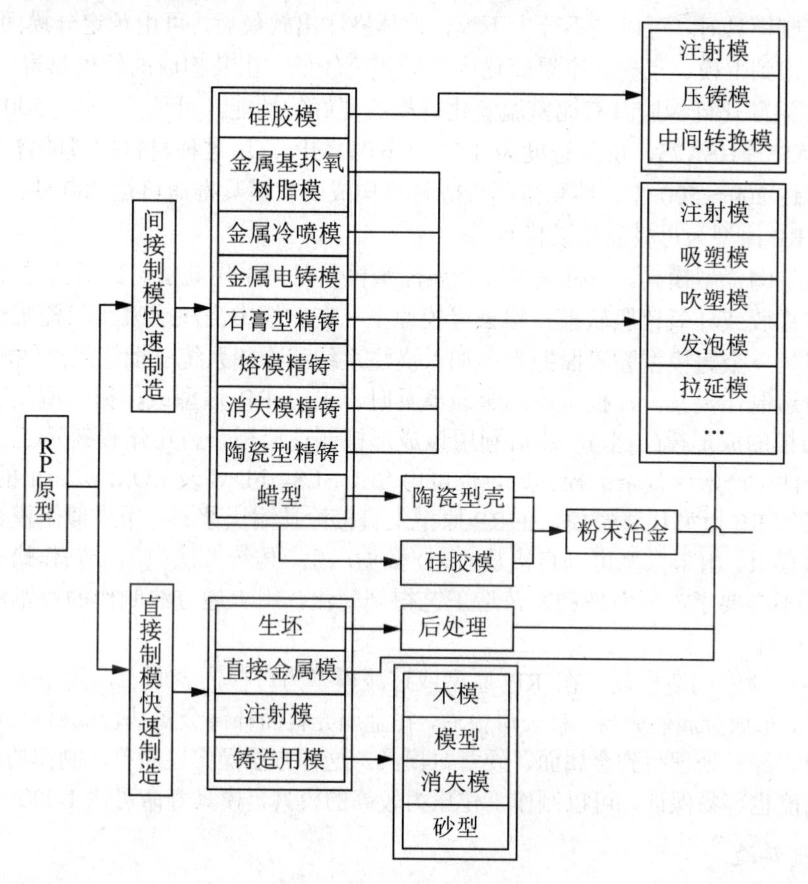

图 3.36 RT 工艺路线示意图

利用选择性激光烧结聚合物包覆的金属粉末，可得到含有金属的实体原型，再将聚合物在一定温度下分解消失，然后在高温下烧结，这种烧结件往往是低密度的多状结构，可以渗入熔点较低的金属(如铜)后直接得到金属模具。这种模具可用作吹塑零件的模具，也可用作小的注塑模具和压铸模具，用这种方法制作的钢铜合金注射模，寿命达几万件，可用于大批量生产中。德国的 EOS 公司于 1998 年推出的一种粉末材料选择性烧结成形机，可以烧结青铜基粉及由钢、青铜、镍等金属粉末组成的混合粉，不必将其置于加热炉中再烧结和渗入第二种金属，只需在型腔表面涂覆一层耐高温的环氧树脂，就能直接用作注塑模具，用于批量生产。此外，若用金属材料作为 FDM 的造型材料也可以直接形成金属模具。

2) RP 原型间接制造模具

(1) 用 RP 原型为母模制造软模具。

如果零件的批量较小(几十到几千件)，则可用非钢铁材料制作成本相对较低的软模具。其工艺为用 RPM 技术制作零件原型，然后以 RP 原型为母模，浇注蜡、硅橡胶、环氧树脂、聚氨酯等软材料，构成软模具。其中，蜡模用于熔模铸造，硅橡胶、环氧树脂、聚氨酯等用于小批量生产用注塑模或低熔点合金(如锌合金、铝合金)铸造模。这些软材料具有很好的弹性、复印性和一定的强度，在浇注成复杂模具时，可以大大简化模具的结构设计，并便于脱模。如用硅橡胶来复制模具可不考虑增设拔模斜度，基本不会影响尺寸精度。室温硫化硅橡胶有很好的切割性能，用薄刀片就可容易地将其切开，并且切面间非常贴和，因此用它来复制模具时，可以先不分上下模，整体浇注出软模后，再由预定分模面将其切开，取出母模，得到上模、下模。室温硫化硅橡胶强度较低，由其构成的软模具寿命为10～25件。TEK高温硫化硅橡胶具有比室温硫化硅橡胶更好的性能，可承受430～500℃的高温，硬度为HSA55～HSA75，抗压强度为1 214～6 011MPa，用这种材料制成的锌合金离心铸造模寿命可达200～500件。环氧树脂合成材料构成的软模具寿命可达300件。

(2) 用RP原型为母模制造硬模具。

精密铸造陶瓷型模具。在批量生产金属注塑模具时可采用此法。其工艺过程为：RP原型→复制硅橡胶或环氧树脂软模→移去母模原型→在软模中浇注或喷涂陶瓷浆料→浇注金属形成金属模→金属模型腔表面抛光→加入浇注系统和冷却系统→批量生产注塑模具。

熔模铸造制作模具。在批量生产金属模具时，先用RP原型或根据原型复制的中间过渡模制成蜡模的成形模(压型)，然后利用该成形模制造蜡模，再用熔模铸造工艺制成金属模具。在单件生产形状复杂的模具时，也可用SL、SLS、FDM及LOM法加工的纸、石蜡、树脂和塑料等RP原型代替蜡模，在RP原型上直接涂挂耐火浆料，用类似熔模铸造方法制壳浇注金属模具。由于原型可以直接从CAD数据产生，传统方法中用于制作蜡模的压型设计和制作都不必要了，从而使精密铸造工艺得到简化。用上述方法制作的铸钢注塑模寿命可达250 000件。

金属熔射喷涂制造模具。在RP原型或过渡模型为母模的表面上，用电弧或等离子喷涂雾状金属，形成金属硬壳层，移去母模后，在金属壳背面补铸金属基合成材料或环氧树脂，形成硬背衬，经后处理得到金属面、硬背衬模具。这种方法操作较简单，制作的模具机械性能较好，精度也容易保证，可以制作工作压力较高的模具，模具寿命可达1 000～30 000件。

4. 快速铸造

快速铸造技术(Rapid Casting)的实质是将快速成形技术与实型铸造、精密铸造工艺有机结合在一起，其工艺过程是用快速成形技术制得的原型代替熔模铸造中的蜡模，在其上涂挂耐火浆料，固化后高温焙烧使树脂原型燃烧去除而得到型壳，最后造型浇注，从而达到缩短金属件生产周期和降低成本的目的。基于SLA技术的快速精密铸造的工艺流程如图3.37所示。

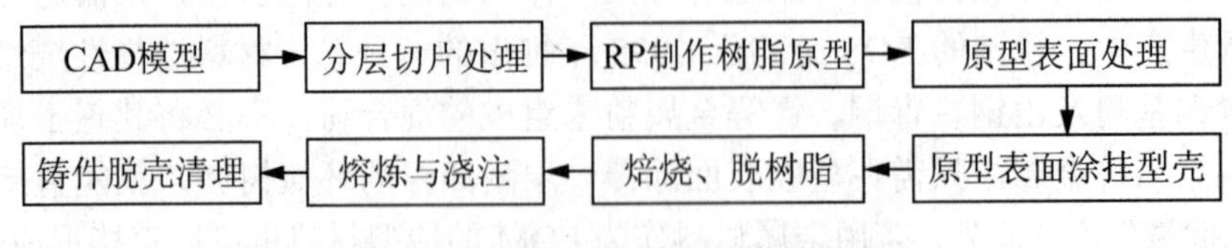

图 3.37 快速精密铸造工艺流程图

快速成形技术与铸造工艺的结合使得快速成形技术与铸造技术两者的优点均得到充分的发挥。基于SLA原型快速精密铸造技术适用于制造形状复杂的铸件，在单件、小批量生产中具有快速、低成本的优点，可铸造出结构形状复杂、难以用其他方法加工的精度较高的铸件，如叶轮、空心叶片、人体骨骼、人工关节等。

5. 产品功能试验

由快速原型制作的样件具有一定的强度，可用于传热学、流体力学试验，可用于产品受载应力应变的实验分析。例如，美国GM公司在为其1997年将推出的某车型开发中，直接使用快速原型制作的模型进行车内空调系统、冷却循环系统及冬用加热取暖系统的传热学试验，较之以往的同类试验节省花费达40%以上。我国西安东方机械厂导弹引信叶轮开发的传统流程为设计——制作钢模具——尼龙S6成形——功能实验——设计修改，开发周期为3～5个月，费用为2～4万元，后来采用快速原型工艺制作叶轮的树脂模型，直接用于弹道试验，引信叶轮的临界转速高达50 000r/min，制作时间为1.5小时，费用仅为400元，极大地加快了我国导弹引信的开发速度。图3.38所示为江阴汽车空调器厂开发的汽车空调器叶轮，直接使用快速原型制作的模型进行空气动力学实验，后经改型设计达到理想要求，极大地缩短了开发周期，节省了开发成本。

图3.38 汽车空调器叶轮

此外，建筑设计上，RPM技术可以制作建筑物模型(如大楼、桥梁)，帮助设计师进行设计评价和最终方案的确定，在古建筑的恢复上，可以根据图片记载，用RPM技术复制原建筑。

特别提示

快速原型制造技术使产品开发工作变得更加快捷、方便，大大缩短了开发周期。但是快速原型制造技术对企业普及来说，有一个非常大的障碍，那就是快速原型设备的价格一般比较高，包括设备、计算机、培训、附件等，设备价格基本在10万～30万美元之间，对一般企业来说购置并不容易，这是制约快速原型制造技术发展的重要因素。

3.5 现代特种加工技术

3.5.1 概述

随着科学技术的迅猛发展，对产品结构的要求日趋复杂，对产品性能的要求日益提高，特别是在航空、航天和军事尖端技术中更为突出。有些产品要求具备很高的强度重量比；有些产品在精度、工作速度、功率及小型化方面要求很高；有些产品则要求在高温、高压和腐蚀环境中能可靠的进行工作。为了适应以上要求，各种新结构、新材料和复杂形状的精密零件大量涌现，其结构形状的复杂性、材料的可加工性以及加工精度和表面完整性方面的要求，用一般的机械加工是难以实现的，这就不断地向传统的切削加工技术提出新的挑战。

传统切削加工技术的本质和特点：一是靠刀具材料比工件更硬来实现切削；二是靠机械能把工件上多余的材料切除。一般情况下，这是行之有效的方法。但是，当工件材料越来越硬，加工表面越来越复杂的情况下，原来行之有效的方法就转化为限制生产率和影响加工质量的不利因素。于是人们开始探索用软的工具加工硬的材料，不仅用机械能而且还采用电、化学、光、声等能量进行加工。到目前为止，已经找到了多种这一类的加工方法，为区别于现有的金属切削加工，统称为特种加工。

特种加工是用非常规的切削加工手段，利用电、磁、声、光、热等物理及化学能量直接施加于被加工工件部位，达到材料去除、变形以及改变性能等目的的加工技术。它与传统切削加工的不同特点主要有：①不是主要依靠机械能，而是用其他的能量(如电能、热能、光能、声能以及化学能等)去除工件材料；②工具的硬度可以低于被加工工件材料的硬度，有些情况下，例如在激光加工、电子束加工、离子束加工等加工过程中，根本不需要使用任何工具；③在加工过程中，工具和工件之间不存在显著的机械切削力作用，工件不承受机械力，特别适合于精密加工低刚度的零件。

由于具有上述特点，总体而言，特种加工技术可以加工任何硬度、强度、韧性、脆性的金属、非金属材料或复合材料，而且特别适合于加工复杂、微细表面和低刚度的零件，有些方法还可以用于进行超精密加工、镜面加工、光整加工以及纳米级(原子级)加工。

特种加工技术种类繁多，到目前为止还没有明确的规定。表 3-6 列出了常用的特种加工方法。本节仅介绍近年来发展迅速的激光加工、电子束、离子束加工以及超声波加工。

表 3-6　常用的特种加工方法分类表

<table>
<tr><th colspan="2">特种加工方法</th><th>能量来源形式</th><th>作用原理</th><th>加工材料</th></tr>
<tr><td rowspan="2">电火花加工</td><td>电火花成形加工</td><td>电能、热能</td><td>熔化、汽化</td><td rowspan="2">任何导电的金属材料，如硬质合金、耐热钢、淬火钢、钛合金等</td></tr>
<tr><td>电火花线切割加工</td><td>电能、热能</td><td>熔化、汽化</td></tr>
<tr><td rowspan="4">电化学加工</td><td>电解加工</td><td>电化学能</td><td>金属离子阳极溶解</td><td>导电金属</td></tr>
<tr><td>电解磨削</td><td>电化学能、机械能</td><td>阳极溶解磨削</td><td>导电金属</td></tr>
<tr><td>电解研磨</td><td>电化学能、机械能</td><td>阳极溶解磨削</td><td>导电金属</td></tr>
<tr><td>电镀</td><td>电化学能</td><td>金属离子阴极沉积</td><td>金属</td></tr>
<tr><td rowspan="2">激光加工</td><td>打孔、切割</td><td>光能、热能</td><td>熔化、汽化</td><td rowspan="2">任何材料</td></tr>
<tr><td>表面改性</td><td>光能、热能</td><td>熔化、相变</td></tr>
<tr><td>电子束加工</td><td>切割、打孔、焊接</td><td>电能、热能</td><td>熔化、汽化</td><td>任何材料</td></tr>
<tr><td>离子束加工</td><td>刻蚀、镀膜、注入</td><td>电能、动能</td><td>原子撞击</td><td>任何材料</td></tr>
<tr><td>超声波加工</td><td>切割、打孔、雕刻</td><td>声能、机械能</td><td>磨料高频撞击</td><td>任何脆性材料</td></tr>
</table>

续表

特种加工方法		能量来源形式	作用原理	加工材料
化学加工	化学铣削	化学能	腐蚀	任何难切削的金属材料，如钛合金、镁合金
	光电成形电镀	化学能	电镀	金属材料
	光刻	光、化学能	光化学腐蚀	半导体集成电路
超高压水射流切割加工	纯高压水切割	水能、动能	液流冲击	纸张、纸板、玻璃纤维制品、食品
	磨料高压水切割	水能、动能	冲蚀、磨削	金属材料、玻璃、陶瓷、石材、塑料
等离子体加工	切割加工	电能、动能	局部熔化、汽化	金属材料，特别是不锈钢、铜、铝

3.5.2 激光加工

激光加工是 20 世纪 60 年代发展起来的新技术，它是涉及光、机、电、计算机和材料等多个学科的综合性高新技术。激光加工是利用材料在激光聚焦照射下瞬时急剧熔化和汽化，并产生很强的冲击波，使被熔化的物质爆炸式地喷溅来实现材料去除的加工技术。激光加工不需要加工工具，加工的小孔孔径可以小到几个微米，而且还可以切割和焊接各种硬脆和难熔的工件，再加上它加工速度快、效率高、表面形变小，并在生产实践中显示了它的优越性，因而很受人们重视。

1. 激光加工的基本原理和特点

1) 激光加工的基本原理

激光是一种经受激辐射产生的加强光，其光强度高，方向性、相干性和单色性好，通过光学系统可将激光束聚焦成直径为几十微米到几微米的极小光斑，从而获得高达 10^7～10^{11}W/cm^2 的能量密度，能产生 10^4℃以上的高温。当激光照射到工件表面时，光能被工件快速吸收并转化为热能，致使光斑区域的金属蒸气快速膨胀，压力突然增大，熔融物以爆炸式高速喷射出来，在工件内部形成方向性很强的冲击波。激光加工就是工件在光热效应下产生的高温熔融和冲击波的综合作用过程。图 3.39 为固体激光器的结构示意图。当工作物质 2(如红宝石具有亚稳态能级结构的物质)受到光泵 6(氙灯)的激发后，便产生受激辐射跃迁，造成光放大，并通过由两个反射镜 1、4(全反射镜和部分反射镜)组成的谐振腔产生振荡，由谐振腔一端输出激光，经过透镜将激光束聚焦到工件的待加工表面上，即可进行加工。

2) 激光加工的特点

(1) 由于激光的功率密度高，加工的热作用时间很短，热影响区小，因此几乎可以对任何材料如各种金属材料、非金属材料(陶瓷、金刚石、立方氮化硼、石英等)以及高硬度、高脆性及高熔点的材料进行加工。例如，在激光辅助切削高性能陶瓷、钛合金和镍基合金时，激光加热切削点，可使切削力降低，切削部分的延性提高，实现以车代磨(Ra<0.5 μm)，断裂性能提高 64%。对透明材料只要采取一些色化、打毛等措施，即可采用激光加工。

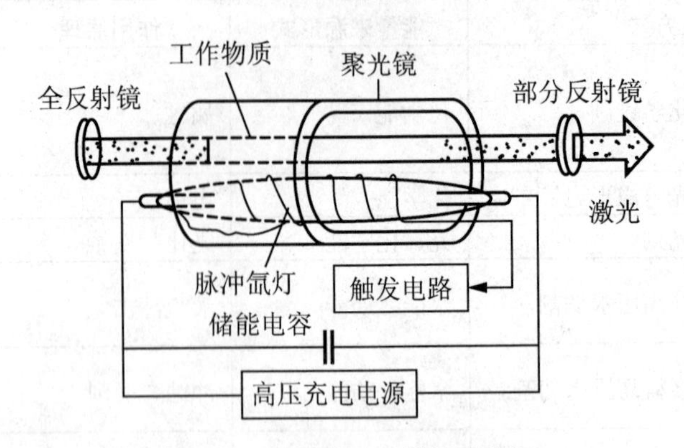

图 3.39　固体激光器结构示意图

(2) 激光加工不需要工具，不存在工具损耗、更换和调整等问题，适用于自动化连续操作。

(3) 激光束可聚焦到微米级，输出功率可以调节，且加工中没有机械力的作用，故适合于精密微细加工，如加工易变形的薄板和橡胶等弹性零件。

(4) 激光束可以透过透明的物质(如空气、玻璃等)，故激光可以在任意透明的环境中操作，包括空气、惰性气体、真空，甚至某些液体。

(5) 激光加工不受电磁干扰。与电子束加工相比，其优越性就在于可以在大气中进行，且加工装置较简单。

(6) 激光除可用于材料的蚀除加工外，还可以进行焊接、热处理、表面强化或涂敷、引发化学反应等加工。如激光切割、激光打标、激光打孔、激光焊接、激光表面热处理(包括激光相变硬化、激光涂层、激光合金化、激光冲击强化等技术)、激光快速成形、激光清洗、激光冗余修正、激光退火、激光光刻与存储、激光微调、激光划线、激光毛化、激光制版、激光刻蚀、激光雕刻、激光强化电镀等激光加工工艺。

2. 激光加工的基本设备

激光加工的基本设备包括激光器、电源、光学系统、冷却系统及机械系统等。近代激光技术通过与计算机控制相结合，组成柔性激光制造系统。此系统针对不同的产品只需更换软件，从而大大提高了激光加工的效率、精度以及产品更换的适应性。

1) 激光器

激光器是激光加工或处理的能源，由它实现电能至光能的转变。激光器主要包括工作物质、激励源、谐振腔三大部分，其中工作物质是其核心。按工作物质的种类不同，激光器可以分为固体激光器、气体激光器、液体激光器、半导体激光器以及自由电子激光器等。按激光器工作方式的不同，可分为脉冲激光器和连续脉冲激光器。激光加工中要求输出的功率和能量大，目前大多采用固体激光器和气体激光器。

2) 光学系统

光学系统是激光加工设备的主要组成部分之一，它由导光系统(包括折反镜、分光镜、光导纤维及耦合元件等)、观察系统及改善光束性能装置(如匀光系统)等部分组成。它的特性直接影响到激光加工的性能。在加工系统中，它的作用是把激光引入聚焦物镜并聚焦在加工工件上。此外，通过光学系统，还能观察加工过程及加工零件，这在微小零件的加工中是必不可少的。

3) 机械系统

机械系统包括工件定位夹紧装置、机械运动系统、工件的上料下料装置等。它用来确定工件相对于加工系统的位置。机械系统要求精度、刚度高，调整方便。目前，较先进的激光加工设备已实现数控化。

4) 电源

电源主要为激光器提供所需的能量并实现控制功能，大功率激光器一般用特殊负载的电源来激励工作物质(例如固体和气体工作物质)。在气体激光器中，电源直接激励气体放电管；在固体激光器中，激励工作物质的是泵浦灯。根据激光器的不同工作状态，电源可在连续或脉冲状态下运转。

3. 激光加工技术的应用

激光在加工中用途很广，现已广泛用于打孔、切割、焊接、表面处理等加工制造领域。

1) 激光打孔

打孔是激光加工的主要应用之一。采用激光打孔，可以在任何材料、任何位置打出浅至几微米的微孔和各种异型孔。目前激光打孔技术已广泛应用于火箭发动机和柴油机的燃料喷嘴、钟表及仪表中的宝石轴承、金刚石拉丝模、丝纤喷丝头等微小孔的加工中。

激光打孔的优点很多，不仅效率高，几乎适用于所有材料，而且不存在工具磨损及更换等问题，还可以打斜孔。激光打孔还可以在大气或特殊成分的气体中进行，利用这一特点可向被加工表面渗入某种强化元素，在打孔的同时实现对成孔表面的强化作用。表 3-7 列出了激光打孔的质量优势及技术特性。

表 3-7　激光打孔的质量优势及技术特性

质量优势	技术特性
激光可以打细小深孔	激光聚焦直径可小至 0.3mm
在斜面上打斜孔、异型孔	激光空中传输
对极硬的陶瓷零件打孔	激光打陶瓷孔无技术难度
激光可以打高密度细小深孔	激光可用高速飞行法打孔
打孔准确度高，性能可靠	激光打孔无工具磨损

【应用案例 3-8】(图 3.40)

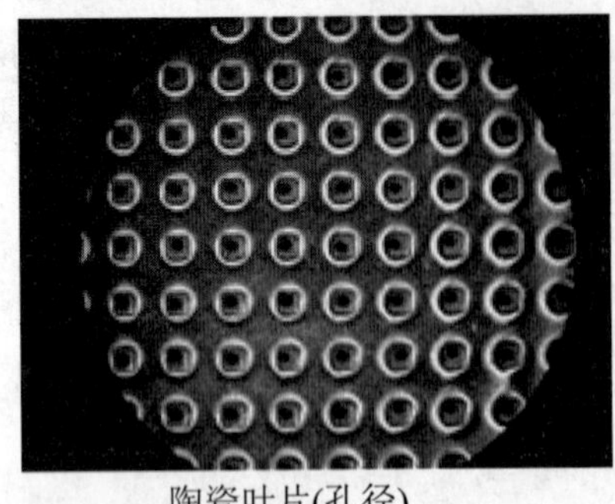

陶瓷叶片(孔径)

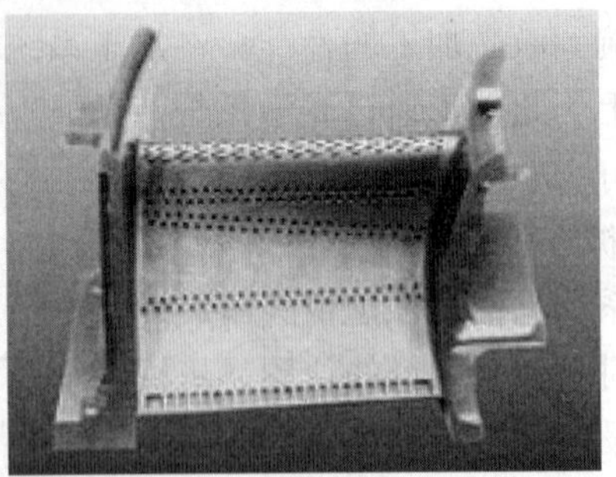

ϕ0.5mm 的斜孔

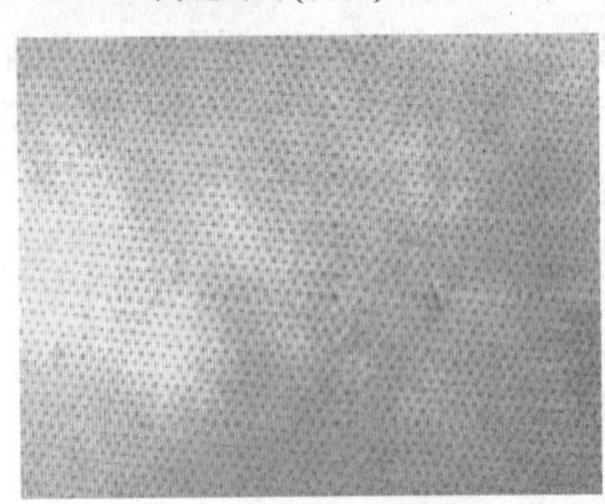

3mm 厚不锈钢过滤板(82 万个 ϕ0.7mm 孔)

图 3.40　激光打孔技术的应用

2) 激光切割

激光切割可以加工各种各样的材料。不但可切割金属，也可切割非金属；既可切割无机物，又可以切割皮革之类的有机物。它可以代替钢锯来切割木材，代替剪子切割布料、纸张，还能切割无法进行机械接触的工件，如从电子管外部切断内部的灯丝。由于激光对被切割材料几乎不产生机械冲击和压力，故适宜于切割玻璃、陶瓷和半导体等既硬又脆的材料。再加上激光光斑小、切缝窄，且便于控制，所以更适宜于对细小部件的各种精密切割。目前激光切割大多采用大功率的 CO_2 激光切割器。

与传统切割方法现比，激光切割具有下列特性。

(1) 切割精度高、切缝窄(一般为 0.1～0.2mm)、加工精度和重复精度高。对轮廓复杂和小曲率半径等外形均能达到微米级精度的切割，并可以节省材料 15%～30%。

(2) 非接触切割，被切割工件不受机械作用力、变形极小。适宜于切割玻璃、陶瓷和半导体等硬脆材料及蜂窝结构和薄板等刚性差的零件。

(3) 切割速度高。一般可达 2～4m/min。

(4) 可与计算机数控技术结合，实现加工过程自动化，改善劳动条件。CNC 激光切割不需要模具，不用划线，生产周期短。

3) 激光焊接

激光切割与激光打孔的原理稍有不同，焊接时不需要很高的能量密度使工件材料气化蚀除，而只要将工件的加工区“烧熔”，使其黏合在一起。因此，激光焊接所需的能量密度较低，一般为 10^5～10^6W/cm^2，通常可用减少激光输出功率来实现。如果加工区域不限制在微米级的小范围内，也可通过调节焦点位置来减小工件被加工点的能量密度。

激光焊接有如下优点。

(1) 激光焊接变形小。激光照射时间短，焊接过程极为迅速。它不仅有利于提高生产率，而且被焊材料不易变形，热影响区极小，适合于热敏感性很强的晶体管元件的焊接。

(2) 激光焊接强度高，具有纯化作用和高冷却速度，能纯净焊缝金属。激光焊接不用填料，没有焊渣，也不需要去除工件的氧化膜。焊缝的经济性能在各方面都相当于或优于母材。

(3) 激光焊接能量密度高，对高熔点、高热导率的焊接特别有利。不仅能焊接同种材料，而且还可以焊接不同的材料，甚至还可以焊接金属与非金属材料。例如，用陶瓷做基体的集成电路，由于陶瓷熔点很高，又不宜施加压力，采用其他焊接方法都很困难，而用激光焊接是比较容易实现的。焊接脆性材料，激光焊接强韧性好。

(4) 激光焊接可透过透明体进行焊接，以防止杂质污染和腐蚀，适应于精密仪表和真空仪器元件的焊接。

 **【应用案例 3-9】**

图 3.41 表示激光焊接技术在钛合金材料和不锈钢毛细管加工方面的应用。

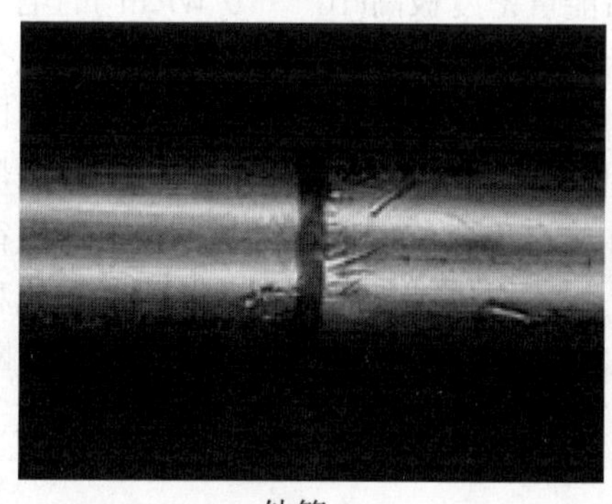

钛管

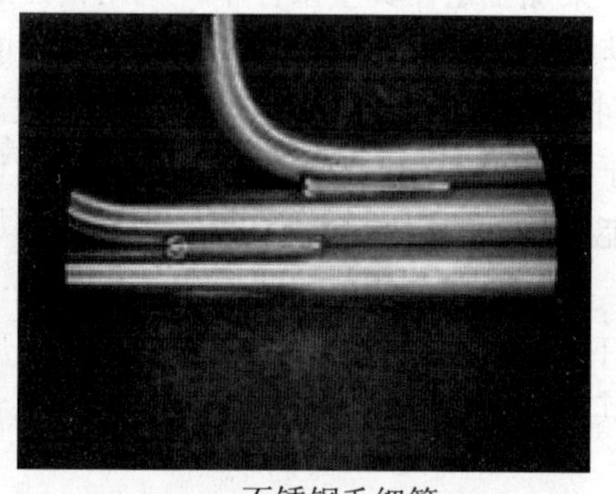

不锈钢毛细管

图 3.41　激光焊接技术的应用

4) 激光表面处理

激光表面处理是利用大功率连续波激光器对材料表面进行激光扫描，使金属表层材料产生相变甚至熔化。激光表面处理是近 10 年来激光加工领域中最为活跃的研究和开发方向，发展了相变硬化、快速熔凝、合金化、熔覆等一系列处理工艺。其中相变硬化和熔凝处理的工艺技术趋向成熟和产业化。

 **【应用案例 3-10】**

激光表面处理技术是在材料表面形成一定厚度的处理层，可以改善材料表面的力学性

能，冶金性能、物理性能，从而提高零件、工件的耐磨、耐蚀、耐疲劳等一系列性能，具有很大的技术经济效益，广泛应用于机械、电气、航空、兵器、汽车等制造行业。图 3.42 所示为激光淬火与激光熔覆两种表面处理技术的应用实例。

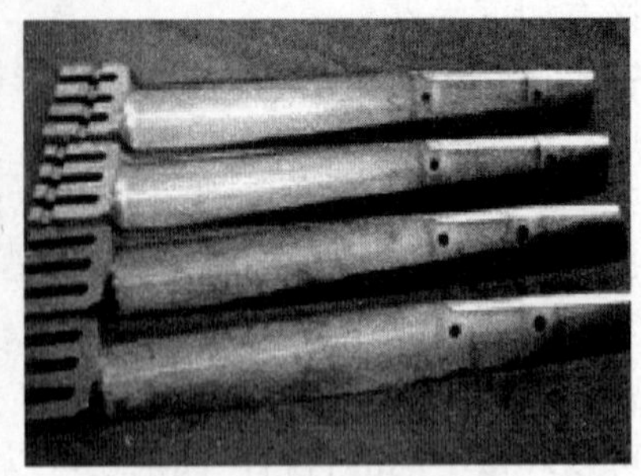

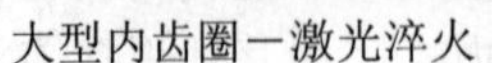

大型内齿圈－激光淬火　　汽轮机叶片－激光熔覆

图 3.42　激光表面处理技术的应用

3.5.3　电子束加工

1. 电子束加工的基本原理和特点

1) 电子束加工的基本原理

电子束加工是在真空条件下，利用聚焦后能量密度极高(10^6～10^9W/cm^2)的电子束，以极高的速度(加速电压为 50V 时，电子速度可达1.6×10^5km/s)，在极短的时间(几分之一微秒)内，冲击到工件表面的极小面积上，使被冲击部分的工件材料达到几千摄氏度以上的高温，由于热量来不及传导扩散，从而引起材料的局部熔化和气化。控制电子束能量密度的大小和能量注入的时间，就可以达到不同的加工目的。例如使材料局部加热可进行电子束热处理；使材料局部熔化可进行电子束焊接；提高电子束能量密度，使材料熔化和气化，可进行打孔、切割等加工；或者利用能量密度较低的电子束轰击高分子材料，切断其分子链或使其重新聚合，从而使高分子材料的化学性质和分子量产生变化，可实现电子束光刻加工等。

2) 电子束加工的特点

电子束加工技术在工业上的应用已有 30 年的历史，近年来该技术不断发展，在大批量生产、大型零件制造以及复杂零件的加工方面都显示出其独特的优越性。

电子束加工具有以下特点。

(1) 射束直径小，电子束能够极其微细地聚焦，可聚焦到 0.01μm，最小直径的电子束长度可达直径的几十倍以上，可适用于深孔加工和微细加工，半导体集成电路、窄缝等加工。

(2) 能量密度高，电子束在几个微米的集束斑点上其能量高达 10^9W/cm^2，可使任何材料熔化和气化，加工生产率很高。

(3) 工件变形小，电子束加工时热影响区较小，工件很少产生应力和变形，而且不存在工具损耗，对脆性、韧性、导体、非导体及半导体材料都可以加工，尤其适于加工热敏性材料。

(4) 电子束能够通过磁场或电场对其强度、位置和聚焦等进行直接控制，位置控制的准确度可达 0.1 μm 左右，强度和束斑的大小控制误差也在 1%以下，整个加工过程便于实现自动化。

(5) 电子束加工是在真空中进行的，杂质污染少，加工表面不氧化，特别适于加工易氧化的金属及合金材料，尤其是纯度要求极高的半导体材料。

(6) 电子束加工有一定局限性，它需要一整套专用设备和真空系统，价格较贵，推广应用受到一定的限制。

2. 电子束加工装置

电子束加工装置的基本结构如图 3.43 所示。它主要由电子枪系统、抽真空系统、控制系统、电源系统以及一些测试仪表和辅助装置等组成。

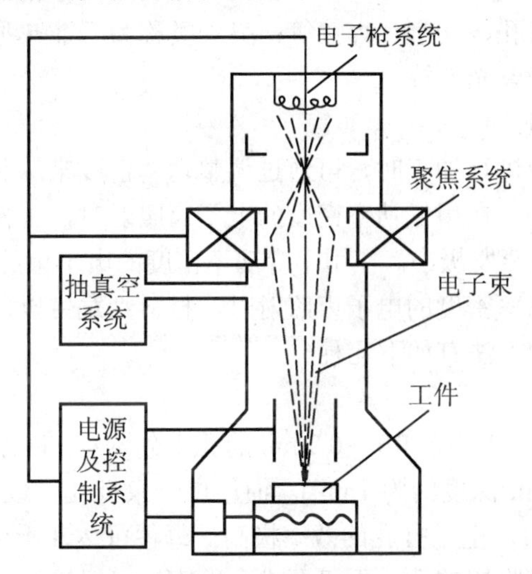

图 3.43　电子束加工装置结构示意图

1) 电子枪系统

电子枪系统用来发射高速电子流，完成电子束的预聚焦和强度控制。它包括电子发射阴极、控制栅板和加速阴极等。

2) 抽真空系统

真空室内必须保持 1.33×10^{-4} ～ 1.33×10^{-2} Pa 的高真空度。因为只有在高真空时，才能避免电子与气体分子之间的碰撞，保证电子的高速运动。还可以保护发射阴极不至于在高温下被氧化，也可以免使被加工表面氧化。此外，加工时产生的金属蒸气会影响电子发射，产生超声不稳定现象，也需要不断把金属蒸气抽出。真空系统一般由机械旋转泵和涡轮分子泵两级组成。

3) 控制系统

控制系统包括束流聚焦控制、束流位置控制、束流强度控制以及工作台位置控制等。束流控制能使电子束压缩成截面直径很小的束流，以提高电子束的能量密度。束流聚焦控制决定加工点的孔径和缝宽。通常有利用高压静电场使电子流聚焦成细束和通过“电磁透镜”的磁场聚焦两种方法。有时为了获得更细小的焦点，要进行二次聚焦。束流的位置控制是为了改变电子束的方向，常用磁偏转来控制电子束焦点的位置。具体方法是通过一定的程序改变偏转电压或电流，使电子束按预定的轨迹运动。束流强度控制是通过改变加在阴极上的脉冲负电压(50～150 kV)来实现的。采用脉冲电压是为了减少加工区域热量的扩散。工作台沿纵横两个方向的移动由伺服电机控制，可弥补电子束偏转距离较大的不足(电子束偏转距离过大将增加像差和影响线性度)。

4) 电源系统

电子束加工对电源电压的稳定性要求较高，要求波动范围不得超过百分之几。这是因为电子束聚焦以及阴极的发射强度与电压波动有着密切的关系，因此需要稳压设备。各种控制电压和加速电压由升压整流器供给。

3. 电子束加工的应用

电子束加工可分为两类：一类称为“热型”，即利用电子束把材料的局部加热至熔化或气化点进行加工，如打孔、切割、焊接等；另一类称为“非热型”，即利用电子束的化学效应进行刻蚀，如电子束光刻等。

1) 电子束热效应加工

在电子束利用热效应进行加工时，可通过调整功率密度来达到不同的加工目的，如淬火、熔炼、焊接、打孔等。在用低功率密度的电子束照射时，工件只是在表面上有微量的材料熔化，材料的气化与蒸发极小。在用中等功率密度的电子束照射时，工件熔化、气化、蒸发都存在。而在用大功率密度的电子束照射时，材料则发生以蒸发及气化为主的现象。利用电子束热效应加工的方法有如下几种。

(1) 电子束打孔。

用机械方法(如钻孔)加工小于 0.1～0.2mm 的孔十分困难。用电火花或超声波加工小孔，其孔径也不能小于 0.08mm(深度约为 1mm)。而用电子束打孔，最小孔径则可达 0.003mm，孔的深径比可达到 100∶1。电子打孔的效率极高，每秒可达几千至几万个。如喷气式发动机套上的冷却孔、机翼吸附屏的孔，不仅要求孔的密度可以连续变化，孔的数量达数百万个，而且有时还需改变孔径，这时最宜采用电子束高速打孔。高速打孔可在工件运动中进行，例如在 0.1mm 厚的不锈钢上加工直径为 0.1mm 的孔，速度为 3 000 孔/秒。

在人造革、塑料上用电子束打大量微孔，可使其具有如真皮革那样的透气性。现在已生产出了专用的塑料打孔机，将电子枪发射的片状电子束分成数百条小电子束同时打孔，其速度可达 50 000 孔/秒，孔径在 40～120 μm 范围内可调。

用电子束加工玻璃、陶瓷、宝石等脆性材料时，由于在加工部位的附近有很大温差，容易引起变形甚至破裂，所以在加工前或加工时，需用电炉或电子束进行预热。用带有电子束预热装置的双枪电子束自动打孔机每小时可加工 600 个宝石轴承。

【应用案例 3-11】

图 3.44 所示为电子束加工的喷丝头异型孔的一些实例，出丝口的窄缝宽度为 0.03～0.07mm，长度为 0.8mm。

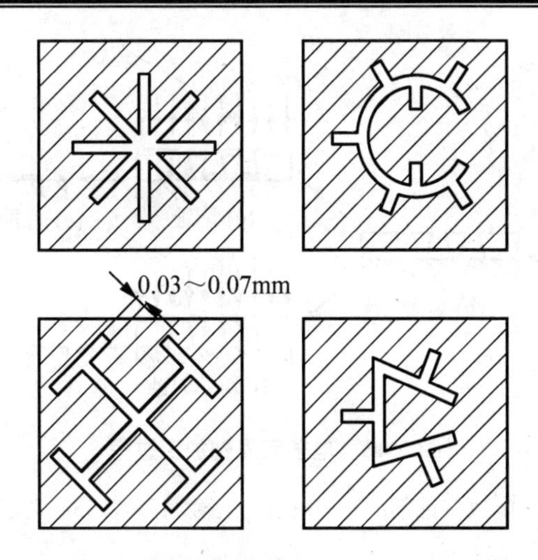

图 3.44 用电子束加工的几种喷丝头异型孔

(2) 电子 7 束焊接。

焊接是电子束加工中开发较早且应用较广的技术。由于电子束功率密度高，故焊接速度快，焊接的焊缝深而宽，焊件的热影响区小，变形小。电子束焊接一般不用焊条，焊接过程在真空中进行，因此焊缝处的化学成分纯净，焊接接头的强度高于母材。

电子束焊接可以焊接难熔金属，如钽、铌、钼等，也可焊接钛、锆、铀等化学性能活泼的金属。对于普通碳素钢、不锈钢、合金钢、钢、铝等各种金属也能用电子束焊接。它可焊接很薄的工件，也可焊接几百毫米厚的工件。

电子束焊接还可完成一般焊接方法难以实现的异种金属间的焊接。如钢和不锈钢的焊接，铜和硬质合金的焊接，铬、钼和镍的焊接等。

由子电子束焊接对焊件的热影响区小、变形小，可以在工件精加工后进行焊接，又由于它能够实现异种金属焊接，所以就有可能将复杂的工件分成几个零件，这些零件可以单独地使用合适的材料，采用合适的方法来加工制造，最后利用电子束焊接成一个完整的工件，从而可以获得理想的技术性能和显著的经济效益。

目前，电子束焊接已越来越多地应用在核反应堆和火箭技术上，以解决高熔点金属和活泼金属及其合金的焊接难题。此外，电子束焊接在半导体技术领域也发展很快。

2) 电子束化学效应加工

用低功率密度的电子束照射工件表面虽不会引起表面的温升，但入射电子与高分子材料的碰撞，会导致它们的分子链的切断或重新聚合，从而使高分子材料的化学性质和分子量产生变化，这种现象叫电子束的化学效应，利用这种效应进行加工的方法叫电子束光刻。

图 3.45 所示为电子束光刻工艺全过程示意图。图(a)为在涂有掩膜层的基材上进行电子束曝光，掩膜层上产生如虚线所示的潜像。图(b)为经过显影处理后获得的电子扫描图形。图(c)及图(d)是在图形上用金属蒸镀或离子刻蚀加工。图(e)及图(f)是去除掩膜层后的凸形或凹形。

电子束光刻的优点是图形精度高(图形分辨力可达 0.5μm)、速度快、生产率高、成本低，可在基片或掩膜上复印。用这种方法进行超大规模集成电路图形的曝光时，可以在几毫米见方的硅片上安装 10 万个晶体管或类似元件。

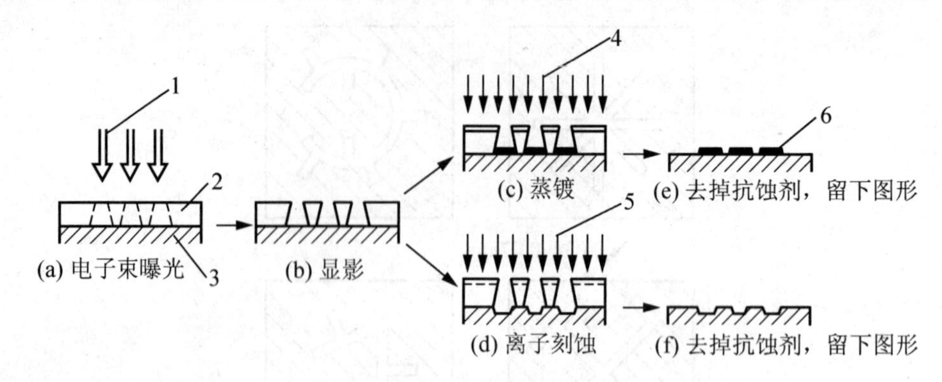

图 3.45　电子束光刻加工过程

1—电子束；2—电致抗蚀剂；3—基板；4—金属蒸气；5—离子束；6—金属

3.5.4　离子束加工

1. 离子束加工的基本原理和特点

1) 离子束加工的基本原理

离子束加工是利用离子束对材料进行成形或表面改性的加工方法。在真空条件下，将由离子源产生的离子束经过电场加速后，使获得一定速度的离子投射到材料表面，引起材料的变形、破坏和分离。由于离子带正电荷，其质量是电子的 1 000 万倍，所以离子束加工时主要是靠高速离子束的微观机械撞击动能来加工的。加工时被加工表面层不产生热量，这一点与电子束加工截然不同。

离子束加工的物理基础是离子束射到材料表面时所发生的撞击效应、溅射效应和注入效应。具有一定动能的离子射到材料(靶材)表面时，可以将靶材表面的原子击出，这就是离子的撞击效应。如果将工件直接作为离子轰击的靶材，工件表面就会受到离子刻蚀。如果将工件放置在靶材附近，靶材原子就会溅射到工件表面，进行溅射沉积吸附，使工件表面镀上一层薄膜。如果离子能量足够大时，射到靶材的离子，就会钻进靶材表面，这就是离子的注入效应。因此离子束加工按照其所利用的物理效应和目的的不同，可以分为 4 类，即离子刻蚀、离子溅射沉积、离子镀及离子注入。前两种属于成形加工，后两种属于特殊表面层制备，如图 3.46 所示。

2) 离子束加工的特点

由离子束加工的工作原理，可以看出离子束加工具有以下特点。

(1) 加工精度高，易精确控制。离子束轰击工件的材料时，其束流密度和能量可以精确控制，它通过离子光学系统进行聚焦扫描，其聚焦光斑可达到 1 μm 以内，因而可以精确控制尺寸范围。离子束轰击材料时是逐层去除原子，所以离子刻蚀可以达到毫微米级(0.001 μm)即纳米级的加工精度。故离子束加工是当代纳米加工技术的基础。

(2) 污染少。离子束加工是在高真空中进行，污染少，特别适合于加工易氧化的金属、合金及半导体材料。但是也正因为是在真空系统中进行，离子束加工的一个缺点就是加工设备费用高、成本高，另外加工效率低，其应用范围也受到一定限制。

(3) 加工应力、变形极小。离子束加工是一种原子级或分子级的微细加工，作为一种微观作用，其宏观压力小，热变形小，加工表面质量高。此外离子束加工主要是靠高能量离子束的微观机械撞击动能实现材料加工目的的，所以加工材料范围广，适合于各类材料的加工。

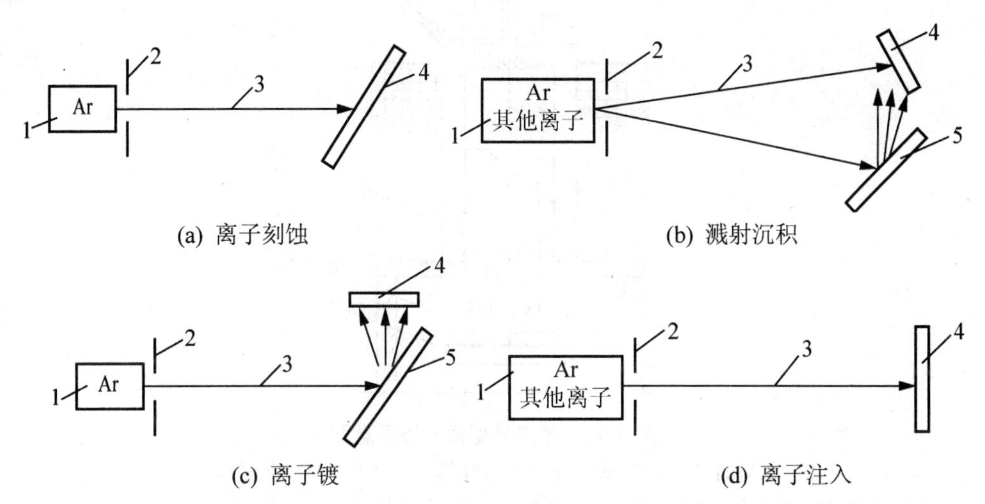

图 3.46　各类离子束加工示意图

1—离子源；2—吸极(吸收电子，引出离子)；3—离子束；4—工件；5—靶材

(4) 离子束加工效率较低，同时由于设备费用及成本较高，因此其应用范围受到一定的控制。

2. 离子束加工装置

离子束加工设备主要有 4 部分，即离子源、抽真空系统、控制系统和电源。主要的不同部分是离子源系统。

离子源又称离子枪，用以产生离子束流，其工作原理是将由离子源产生的电离气体注入电离室，然后使气态原子与灼热的灯丝发射的电子发生碰撞而被电离，从而得到等离子体，用一个相对于等离子体的负电位电极——吸极，将离子从等离子体中引出而形成离子束流，而后使其加速射向工件或靶材，以实现不同的加工目的。离子源有多种类型以适应不同的用途，常用的离子源主要有双等离子体型、离子簇射型(考夫曼型)和高频等离子体型等。

图 3.47 所示为考夫曼型离子源示意图。它由热阴极灯丝发射电子，在阳极的吸引下向下方的阴极移动，同时受线圈磁场的偏转作用，故螺旋运动前进。惰性气体(如氩、氪、氙等)由注入口进入电离室，并在高速电子的撞击下被电离成离子。阴极和阳极上各有几百个直径为 ϕ0.3mm 的小孔，上下位置严格对齐，位置误差小于 0.01mm 。这样便可形成几百条准直的离子束，均匀地分布在直径为 $\phi50\sim\phi300$mm 的面积上。这种离子源可获得高密度的等离子体，电离效率可达 50%～90%，结构简单、尺寸紧凑、束流均匀且直径很大，使用非常广泛，已成功用于离子推进器和离子束微细加工领域。

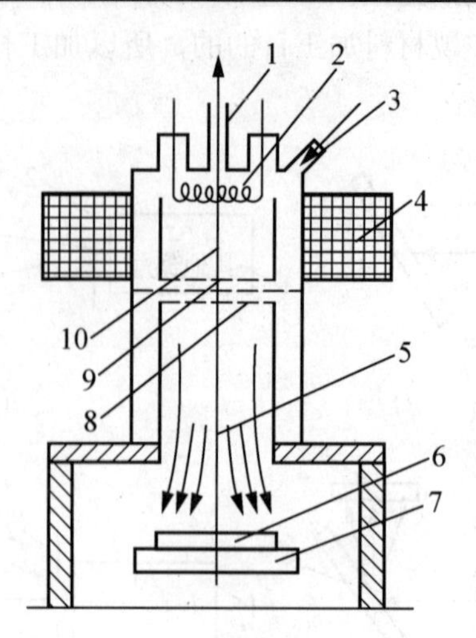

图 3.47 考夫曼型离子源示意图

1—真空抽气口；2—灯丝；3—惰性气体注入口；4—电磁线圈；
5—离子束流；6—工件；7—阴极；8—引出电极；9—阳极；10—电离室

3. 离子束加工的应用

离子束加工的应用范围正在日益扩大。目前，用于改变零件尺寸和表面物理力学性能的离子束加工技术主要有以下 4 种。

1) 离子蚀刻

离子刻蚀是将工件直接作为离子轰击的靶材，用能量为 0.5～5keV 的离子轰击工件，将工件表层的原子从工件表面去除的工艺过程，实际上是一个撞击溅射的过程。为了避免入射离子与工件材料发生化学反应，必须用惰性元素的离子。由于氩气的原子序数高，价格便宜，所以通常采用氩离子进行轰击刻蚀。氩离子的直径很小，约 1/10 纳米，所以可以认为离子刻蚀的过程是逐个原子剥离的。因此离子刻蚀是一种原子尺度的切削加工，又称为离子铣削。

离子刻蚀可以加工各种材料，如金属、半导体、橡胶、塑料、陶瓷等。目前，离子蚀刻应用的一方面是图形刻蚀，如集成电路，光电器件、光电集成器件等微电子学器件的亚微米图形。采用离子刻蚀的还有月球岩石样品的加工，可以从 10 μm 减薄到 10nm。

2) 离子溅射沉积

离子溅射沉积是将工件放置在靶材附近，高速离子束射击靶材，靶材原子就会射到工件表面而被溅射沉积吸附，使工件表面镀上一层靶材原子的薄膜。因此，从本质上说，离子溅射沉积是一种镀膜加工，它也是采用 0.5～5keV 的氩离子轰击靶材的。目前，离子溅射沉积最适合于镀制合金膜。在超高速加工技术中，向大家提出了几种提高刀具寿命的方法，其中一种就是采用镀膜方法开发新型刀具，如在高速钢刀具上镀氮化钛(TiN)硬质膜，这里采用的镀膜方法就可以用离子溅射沉积来完成，把氮作为靶材，钛合金作为工件。此外离子溅射沉积还可以用来制作薄壁零件，它的最大特点就是不受材料的限制，可以制成陶瓷和多元合金的薄壁零件。

3) 离子镀膜

离子镀膜也是采用 0.5～5keV 的氩离子轰击材料的，与上述方法不同的是它将氩离子分成两束，同时轰击靶材和工件表面，工件不仅接受氩离子的轰击，还同时接受靶材溅射来的原子。因此采用该方法镀膜有很多优点，如膜层附着力强不易脱离。这首先是由于镀膜离子以足够高的动能冲击工件表面，清洗掉工件表面的污物和氧化物，从而提高了工件表面的附着力；其次镀膜刚开始时，由工件表面溅射出来的基材原子，有一部分会和靶材溅射出来的原子和离子发生碰撞而同时返回工件表面，形成了膜材原子和基材原子的混合膜层。由于共混膜层的存在，就减少了由于膜材和基材两者膨胀系数不同而产生的热应力，增强了两者的结合力。而后，随着膜层的增厚，混合膜层就逐渐过渡到由膜材原子构成的膜层。

离子镀膜的可镀材料相当广泛，用离子镀可在切削工具表面镀氮化钛、碳化钛等硬质材料，以提高刀具的耐用度；也可在金属或非金属表面上镀制金属或非金属材料。目前离子镀膜技术已经用于镀制耐磨膜、耐热膜、耐蚀膜、润滑膜和装饰膜等。由于离子镀膜所得到的氮化钛、氮化钒等膜层都具有与黄金相似的色泽，但价格只有黄金的 1/60，再加上有良好的耐磨性和耐蚀性，常将其作为装饰层。如手表带、表壳、装饰品、餐具等上面的黄色镀膜装饰层。

4) 离子注入

离子注入是采用 5～500keV 能量的离子束，将工件放在离子注入机的真空靶中，直接轰击被加工的材料。在如此大的能量驱动下，离子能够钻入到工件材料表面，从而达到改变材料化学成分的目的。离子注入工艺比较简单，它不受任何限制，可以注入任何离子，而且注入量也可以精确控制。但是它也有局限性，它是一个直线轰击表面的过程，不适合处理复杂凹入的表面样品。

目前，离子注入在半导体方面的应用已很普遍，它是将硼、磷等“杂质”离子注入半导体，从而改变导电型式(P、N 极)。此外，离子注入在改善材料的性能，如耐磨性、高硬度、耐蚀性能、润滑性能等方面都非常有效。但是该方法生产效率低，成本高。目前仍处于研究阶段，还需要进一步的深入研究。

特别提示

激光加工、电子束加工、离子束加工都是利用高能量密度的束流作为热源，对材料或构件进行加工的技术，又称为高能束(High Energy Density Beam，HEDB)加工。高能束加工技术是当今科学与制造技术相结合的产物，是制造工艺发展的前沿领域和重要方向，也是航空、航天和军事等尖端工业领域以及微电子等高新技术领域中必不可少的特种加工技术，正朝着高精度、大功率、高速度及自动控制等方向发展。

3.5.5　超声波加工

1. 超声波加工的基本原理和特点

1) 超声波加工的基本原理

声波是人耳能感受的一种纵波，它的频率在 16～16 000Hz 范围内。当频率超过 16 000Hz，超出一般人耳的听觉范围时，就称为超声波。超声波加工(Ultra-sonic Machining，USM)是利用振动频率超过 16 000Hz 的工具头，通过悬浮液磨料对工件进行成形加工的一种方法。材料越硬脆，越易遭受撞击破坏，越适合进行超声波加工。

图 3.48 所示为超声波加工的原理图。加工时，在工具 3 和工件 4 之间加入液体(水或煤

油等)和磨料混合的悬浮液 5，并使工具以很小的力 F 轻轻压在工件上。超声换能器 7 产生 16 000Hz 以上的超声频纵向振动，并借助于变幅杆 6 把振幅放大到 0.05～0.1mm 左右，驱动工具端面做超声振动，迫使工作液中悬浮的磨粒以很大的速度和加速度不断地撞击、抛磨被加工表面，把被加工表面的材料粉碎成很细的微粒，从工件上被打击下来。虽然每次打击下来的材料很少，但由于每秒钟打击的次数多达 16 000 次以上，所以仍有一定的加工速度。与此同时，工作液受工具端面超声振动作用而产生的高频、交变的液压正负冲击波和“空化”作用，促使工作液钻入被加工材料的微裂缝中，加剧了机械破坏作用。所谓空化作用，是指当工具端面以很大的加速度离开工件表面时，加工间隙内形成负压和局部真空，在工作液体内形成很多微空腔；当工具端面以很大的加速度接近工件表面时，空腔闭合，引起极强的液压冲击波，可以强化加工过程。此外，正负交变的液压冲击也使悬浮工作液在加工间隙中被迫循环，使变钝了的磨粒及时得到更新。

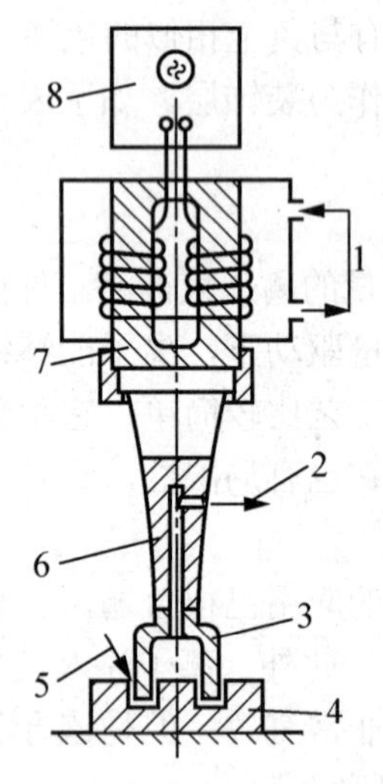

图 3.48　超声波加工的原理图

1—冷却器；2—磨料悬浮液抽出；3—工具；4—工件；5—磨料悬浮液送出；
6－变幅杆；7－换能器；8－高频发生器

由此可见，超声波加工是磨粒在超声振动作用下的机械撞击和抛磨作用以及超声空化作用的综合结果，其中磨粒的撞击作用是主要的。既然超声波加工是基于局部撞击作用的，因此就不难理解，越是脆硬的材料，受撞击作用遭受的破坏越大，越易超声加工；相反，脆性和硬度不大的韧性材料，由于它的缓冲作用而难以加工。根据这个道理，人们可以合理选择工具材料，使之既能撞击磨粒，又不致使自身受到很大破坏，例如用 45 钢作为工具即可满足上述要求。

2) 超声波加工的特点

(1) 适合于加工各种硬脆材料，特别是不导电的非金属材料，例如玻璃、陶瓷(氧化铝、氮化硅等)、石英、锗、硅、玛瑙、宝石、金刚石等。对于导电的硬质金属材料如淬火钢、硬质合金等，也能进行加工，但加工生产效率较低。

(2) 由于工具可用较软的材料、做成较复杂的形状，故不要求使工具和工件做比较复杂的相对运动，因此超声加工机床的结构比较简单，只需一个方向轻压进给，操作、维修方便。

(3) 加工精度高，表面质量好。由于去除加工材料是靠极小磨料瞬时局部的撞击作用，故工件表面的宏观切削力很小，切削应力、切削热很小，不会引起变形及烧伤，表面粗糙度也较好，可达 Ra0.1 μm ～1μm，加工精度可达 0.01～0.02mm，而且可以加工薄壁、窄缝、低刚度零件。

特别提示

电火花加工和电化学加工都只能加工金属导电材料，不易加工不导电的非金属材料，然而超声波加工不仅能加工硬质合金、淬火钢等硬脆金属材料，而且更适合于加工玻璃、陶瓷、半导体锗和硅片等不导电的非金属硬脆材料，同时还可以用于清洗、焊接和探伤等。

2. 超声波加工的设备

超声波加工装置一般包括超声波发生器、超声振动系统、机床床体和磨料工作液循环系统等几个部分。

1) 超声波发生器

超声波发生器的作用是将工频交流电转变为有一定输出功率的超声频振荡电，以提供工具端面往复振动和去除被加工材料的能量。

2) 声振动系统(声学系统)

声学系统的作用是把高频电能转变为机械能，使工具端面做高频率小振幅的振动以进行加工。它是超声波加工机床中很重要的部件。声学系统由换能器、变幅杆(振幅扩大棒)及工具组成。换能器的作用是将高频电振荡转换成机械振动，可利用压电效应或磁致伸缩效应来实现。压电或磁致伸缩效应的变形量很小，其振幅不超过 0.005～0.01mm，不足以直接来加工。超声波加工需 0.01～0.1mm 的振幅，因此必须通过一个上粗下细的称之为变幅杆的棒料，由于通过变幅杆的每一截面的振动能量是不变的，随着截面积减小，振幅就会增大。超声波的机械振动经变幅杆放大后即传给工具，使悬浮液以一定的能量冲击工件，工具的形状和尺寸决定于被加工表面的形状和尺寸。

3) 机床

超声波加工机床的结构一般比较简单，包括支撑声学系统的机架及工作台，使工具以一定压力作用在工件上的进给机构，以及床体等部分。图 3.49 所示是国产 CSJ－2 型超声波加工机床简图。如图所示，4、5、6 为声学部件，安装在一根能上下移动的导轨上，导轨由上下两组滚动导轮定位，使导轨能灵活精密地上下移动。工具的向下进给及对工件施加压力靠声学系统的自重，为了调节压力大小，在机床后部有可加减的平衡重锤 2，也有采用弹簧或其他办法加压的。

4) 磨料工作液及其循环系统

简单的超声波加工装置，其磨料是靠人工输送和更换的，即在加工前将悬浮磨料的工作液浇注堆积在加工区。加工过程中，定时抬起工具并补充磨料。亦可利用小型离心泵使磨料悬浮液搅拌后注入加工间隙中去。对于较深的加工表面，应将工具定时抬起以利磨料的更换和补充。

工作液常用的有水、煤油、机油等，将碳化硼、碳化硅、氧化铝等磨料通过离心泵搅拌后注入工作区，构成一个循环系统。

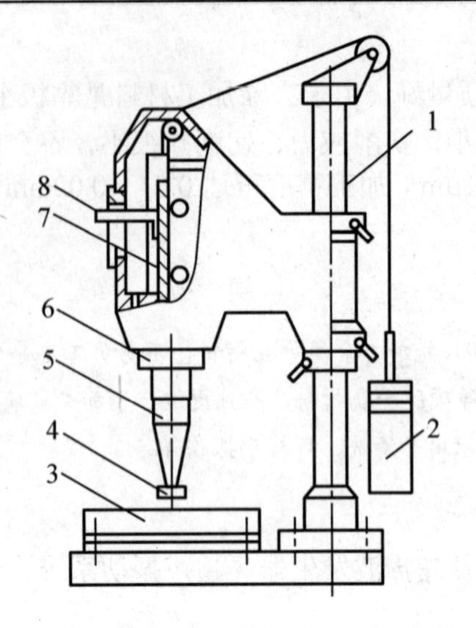

图 3.49　CSJ－2 型超声波加工机床

1—支架；2—平衡重锤；3—工作台；4—工具；5—振幅放大棒；6—换能器；7—导轨；8—标尺

3. 超声波加工的应用

1) 型孔、型腔加工

超声波加工目前在各工业部门中主要用于对脆硬材料加工圆孔、型孔、型腔、套料、微细孔等，如图 3.50 所示。

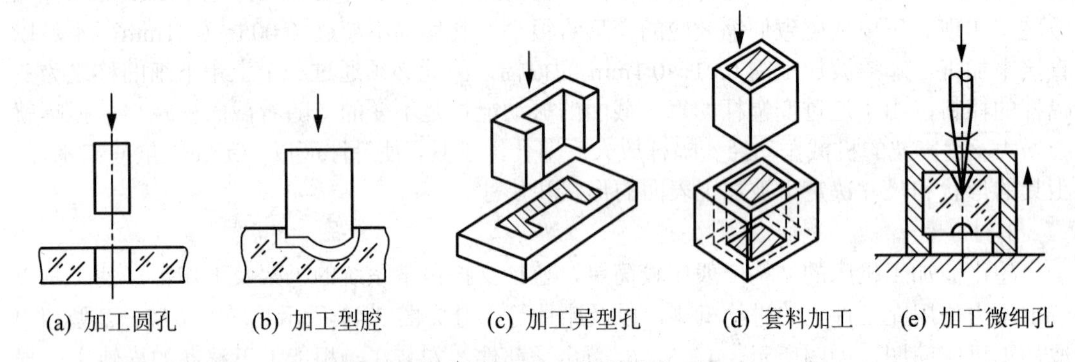

(a) 加工圆孔　(b) 加工型腔　(c) 加工异型孔　(d) 套料加工　(e) 加工微细孔

图 3.50　超声波加工的各种孔、腔

2) 切割加工

用普通机械加工切割脆硬的半导体材料是很困难的，采用超声切割则较为有效。图 3.51 所示为用超声加工方法切割单晶硅片示意图，用锡焊或铜焊将工具(薄钢片或磷青铜片)焊接在变幅杆的顶部，加工时喷注磨料液，一次可以切割 10～20 片。

图 3.52 所示为成批切块刀具，它采用了一种多刃刀具，即包括一组厚度为 0.127mm 的软钢刃刀片。间隔 1.14mm，铆合在一起，然后焊接在变幅杆上。刀片伸出的高度应足够在磨损后仍可进行几次重磨。在最外边的刀片应比其他刀片高出 0.5mm，切割时插入坯料的导槽中，起定位作用。加工时喷注磨料液，将坯料片先切割成 1mm 宽的长条，然后将刀具转过 90°，使导向片插入另一导槽中，进行第二次切割以完成模块的切割加工。图 3.53 所示为已切割成的陶瓷模块。

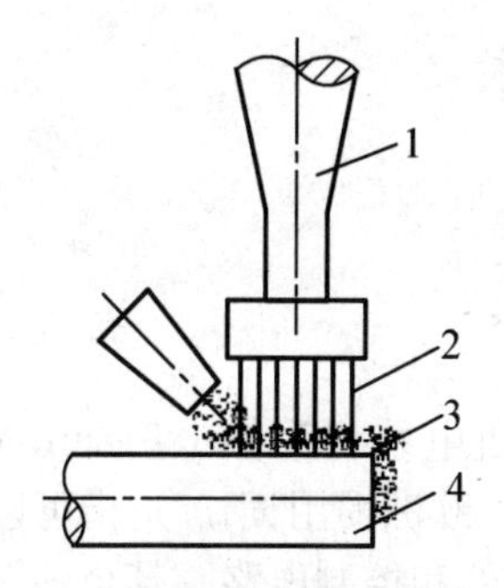

图 3.51　超声切割单晶硅片示意图

1—变幅杆；2—工具(薄钢片)；
3—磨料液；4—工件(单晶硅)

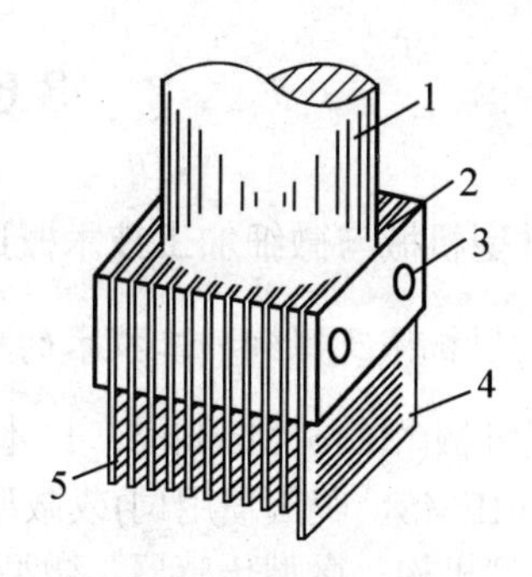

图 3.52　成批切块刀具

1—变幅杆；2—焊缝；3—铆钉；
4—导向片；5—软钢刀片

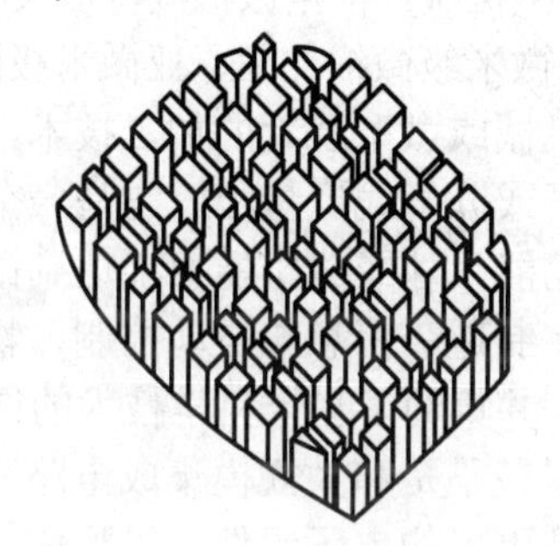

图 3.53　切割成的陶瓷模块

3) 超声波清洗

超声波清洗的原理主要是基于超声频振动在液体中产生的交变冲击波和空化作用。超声波在清洗液(汽油、煤油、酒精、丙酮或水等)中传播时，液体分子做往复高频振动产生正负交变的冲击波。当声强达到一定数值时，液体中急剧生长微小空化气泡并瞬时强烈闭合，产生的微冲击波使被清洗物表面的污物遭到破坏，并从被清洗表面脱落下来。即使是被清洗物上窄缝、微小细孔、弯孔中的污物，也很易被清洗干净。虽然每个微气泡的作用并不大，但每秒钟有上亿个空化气泡在作用，就具有很好的清洗效果。所以，超声振动被广泛用于对喷油嘴、喷丝板、微型轴承、仪表齿轮、零件、手表整体机芯、印制电路板、集成电路微电子器件的清洗，可获得很高的净化度。

知识链接

单纯使用超声波加工，工具损耗较大，加工效率低。因此目前超声波加工常与其他加工方式结合起来使用。如超声波加工与电解加工结合而成的超声波电解复合加工，不但可降低工具损耗，而且提高了加工速度；超声波与电火花复合加工，不附加超声波时，电火花精加工的放电脉冲利用率仅为 3%～5%，附加超声波后电火花精加工时的有效放电脉冲利用率可提高到 50%以上，从而提高生产率 2～20 倍。

3.6　微细加工技术

3.6.1　微型机械与微细加工技术概述

1. 微型机械及微细加工技术的概念

微型机械(Micro Machine，日本惯用词)也称作微型机电系统(Micro Electro-Mechanical System，MEMS，美国惯用词)或微型系统(Micro System，欧洲惯用词)，是指可以批量制作的，集微型机构、微型传感器、微型执行器以及信号处理器和控制电路，甚至外围接口、通信电路和电源等于一体的微型机械系统。其特征尺寸范围为1～10mm，其中尺寸在1～10mm之间的机械为微小型机械；尺寸在1 μm ～1mm之间的机械为微型机械；而尺寸在1 nm ～1 μm之间的机械为纳米机械，或超微型机械。根据微机械特征尺寸的不同，制造微机械常采用的微细加工，又可以进一步划分为微米级微细加工、亚微米级微细加工和纳米级微细加工等。

微细加工技术是指制作微机械或微型装置的加工技术，加工尺度从亚毫米到毫微米量级，而加工单位则从微米到原子或分子线度量级。它是一个新兴的、多学科交叉的高科技领域，研究和控制物质结构的功能尺寸或分辨能力，达到微米至纳米尺度。微型加工技术涉及电子、电气、机械、材料、制造、信息与自动控制、物理、化学、光学、医学以及生物技术等多种工程技术和学科，并集约了当今科学技术的许多尖端成果。

微细加工技术的出现和发展最早是和大规模集成电路密切相关的。集成电路要求在微小面积的半导体材料中能够容纳更多的电子元件，以形成功能复杂而完善的电路，它的历史可以追溯到20世纪60年代初期。60年代开发了微型机械电子学的重要技术——晶体各向异性腐蚀和阳极键合技术。70年代进行了具体的器件研究。80年代已经取得了初步成果，研制出了微电机、微型传感器等许多微机电系统。目前微细加工技术主要有基于从半导体集成电路微细加工工艺中发展起来的硅平面加工工艺和体加工工艺，80年代中期以后，在LIGA加工、准LIGA加工、超微细机械加工、微细电火花加工(EDM)、等离子体加工、激光加工、离子束加工、电子束加工、快速原型制造技术(RPM)以及键合技术等微细加工工艺方面取得了相当大的进展。

微型机械由于其本身形状尺寸微小或操作尺度极小的特点，具有能够在狭小空间内进行作业，而又不干扰工作环境和对象的优势，目前在航空航天、精密仪器、生物医疗等领域有着广阔的应用潜力，并成为纳米技术研究的重要手段，因而受到高度重视并被列为21世纪的关键技术之首。世界各国都已把微机械的研究列为21世纪重点发展的学科之一。如：欧洲的尤里卡计划明确提出将微机械作为一个重要的研究内容，并在法、德两国组织实施；美国国会也把微机械的研究作为21世纪重点发展的学科之一；日本通产省已于1991年启动一项为期10年的微机械研究计划；在我国，微机械与微细加工技术的研究也得到了许多部门的重视，国家自然科学基金委员会将微机械与微细加工技术列为重点发展方向之一。目前，微机械的研究正在从基础研究逐步迈向研制开发与实用阶段。许多微传感器、微执行器以及微光学部件已经在某些行业得到应用。

2. 微机械的基本特征

概括起来，微机械具有以下几个基本特征。

(1) 器件微型化、集成化、尺寸达到纳米数量级。其体积可达到亚微米以下，尺寸精度达到纳米级，重量可至纳克。在一个几毫米见方的硅芯片上完成线与面的集成、信号处理单元的集成、功能集成甚至能够完成整个微型计算机的集成。如图 3.54(a)所示，在一块硅芯片上能准确地实现微齿轮传动。最近有资料证明，科学家们已能在 $5mm^2$ 内放置 1000 台微型发动机。

(2) 性能稳定，可靠性高。由于微机械器件体积极小，封装后几乎不受膨胀、噪声和挠曲等因素的影响，具有较高的抗干扰性，可以在较差的环境下稳定工作。

(3) 多功能和智能化。微机械集传感器、执行器、信号处理和电子控制电路为一体，易于实现多功能和智能化。如图 3.54(b)所示，把硅基材料微型传感器和信号处理器与转换电路做在一起，极大提高了 MEMS 的信噪比，同时大大提高了 MEMS 的灵敏度、测量精度和响应速度。

(4) 能耗低，灵敏性和工作效率高。完成相同的工作，微机械所消耗的能量仅为传统机械的十几或几十分之一，却能以数十倍以上的速度运作，如图 3.54(c)所示一只小甲虫就可以带动一个微轴承。

(5) 适于大批量生产，制造成本低廉。微机械采用和半导体制造工艺类似的方法生产，可以像超大规模集成电路芯片一样一次制成大量的完全相同的部件，故制造成本大大降低。如美国的研究人员正在用该技术制造双向光纤维通信所必须的微型光学调制器，通过巧妙的光刻技术，制造一块芯片只需几美分，而过去则要花费 5 000 美元。

(6) 功能特殊性，由于 MEMS 微型化、集成化、智能化程度大大加强，使得它在许多场合发挥特殊功能。如以微机械生物化学传感器为基础的血液手持型测试仪，可以快速测试血液中的 CO_2、K^+、Na^+、Cl^-、葡萄糖、尿素、pH 值等多种指标。这种血液分析仪的开发成功预示着化学分析仪进入一个崭新的天地。

(a) 微齿轮传动

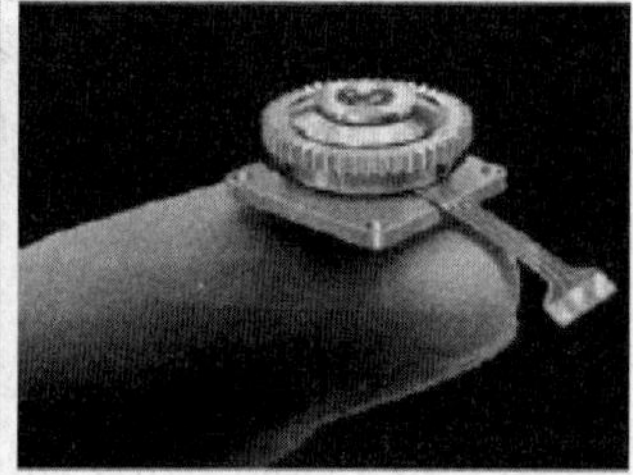

(b) 微传感器

(c) 微轴承

图 3.54 几种典型的微机械

知识链接

超大型系统、巨型设备，当然威力强大、功效显赫，那么何以历经千辛万苦，做出肉眼看不清的东西来？其实，大固然有大的威力，但是小也有小的优势。大家可曾记得，当年“齐天大圣”孙悟空就是变成一只小小的“虫子”，钻进“铁扇公主”的肚子里，才制服了她。

3.6.2 微型机械的应用和微细加工技术的发展趋势

微型机械的特点决定了它广泛的应用前景，微型机械系统可以完成大型机电系统所不能完成的任务。微型机械与电子技术紧密结合，将使种类繁多的微型器件问世，这些微型器件采用大批量集成制造，价格低廉，将广泛地应用于人类生活的众多领域。在21世纪，微型机械将逐步从实验室走向实用化，对工农业、信息、环境、生物医疗、空间、国防等的发展产生重大影响。微细加工技术是微型机械领域的一个非常重要又非常活跃的技术领域。其发展不仅可带动许多相关学科的发展，更是与国家科技、经济的发展和国防建设息息相关。微细加工技术的发展也有着巨大的产业化应用前景。

1. 微型机械的应用

1) 工业应用

经过20多年的发展，MEMS已经获得了广泛的市场应用。在工业领域，微型机械系统可大显身手。维修用的微型机械产品可以在狭窄空间和恶劣环境下进行诊断和修复工作，如在管路检修和飞机内部检修等场合使用。日本名古屋大学研制成一种微型管道机器人，可用于细小管道的检测。这种机器人可以由管道外面的电磁线圈驱动，而无需以电缆供电。日本筑波大学、名古屋大学、东京大学、早稻田大学和富士通研究所已经积累了多年的研究经验，其目标是研制一种精度为微米或亚微米的微型机器人，用于集成芯片的生产、精密装配或细胞解剖。正在规划中的一种用于电路检测与维修的微型机器人，将成群地沿电缆爬行，一旦发现断头，则将后退立起，俯身越过断头，以前腿搭在断头的那一边，"舍身"将电路接通。

在汽车轮胎设计上，可在其内嵌入微型压力传感器用以保持适当充气。避免充气过量或不足，仅此一项就可节油10%，利用此项改进，仅美国国防部系统就能节省几十亿美元的汽油费。

大量的微型机械系统又可以发挥集群优势，去清除大机器锈蚀，检查和维修高压容器、船舶的焊缝。如将微型机器人用于船底的污物清除，将它们送到人手或其他设备所难于到达的地方，或者是设备的缝隙，或者天际的人造卫星、空间站、空间望远镜，去检测故障、发现问题。2004年，中国将一颗由清华大学研制的纳米卫星NS-1送入太空，其质量小于25kg。通过应用基于MEMS技术的微细零件，NS-1在综合设计、制造以及MEMS器件的集成等实验中都取得了成功。

在公共福利服务领域，可以利用大量微型机械系统，在地震、火灾、水灾等灾害现场进行救援和护理，或者从包括危险医疗废弃物在内的垃圾废弃物中回收资源及辨别处理。图3.55所示为几种微型机械的显微放大照片。

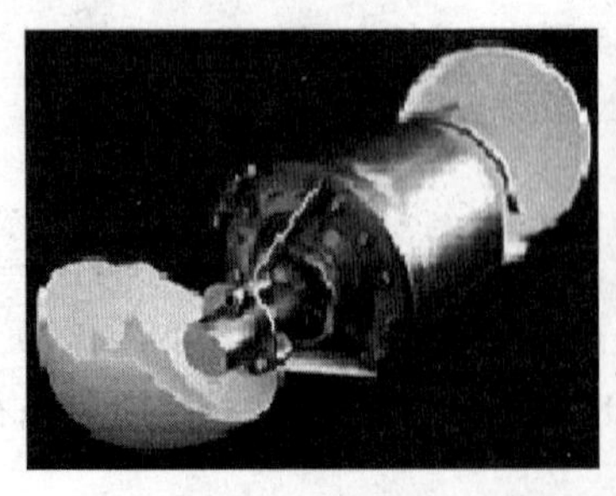
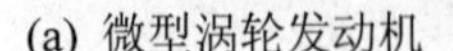
(a) 微型涡轮发动机

(b) 6英寸的飞机

图3.55 微型机械的显微放大照片

此外，工业上应用很成功的产品有基于MEMS的打印机喷墨头、压力传感器、加速度计与数字光处理器(DLP)等，其中，仅喷墨头每年即创造出10多亿美元的价值。据国外媒体统计，2005年，基于硅的MEMS市场达到了51亿美元。预计到2010年，基于硅的MEMS市场将达到97亿美元，即每年复合增长率将达到15%。

2) 农业应用

微型机器人将被大批地撒到农田里去驱除或消灭害虫。微型飞行机器人将巡回于广袤田野的上空，以遥感技术监测地面的墒情。一旦发现干旱，就降落在灌溉系统的阀门上，通过传感器触动阀门启闭机构，开启阀门，进行灌溉。

3) 医疗保健

微型机器人的最牵动人心的应用前景是在医疗保健方面。1998年美国国家自然科学基金会的预测报告，指出微型机械在生物医疗中的应用前景。例如治疗癌症，把传感器和调配药剂量的“药剂师”集于一身，制成微型“智能药丸”，通过口服或皮下注射进入人体，“智能药丸”可探测和清除人体内的癌细胞。此外微型机器人将像“潜艇”一样地在人体的血管中游弋，帮人们去除血管内壁上多余的脂肪，打通堵塞血液流通的“血栓”，清除淤塞或梗阻；可以用于发现并杀死癌细胞；还可用于接通神经，修复人体的功能。微型机器人还可在眼珠上进行微米级的眼科手术。甚至当眼球运动时也不致妨碍手术的进行。可见微型机械系统在医疗方面应用潜力巨大。

4) 军事应用

微型机器人在军事、国防方面也会产生巨大的作用。设想“漂流机器人”大量漂浮在海面，一旦监听到水下敌方潜艇的噪声，立即喷出有色染料，而这一片有色的海水被人造卫星侦察到，马上通知深水导弹去打击敌方潜艇。美国麻省理工学院人工智能实验室正在研制一种“蚊子机器人”，用于窃听和搜集情报。目前制造出的微型飞机，其机翼展宽只有7.4cm，是一种微型的飞行机器人，可用于军事侦察。微型陀螺仪和微型惯性测量平台的应用将显著地减轻导弹或运载工具本身的重量，延长其射程，并提高其命中率。微型质谱仪可在化学战环境中用于识别气体。微型机电系统还可大量地布置在我方飞机的蒙皮、舰艇和车辆的外表，能够自动对询问信号做出答复，使我方导弹能分清敌我。

2. 微细加工技术的发展趋势

1) 发展更适应微型机器尺寸的微细加工技术

迄今，微细加工技术是从两个领域延伸发展起来的：一是用传统的机械加工和电加工，研究其小型化和微型化的加工技术；二是在半导体光刻加工和化学加工等高集成、多功能化微细加工的基础上提高其去除材料的能力，使其能制作出实用的微型零件的机器。因此发展几十微米至毫米级尺寸的零件高效加工工艺和设备，如进一步扩大LIGA法加工的尺度，推广应用刀具或电极加工的微细程度。

2) 提高微细加工的经济性

微细加工实用化的一个条件就是要求加工周期较短且经济上可行。LIGA法也具有大批生产微型零件的特点，但X射线源的设备相当昂贵，因此要研制低成本的同步加速器X射线设备，高灵敏度的电铸技术和性能优良的光致抗蚀剂是使该项技术进入实际批量生产应用的关键。

3) 向微型化、高精度、高集成化的方向发展

微机械的发展趋势是利用大规模集成电路的微细加工技术将各种精巧的微机构，如微制动器、微传感器、微控制器等集成在一个多晶硅片上。它可以将传统的无源机构变为有源机构，又可制成一个完整的机电一体的微机械系统，整个系统的尺寸可望缩小到几毫米至几微米。

4) 加快微细加工的机理研究

伴随着机械构件的微小化，将出现一系列的尺寸效应，如构件的惯性力、电磁力的作用相对减少，而粘性力、弹性力、表面张力、静电力等的作用将相对较大；随着尺寸的减小，表面积与体积之比相对增大，热传导、化学反应等加速，表面间的摩擦阻力显著增大。因而，加紧微机理的研究，建立微观世界的数学模型、力学模型和分析方法，奠定微机械的基础理论，这对微机械的设计和制造加工工艺的制定有很大的实际意义。

特别提示

这里需要特别指出的是，微细加工技术曾经广泛应用于大规模和超大规模集成电路的加工制作，正是借助这些微细加工技术使众多的微电子器件及相关技术和产业蓬勃兴起，并迎来了人类社会的信息革命。同时微细加工技术也逐渐被赋予更广泛的内容和更高的要求。目前微细加工技术在特种新型器件、电子零件及装置、机械零件及装置、表面分析、材料改性等方面也发挥着日益重要的作用。

3.6.3 微细加工技术的加工工艺

1. 光刻加工

光刻(Photolithogphy)也称照相平版印刷术，是半导体加工技术的核心。它源于微电子的集成电路制造，是在微机械制造领域应用较早并仍被广泛采用且不断发展的一类微细加工方法。光刻是加工制作半导体结构或器件和集成电路微图形结构的关键工艺技术，其原理与印刷技术中的照相制版相似：用照相复印的方法将光刻掩膜上的图形印刷在涂有光致抗蚀剂的薄膜或基材表面，然后进行选择性腐蚀，刻蚀出规定的图形。所用的基材有各种金属、半导体和介质材料。光致抗蚀剂俗称光刻胶或感光剂，是一种经光照后能发生交联、分解或聚合等光学反应的高分子溶液。

图 3.56 为一个典型的光刻工艺示例，其工艺过程为：①氧化，使硅晶片表面形成一层 SiO_2 氧化层；②涂胶，在 SiO_2 氧化层表面涂上一层光致抗蚀剂，厚度在 1～5 μm；③曝光，在光刻胶表面上加掩膜，然后用紫外线等方法曝光；④显影，曝光部分通过显影而被溶解除去；⑤腐蚀，将加工对象浸入氢氟酸腐蚀液，使未被光刻胶覆盖的 SiO_2 部分被腐蚀掉；⑥去胶，腐蚀结束后，光致抗蚀剂就完成了它的作用，此时要设法将这层无用的胶膜去除；⑦扩散，即向需要杂质的部分扩散杂质，以完成整个光刻加工过程。

目前光刻加工中采用的曝光技术有：电子束曝光技术、离子束曝光技术、X 射线曝光技术和紫外线曝光技术，其中离子束曝光技术具有最高的分辨率，电子束曝光技术代表了最成熟的亚微米级曝光技术，紫外线曝光技术则具有最高的经济性，是近年来发展速度极快且实用性较强的曝光技术，在大批量生产中保持主导地位。

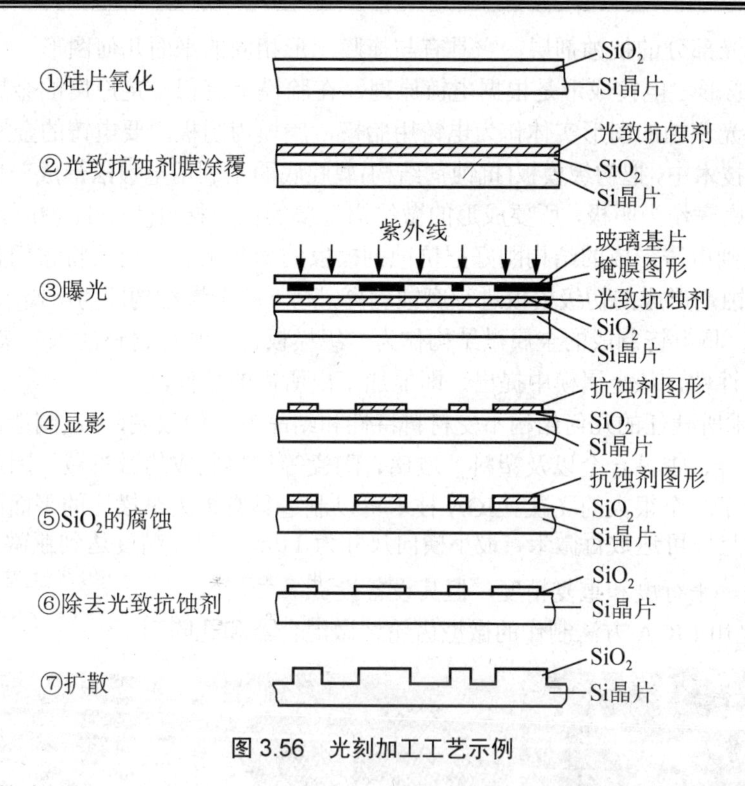

图 3.56　光刻加工工艺示例

2. LIGA 技术

LIGA(光刻电铸)是德语 Lithographie Galvanoformung und Abforming 的缩写，即制版术、电铸成形和微注塑 3 个德文单词的缩写。LIGA 技术是在 20 世纪 80 年代初创立于德国的卡尔斯鲁厄核物理研究所为制造微喷嘴而研究出来的。LIGA 工艺是基于 X 射线光刻技术的三维微结构加工技术，在原理上 LIGA 技术与全息记录的大规模复制(例如激光唱片生产)有点相仿。

图 3.57 所示为 LIGA 工艺过程。

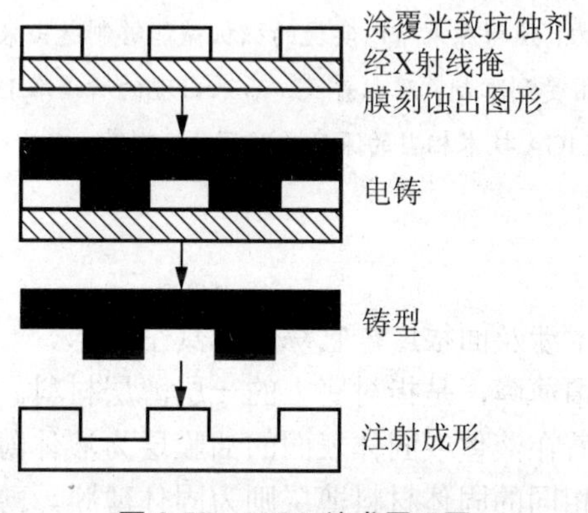

图 3.57　LIGA 技术原理图

(1) 深层同步辐射 X 射线光刻。把从同步辐射源放射出的具有短波长和很高平行度的 X 射线作为曝光光源，可在最大厚度 500 μm 的光致抗蚀剂上生成曝光图形的三维实体。然后将其显影制成初级模板，由于被曝光过的抗蚀剂将被显影除去，所以该模板即为掩膜覆盖下的未被曝光部分的抗蚀剂层，它具有与掩膜图形相同的平面几何图形。

(2) 电铸成形。电铸成形是根据电镀原理，在胎模上沉积一定厚度的金属以形成零件的方法。用曝光刻蚀的图形实体作为电铸用胎模，胎模为阴极，要电铸的金属作阳极。

在 LIGA 技术中，把初级模板(抗蚀剂结构)型腔底面上利用电镀法形成一层镍或其他金属层，形成金属底作为阴极，所要成形的微结构金属的供应材料(如 Ni、Cu、Ag)作为阳极。进行电铸，直到电铸形成的结构刚好把抗蚀剂模板的型腔填满。而后将它们整个浸入剥离溶剂中，对抗蚀剂形成的初级模板进行腐蚀剥离，剩下的金属结构即为所需求的微结构件。

(3) 注塑，将电铸制成的金属微结构作为二级模板，将塑性材料注入二级模板的型腔，形成微结构塑性件，从金属模中提出，即能加工出所需的零件。

LIGA 技术所胜任的几何结构不受材料特性和结晶方向的限制，可以制造由各种金属材料如镍、铜、金、镍钴合金以及塑料、玻璃、陶瓷等材料制成的微机械。因此，较硅材料的加工技术有了一个很大的飞跃。LIGA 技术可以制造具有根大纵横比的平面图形复杂的三维结构。纵向尺寸可达数百微米，最小横向尺寸为 1 μm 。尺寸精度达到亚微米级，而且有很高的垂直度、平行度和重复精度，但其设备投资很大。

图 3.58 是用 LIGA 方法制作的微型齿轮、微混合器和孔阵列。

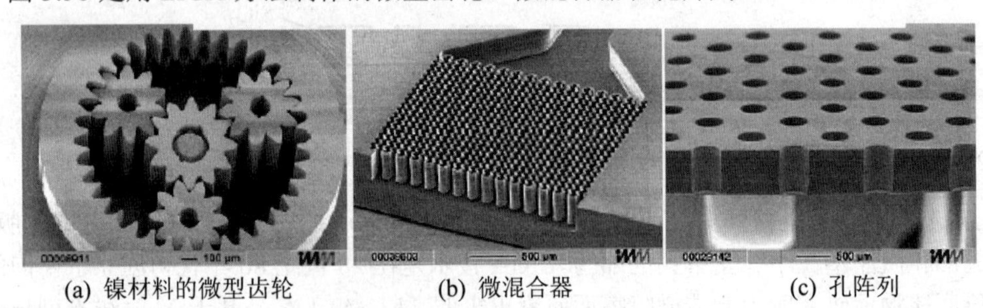

(a) 镍材料的微型齿轮　　(b) 微混合器　　(c) 孔阵列

图 3.58　用 LIGA 工艺加工的一些零件

特别提示

LIGA 技术在制作很厚的微机械结构方面有着独特的优点，是一般常规的微电子工艺无法替代的，它极大地扩大了微结构的加工能力，使得原来难以实现的微机械能够制造出来。但缺点是它所要求的同步辐射源比较昂贵、稀少，致使应用受到限制，难以普及。后来出现的所谓准 LIGA 技术，它是用紫外光源代替同步辐射源，虽然不具备和 LIGA 技术相当的深度或宽深比。但是，它涉及的是常规的设备和加工技术，这些技术更容易实现。

3. 薄膜制备技术

薄膜制备微细加工技术涉及面很广，它综合了真空技术、气体放电、化学表面科学、电子学等方面的知识。所谓薄膜，是指衬底上的一层薄层材料。例如，吸附在固体表面的气体薄层为气体薄膜；附着在液体或固体表面的油膜层为液体薄膜；附着在固体表面的另外一种固体材料或与衬底相同的固体材料薄层则为固体薄膜。薄膜制备微细加工技术就是指制作各种薄膜的方法，薄膜的厚度一般在零点几个纳米到数十微米。

薄膜的材料可以是金属、半导体(硅、锗等)和绝缘体(玻璃、陶瓷等)。薄膜材料的种类很多，完全根据使用的需要来选择。如从导电性来考虑，它可以是金属、半导体、绝缘体或超导体；从结构来考虑，它可以是单晶、多晶、非晶或超晶格的材料；从化学组成来考虑，它可以是单质、化合物、无机材料和有机材料等。

制备薄膜的方法很多，归纳起来有如下几种。

(1) 气相方法制膜，包括化学气相淀积 CVD(如热 CVD、光 CVD 以及等离子体 CVD)和物理气相淀积 PVD(如真空蒸发、溅射镀膜、离子镀膜、分子束外延、离子注入成膜等)；

(2) 液相方法制膜，包括化学镀、电镀、浸喷涂等；

(3) 其他方法制膜，包括喷涂、涂覆、压延、印刷、挤出等。

对各种薄膜制备方法的要求是：膜厚的均匀性；膜成分的均匀性；成膜速率和生产能力高；重复性好，材料纯度高，保证化合物的配比；具有较好的附着力，较小的内应力。

薄膜的应用范围非常广泛，它可以用于电子(微电子、光电子等)、机械、光学、能源等工业方面以及作为传感器、转换器、装饰膜、保护膜等场合。另外，生活方面也有很多利用薄膜的例子，如塑料表面的金属膜以及金属表面的塑料膜等。

4. 体加工技术

体加工(Bulk Micro Machining)是指通过刻蚀(Etching)等去除部分基体或衬底材料，从而得到所需元件的体构形。它在微机械制造中应用最早，主要是通过光刻和化学刻蚀等在硅基体上得到一些坑、凸台、带表面的孔洞等微结构，它们成为建造悬臂梁、膜片、沟槽和其他结构单元的基础，最后利用这些结构单元可以研制出压力或加速度传感器等微型装置。

5. 面加工技术

面加工技术是从集成电路平面工艺演变而来的，它是在硅基片上形成薄膜并按一定要求对薄膜进行加工的技术。表面的加工一般采用光刻技术，通过光刻将设计好的微机械结构图形转移到硅片上，再用各种腐蚀工艺形成微结构。面刻蚀加工技术的关键步骤是有选择地将抗腐蚀薄膜下面的牺牲层腐蚀掉，从而得到一个空腔结构。

6. 微细电火花加工

电火花加工是利用工件和工具电极之间的脉冲性火花放电，产生瞬间高温使工件材料局部熔化和气化，从而达到去除材料的目的。电火花加工由于其非机械接触的特点，因而适合于微细加工。微细电火花加工(Micro Electro Discharge Machining，MEDM)电流小，也能够加工硅等半导体高阻抗材料。

微细电火花加工的原理与普通电火花加工并无本质区别，但材料去除是以微团形式发生的，每一次脉冲放电导致材料微团的去除和放电坑的产生，无数相继产生的微小放电坑最后导致了所需要的最终形状和表面状态。微细电火花加工与微细机械加工相比，虽材料切除率较低，但加工尺寸能更细小，孔的长径比更大，可达 5～10，尤其对于微细的复杂凹形内腔加工更有其优越性。

实现微细电火花加工的关键在于以下几点。

(1) 微小轴(工具电极)的制作。目前以简单形状电极、微型轴和异型截面杆的加工可采用微小电极线电火花磨削(Wire Electro Discharge Grinding，WEDG)加工。如需获得更为光滑的表面，则可以在 WEDG 加工后，再采用线电化磨削法(WECG)。它是用去离子水在低电流下去除极薄的表面层。

(2) 微小能量放电电源，微小单脉冲放电能量。微细放电加工的都是细微结构零件，加工面积多在 1mm^2 以下。在这样小的面积上放电，放电点范围有限，因此要减小单脉冲放电能量，减小放电溶池中熔融金属抛出量，从而形成较浅的放电蚀坑。

(3) 工具电极的微量伺服进给、加工状态检测、系统控制及加工工艺方法等。

利用微线切割加工还可切割加工细小零件，如图 3.59(a)所示。微细电火花加工如图 3.59(b)所示。可利用线电极电火花磨削技术(WEDG)成形简单形状微细电极，然后采取与数控铣削加工相近的方式，可进行金属、聚晶金刚石、单晶硅等导体、半导体材料垂直工件表面的孔、槽、异型成形表面的三维微细轮廓微铣削加工。在一台冲模机上用 WEDG 法制作出电火花加工所用的电极，以此做出凹模，并用与做电极相似的方法做出凸模，即成为一套冲模，生产出所需的微型零件。如在微细电火花机床上加工电极或超声波加工工具，就可加工出 5～10 μm 微型孔，如图 3.59(f)所示。目前已可加工出 2.5 μm 的微细轴和 5 μm 的微细孔，可制作出长 0.5mm、宽 0.2 mm、深 0.2 mm 的微型汽车模具，并用其制作出了微型汽车模型；直径为 0.3 mm、模数为 0.1 mm 的微型齿轮如图 3.59(d)所示。

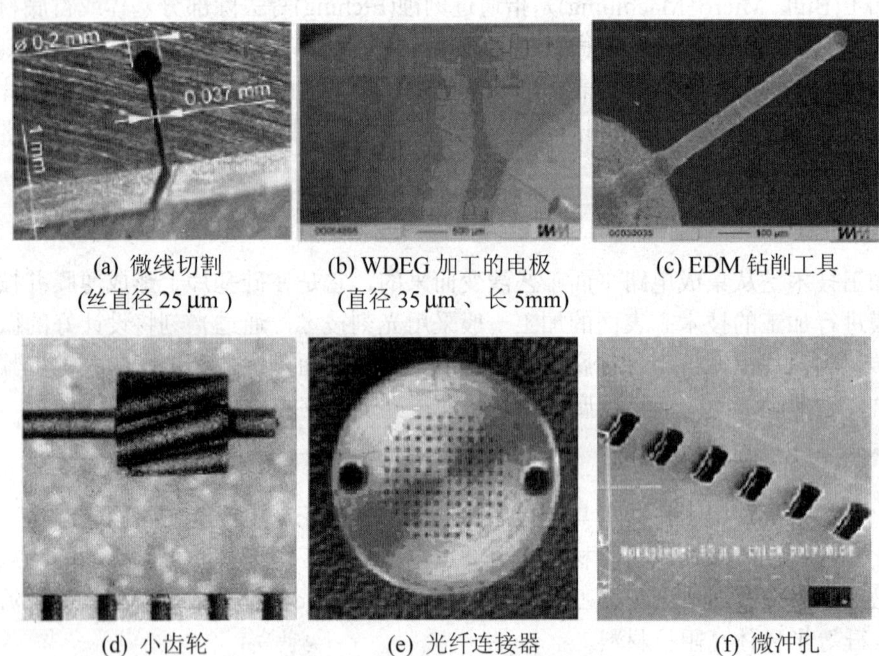

(a) 微线切割 (丝直径 25 μm)　(b) WDEG 加工的电极 (直径 35 μm 、长 5mm)　(c) EDM 钻削工具

(d) 小齿轮　(e) 光纤连接器　(f) 微冲孔

图 3.59 微细电火花加工的零件

本 章 小 结

本章主要论述了先进制造工艺技术的主要特征及发展趋势，介绍了超高速加工、超精密加工、快速原型制造、特种加工以及微细加工技术的基本概念、主要支撑技术及发展应用，并介绍了这些先进制造工艺在现代机械产品中的实际应用。

背景知识

制造是人类经济生活的基石，是人类历史发展和文明进步的动力。制造产业是一个国家国民经济和综合国力的重要表现。因此，制造技术的现状，在很大程度上反映了一个国家的工业发展水平。现代制造技术日益成为当代国际间科技竞争的手段。在企业生产力构成中，制造技术的作用一般占 60%左右。亚洲“四小龙”和日本的发展，在很大程度上是因为对制造技术的重视。

我国在先进制造技术方面和国外相比有比较大的差距，特别是我国制造业的自动化、信息化水平不高。大力发展和应用先进制造技术，用其改造传统产业和形成高技术产业，提升我国制造业的产业结构、产品结构和组织结构，增强其技术创新能力、产品开发能力和市场竞争能力，是制造业，特别是机械制造业走出困境的关键性措施。这样才能保证我们“世界工厂”地位的确立，实现由制造业大国向制造业强国的转变。

习　题

1. 简述先进制造工艺的发展与特点。
2. 超高速加工有何特点？目前主要应用于哪些行业？
3. 试分析高速磨削对砂轮的要求。
4. 试述超高速切削加工与超高速磨削加工的相关技术。
5. 超高速切削加工与超高速磨削加工可用于哪些领域？
6. 就目前技术条件下，普通加工、精密加工和超精密加工是如何划分的？
7. 精密与超精密加工主要包括哪些方法？对工作环境有何要求？主要应用于哪些行业？
8. 超精密磨削一般采用什么类型的砂轮？这些砂轮又如何修整？
9. 描述金刚石刀具的性能特征，为什么当今超精密切削加工一般均采用金刚石刀具？分析超精密切削时的最小切削厚度与刃口圆弧半径的关系。
10. 超精密加工对机床设备和环境有何要求？
11. 试分析 RPM 工作原理和作业过程，列举典型的 RPM 工艺方法。
12. 如何利用 RPM 技术进行模具制造？分别列举几种直接制模和间接制模工艺。
13. 特种加工的定义是什么，其与切削加工有何不同点？
14. 叙述常见的特种加工方法及其能量形式。
15. 激光加工是如何蚀除材料的？
16. 激光加工系统有哪些组成部分？
17. 分别分析激光加工、超声波加工的工作原理。
18. 电子束加工、离子束加工和激光加工相比各自的适用范围如何，三者各有什么优缺点？
19. 电子束加工和离子束加工在原理和应用范围上各有何异同？
20. 简述微机械的基本特征，目前有哪些微细加工工艺方法？
21. 微细加工与精密加工以及传统的机械加工有何不同？
22. 试以压力传感器为例，给出工艺路线图。

第 4 章　制造自动化技术

教学目标

1. 了解制造自动化技术的内涵、技术地位及发展趋势；

2. 掌握柔性制造系统、计算机集成制造系统及现代机床数控技术涉及的关键技术及发展应用；

3. 理解制造自动化技术手段在现代机械产品制造中的实际应用。

教学要求

能力目标	知识要点	权重	自测分数
了解制造自动化相关知识，把握其内涵与发展趋势	制造自动化技术的定义、内涵，制造自动化技术的技术地位及发展趋势	20%	
掌握柔性制造系统相关的理论、技术知识，了解其应用	柔性制造系统的概念和组成，柔性制造系统中的数据流以及柔性制造系统的应用和发展前景	30%	
把握 CIMS 的现状和发展，了解 CIMS 的组成和信息集成技术	计算机集成制造系统定义，CIMS 的组成及其信息集成技术， CIMS 的现状和发展	25%	
掌握现代机床数控系统的组成和结构特点，了解其关键技术和发展趋势	现代机床数控系统的组成和结构特点，数控加工编程技术以及数控加工技术的发展趋势	25%	

引例

制造自动化技术已经成为制造行业获取优势市场竞争力的重要手段之一，人们把制造自动化技术誉为“企业腾飞的翅膀”。我国非常重视制造自动化技术的研究，并加大力度在实践中推广和使用，在柔性制造、机床数控和计算机集成制造领域取得了可喜成绩。

华宝空调器厂根据家电生产的特点，以清华大学国家 CIMS 工程技术研究中心为技术依托，建立了 HB—CIMS 总体框架，是我国家电行业第一个实施 CIMS 的工厂。HB—CIMS 具有 4 层体系结构，其核心部分是生产计划与管理，它是集成系统信息的汇集点。通过实施 HB—CIMS 使华宝空调器厂改变了过去不合理的管理方式，形成了一套新的管理模式，包括机构调整、管理规范、流程优化、信息共享、科学决策等。HB—CIMS 工程的实施已给企业带来明显的经济效益，同时也在家电行业中起到了好的示范作用。HB—CIMS 的成功实施将有助于推动国内家电行业对 CIMS 的应用。CIMS 应用企业——华宝空调器厂的布局如图4.1所示。

图4.1 CIMS应用企业——华宝空调器厂

4.1 制造自动化技术概述

4.1.1 制造自动化技术的定义、内涵及技术地位

自动化技术是当代先进制造业技术的重要组成部分，它是当前制造工程领域中涉及面比较广、研究比较活跃的技术，已经成为制造行业获取优势市场竞争力的重要手段之一。近些年来，我国非常重视制造业自动化技术的研究，并加大力度在实践中推广和使用。

自1936年美国人D.S.Harder在通用汽车公司工作时提出“自动化(Automation)”以来，自动化这一名词开始出现，并从最初D.S.Harder 提出的“机器之间的零件转移不用人去搬运就是‘自动化’”发展成为真正意义上的自动化。目前，人们所谈的“自动化”一词已经从自动控制、自动调节、自动补偿、自动识别等发展到自我学习、自我组织、自我维护和自我修复等更高程度的自动化。制造自动化是指“大制造概念(广义)”的制造过程的所有环节采用自动化技术，实现制造全过程的自动化，也就是对制造过程进行规划、运作、管理、组织、控制与协调优化，以使产品制造过程实现高效、优质、低耗、及时和洁净的目标。

“大制造概念(广义)”下制造自动化的技术内涵主要体现在以下两个方面。

1. 制造技术的自动化

它包括产品设计自动化、企业管理自动化、加工过程自动化和质量控制过程自动化。产品设计自动化包括计算机辅助设计(CAD)、计算机辅助工艺设计(CAPP)、计算机辅助产品工程(CAE)、计算机产品数据管理(PDM)和计算机辅助制造(CAM)；企业管理自动化包括企业ERP(Enterprise Resource Planning)；加工过程自动化包括各种计算机控制技术，如现场总线、计算机数控(CNC)、群控(DNC)、各种自动生产线、自动存储和运输设备、自动检测和监控设备等。质量控制自动化包括各种自动检测方法、手段和设备，计算机的质量统计分析方法、远程维修与服务等。

2. 制造系统的自动化

随着市场竞争日趋激烈，企业在谋取生存和发展的竞争环境下，只有尽量缩短产品的交货时间或尽量提早新产品的上市时间(T)、提高产品的质量(Q)、降低产品的成本(C)和提高服务水平(S)才能在竞争中取胜。因此 TQCS 就成为制造业自动化所追求的功能目标。为此，它也为制造业自动化带来新的内容。TQCS 是对产品而言的，也就是在产品的全生命周期的各个阶段使 TQCS 都得到改善，产品的 TQCS 才能得以改善。例如，要想使新产品的上市时间缩短，只有压缩产品的设计、制造等各个阶段的时间才能实现。而采用单项制造技术的自动化达不到这个目的，于是人们从制造系统方面寻找出路，出现了许多新的制造系统，如计算机集成制造系统(CIMS)、网络化制造系统、敏捷制造等，随着新制造系统的出现，也就出现了新的制造模式。但这些新的制造系统的特点是都把制造系统作为一个整体来看待，用提高整个系统自动化的程度来改善 TQCS，这就是制造系统的自动化。它的突出特点是采用信息技术(Information Technology)，实现产品全生命周期中的信息集成，即人、技术和管理三者的有效集成。

就制造自动化技术地位而言，制造自动化代表着先进制造技术的水平，促使制造业逐渐由劳动密集型产业向技术密集型和知识密集型产业转变，是制造业发展的重要表现和重要标志。制造自动化技术也体现了一个国家的科技水平。采用制造自动化技术可以有效改善劳动条件，提高劳动者的素质，显著提高劳动生产率，大幅度提高产品质量，促进产品更新，带动相关技术的发展，有效缩短生产周期，显著降低生产成本，提高经济效益，大大提高企业的市场竞争力。

特别提示

制造自动化的概念是一个动态发展过程。过去，人们对自动化的理解或者说自动化的功能目标是以机械的动作代替人力操作，自动地完成特定的作业。这实质上是自动化代替人的体力劳动的观点。后来随着电子和信息技术的发展，特别是随着计算机的出现和广泛应用，自动化的概念已扩展为不仅用机器(包括计算机)代替人的体力劳动而且还代替或辅助脑力劳动，以自动地完成特定的作业。

4.1.2 制造自动化技术的研究现状

我国对制造自动化技术的研究十分重视，近年来已在研究和应用上做了大量工作。例如，国家 863 计划 CIMS 主题专门设置了“制造自动化”技术专题，每年均设置了一定数量的研究课题；全国高校中建立了“全国高等学校制造自动化研究会”，每两年一次学术大会，围绕制造自动化主题做了大量研究。综合而言，制造自动化技术的研究现状主要表现在以下几个方面。

(1) 制造系统中的集成技术和系统技术已成为制造自动化研究中的热点问题。

制造自动化技术研究过去主要集中在单元和专门技术的研究中，这些技术包括控制技术(如数控技术、过程控制和过程监控等)和计算机辅助技术(如 CAD、CAPP、CAM 和 CAE 等)。近年来，在上述单元技术和专门技术继续发展的同时，制造系统中的集成技术和系统技术的研究发展迅速，已成为制造自动化研究中的热点。

制造系统中的集成技术和系统技术涉及面很广。其中集成技术包括制造系统中的信息集成和功能集成技术(如 CIMS)、过程集成技术(如并行工程 CE)、企业间集成技术(如敏捷制造 AM)等；系统技术包括制造系统分析技术、制造系统建模技术、制造系统运筹技术、制造系统管理技术和制造系统优化技术等。

(2) 更加注重研究制造自动化系统中人的作用的发挥。

在过去一段时期，人们曾认为全盘自动化和无人化工厂或车间是制造自动化发展的目标。随着实践的深入和一些无人化工厂实施的失败，人们对无人制造自动化问题进行了反思，并对于人在制造自动化系统中有着机器不可替代的重要作用进行了重新认识。有鉴于此，国内外对于如何将人与制造系统有机结合，在理论与技术上展开了积极的探索。近年来，提出了“人机一体化制造系统”、“以人为中心的制造系统”等新思想，其内涵就是发挥人的核心作用，采用人机一体的技术路线，将人作为系统结构中的有机组成部分，使人与机器处于优化合作的地位，实现制造系统中人与机器一体化的人机集成的决策机制，以取得制造系统的最佳效益。目前，围绕人机集成问题国内外正在进行大量研究。

(3) 单元系统的研究仍然占有重要的位置。

单元系统是以一台或多台数控加工设备和物料储运系统为主体，在计算机统一控制管理下，可进行多品种、中小批量零件自动化加工生产的机械加工系统的总称。它是计算机集成制造系统(CIMS)的重要组成部分，是自动化工厂车间作业计划的分解决策层和具体执行机构。国内外制造行业在单元系统的理论和技术研究方面投入了大量的人力物力，因此单元技术无论是软件还是硬件均有迅速的发展。例如，美国 *Manufacturing Engineering* 高级编辑 Robert B.Aronson 最近专门发表综合评论文章“数控单元(系统)的最新进展”，对数控单元系统的发展状况进行了综述，其中指出：“单元(系统)目前已经开始影响和支配着美国制造业。” *Manufacturing Engineering* 的另一编辑也同时撰文介绍了单元系统在美国波音公司中所发挥的巨大作用。近年来又提出了一种基于多主体(Multi-Agent)的单元化制造系统，其研究正在兴起。

(4) 制造过程的计划和调度研究十分活跃，但实用化的成果还不多见。

美国 Ingersoll 铣床公司曾分析了在传统的制造工厂中从原材料进厂到产品出厂的制造过程。结果表明，对一个机械零件来说，只有 5%的时间是在机床上；95%的时间中，零件在不同的地方和不同的机床之间运输或等待。减少这 95%的时间是提高制造生产率的重要方向。优化制造过程的计划和调度是减少 95%时间的主要手段。有鉴于此，国内外对制造过程的计划和调度的研究非常活跃，已发表了大量研究论文和研究成果。仅以新加坡两年一度的国际 CIM 大会为例，最近几届的大会论文集中，计划和调度方面的研究均占相当一部分。制造过程的计划和调度的研究方面虽然已取得大量研究成果，但由于制造过程的复杂性和随机性，使得能进入实用化的特别是适用面较大的研究成果很少，大量研究还有待于进一步深化。

(5) 柔性制造技术的研究向着深层和广义发展。

一提到柔性制造技术，人们往往首先想到柔性制造系统 FMS。最早的 FMS 是 1967 年由英国 Molins 公司研制的“System 24”，至今已有 40 余年历史。目前 FMS 已在发达国家广泛应用。虽然 FMS 的研究已有较长历史，但由于其复杂性和不断地发展，至今仍有大量学者对此进行研究。目前的研究主要围绕 FMS 的系统结构、控制、管理和优化运行进行。柔性制造系统 FMS 虽然具有自动化程度高和运行效率高等优点，但由于其不仅注重信息流的集成，也特别强调物料流的集成与自动化，物流自动化设备投资在整个 FMS 的投资中占有相当大的比重，且 FMS 的运行可靠性在很大程度上依赖于物流自动化设备的正常运行，因此 FMS 也具有投资大、见效慢和可靠性相对较差等不足。DNC 技术近年来得到了很大发展。早期的 DNC 是指 Distributed Numerical Control，即计算机直接数控。目前所说的 DNC 包括两种情况：一是指计算机直接数控；二是指 Direct Numerical Control，即分布式数控。强调信息的集成与信息流的自动化，物料流的控制与执行可大量介入人机交互。相对 FMS 来说，DNC 具有投资小、见效快、柔性好和可靠性高等特点，因而近年来的研究非常活跃。柔性制造技术的基础是数控。数控技术虽然已有 40 多年历史，但至今仍在不断完善和发展。一些新的数控系统在不断涌现。

(6) 适应现代生产模式的制造环境的研究正在兴起。

当前，准时生产(Just-in-time)、并行工程(Concurrent Engineering)、精益生产(Lean Production)、敏捷制造(Agile Manufacturing)等现代制造模式的提出和研究推动了制造自动化技术研究和应用的发展，以适应现代制造模式应用的需要。

例如，围绕敏捷制造这一 21 世纪占主导地位的制造模式的研究，对制造自动化系统中的敏捷制造问题的研究越来越受到重视。主要问题包括敏捷制造模式下的制造自动化系统体系结构、高效柔性制造系统的建模与重构、制造能力测量、评价与控制和制造加工过程的拟实制造等。

(7) 底层加工系统的智能化和集成化研究越来越活跃。

如目前在世界 IMS 计划中提出了智能完备制造系统 HMS(Holonic Manufacturing System)，HMS 是由智能完备单元复合而成的，其底层设备具有开放、自律、合作、适应柔性、可靠、易集成和鲁棒性好等特性。另外，世界上刚刚出现的虚拟轴机床变革了传统机床的工作原理，其性能有许多独特优势，特别是有利于实现车间内各虚拟轴机床的控制和集成。又如快速原型制造(Rapid Prototyping)是一种有利于实现集成制造的新技术，近年来的研究非常活跃。

4.1.3 制造自动化技术的发展趋势

制造自动化是一个动态概念，有着十分广泛和深刻的内涵。目前制造自动化技术的研究非常活跃，主要表现在制造系统中的集成技术和系统技术、人机一体化制造系统、制造单元技术、制造过程的计划和调度、柔性制造技术和适应现代生产模式的制造环境的研究方面。制造自动化技术的发展趋势可用“六化”简要描述，即制造全球化、制造敏捷化、制造网络化、制造虚拟化、制造智能化和制造绿色化。

1. 制造全球化

制造全球化的概念出自美、日、欧等发达国家的智能系统计划。近年来随着 Internet 技术的发展，制造全球化的研究和应用发展迅速。制造全球化包括的内容非常广泛，主要有：①市场的国际化，产品销售的全球网络正在形成；②产品设计和开发的国际合作；③ 产品制造的跨国化；④制造企业在世界范围内的重组与集成，如动态联盟公司；⑤制造资源的跨地区及跨国家的协调、共享和优化利用；⑥全球制造的体系结构将要形成。

2. 制造敏捷化

敏捷制造是一种面向 21 世纪的制造战略和现代制造模式，当前全球范围内敏捷制造的研究十分活跃。敏捷制造是对广义制造系统而言的。制造环境和制造过程的敏捷性问题是敏捷制造的重要组成部分。敏捷化是制造环境和制造过程面向 21 世纪制造活动的必然趋势。制造环境和制造过程的敏捷化包括的内容很广，如①柔性，包括机器柔性、工艺柔性、运行柔性和扩展柔性等；②重构能力，能实现快速重组重构，增强对新产品开发的快速响应能力；③快速化的集成制造工艺，如快速原型制造 RPM 是一种 CAD/CAM 的集成工艺。

3. 制造网络化

当前由于网络技术特别是 Internet/Intranet 技术的迅速发展，正在给企业制造活动带来新的变革，其影响的深度、广度和发展速度往往远超过人们的预测。基于网络的制造包括以下几个方面：①制造环境内部的网络化，实现制造过程的集成；②制造环境与整个制造企业的网络化，实现制造环境与企业中工程设计、管理信息系统等各子系统的集成；③企业与企业间的网络化，实现企业间的资源共享、组合与优化利用；④通过网络实现异地制造。

总之，制造的网络化，特别是基于 Internet/Intranet 的制造已成为重要的发展趋势。

4. 制造虚拟化

制造虚拟化主要指虚拟制造，又称拟实制造。

虚拟制造(Virtual Manufacturing)是以制造技术和计算机技术支持的系统建模技术和仿真技术为基础，集现代制造工艺、计算机图形学、并行工程、人工智能、人工现实技术和多媒体技术等多种高新技术为一体，由多学科知识形成的一种综合系统技术。它将现实制造环境及其制造过程通过建立系统模型映射到计算机及其相关技术所支撑的虚拟环境中，在虚拟环境下模拟现实制造环境及其制造过程的一切活动和产品制造全过程，并对产品制造及制造系统的行为进行预测和评价。虚拟制造的研究正越来越受到重视。比如美国政府制定的 TEAM(敏捷制造使能计划)包括 5 个重点研究领域，虚拟制造是其中之一。虚拟制造是实现敏捷制造的重要关键技术，对未来制造业的发展至关重要；同时虚拟制造将在今后发展成为很大的软件产业，人们应充分注意到这个发展趋势。

5. 制造智能化

智能制造将是未来制造自动化发展的重要方向。

所谓智能制造系统是一种由智能机器和人类专家共同组成的人机一体化智能系统，它在制造过程中能进行智能活动，诸如分析、推理、判断、构思和决策等。智能制造技术的宗旨在于通过人与智能机器的合作共事，去扩大、延伸和部分地取代人类专家在制造过程中的脑力劳动，以实现制造过程的优化。有人预言 22 世纪的制造工业将由两个“I”来标识，即 Integration(集成)和 Intelligence(智能)。

6. 制造绿色化

制造业量大面广，对环境的总体影响很大。可以说，制造业一方面是创造人类财富的支柱产业，但同时又是当前环境污染的主要源头。如何使制造业尽可能少地产生环境污染是当前环境问题研究的一个重要方面。于是一个新概念——绿色制造(Green Manufacturing)由此产生。

绿色制造是一个综合考虑环境影响和资源效率的现代制造模式，其目标是使得产品在从设计、制造、包装、运输、使用到报废处理的整个产品生命周期中，对环境的影响(负作用)最小，资源效率最高。绿色制造是可持续发展战略在制造业中的体现，或者说绿色制造是现代制造业的可持续发展模式。绿色制造涉及的面很广，涉及产品的整个生命周期和多生命周期。对制造环境和制造过程而言，绿色制造主要涉及资源的优化利用、清洁生产和废弃物的最少化及综合利用。绿色制造是目前和将来制造自动化系统应该予以充分考虑的一个重大问题。

特别提示

制造自动化技术是许多科学技术发展的结晶，是社会生产力发展到一定阶段的必然要求。当然，与机械自动化相关的技术还有很多，并且随着科学技术的发展，各种技术相互融合的趋势将越来越明显，制造自动化技术的广阔发展前景也将越来越光明。

我国对自动化制造技术的研究十分重视，近年来已在研究和应用上做了大量工作。例如，国家 863 计划 CIMS 主题专门设置了“制造自动化”技术专题，每年均设置了一定数量的研究课题；全国高校中建立了“全国高等学校制造自动化研究会”，每两年举行一次学术大会，围绕自动化制造主题做了大量研究。

4.2　柔性制造系统

4.2.1　概述

1. 柔性制造系统的定义

自 20 世纪五六十年代以来，一些工业发达的国家与地区在达到了高度工业化水平以后，就开始了从工业社会向信息社会转变的时期。这个时期的主要特征是数字计算机、遗传工程、光导纤维、激光、海洋开发等新技术的日益广泛深入的应用。对制造业来说，对它的发展影响最大的就是计算机的应用，随之出现了机电一体化新概念。如机床数字控制(NC)、计算机数字控制(CNC)、计算机直接控制(DNC)、计算机辅助制造(CAM)、计算机辅助设计(CAD)、成组技术(GT)、计算机辅助工艺规程编制(CAPP)、计算机辅助几何图形设计(CAGD)、工业机器人(ROBOT)等新技术。

由于这些技术的综合应用，在 20 世纪 70 年代末、80 年代初出现了“柔性制造系统”(FMS)。柔性制造系统目前还没有一个统一的定义，美国国家标准局把 FMS 定义为：“由一个传输系统联系起来的一些设备，传输装置把工件放在其他连接装置上送到各加工设备，使工件加工准确、迅速和自动化。中央计算机控制机床和传输系统，柔性制造系统有时可同时加工几种不同的零件”。国际生产工程研究协会指出“柔性制造系统是一个自动化的生产制造系统，在最少人的干预下，能够生产任何范围的产品族，系统的柔性通常受到系统设计时所考虑的产品族的限制。”而我国国家军用标准则定义为“柔性制造系统是由数控加工设备、物料运储装置和计算机控制系统组成的自动化制造系统，它包括多个柔性制造单元，能根据制造任务或生产环境的变化迅速进行调整，适用于多品种、中小批量生产。”简单地说，FMS 是由若干数控设备、物料运储装置和计算机控制系统组成并能根据制造任务和生产品种变化而迅速进行调整的自动化制造系统。这是一个由计算机控制的自动化加工系统(图 4.2)，在它上面可同时加工形状相近的一组或一类产品。柔性制造系统(FMS)又是一种广义上的可编程控制系统，它具有处理高层次分布数据的能力，具有自动的物流，从而实现小批量、多品种、高效率的制造，以适应不同产品周期的动态变化。

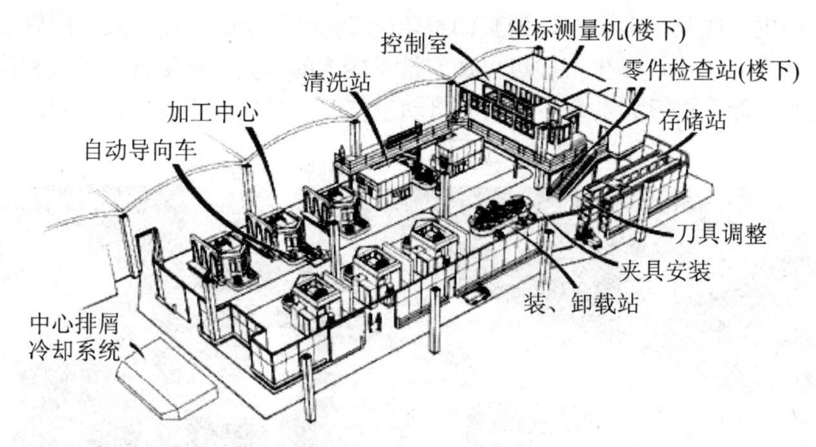

图 4.2　柔性制造系统

2. 柔性制造系统的类型

柔性制造是指在计算机支持下，能适应加工对象变化的制造系统。柔性制造系统有以下 3 种类型。

1) 柔性制造单元(FMC)

柔性制造单元是由一台或数台数控机床或加工中心构成的加工单元(图 4.3)。该单元根据需要可以自动更换刀具和夹具，加工不同的工件。柔性制造单元适合加工形状复杂、加工工序简单、加工工时较长、批量较小的零件。它有较大的设备柔性，但人员和加工柔性低。

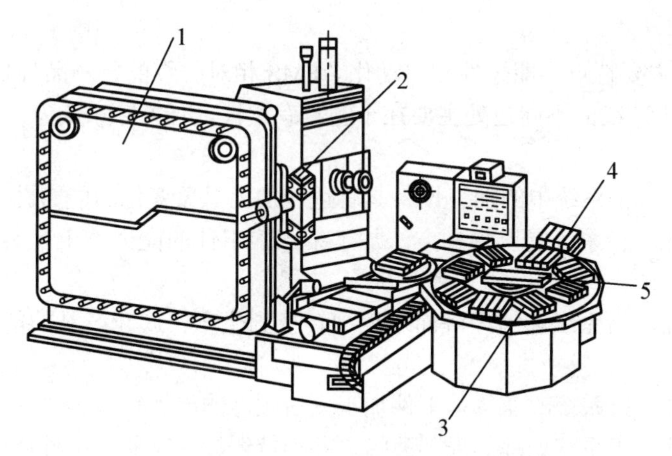

图 4.3　柔性制造单元

1—刀具库；2—换刀机械手；3—托盘库；4—装卸工位；5—托盘交换机构

2) 柔性制造系统(FMS)

柔性制造系统是以数控机床或加工中心为基础，配以物料传送装置组成的生产系统。该系统由电子计算机实现自动控制，能在不停机的情况下满足多品种的加工。柔性制造系统适合加工形状复杂、加工工序多、批量大的零件。其加工和物料传送柔性大，但人员柔性仍然较低。

3) 柔性自动生产线(FML)

柔性自动生产线是把多台可以调整的机床(多为专用机床)连接起来，配以自动运送装置组成的生产线(图 4.4)。该生产线可以加工批量较大的不同规格零件。柔性程度低的柔性自动生产线在性能上接近大批量生产用的自动生产线；柔性程度高的柔性自动生产线则接近于小批量、多品种生产用的柔性制造系统。

图 4.4 244FM 摩托车发动机汽缸柔性自动线

3. 柔性制造系统的特点和适用范围

1) FMS 的柔性特点

FMS 有两个主要特点，即柔性和自动化。FMS 相对传统的单一品种自动生产线而言，可称为刚性自动生产线的不同之处主要在于它具有柔性。有关专家认为，一个理想的 FMS 应具备 8 种柔性。

(1) 设备柔性。指系统中的加工设备具有适应加工对象变化的能力。

(2) 工艺柔性。指系统能以多种方法加工某一族工件的能力。工艺柔性也称加工柔性或混流柔性。

(3) 产品柔性。指系统能够经济而迅速地转换到生产一族新产品的能力。产品柔性也称反应柔性。

(4) 工序柔性。指系统改变每种工件加工先后顺序的能力。

(5) 运行柔性。指系统处理其局部故障，并维持继续生产原定工件族的能力。

(6) 批量柔性。指系统在成本核算上能适应不同批量的能力。

(7) 扩展柔性。指系统能根据生产需要方便地模块化进行组建和扩展的能力。

(8) 生产柔性。

2) FMS 的综合柔性特点

指系统适应生产对象变换的范围和综合能力。FMS 正是将“柔性”和“自动”两者相乘，以期实现下述的倍增效果。

(1) 适应市场需求，以利于多品种、中小批量生产。

(2) 提高机床利用率，缩减辅助时间，以利于降低生产成本。

(3) 缩短生产周期，减少库存量，以利于提高市场响应能力。

(4) 提高自动化水平，以利于提高产品质量、降低劳动强度、改善生产环境。

FMS 虽然是一种有着大发展前景的生产系统，但它并不是万能的。它是在兼顾了数控机床灵活性好和刚性自动生产线效率高两者优点的基础上逐步发展起来的，原则上 FMS 与单机加工和刚性自动生产线有着不同的适用范围(图 4.5)。如果用 FMS 加工单件，柔性比不上单机加工，且设备资源得不到充分利用；如果用 FMS 大批量加工单一品种，则其效率比不上刚性自动生产线。在此谈及 FMS 的优越性是以多品种、中小批量生产和快速市场响应为前提的。

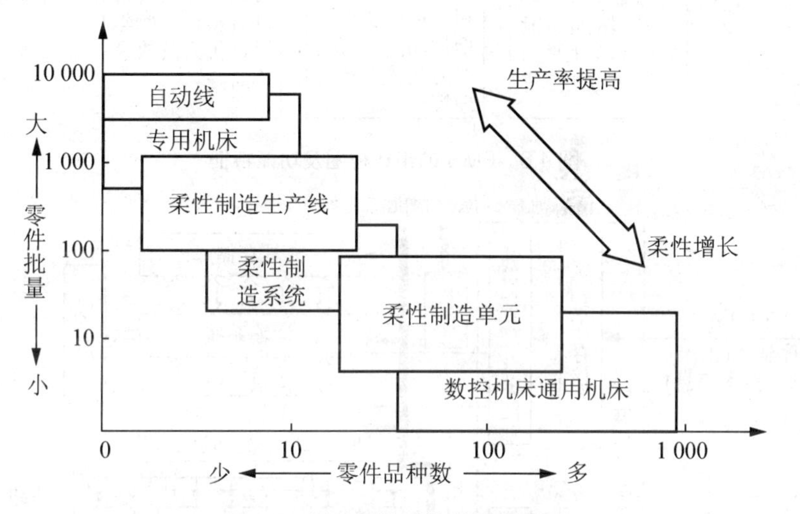

图 4.5　柔性制造系统的适用范围

特别提示

柔性制造系统主要解决单件小批量的自动化，以及中、大批量多品种生产的自动化，把高柔性、高质量、高效率结合统一起来，缩短产品的研制或生产周期，从而增强产品的更新换代和产品的市场竞争能力。据调查统计，工业发达国家单件小批量生产占整个机械行业的 75%～85%，产值占 60%，因而柔性制造系统具有强大的生命力。

4.2.2　柔性制造系统的组成

典型的 FMS 一般由 3 个子系统组成。它们是加工系统、物流系统和控制与管理系统，各子系统的构成框图及功能特征如图 4.6 所示。

3 个子系统的有机结合，构成了一个制造系统的能量流(通过制造工艺改变工件的形状和尺寸)、物料流(主要指工件流和刀具流)和信息流(制造过程的信息和数据处理)，如图 4.7 所示。

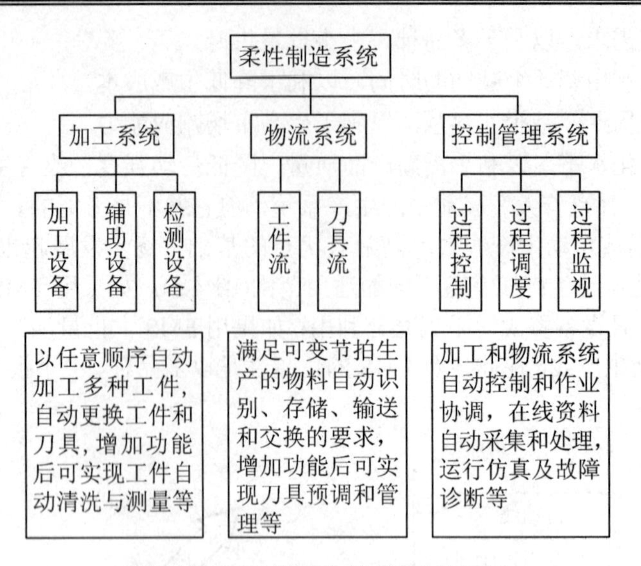

图 4.6　FMS 的组成框图及功能特征

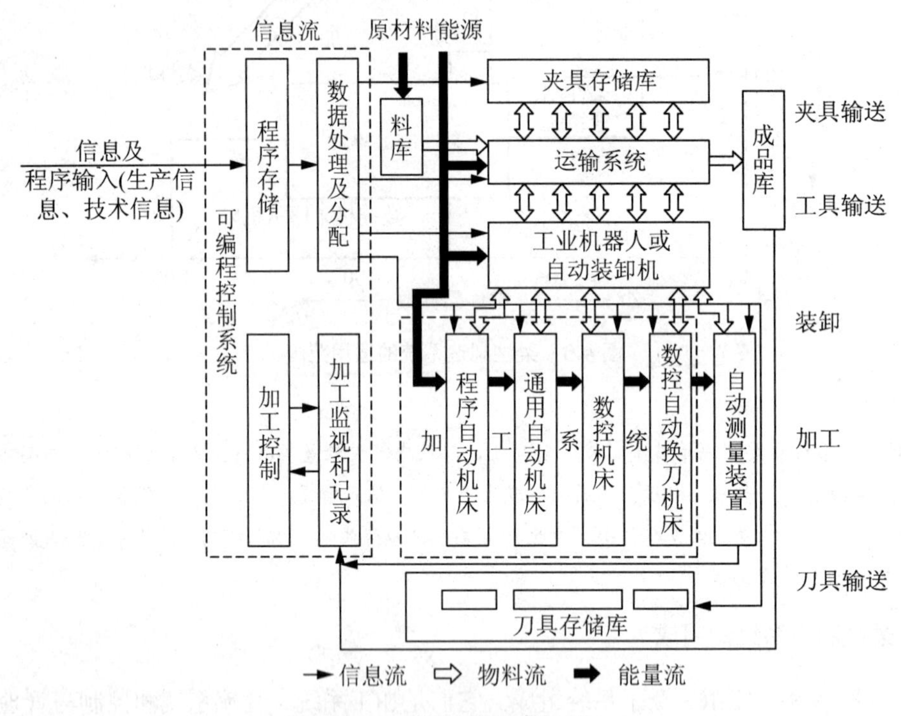

图 4.7　FMS 的组成原理

1. 加工系统

加工系统在 FMS 中好像人的手脚，是实际完成改变物性任务的执行系统。加工系统主要由数控机床、加工中心等加工设备(有的还带有工件清洗、在线检测等辅助与检测设备)构成，系统中的加工设备在工件、刀具和控制 3 个方面都具有可与其他子系统相连接的标准接口。从柔性制造系统的各项柔性含义中可知，加工系统的性能直接影响着 FMS 的性能，且加工系统在 FMS 中又是耗资最多的部分，因此恰当地选用加工系统是 FMS 成功与否的关键。加工系统中的主要设备是实际执行切削等加工，把工件从原材料转变为产品的机床。

1) 加工系统的配置与要求

目前金属切削 FMS 的加工对象主要有两类工件：棱柱体类(包括箱体形、平板形)和回转体类(长轴形、盘套形)。对加工系统而言，通常用于加工棱柱体类工件的 FMS 由立、卧式加工中心，数控组合机床(数控专用机床、可换主轴箱机床、模块化多动力头数控机床等)和托盘交换器等构成；用于加工回转体类工件的 FMS 由数控车床、车削中心、数控组合机床和上下料机械手或机器人及棒料输送装置等构成。小型 FMS 的加工系统多由 4～6 台机床构成，这些数控加工设备在 FMS 中的配置有互替形式(并联)、互补形式(串联)和混合形式(串并联)3 种。应该说明，这些配置主要取决于机床功能、FMS 的物料流和信息流，而并非取决于加工设备的物理布局。

FMS 的加工系统原则上应是可靠的、自动化的、高效的、易控制的，其实用性、匹配性和工艺性好，能满足加工对象的尺寸范围、精度、材质等要求。因此在选用时应考虑以下因素。

(1) 工序集中。如选用多功能机床、加工中心等，以减少工位数和减轻物流负担，保证加工质量。

(2) 控制功能强、扩展性好。

(3) 高刚度、高精度、高速度。选用切削功能强、加工质量稳定、生产效率高的机床。

(4) 使用经济性好。节省系统运行费用，保证系统能安全、稳定、长时间无人值守而自动运行。

(5) 操作性、可靠性、维修性好。

(6) 自保护性、自维护性好。有故障诊断和预警功能。

(7) 对环境的适应性与保护性好。

(8) 其他。如技术资料齐全，机床上的各种显示、标记等清楚，机床外形、颜色美观且与系统协调。

2) 加工系统中的常用设备

(1) 加工中心。

加工中心是一种备有刀库并能按预定程序自动更换刀具，对工件进行多工序加工的高效数控机床。它的最大特点是工序集中和自动化程度高，可减少工件装夹次数，避免工件多次定位所产生的累积误差，节省辅助时间，实现高质、高效加工。加工中心按主轴在加工时的空间位置可分为立式加工中心(图 4.8)、卧式加工中心(图 4.9)、立卧两用(也称万能、五面体、复合)加工中心。

图 4.8　NV-800 立式加工中心

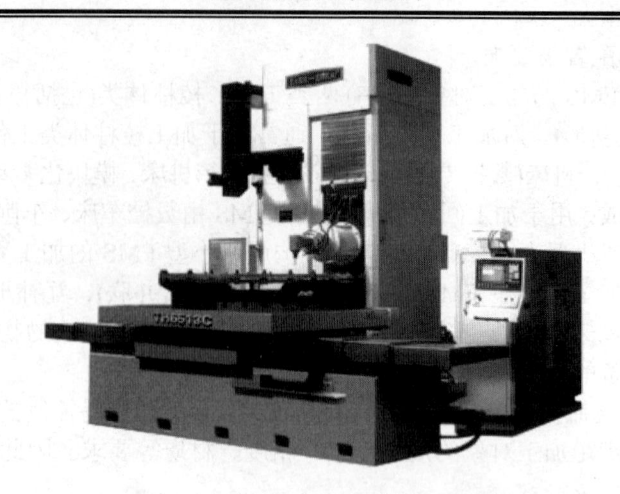

图 4.9 TH6513C 卧式铣镗加工中心

加工中心与普通数控机床的区别之处，主要在于它附有刀库(图 4.10)和自动换刀装置，加工中心的刀库有转塔式、链式和盘式等基本类型，如图 4.11 所示。

图 4.10 加工中心刀库

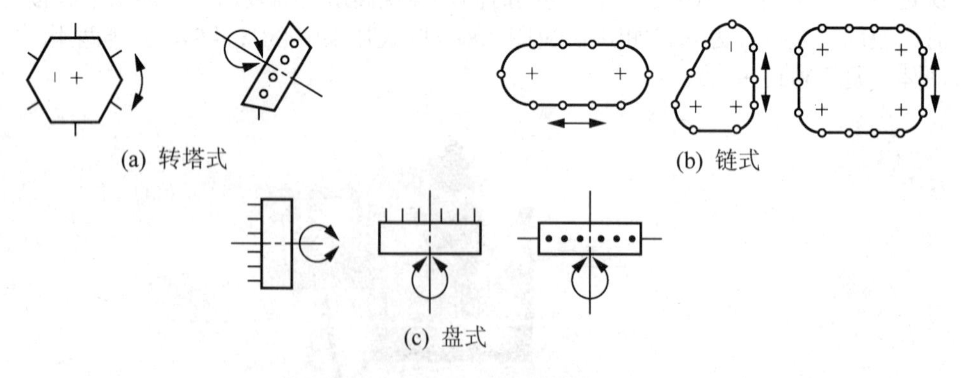

图 4.11 加工中心刀库的基本类型

加工中心的自动换刀装置常采用公用换刀机械手，常用双臂式机械手的手爪结构形式有钩手、抱手、伸缩手和叉手，如图 4.12 所示。

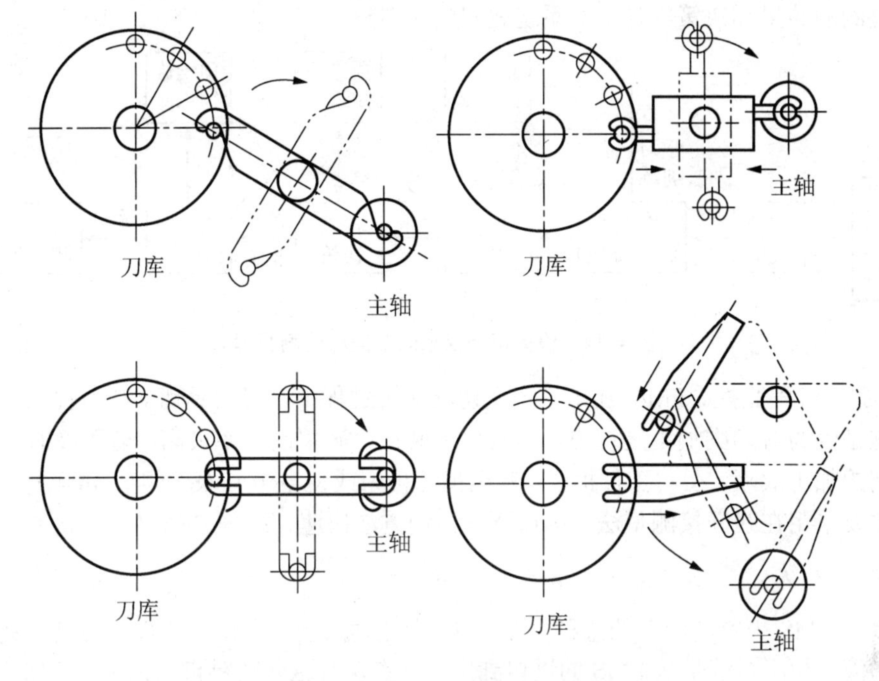

图 4.12　双臂式机械手爪结构

(2) 数控组合机床。是指数控专用机床、可换主轴箱数控机床、模块化多动力头数控机床等加工设备。这类机床是介于加工中心和组合机床之间的中间机型，兼有加工中心的柔性和组合机床的高生产率的特点，适用于中大批量制造的柔性生产线(FML 或 FTL)。这类机床可根据加工工件的需求，自动或手动更换装在主轴驱动单元上的单轴、多轴或多轴头，或更换具有驱动单元的主轴头本身，如图 4.13 所示。

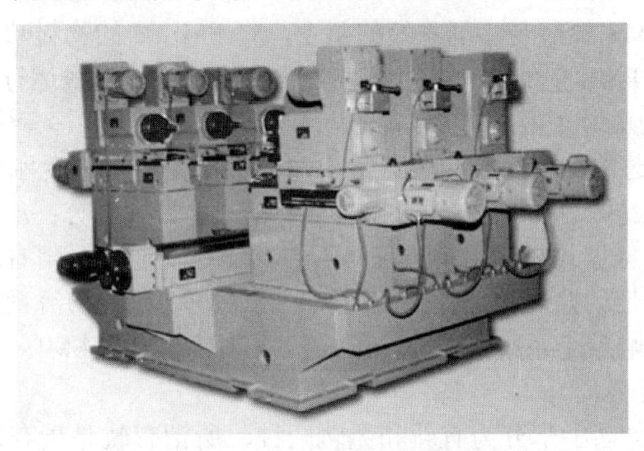

图 4.13　3 工位数控组合机床

3) 加工系统的监控

FMS 加工系统的工作过程都是在无人操作和无人监视的环境下高速进行的，为保证系统的正常运行，防止事故、保证产品质量，必须对系统工作状态进行监控。

(1) 设备运行状态监控与检测技术(图 4.14)一般可分为以下几个部分：①信号采集，采集能反应系统状态的各种信息；②特征分析，将采集到的信息进行处理和分析；③状态匹配和识别，做出运行状态判别决策和状态预报；④故障预测预报；⑤预维修决策；⑥根据监控和检测的结果和决策结论，对系统做相应的调整。

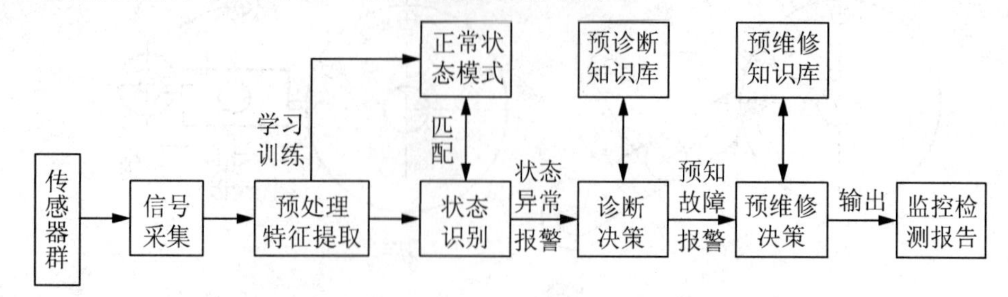

图 4.14 设备运行状态的监控与检测原理

(2) 加工过程监控。FMS 加工系统在切削加工过程中，对刀具切削状态提出了很高的要求。这是因为在切削加工过程中，刀具出现磨损、破损的频率最高，若不及时发现会导致一系列的加工故障，引起工件报废，甚至损坏机床或使整个 FMS 不能正常运行。加工中的监控主要采用在线间接测量法，因而要求检测方法快速、准确、稳定、可靠。

2. 物流系统

物流是 FMS 中物料流动的总称。在 FMS 中流动的物料主要有工件、刀具、夹具、切屑及切削液。物流系统是从 FMS 的进口到出口，实现对这些物料自动识别、存储、分配输送、交换和管理功能的系统。因为工件和刀具的流动问题最为突出，通常认为 FMS 的物流系统由工件流系统和刀具流系统两大部分组成 。另外，因为很多 FMS 的刀具是通过手工介入，只在加工设备或加工单元内部流动，在系统内没有形成完整的刀具流系统，所以有时物流系统也狭义地指工件流系统。物流系统主要由输送装置、交换装置、缓冲装置和存储装置等组成。

1) 物流系统的输送装置

输送装置依照 FMS 控制与管理系统的指令，将 FMS 内的物料从某一指定点送往另一指定点。输送装置在 FMS 中的工作路径有 3 种常见方式，即直线运行、环状运行和网线运行，FMS 中常见的输送装置及其分类如下。

(1) 输送带。输送带结构简单、输送量大，多为单向运行，受刚性生产线的影响，在早期的 FMS 中用得较多。从结构方式上有辊式、链式、带式之分；从空间位置和输送物料的方式上又有台式和悬挂式之分。用于 FMS 中的输送带通常采用有动力型的电力驱动方式，电动机经减速后带动输送带运行。利用输送带输送物料的物流系统柔性差，一旦某一环节出现故障，会影响整个系统的工作，因而除输送量较大的 FML 或 FTL 外，目前已很少使用，如图 4.15 所示。

(2) 自动小车。自动小车分为有轨和无轨两种，所谓有轨是指有地面或空间的机械式导向轨道。地面有轨小车结构牢固，承载力大，造价低廉，技术成熟，可靠性好，定位精度高。地面有轨小车 多采用直线或环线双向运行，广泛应用于中小规模的箱体类工件 FMS 中。高架有轨小车(空间导轨)相对于地面有轨小车，空间利用率高、结构紧凑、速度高，有利于把人和输送装置的活动范围分开，安全性好，但承载力小。高架有轨小车较多地用于回转体工件或刀具的输送。以及有人工介入的工件安装和产品装配的输送系统中。

无轨小车是一种利用微机控制的，能按照一定的程序自动沿规定的引导路径行驶，并具有停车选择装置、安全保护装置以及各种移载装置的输送小车。因为它没有固定式机械轨道，相对于有轨小车而被称为无轨小车(图 4.16、图 4.17)，无轨小车也称自动导向小车(Automatic Guided Vehicle，AGV)。由于无轨小车控制性能好，使 FMS 很容易按其需要改变作业计划，灵活地调度小车的运行；没有机械轨道，可方便地重新布置或扩大预定运行路径和运行范围，以及增减运行的车辆数量，有极好的柔性，在各种 FMS 中得到了广泛应用。

图 4.15　链式输送带

图 4.16　日本神钢自动导向小车

图 4.17　德国 MLR 自动导向小车

2) 物流系统的物料装卸与交换装置

物流系统中的物料装卸与交换装置负责 FMS 中物料在不同设备之间或不同工位之间的交换或装卸、常见的装卸与交换装置有箱体类零件的托盘交换器、加工中心的换刀机械手、自动仓库的堆垛机、输送系统与工件装卸站的装卸设备等。有些交换装置已包含在相应的设备或装置之中，如托盘交换器已作为加工中心的一个零件或辅助功能。

3) 物流系统的物料存储装置

由于 FMS 的物料存储装置有下列要求：其自动化机构与整个系统中的物料流动过程的可衔接性；存放物料的尺寸、重量、数量和姿势与系统的匹配性；物料的自动识别、检索方法和计算机控制方法与系统的兼容性；放置方位、占地面积、高度与车间布局的协调性等，所以真正适合用于 FMS 的物料存储装置并不多。目前用于 FMS 的物料存储装置基本上有以下 4 种，它们是：①立体仓库(在计算机的控制和管理下，采用堆垛机等自动存取物料的高层料架)；②水平回转型自动料架；③垂直回转型自动料架；④缓冲料架。

立体仓库(图 4.18)也称为自动化仓库系统(AS/RS)，由库房、堆垛机、控制计算机和物料识别装置等组成。立体仓库具有自动化程度高；料位额定存放重量大，常为 1～3 吨，大的可到几十吨；料位空间尺寸大；料位总数量没有严格的限制因素，可根据实际需求扩展占地面积小等优点，在 FMS 中得到了广泛应用。

图 4.18　立体仓库

4) 物流系统的监控

物流系统的监控主要完成以下功能。

(1) 采集物流系统的状态数据。它包括物流系统各设备控制器和各监测传感器传回的目前任务完成情况、当前运行状况等状态数据。

(2) 监视物流系统状态。对收到的数据进行分类、整理，在计算机屏幕上用图形显示物料流动状态和各设备工作状态。

(3) 处理异常情况。检查判别物流系统状态数据中的不正常信息，根据不同情况提出处理方案。

(4) 人机交互。供操作人员查询当前的系统状态数据(毛坯数、产品数、在制品数、设备状态、生产状况等)、人工干预系统的运行，以处理异常情况。

(5) 接受上级控制与管理系统下发的计划和任务，并控制执行机构去完成。

在FMS中，物流系统的运行受上级控制器的控制。上级管理系统下发计划、指令，物流系统接收这些计划和指令并上报执行情况和设备状态。这些下发和上报的信息和数据实时性要求很高，必须采用传输速度较快的网络报文形式，因此需要设计网络报文通信接口和规定大量的报文协议。

3. 控制与管理系统

FMS的控制与管理系统实质上是实现FMS加工过程，物料流动过程的控制、协调、调度、监测和管理的信息流系统。它由计算机、工业控制机、可编程序控制器、通信网络、数据库和相应的控制与管理软件等组成，是FMS的神经中枢和命脉，也是各子系统之间的联系纽带。

1) 控制与管理系统的基本功能

(1) 数据分配功能：向FMS内的各种设备发送数据，如工艺流程、工时标准、数控加工程序、设备控制程序、工件检验程序等。

(2) 控制与协调功能：控制系统内各设备的运行并协调各设备间的各种活动，使物料分配与传送能及时满足加工设备对被加工工件的需求，工件加工质量满足设计要求。

(3) 决策与优化功能：根据当前生产任务和系统内的资源状况，决策生产方案，优化资源分配，使各设备达到最佳使用状态，保证任务按时、保质完成和以最少的投入获得最大的利润。

(4) 操作支持功能：通过系统的人机交互界面，使操作者对系统进行操作、监视、控制和数据输入。在系统发生故障后使系统具有通过人工介入而实现再启动和继续运行的功能。

2) FMS的控制结构与功能子系统

FMS是一个复杂的制造系统，通常采用递阶控制的方式。即通过对系统的控制功能进行正确、合理地分解，将其划分成若干层次，各层次分别独立进行处理，完成各自的功能，层与层之间在网络和数据库的支持下，保持信息交换，上层向下层发送命令，下层向上层回送命令的执行结果。通过信息联系构成完整的系统，以减少全局控制的难度和控制软件开发的难度，一般采用3层(图4.19)。

第一层(最高层)，系统管理与控制层。这是FMS的系统控制层，相当于CIMS中的单元级，它完成按上级下达的计划制定系统内的作业计划，实时分配作业任务到各工作站点，监控作业任务的执行状况，协调各部门与FMS的工作及相互支援。

第二层(中间层)，过程协调与监控层。它相当于CIMS中的工作站级控制，主要协调工件在系统中的流动，完成各设备间的交接和系统运行状态的监视与控制、加工程序的分配以及工况和设备运行数据的采集与向上级控制器的报告等。现场操作人员主要通过该层界面实现整个系统的实时监控与现场调度。

第三层，设备控制层。它等同于CIMS中的设备级控制，由加工设备、上下料设备、运储设备的CNC装置和PLC组成。其基本功能是按照上级控制器下达的命令和要求，控制各类设备的运行，完成相应的作业，并把执行情况反馈给上级控制器。

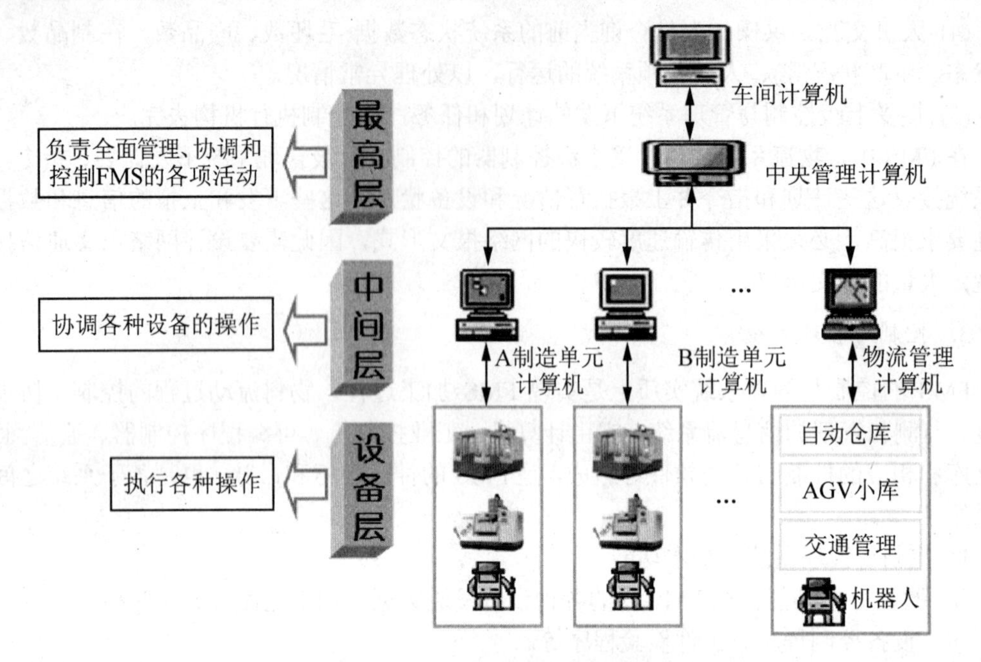

图 4.19　FMS 的递阶控制结构

在上述各层中，从上层到下层数据量逐级减少，而数据传送的时间逐级加快。在实际应用中，FMS 控制结构体系可根据企业在自动化技术更新方面的发展规划和系统目标而增减层次。

除上述的递阶控制结构外，为经济合理地实现这些复杂的控制与管理功能，并保证系统建成后能方便地修改和扩展，控制与管理系统的设计与开发还普遍采用功能结构模块化方法。这些功能模块可以建立在递阶控制结构中的某一层，也可以跨层构建。

4.2.3　柔性制造系统中的数据流

所谓数据的流动，实质上就是信息的流动，信息流系统执行单元加工中信息流的处理、存储和传输等功能，是协调多台机床加工和物料输送的计算机系统。信息系统是柔性制造系统(FMS)的中枢神经，它关系到整个系统是否能准确、顺利地运行。

柔性制造系统的基本特点是能以中小批量、高效率和高质量地同时加工多种零件。要保证 FMS 的各种设备装置与物料流能自动协调地工作，并具有充分的柔性，能迅速响应系统内外部的变化，及时调整系统的运行状态，关键就是要准确地规划信息流，使各个子系统之间的信息有效、合理地流动，从而保证系统的计划、管理控制和监视功能有条不紊地运行。

1. 信息流组成

图 4.20 所示为 FMS 信息网络，从上到下共分 5 层。

(1) 计划级。这属于工厂一级，包括产品设计、工艺设计、生产计划、库存管理等。

(2) 指挥级。这属于车间或系统管理级，包括作业计划、工具管理、在制品及毛坯管理、工艺系统分析等。

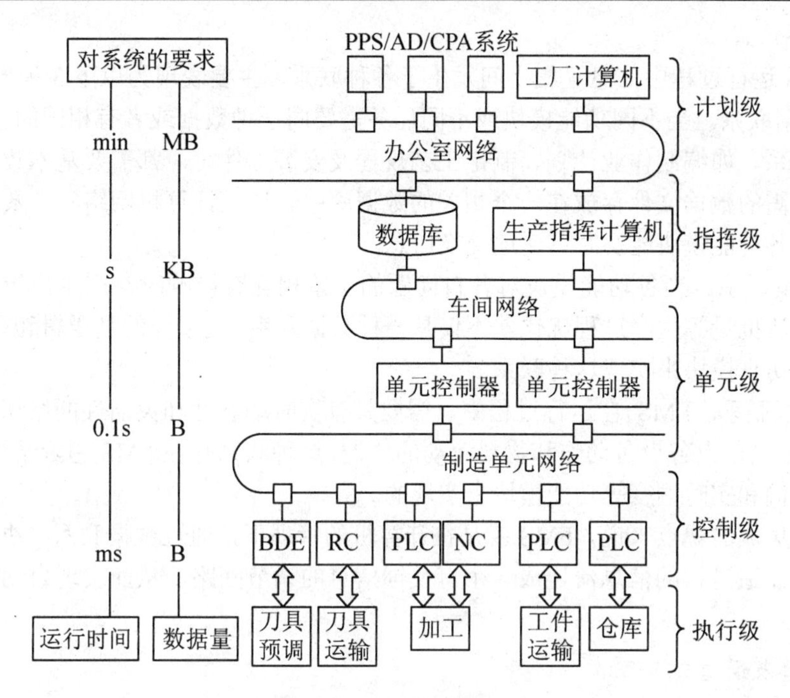

图 4.20　FMS 信息网络

(3) 单元级。这是指系统控制级，包括各分布式数控、运输系统与加工系统的协调、工况和机床数据采集等。

(4) 控制级。这是指设备控制级，有时也称工作站级，包括各机床数控、机器人控制、运输和仓储控制等，相当于 DNC 控制。

(5) 执行级。有时也称设备级，通过伺服系统执行控制指令而产生机械运动或通过传感器采集数据和监控工况等。

2. 信息流的特征

FMS 的控制管理涉及信息和数据的产生、采集、处理和流向等问题。

1) 数据类型

FMS 中共有 3 种不同类型的数据：基本数据、控制数据和状态数据。

(1) 基本数据。包括 FMS 有关配置的原始参数和物料的基本数据，如加工设备的类型、编号、规格、能力及数量；刀、夹具的几何尺寸、类型、耐用度、精度和相互匹配的对象等。这些数据是在构建 FMS 时建立的，并随着 FMS 的使用和扩展而不断修改和补充。

(2) 控制数据。包括有关 FMS 的加工任务和有关工艺数据，如加工对象、批量、期限等组织控制数据；工艺规程、使用机床、刀具、夹具、量具、工件安装、精度信息及设备控制程序等工艺控制数据，这些数据是运行 FMS 时建立的。

(3) 状态数据。包括 FMS 的资源利用与系统工作状态数据，如加工设备和运储设备的运行时间、停机时间、故障记录、刀夹具使用状态、刀夹具的地址、刀具使用时间和磨破损状况等；设备状态数据，毛坯与在制工件的工位、加工时间、存放时间、输送时间以及成品数和废品数等工况统计数据。这些数据主要是在 FMS 的运行过程中采集的。

2) 联系形式

在 FMS 运行过程中信息互相之间发生了各种联系，主要表现为以下 3 种形式。

(1) 数据联系。当不同功能模块或不同任务需要同一种数据或者有相同的数据关系时，产生数据联系。如编制作业计划、制定工艺规程及安装工件时，都需要基本数据。这就需要把各种必需的数据文件存放在一个相关的数据库中。通过计算机网络实现数据资源的共享，并保证各功能模块能及时迅速地交换信息。

(2) 决策联系。当各功能模块对各自问题的决策相互有影响时，产生决策联系。如工件路径与混流批量等生产过程优化就不仅是一种数据联系，更重要的是逻辑和智能的联系，通常借助于仿真模块来实现这种联系。

(3) 组织联系。FMS 在运行过程中，需要具有实时动态性和灵活性的组织联系来实现不同时间、不同地点各设备动作和物料流动的协调，这种联系是在 FMS 递阶结构的基础上，通过动态协调和实时调度等功能模块来实现的。

从信息集成的观点来说，FMS 就是在计算机的管理下，通过数据联系、决策联系和组织联系，把制造过程的信息流连成一个有反馈信息的调节回路，从而实现自动控制过程优化的系统。

3. 网络及通信

要保证整个 FMS 信息流畅通必不可少的条件是接口标准兼容问题。制造系统只有采用模块化结构并可顺利地相互扩展，才能保证工厂企业对多变的生产任务有迅速的响应能力。

(1) ISO/OSI。针对接口协调问题，国际标准化组织(ISO)于 1978 年提出了一个开放系统互联 OSI(Open System Interconnection)的参考模型。这是一个定义连接异种计算机标准的主体结构，提出了应该采用哪些方式构造通信系统的一些建议。这个 ISO/OSI 模型最初只用在长途通信网络中，现在也应用于制造领域。

(2) MAP。由于同一工厂、不同部门分别引入了不同厂家的专利系统，而它们又互不兼容，因此形成了一个个“自动化孤岛”。为了使整个工厂来自不同厂家的可编程控制器、数控系统等控制设备连成一个整体，产生了一个通用的网络技术，即公共通信标准 MAP(Manufacturing Automation Protocol)制造自动化协议。MAP 最大的优点在于它可以很方便地与各种专利系统连接，结束自动化孤岛的局面，目前采用的为 MAP3.0 规范。

4. 运行控制

(1) FMS 的作业计划管理。作业计划管理包括作业计划调度、刀具需求计划和刀具预调。在作业计划调度中、首先将加工任务单输送到计划管理计算机中，主要内容有加工任务等。

(2) FMS 的过程协调控制。FMS 的过程协调控制包括工件流控制、数据程序管理和刀具流控制。

(3) 加工过程监控。为了保证柔性制造系统的运行可靠性，通常可采用以下过程监控措施：刀具磨损和破损的监视，工件在机床工作空间的位置测量，工件质量的控制，各组成部分功能检验及故障诊断等。

5. FMS 仿真

柔性制造系统是现代机械制造、计算机科学和管理工程的综合应用，技术复杂、投资巨大。仿真就是显示模拟的过程。仿真技术是保证柔性制造系统的设计合理化，提高最优经济效益的重要手段。柔性制造系统的仿真有：排队网络模型的分析、统计模型的数字仿真和图形仿真。前两种仿真方法所获得的结果都是数据而没有直观形象，图形仿真具有直观、使用方便的特点。图形仿真所产生的模拟过程动态显示可使管理人员定量分析系统存在的问题，使操作人员看到柔性制造系统的功能，从而提高了用户对柔性制造系统的置信度。

目前，国内外用于制造系统仿真的仿真语言主要有：GPSS、GASP、SIMSCRIPT、ECSL/CAPS 以及 SIMAN 等。

随着图像处理技术的发展，三维立体图形仿真可以从不同角度来观察系统的布局，并且可以局部放大，研究细节。它形象地反映了柔性制造系统的整体配置和运行过程，提供了进一步深入研究系统性能的可能性。

【应用案例 4-1】

美国的一个企业表示，它从柔性制造系统中得到的最大好处就是该种系统能很好地适应变化的环境。Allen Bradley 公司使用了一套由 50 台机器组成的柔性制造系统就能生产各种系列的电动机启动器，该公司期望在柔性制造系统方面投资 1 500 万美元以成为世界上该产品最低成本的制造商，并实现占世界该产品市场份额 30%的目标，Hughes 飞机制造公司加利福尼亚分厂的柔性制造系统使用了 9 个计算机站、1 个坐标测量机、1 个拖动输送设备系统、1 个监控计算机来控制 25 个加工中心。该柔性制造系统的建造仅花费了相当于原生产系统 75%的投资，而只需原来 13%的劳动力、10%的制造时间便可完成所需的产量。

4.2.4 柔性制造系统的应用和发展前景

1. 柔性制造系统的应用

经过美、日、德等工业化国家的不断发展与完善，在 20 世纪 80 年代，柔性制造系统逐渐走向实用。这是企业生产模式从劳动密集型向技术、知识密集型转化的质的飞跃。

从应用范围看，FMS 在应用初期，大多用于箱体类零件的机械加工，主要完成钻、镗、铣以及攻丝等工序。后来，随着 FMS 技术的发展，FMS 不仅能完成非回转体类零件的加工，还可以完成回转体类零件的车削、磨削、齿轮加工，甚至是拉削等工序。

从机械加工领域看，现在 FMS 不仅能完成机械加工，还能完成钣金加工、锻造、焊接、装配、铸造和激光、电火花等特种加工，以及喷漆、热处理、注塑和橡胶模制造等加工领域。

从整个制造业所生产的产品看，现在柔性制造系统已不再局限于汽车、机床、飞机、坦克、火炮、舰船、拖拉机，还可用于计算机、半导体、木制产品、服装、食品/饮料以及医药和化工等产品的生产。

1988 年，美国未来技术预测公司对美国的 FMS 应用情况做了调查。从调查结果看，应用 FMS 最多的行业是商业飞机制造业，其次是军事/防御工业，但从应用增长的比例看，FMS 在军事/防御工业上的应用比商业飞机的增长快，而且其应用重要性将上升至各用户之首。同时，汽车行业也很重视 FMS 的应用，其应用在 FMS 市场中所占的比例增长很快。据美国未来预测公司预测，FMS 也将成为所有机床公司的柱石。

从生产批量看，FMS 已从中小批量应用向单件和大批量生产方向发展。例如美国 Vougkt 公司的一套 FMS，它能有效地加工批量为 1 件的 531 种零件；Cross 国际公司用于生产汽车零件的一套 FMS 可加工分为 4 组的 80～140 种零件，生产率为 780 件/小时。

1) FH-6800 平面 FMS 柔性系统

系统由 5 台 MAZAK 公司生产的 FH-6800 型卧式加工中心(图 4.21)、52 个交换托盘、1 台清洗机、1 台自动上下料机器人组成，通过 MAZAK 公司的 INTELLIGENT MAZATRAL FMS 主控单元控制实现系统控制(目前实际配置 4 台机床)。单机刀库 160 把刀。最大工作直径 ϕ1 050mm，最大工作高度 1m，最大工件重量 1 500kg。主要担负中小零件的自动加工。具有刀具破损检测功能、红外线测头机内检测功能。5 台机床刀具配置相同，采用冗余控制原则进行控制，系统自动安排加工任务至空闲机床。可同时实现 72 小时连续运转，27 小时无人运转。

2) FH-8800 立体 FMS 柔性系统

系统由 3 台 MAZAK 公司生产的 FH-8800 型卧式加工中心(图 4.22)、36 个交换托盘、1 台两位置自动上下料机器人、1 台清洗机组成，通过 MAZAK 公司的 INTELLIGENT MAZATRAL FMS 主控单元控制实现系统控制(目前实际配置 1 台机床)。最大工作直径 ϕ1 250mm，最大工作高度 1 250mm，最大工件重量 2 200kg。控制原理、特点与上一个系统相同。主要担负中型箱体类零件的加工。但此系统交换托盘分上下两层立体放置，同样数量的交换托盘立体放置将大大节约柔性系统的占地面积。与传统的交换托盘平面放置系统相区别，此类 FMS 被称为立体 FMS。系统可实现 72 小时连续运转，24 小时无人运转。

图 4.21　MAZAK FH-6800 卧式加工中心

图 4.22　MAZAK FH-8800 卧式加工中心

3) OPTO-PATH 柔性加工系统

钣金加工柔性系统是 FMS 从传统的金属切削加工柔性系统发展出来的新领域的应用。

系统由2台MAZAK公司生产的HG510激光切割机、10层料库、上下料机械手、系统控制计算机构成，是从原材料运送到成品分检作业全部自动化完成的钣金激光切割机FMS系统。机械手根据系统指令从料库将需要的钢板送到激光切割机，激光切割机按照上传到数控系统中的展开及套裁图进行切割。激光头x、y轴的移动均由直线电动机驱动。由高质量的CCD照相机对激光头现在装有的喷嘴进行圆度和激光束是否在喷嘴中心进行检测，保证切割精度和准确性。机床配有4个激光头的存放位置，可以实现加工过程中随时进行更换，和对需要维护的激光头进行机外维护、保养、调整功能，保证加工过程不中断。激光切割机配置双交换工作台，保证了工作效率。由7 200个单独配置的小吸盘组成的工件分检装置，能够依据CAD信息自动适应工件的形状，单个吸盘分别进行ON/OFF控制的智能分检系统只对选中的工件进行吸附作业，将工件及边角料自动分离。

2. 柔性制造系统的发展前景

通过40多年的努力和实践，FMS技术已臻完善，进入了实用化阶段，并已形成高科技产业。随着科学技术的飞跃以及生产组织与管理方式的不断更换，FMS作为一种生产手段也将不断适应新的需求，不断引入新的技术，不断向更高层次发展。

1) 向小型化、单元化方向发展

早期的FMS强调规模，但由此产生了成本高、技术难度大、系统复杂、可靠性不好、不利于迅速推广的弱点。自20世纪90年代开始，为了让更多的中小企业采用柔性制造技术，FMS由大型复杂系统，向经济、可靠、易管理、灵活性好的小型化、单元化，即FMC方向发展，FMC的出现得到了用户的广泛认可。柔性制造单元FMC和FMS一样，都能够满足多品种、小批量的柔性制造需要，但FMC具有自己的优点。首先，FMC的规模小、投资少、技术综合性和复杂性低，规划、设计、论证和运行相对简单，易于实现、风险小，而且易于扩展，是向高级大型FMS发展的重要阶梯。因此，采用由FMC到FMS的规划，既可以减少一次投入的资金，使企业易于承受，又可以减小风险，易于成功，一旦成功就可以获得效益，为下一步扩展提供资金，同时也能培养人才、积累经验，便于掌握FMS的复杂技术，使FMS的实施更加稳妥。其次，现在的FMC已不再是简单或初级FMS的代名词，FMC不仅可以具有FMS所具有的加工、制造、运储、控制、协调功能，还可以具有监控、通信、仿真、生产调度管理以及人工智能等功能，在某一具体类型的加工中可以获得更大的柔性，提高生产率，增加产量，改进产品质量。

2) 向模块化、集成化方向发展

尽管FMS本身把加工、运储、控制、检测等硬件集成在一起，构成了一个完整的系统，但从一个工厂的角度来讲，它还只是一部分，不能设计出新的产品或设计速度慢，再强的加工能力也无用武之地。总之，只有站在工厂全面现代化的高度、站在CIMS的高度分析，考虑FMS的各种问题并根据CIMS的总体考虑进行FMS的规划设计，才能充分发挥FMS的作用，使整个工厂获得最大效益，提高它在市场中的竞争能力。为有利于FMS的制造厂家组织生产、降低成本，也有利于用户按需、分期、有选择性地购置系统中的设备，并逐步扩展和集成为功能更强大的系统，FMS的软、硬件都向模块化方向发展。以模块化结构(比如将FMC、FMM作为FMS加工系统的基本模块)集成FMS、再以FMS作为制造自动化基本模块集成CIMS是一种基本趋势。

随着计算机集成制造技术和系统(CIMS)日渐成为制造业的热点，很多专家学者纷纷预言 CIMS 是制造业发展的必然趋势。柔性制造系统作为 CIMS 的重要组成部分，必然会随着 CIMS 的发展而发展。

3) 单项技术性能与系统性能不断提高

构成 FMS 的各单项技术性能与系统性能不断提高，例如，采用各种新技术提高机床的加工精度、加工效率；综合利用先进的检测手段，运储技术、刀具管理技术、数据库和人工智能技术、控制技术以及网络通信技术的迅速发展，提高 FMS 各单元及系统的自我诊断、自我排错、自我修复、自我积累、自我学习能力(如提高机床监控功能，使之具有对温度变化、振动、刀具磨破损、工件形状和表面质量的自反馈、自补偿、自适应控制能力；采用先进的控制方法和计算机平台技术，实现 FMS 的自协调、自重组和预报警功能等)，毫无疑问会大大提高 FMS 系统的性能。在加工中采用喷水切削加工技术和激光加工技术，并将许多加工能力很强的加工设备如立式、卧式镗铣加工中心，高效万能车削中心等用于 FMS 系统，大大提高了 FMS 的加工能力和柔性，提高了 FMS 的系统性能。AVG 小车以及自动存储、提取系统的发展和应用，为 FMS 提供了更加可靠的物流运储方法，同时也能缩短生产周期，提高生产率。刀具管理技术的迅速发展，为及时而准确地为机床提供适用刀具提供了保证。同时可以提高系统柔性、生产率、设备利用率，降低刀具费用，消除人为错误，提高产品质量，延长无人操作时间。

4) 重视人的因素

重视人的因素，完善适应先进制造系统的组织管理体系，将人与 FMS 以及非 FMS 生产设备集成为企业综合生产系统，实现人—技术—组织的兼容和人机一体化。

5) 应用范围逐步扩大

FMS 初期只是用于非回转体类零件的箱体类零件机械加工，通常用来完成钻、镗、铣及攻丝等工序。后来随着 FMS 技术的发展，FMS 不仅能完成其他非回转体类零件的加工，还可完成回转体零件的车削、磨削、齿轮加工，甚至拉削等工序。

从机械制造行业来看，现在 FMS 不仅能完成机械加工，而且还能完成钣金加工、锻造、焊接、装配、铸造和激光、电火花等特种加工，以及喷漆、热处理、注塑和橡胶模制等工作。从整个制造业所生产的产品看，现在 FMS 已不再局限于汽车、车床、飞机、坦克、火炮、舰船，还可用于计算机、半导体、木制产品、服装、食品以及医药品和化工等产品生产。从生产批量来看，FMS 已从中小批量应用向单件和大批量生产方向发展。

有关研究表明，凡是可采用数控和计算机控制的生产工序均可由 FMS 完成，FMS 正在迅速向电子、食品、药品、化工等各行业渗透。

因此归纳起来，可以说柔性制造系统的发展方向有两个。

(1) 加快发展各种工艺内容的柔性制造单元和小型 FMS，因为 FMC 的投资比 FMS 少得多而效果相仿，所以更适合于财力有限的中小型企业。多品种、大批量生产中应用 FML 的发展趋势是用价格低廉的专用数控机床代替通用的加工中心。

(2) 完善 FMS 的自动化功能，FMS 完成的作业内容扩大，由早期单纯的机械加工型向焊接、装配、检验及钣材加工乃至铸锻等综合性领域发展，另外，FMS 与计算机辅助设计和辅助制造技术(CAD/CAM)相结合，向全盘自动化工厂方向发展。

近年来，柔性制造作为一种现代化工业生产的科学“哲理”和工厂自动化的先进模式已为国际上所公认，可以这样认为：柔性制造技术是在自动化技术、信息技术及制造技术的基础上，将以往企业中相互独立的工程设计、生产制造及经营管理等过程，在计算机及其软件的支撑下，构成一个覆盖整个企业的完整而有机的系统，以实现全局动态最优化，总体高效益、高柔性，并进而赢得竞争全胜的智能制造技术。它作为当今世界制造自动化技术发展的前沿科技，为未来制造工厂提供了一幅宏伟的蓝图，将成为21世纪制造业的主要生产模式。

【应用案例4-2】

在国外汽车工业中，主要汽车生产厂商如通用、福特、宝马、奔驰、丰田、大众、雷诺、沃尔沃等公司都采用了柔性制造系统。例如，美国福特汽车公司在加拿大的一个发动机厂，在同一条自动线上对4.6L、5.4LV8发动机和6.8LV10发动机实现随机混流生产(年产65万台)，而通用汽车公司的传动系部门于1993年开始做同样的准备，采用FMS以满足变速器类壳体零件多品种的制造要求。根据出版的《丰田生产力方式的新发展》，该公司在3个月内的汽车产量为364 000辆，共4个基本车型，32 100个型号，平均每个型号的产量约为12辆，产量最多的型号也只有17辆，最少的则只有6辆。日本汽车业在20世纪70年代开始大力发展柔性制造，到1987年已经形成较大规模，拥有数控机床2万余台、柔性制造生产线21条。据日本通产省第8次特定机械设备统计调查表明，以汽车制造业为核心的输送机械制造业，1987年拥有FMS共31条，1994年增加到818条。尤其是大型汽车制造企业，FMS采用的最多，占7年间增加总量的41%。柔性制造为日本汽车工业生产率追上并超过美国创造了条件。日本汽车在国际市场上畅销不衰与它的柔性化制造密切相关。

4.3 计算机集成制造系统

4.3.1 概述

基于企业资源的一种先进制造模式是计算机集成制造系统，基于区域资源的先进制造体系就导致了敏捷制造的发展。CIMS是当代生产自动化领域的前沿学科，是以企业内部资源为基础，以企业运行的总体最优化为目标的生产组织管理思想为指导，集多种高新技术为一体的现代化制造体系。本节将重点讨论CIMS的定义、组成与功能、信息集成技术、现状和发展趋势。

1. CIMS的定义、内涵

美国学者哈林顿博士在*Computer Integrated Manufacturing*一书中首先提出了CIM的概

念，体现了两个重要的观点：一是系统的观点，企业的生产经营应看作一个整体，须用系统工程的观点和系统分析的方法来观察企业的生产经营问题，企业各个生产环节是不可分割的，需要统一安排与组织；二是信息化的观点，产品制造过程实质上是信息采集、传递、加工处理的过程。

1988 年，我国“863”计划 CIMS 专家组认为：CIMS 是未来工厂自动化的一种模式，它把以往企业内相互分离的技术(如 CAD、CAM、FMC、MRP Ⅱ…)和人员(各部门、各级别)，通过计算机有机地综合起来，使企业高速度、有节奏、灵活和相互协调地进行，以通过企业对多变环境的适应能力，使企业效益取得持续稳步的提高。1998 年国家“863”计划 CIMS 主题在计算机集成制造系统的基础上，通过研究与应用实践，并结合中国国情，提出了 CIMS 的概念是指“将信息技术、现代管理技术和制造技术相结合，按系统技术的理论与方法应用于企业产品全生命周期(从市场需求分析到最终报废处理)的各个阶段，通过信息集成、过程优化及资源优化，实现物流、信息流、价值流的集成和优化运行，达到人(组织、管理)、经营和技术三要素的集成。以加强企业新产品开发的 T(时间)、Q(质量)、C(成本)、S(服务)和 E(环境)，从而提高企业的市场应变能力和竞争能力。”

CIMS 是在 CIM 哲理指导下建立的人机系统，是一种新型制造模式。它从企业的经营战略目标出发，将传统的制造技术与现代信息技术、管理技术、自动化技术、系统工程技术等有机结合，将产品从创意策划、设计、制造、营销到售后服务全过程中有关的人和组织、经营管理和技术三要素有机结合起来，使制造系统中的各种活动、信息有机集成并优化运行，以达到产品上市快、成本低、质量高、能耗少的目的，提高企业的创新设计能力和市场竞争力。

CIMS 的一个重要概念就是集成。CIMS 以企业的生产经营活动作为一个整体，对企业各种信息进行加工处理，借助于计算机进行集成化制造、生产和管理。CIMS 中的 Computer 仅是一个工具，Manufacturing 是目的，Integrated 则是 CIMS 区别于其他生产模式的关键所在。集成是 CIMS 的核心，这种集成决不仅是物(设备)的集成，而更主要的是以信息集成为特征的技术集成和功能集成，计算机网络是集成的工具，计算机辅助的各单元技术是集成的基础，信息交换是桥梁，信息共享是关键。

我国对 CIMS 技术内涵的丰富和发展得到了国际同行的承认。1994 年清华大学获得美国制造工程师学会(SME)的 CIMS“大学领先奖”。1995 年北京第一机车厂获得 SME 的 CIMS 的“工业领先奖”，使我国在 CIMS 领域有了一席之地。CIMS 发展至今，它的组成加入了如企业经营过程重组、敏捷制造和大批量定制等先进的生产组织和管理模式，以及并行工程、虚拟制造、网络化制造、敏捷制造、供应链管理及电子商务等先进技术。可见，CIMS 是建立在价值链基础上的大制造和大系统，它以信息集成为基础，以企业总体优化为目标。信息集成与总体优化是集成制造系统与一般制造系统的最主要的区别之一。其中，特别突出了信息技术的关键作用，扩展了 CIMS 的应用范围，包括离散型制造业、流程及混合型制造业。总之，CIMS 更具广义性、开放性和持久性。

CIMS 应用集成的层次可划分为：①应用封装，目的是实现异构应用系统间的文件级信息集成，通过封装可使应用工具与它们产生的文件在 CIMS 环境下关联起来，适用于所有结果均以文件形式保存的应用系统；②接口交换，是把应用系统间需要共享的数据模型抽取出来，定义到 CIMS 的整体模型中去，从而利用应用接口实现对应用包和客户化应用的集成；③紧密集成，是指应用系统共享统一的数据、信息模型，可以互相调用彼此的所有功能，共同工作在一致的环境中。

2. CIMS 的产生背景及历史意义

电子计算机的产生和发展及其广泛应用，使第二产业——制造业的生产方式孕育了一个新的革命——从局部自动化走向全面自动化，这就是计算机集成制造系统。

20 世纪 50 年代，随着控制论、电子技术、计算机技术的发展，工厂中开始出现各种自动化设备和计算机辅助系统。如 20 世纪 50 年代初期开始出现的数控机床，60 年代开始有的计算机辅助设计(CAD)、计算机数控(CNC)、计算机辅助制造(CAM)；60 到 70 年代之间，计算机技术快速发展，工作站、小型计算机等开始大量进入到工程设计中，开始了 CAD/CAM、计算机仿真等工程应用系统；从 20 世纪 70 年代开始，计算机逐步进入到了上层管理领域，开始出现了管理信息系统(MIS)、物料需求计划(MRP)、制造资源计划(MRP Ⅱ)等概念和管理系统。但是这些新技术的实施并没有带来人们曾经预测的巨大效益，原因是它们离散地分布在制造业的各个子系统中，只能使局部达到自动控制和最优化，不能使整个生产过程长期在最优化状态下运行。与此同时，由于经济、技术、自然和社会环境等因素的影响，作为国家国民经济的主要支柱的制造业已进入到一个巨大的变革时期，主要表现在：①生产能力在世界范围内的提高和扩散形成了全球性的竞争格局；②先进生产技术的出现正急剧地改变着现代制造业的产品结构和生产过程；③传统的管理、劳动方式、组织结构和决策方法受到社会和市场的挑战。因此，采用先进制造体系便成为制造业发展的客观要求。

CIM 理念产生于 20 世纪 70 年代，但基于 CIM 理念的 CIMS 在 80 年代中期才开始重视并大规模实施，其原因是 70 年代的美国产业政策中过分夸大了第三产业的作用，而将制造业，特别是传统产业贬低为“夕阳工业”，这导致美国制造业优势的急剧衰退，并在 80 年代初开始的世界性石油危机中暴露无遗。此时，美国才开始重视并决心用其信息技术的优势夺回制造业的霸主地位，认为“CIMS，no longer a choice”。于是美国及其他各国纷纷制订并执行发展计划。自此，CIMS 的理念、技术也随之有了很大的发展。

近年来，制造业间的竞争日趋激烈。制造业市场已从传统的“相对稳定”逐步演变成“动态多变”的局面，其竞争的范围也从局部地区扩展到全球范围。制造企业间激烈竞争的核心是产品(Product)。回顾历史，随着时代的变迁，产品间竞争的要素不断随之演变。在早期，产品竞争要素是成本(Cost)，20 世纪 70 年代增加了质量(Quality)，80 年代增加了交货期(Time to Market)，90 年代又增加了服务(Service)和环境清洁(Environment)，进入 21 世纪后又增加了知识创新(Knowledge)这一关键因素。另外，必须指出，当今世界已步入信息时代并迈向知识经济时代，以信息技术为主导的高技术也为制造技术的发展提供了极大的支持。上述两种力量推动了制造业发生深刻的变革，信息时代的“现代制造技术”及其产业应运而生，其中，CIMS 技术及其产业正是其重要的组成部分。

CIMS 作为新一代生产方式会给人类社会带来什么样的影响呢?从生产力发展的角度看，现在大致可以看到以下几点。

(1) 促进科学技术的发展。这表现在两个方面：一是 CIMS 技术有极大的带动性，在实现 CIMS 的过程中必将促进一系列科学技术的进一步发展，甚或产生一些新的科技领域，其中包括计算机、自动控制、人工智能等共性技术，也包括各行各业的特有技术，如在机械工业方面，研究激光等更适合于自动化生产需要的新型加工技术，以代替传统的刀具切削加工技术，一旦突破，将使机械加工和激光技术都获得新的发展；二是能够生产出更高性能的生产和科学实验用的技术装备，大大增强人类研究自然、改造自然的能力。

(2) CIMS 是社会对产品多样化需求的产物，反过来又将进一步促进生产多样化，使人类物质生活更加丰富。

(3) 使企业的生产规模空前扩大，成本降低。CIMS 不但没有改变大规模生产降低成本效应的规律，反而是这一规律在多品种、中小批量生产条件下的新体现。采用 CIMS，就生产对象来说，批量可以很小，甚至小到一件，但是由于不停地生产，生产的总量是巨大的。CIMS 这个批量减少、规模扩大的特点，势必引起生产更大程度的集中，以至有人预言，今后全世界汽车制造公司有可能兼并成很少的几家，从而引起世界性经济格局的改变。

(4) 发展生产完全依靠科技进步，即依靠充分挖掘资源的潜力和优化资源的配置。

(5) 企业的计划性和市场应变能力极大增强。

(6) 制造业从业人数将大大减少。以美国为例，现在从事农业生产的劳动力占全部就业人员的 2%～3%，制造业约 25%。由于自动化生产的发展，有人预言，在 21 世纪初，后者有可能降到 10%以下。这就是说，从事工农业生产的人员将只占全部就业人员的 12%左右。很明显，在这种情况下，劳动时间将会进一步缩短。

(7) 体力劳动脑力化。体力劳动和脑力劳动的差别基本消除。

特别提示

计算机是 CIMS 的物质基础和技术支柱，自 1945 年第一台计算机问世以来，在制造业中，就产品开发、制造和经营管理三大主要活动领域而言，其单项独立应用已达到很高的水平。在产品制造方面，1954 年研制出第一台数控机床，1967 年建成了第一套柔性制造系统，解决了柔性和生产率相互矛盾的致命缺陷。在产品开发设计方面，20 世纪 50 年代中后期诞生了 CAD，近年来开发出了通用集成化的现代 CAD，并向 CIMS 系统集成化迅速发展。在企业经营管理方面，1954 年使计算机进入管理业务，从信息流的管理上升到物料流的管理，产生了一个新的飞跃，其代表是 MRPⅠ、MRPⅡ、MRPⅢ。上述各项技术，目前基本上还主要是单独地使用于各个局部环节。在科技的发展和市场需求变化的共同推动下，许多专家和学者经分析研究认为，把前述各项技术加以有机的集成，综合地应用起来，可以获得整体的最佳效益。这就产生了一种崭新的、标志着新的一次制造技术变革里程碑的组织和管理生产的哲理、思想和方法，即计算机集成制造(CIM)，具体的体现是 CIMS。

4.3.2 CIMS 的组成

CIMS 是一个大型的复杂系统，包括人与机构、经营、技术三要素。其中人与机构包括组织机构及其成员，经营包括目标和经营过程，技术包括信息技术和基础结构(设备、通信系统、运输系统等使用的各种技术)。三要素之间的关系如图 4.23 所示，在三要素的相交部分需解决 4 类集成问题：①使用技术以支持经营；②使用技术以支持人员工作；③设置机构/人员协调工作以支持经营活动；④统一管理并实现经营、人员、技术的集成优化运行。目前，CIMS 并不过分强调物流自动化，而是侧重于以人为中心的适度自动化，即强调人、经营、技术三者的有机集成。充分发挥人的作用。

从功能角度看，一般可以将 CIMS 分为 4 个功能分系统和两个支撑分系统(图 4.24)。4 个功能分系统分别是工程设计自动化分系统(CAD/CAM)、管理信息分系统(MIS) 、制造自动化分系统(柔性自动化系统，FMS)和计算机质量保证分系统(CAQ)。两个支撑分系统分别是数据库(DB)和计算机网络(NET)支撑分系统，由计算机软硬件组成，所有的应用系统都是在网络和数据库分系统的支撑下运行的。每一个分系统又可划分为若干个子系统。

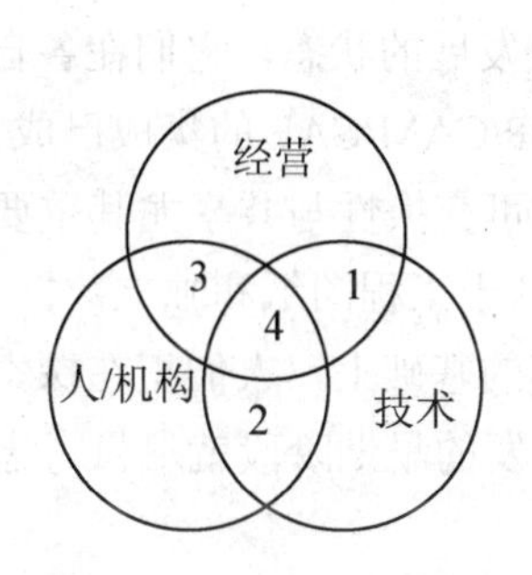

图 4.23　CIMS 的三要素

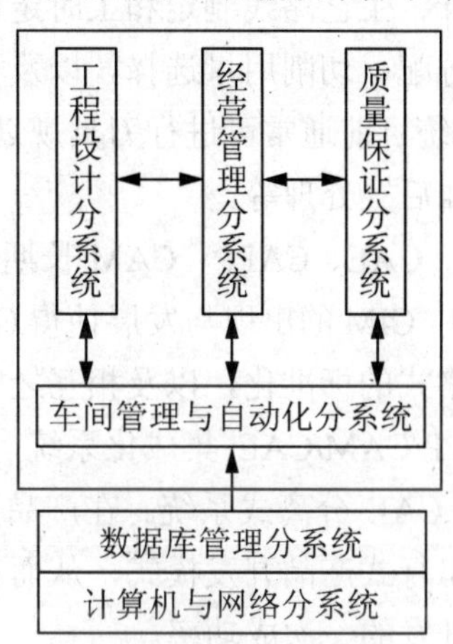

图 4.24　CIMS 的组成

上述 CIMS 构成是最为基本的构成。需要指出以下几点。

(1) 对于不同的行业，由于其产品、工艺过程、生产方式、管理模式的不同，其各个分系统的作用、具体内容也是各不相同，所用的软件也有一定的区别。

(2) 企业规模不同，分散程度不同，也会影响 CIMS 的构成结构和内容。

(3) 对于每个具体的企业，CIMS 的组成不必求全，应该按照企业的经营、发展目标及企业在经营、生产中的瓶颈选择相应的功能分系统，对多数企业而言，CIMS 应用是一个逐步实施的过程。

(4) 随着市场竞争的加剧和信息技术的飞速发展，CIMS 已从企业内部的 CIMS 发展到更开放、范围更大的企业间的集成，如设计自动化分系统可以在因特网或其他广域网上的异地联合设计，企业的经营、销售及服务也可以是基于因特网的电子商务(EC)，供应链管理(Supply Chain Management)，产品的加工、制造也可实现基于因特网的异地制造。这样，企业内、外部资源得到更充分的利用，有利于以更大的竞争优势响应市场。

1. 工程设计自动化分系统

CIMS 工程设计自动化分系统是在产品开发过程中利用计算机软硬件及网络环境，辅助产品设计、制造准备及产品性能测试等，从而使产品开发活动更高效、更优质。

产品开发活动包括产品的概念设计、工程与结构分析、详细设计、工艺设计与数控编程。通常将它们划分为 CAD、CAE、CAPP 和 CAM 共 4 个部分。CAD 系统包括产品的结构设计、定型产品的变形设计及模块化结构的产品设计。计算机辅助设计应用比较成功的有：计算机绘图、产品数字建模及真实图形显示、动态分析与仿真、生成材料清单等 CAD 软件系统。CAE 是用计算机辅助求解复杂工程和产品结构强度、刚度、屈曲稳定性、动力响应、热传导、三维多体接触、弹塑性等力学性能的分析计算以及结构性能的优化设计等问题的一种数值分析方法。它是保证产品设计性能、实现优化设计的重要手段。CAE 通常用 CAD 作为其前、后置处理的工具。CAPP 借助计算机完成从产品设计到原材料加工成产品所需要的一系列加工动作和对需求资源的描述。CAPP 系统可进行毛坯设计、加工方法选择、工序设计、工艺路线制定和工时定额计算等，其中工序设计包含装夹设备选择或设计、加工余量分配、切削用量选择，以及机床、刀具和夹具的选择、必要的工序图生成等功能。CAM 系统目前通常可进行刀具规划、刀位文件的生成、刀具轨迹仿真、NC 代码的生成以及数控加后置处理等。

由于 CAD、CAE、CAPP、CAM 长期处于独立发展的状态，它们在各自的活动领域内发挥着重要作用。CIM 的出现与发展使得 CAD/CAPP/CAM/CAE 的集成已成为基础性工作，其中产品数据格式的标准化，以及相互之间数据的可交换性与共享尤其重要。基于产品模型的 CAD/CAPP/CAM/CAE 集成化系统，将取代基于工程图纸和独立数据文件的 CAD、CAPP、CAM、CAE 分离式系统。在产品数据共享的基础上，人们正在探索以并行工程模式替代传统的串行式产品开发模式，从而在产品开发的早期阶段就尽量考虑后续活动的需求，提高产品开发的一次成功率。

2. 管理信息分系统(MIS)

CIMS 环境中的管理信息分系统(MIS)是指以 CIM 为指导思想，使用计算机和信息技术管理企业生产经营活动的应用系统。制造业的管理信息系统从 MRP、MRPII 到 ERP，经历了管理思想和技术手段逐渐发展的过程。通常，制造业 MIS 系统可由以下功能模块组成：经营决策、综合统计分析、计划管理、办公自动化、财务管理、销售管理、生产管理、库存管理、车间任务和作业管理、技术管理、物资供应、设备管理、能源管理、人事劳资管理等。

管理信息系统 MIS 对企业生产经营的主要作用为：①合理安排生产，提高企业生产效率；②降低产品的生产成本；③提高对客户的服务质量；④提高企业的管理水平和管理素质；⑤增加企业的应变能力和竞争能力。

MIS 系统是 CIMS 中的一个重要分系统，它与设计自动化分系统、制造自动化分系统、质量保证分系统均有着密切的信息联系和相应的接口。例如，MIS 要从设计自动化分系统接收产品定义数据和物料清单、产品加工工艺路线、工时定额和估计成本等信息，并向设计自动化分系统发送开发任务书、技术指标要求等信息；MIS 要向制造自动化分系统下达作业计划、任务进度数据、生产准备信息、生产控制指令等，并从制造自动化分系统接收生产完成情况、设备状态、物料消耗等信息；MIS 向质量保证分系统传递用户质量信息、产品质量数据、质量处理信息等，并从质量保证分系统接收质量检验、质量统计、质量报告等信息。因此，可以说 MIS 是 CIMS 中的神经中枢，它指挥控制着 CIMS 各分系统、企业各部门有条不紊地运行，完成企业的经营生产任务。

3. CIMS 制造自动化分系统 (MAS)

CIMS 制造自动化分系统(MAS)是 CIMS 中信息流和物料流的结合点，是 CIMS 最终产生经济效益的聚集地。制造自动化分系统一般由数控机床、加工中心、清洗机、测量机、运输小车、立体仓库、多级分布式控制(管理)计算机等设备及相应的支持软件组成。它在计算机的控制与调度下，根据产品的工程技术信息、车间层的加工指令，完成对零件毛坯加工的作业调度及制造，完成设计及管理中指定的任务，并将制造现场的不同信息实时地或经过初步处理后反馈到相应部门，最终使产品制造活动优化、周期短、成本低、柔性高。

1) 制造自动化分系统的作用

制造自动化分系统的作用可归纳为以下 3 点。

(1) 实现多品种、中小批量产品制造的柔性自动化，制造过程应包括加工、装配、检验等各生产阶段。目前的制造自动化分系统，大部分只实现了加工制造这一个局部的自动化，能实现加工制造、装配及检验全部自动化的系统很少。

(2) 提高生产效率和产品质量，缩短生产周期，降低成本，从而提高企业的市场竞争能力。

(3) 为作业人员创造舒适而安全的劳动环境。

2) 制造自动化分系统的主要功能

(1) 编制生产作业计划，优化调度控制。

(2) 生成工件、刀具、夹具需求计划并保证供应。

(3) 协调、控制工作流、刀具流及夹具流。

(4) 管理、分配作业数据、NC 程序、刀具数据、夹具数据及托盘数据。

(5) 控制与管理产品质量。

(6) 系统的操作管理及系统状态监控和故障诊断处理。

(7) 完成生产数据采集及评估。

(8) 与上级计算机通信。

对于不同企业来说，加工制造产品的设备虽然大不相同，但对 CIMS 而言，具有标准联网接口的单机自动化系统以及对它们的监控、协调及诊断功能是相同的。

4. CIMS 质量保证分系统

在当前激烈的市场竞争中，产品质量是企业得以生存的关键。因为企业要赢得市场，必须以最经济的方式在产品性能、质量、价格、交货期、售后服务等方面满足顾客的要求。在这些要求中性能质量又是最重要的，而要保证产品质量就需要一套完整的质量保证体系。通过该体系有效地采集、存储、评价与处理存在于设计、制造过程中与质量有关的大量数据，从而获得一系列控制环，有效地控制、促进质量的提高。

1) 质量保证分系统的目标

(1) 保证用户对产品的需求。

(2) 使这些要求在实际生产的各环节得到实现。

2) 质量保证分系统应具有的功能

(1) 确定产品质量的目标与标准，制订质量计划与检测计划。

(2) 在企业的内部和外部，通过检测和试验设备以及其他数据源收集质量数据。

(3) 把收集到的质量数据转换为所需形式，以评价产品质量，诊断缺陷及其原因。

(4) 当诊断出缺陷产生的原因后，将有关纠正措施的控制信息传送给相应的部门、人员及设备。

(5) 为不同层次的质量问题决策提供依据，进行质量优化与决策。

3) CIMS 的主要作用

(1) 有效地支持企业实施全面质量管理。全面质量管理强调全体人员和各部门的参与以及对全过程的管理。要实现这个目标，一方面取决于完善的管理机制，另一方面取决于不同部门之间及时的信息交换和及时地向不同层次(从操作者到企业的高层决策者)提供正确而充分的信息。质量部门或营销部门需要及时了解用户的反馈意见，生产管理部门需要根据产品及其零部件的质量状况动态地安排生产计划。CIMS 质量保证系统在计算机网络的支持下实现企业内部各部门间以及企业集团间质量信息的自动传递，及时地向各层次人员提供正确的产品及过程质量信息，以便及时做出响应，为实施全面质量管理提供有效的支持。

(2) 为企业实施 CIMS 及其他先进生产模式提供基础。面对国际市场的新挑战，为了求得生存和发展，越来越多的企业正在向先进的生产模式转变。企业在向柔性化和高效化发展的过程中，在实现产品开发、生产管理及产品制造等自动化过程中，如果忽视了自动化的质量系统，则落后的质量控制手段、滞后的质量信息反馈以及大量有用的质量信息的丢失，都将成为企业有效运行的薄弱环节。

(3) 实现对急剧增长的大量质量数据的有效管理。当前，由于产品性能的完善化，结构的复杂化、精细化，功能的多样化以及消费的个性化和市场的多变性等多种原因，使产品所包含的设计信息，工艺信息和质量在线检测、监控、处理等信息猛增，必然产生大量的质量数据，因而质量保证系统必须能对这些数据进行有效的管理。

(4) 为本企业生产或国内外合作生产及时提供高质量的各类报告和文件。

(5) 为各个层次的决策者提供决策支持。

(6) 提供先进的质量控制手段，以缩短故障时间，减少故障损失。

5. CIMS 支撑分系统

计算机网络分系统和数据库分系统组成了 CIMS 支撑分系统，它们是实现信息集成的关键技术。计算机网络实现计算机系统互联，提供了信息通信的能力，通过网络将物理上分布的 CIMS 的 4 个功能分系统的信息联系起来，达到共享。CIMS 环境下 4 个功能分系统的信息都要在一个结构合理的数据库系统中进行存储和访问，满足各系统之间的信息交互和共享。

计算机网络分系统是支持 CIMS 各分系统的开放型网络通信系统。采用国际标准和工业标准规定的网络协议，可以实现异种计算机互联，异构局部网络及多种网络的互联。它为各应用分系统提供了满足不同需求的网络支持服务：支持资源共享、分布处理、分布数据库、分层递阶和实时控制。

计算机网络主要由计算机系统(包括终端设备)、通信传输设备和网络软件组成。计算机系统可以是大型机、中型机、小型机、工作站和个人计算机。终端设备包括各种输入/输出设备。通信传输设备包括传输介质、通信设备和通信控制设备。网络软件包括通信协议、通信控制程序、网络操作系统等。根据企业覆盖地理范围的大小，计算机网络一般分为局域网和广域网，通常以局域网为主。当前，网络协议普遍选用TCP/IP协议，这种网络成本低、性能高，站点接入和拆除比较容易。

数据库分系统是支持CIMS各个分系统，覆盖企业全部信息的数据存储和管理系统。它是逻辑上统一、物理上分散的全局数据库管理系统，可以实现企业数据和信息的集成。数据库系统提供了定义数据结构和方便地对数据进行操纵的功能；具有安全控制功能，保证了数据安全性；提供完整性控制，保证数据的正确性和一致性；提供并发控制，保证多个用户操作数据库数据的正确性。所以数据库技术是管理数据、实现共享的最通用的方法。

在CIMS中还有一个专用的工程数据库系统，用来处理大量的工程数据，如图形、工艺规程、NC代码等。工程数据库系统中的数据与生产管理、经营管理数据按一定的规范进行交换，从而达到全CIMS的信息集成和共享。

CIMS的核心是集成，作为CIMS的支撑系统，计算机网络分系统和数据库系统是CIMS信息集成的基础。正确选择CIMS支撑系统对CIMS工程的实施和未来的扩展具有重大影响。

4.3.3 CIMS的信息集成技术

集成制造系统是以信息技术为集成手段的制造系统，因为信息集成是集成的基础，是企业集成优化的基础。集成的目的是更好地发挥系统各组成部分之间协调、合作的作用，使系统达到全局优化。各组成部分之间的协调首先要通过数据交换实现信息共享。可以说，制造企业的基本集成方式就是数据交换方式，基于计算机的现代信息系统就是解决这个基本集成问题的。因此，集成制造系统首先就是制造系统与信息系统的集成。

我国自1986年开始进行计算机集成制造(CIM)技术研究和应用工程实践，经过20多年的努力，CIMS的应用获得了相当大的成功，并且为技术的发展提供了持续不断的强大牵引力和推动力。在这过程中经历了信息集成、过程集成和企业集成3个发展阶段，形成了现代集成制造系统的新概念。

在现代CIMS的信息集成中，数据库技术、PDM技术、数据仓库和数据挖掘技术得到了充分的应用。

1. 数据库技术

所谓数据库，就是以一定的组织方式将相关的数据组织在一起存放在计算机存储器上形成的、能为多个用户共享的、与应用程序彼此独立的一组相关数据的集合。严格地说，数据库是“按照数据结构来组织、存储和管理数据的仓库。”

1) 数据库的基本结构

数据库的基本结构分3个层次，反映了观察数据库的3种不同角度。

(1) 物理数据层。它是数据库的最内层，是物理存储设备上实际存储的数据集合。这些数据是原始数据，是用户加工的对象，由内部模式描述的指令操作处理的位串、字符和字组成。

(2) 概念数据层。它是数据库的中间一层，是数据库的整体逻辑表示，指出了每个数据的逻辑定义及数据间的逻辑联系，是存储记录的集合。它所涉及的是数据库所有对象的逻辑关系，而不是它们的物理情况，是数据库管理员概念下的数据库。

(3) 逻辑数据层。它是用户所看到和使用的数据库，表示了一个或一些特定用户使用的数据集合，即逻辑记录的集合。

数据库不同层次之间的联系是通过映射进行转换的。

2) 数据库的主要特点

(1) 实现数据共享。数据共享包含所有用户可同时存取数据库中的数据，也包括用户可以用各种方式通过接口使用数据库，并提供数据共享。

(2) 减少数据的冗余度。同文件系统相比，由于数据库实现了数据共享，从而避免了用户各自建立应用文件。减少了大量重复数据及数据冗余，维护了数据的一致性。

(3) 数据的独立性。数据的独立性包括数据库中数据库的逻辑结构和应用程序相互独立，也包括数据物理结构的变化不影响数据的逻辑结构。

(4) 数据实现集中控制。文件管理方式中，数据处于一种分散的状态，不同的用户或同一用户在不同处理中其文件之间毫无关系。利用数据库可对数据进行集中控制和管理，并通过数据模型表示各种数据的组织以及数据间的联系。

(5) 数据一致性和可维护性，以确保数据的安全性和可靠性。主要包括：①安全性控制，以防止数据丢失、错误更新和越权使用；②完整性控制，保证数据的正确性、有效性和相容性；③并发控制，使在同一时间周期内，允许对数据实现多路径存取，又能防止用户之间的不正常交互作用；④故障的发现和恢复，由数据库管理系统提供一套方法，可及时发现故障和修复故障，从而防止数据被破坏。

数据库的性质是由其中的数据模型决定的。在数据库中的数据如果依照层次模型进行数据存储，则该数据库为层状数据库，如图 4.25 所示；如果依照网状模型进行数据存储，则该数据库为网状数据库，如图 4.26 所示；如果依照关系模型进行数据存储，则该数据库为关系数据库。

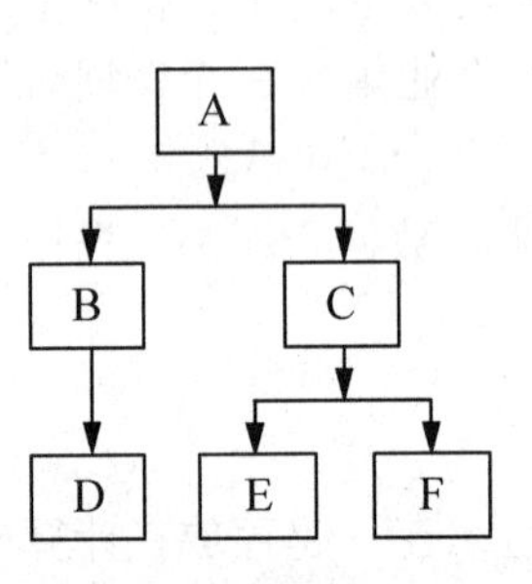

图 4.25　层状数据模型

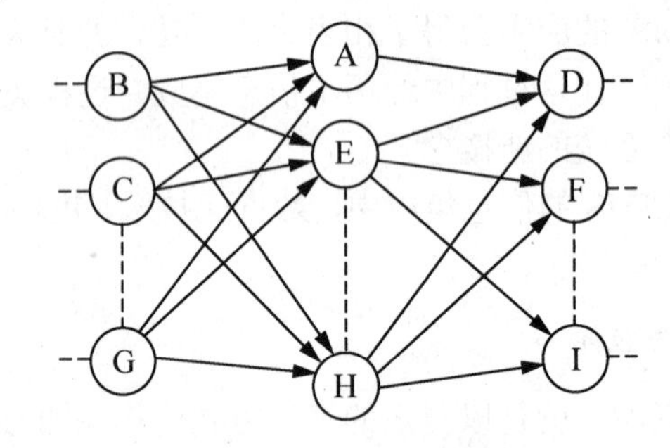

图 4.26　网状数据模型

3) 数据库系统(DBS)

数据库系统是一个实际可运行的，按照数据库方法存储、维护和向应用系统提供数据支持的系统，它是数据库、硬件、软件和数据库管理员(DBA)的集合体。

数据库是与一个特定组织各项应用有关的全部数据的集合，它包括物理数据库和描述数据库两大部分。硬件包括中央处理器、内存、外存、输入设备、数据通道等硬件设备。软件包括数据库管理系统(DBMS)、操作系统(OS)、各种宿主语言和应用开发支撑软件等程序。

数据库管理员(DBA)是控制数据整体结构的人，负责数据库系统的正常运行。

按照模块结构划分，DBS的全局结构如下。

(1) 数据库用户。包括4类，即DBA、专业用户、应用程序员、最终用户。

(2) DBMS的查询处理器。包括4部分，即数据操纵语言命令(DML)编译器、嵌入DML的预编译器、数据库模式定义语言命令(DDL)编译器、查询运行核心程序。

(3) DBMS的存储管理器。包括4部分，即授权和完整性管理器、事务管理器、文件管理器、缓冲管理器。

(4) 磁盘存储器中的数据结构。包括4种形式，即数据文件、数据字典、索引文件、统计数据组织。

在应用中，DBS的效益具体表现在7个方面，即灵活性、简易性、面向用户、数据控制、程序设计方便使应用系统的开发速度加快、减少了程序维护的工作量、标准化。

2. PDM技术

PDM是Product Data Management(产品数据管理)的缩写，是指某一类软件的总称。PDM是以软件为基础的技术，它将所有与产品相关的信息和所有与产品开发相关的过程集成在一起。与产品相关的信息有CAD/CAM/CAE文件、产品配置、材料清单、电子表格、供应商情况等。与生产过程相关的过程有工艺路线的设计、加工工序、过程的审批权限、版本、工作流程、人员组织等。由此可见，PDM将产品从概念设计、工程分析、结构设计、详细设计、工艺流程设计、制造、销售、直到产品消亡的整个产品生命周期内的所有数据，按一定的模式加以定义、组织和管理，使产品数据在整个生命周期内保持一致和共享，为企业的设计和生产构造了一个并行产品开发和管理的环境。

数据存储、用户功能和应用功能组成了PDM。PDM系统是由以下元素组成的。

(1) 一个电子仓库或数据仓库：PDM系统中的电子仓库用于存储所有类型的产品信息。这一仓库既存储了本来就存储在其中的数据，又通过存取控制的管理对一些外部数据进行了管理。

(2) 一组用户功能：PDM系统的功能分类两类：用户功能和应用功能。用户功能提供了用户在使用PDM系统的数据存储、归档和管理功能时的使用界面。不同类型的用户使用不同用户功能的子集。

(3) 一组应用功能：应用功能用于支持PDM系统的应用和前面所提到的用户功能。操作功能为操作环境提供了界面，并将其功能对用户进行了屏蔽，从而使系统的操作与用户的环境一致。应用功能包括：通信与通知、数据传输、数据转化、图像服务、系统管理。

1) PDM的体系结构

PDM系统的体系结构可以分解为以下4个层次的内容。

第一层是支持层。目前流行的通用商业化的关系型数据库是PDM系统的支持平台。关系型数据库提供了数据管理的最基本的功能，如存、取、删、改、查等操作。

第二层是面向对象层。在PDM系统中，采用若干个二维关系表格来描述产品数据的动态变化。PDM系统将其管理的动态变化数据的功能转换成几个，甚至几百个二维关系型表格，实现面向产品对象管理的要求。

第三层是功能层。面向对象层提供了描述产品数据动态变化的数学模型。在此基础上，根据PDM系统的管理目标，在PDM系统中建立相应的功能模块。一类是基本功能模块，包括文档管理、产品配置管理、工作流程管理、零件分类和检索及项目管理等；另一类是系统管理模块，包括系统管理和工作环境。

第四层是用户层，包括开发工具层和界面层。不同的用户在不同的计算机上操作 PDM 系统都要提供友好的人机交互界面。根据各自的经营目标，不同企业对人机界面也会有不同的要求。因此，在 PDM 系统中，通常除了提供标准的、不同硬件平台上的人机界面外，还要提供开发用户化人机界面的工具，以满足各类用户专门的特殊要求。

整个 PDM 系统和相应的关系型数据库都建立在计算机的操作系统和网络系统的平台上。同时，还有各式各样的应用软件，如 CAD、CAPP、CAM、CAE、CAT、文字处理、表格生成、图像显示和音像转换等。在计算机硬件平台上构成了一个大型的信息管理系统，PDM 将有效地对各类信息进行合理、正确和安全的管理。

2) PDM 的主要功能

产品数据管理系统(PDM)是集成并管理与产品有关的信息、过程和人与组织的软件。PDM 依据全局信息强调共享的观点，扩大了产品开发建模的含义，其范围已包括资源(含人力)配置、生产制造、计划调度、采购销售、市场开发等各方面。它是所有信息的主要载体，而且在集成的产品开发过程中，可以对它们进行创建、管理和分发。 从 PDM 的体系结构和在企业的实施情况分析，其功能主要包括以下几个方面。

(1) 产品项目管理。项目管理的主要功能包括：①项目的创建、修改、查询、审批、统计等功能；②供项目人员组织机构定义和修改；③在项目人员组织结构的基础上，实现人员角色指派及其对产品数据操作权限的规定。

(2) 企业级工作流程管理。工作流程管理涉及 3R 问题，即加工路线(Routes)、规则(Rules)和角色(Roles)。工作流程管理的主要功能包括：①工作流程编辑器提供过程单元定义手段，并将过程单元根据用户的指定连接成需要的工作流程，规定提交工作流程执行的设计对象，如部件、零件、文档等；②工作流程管理器接收工作流程编辑器提交的流程定义数据，建立有关人员的工作任务列表，并根据流程走向记录每个任务列表的执行信息，支持工作流程的异常处理和过程重组；③工作流程通信服务器根据工作流程的进展情况，向有关人员提供与发放电子审批，并通过 E-mail 接口技术进行用户通信和过程信息传递。

(3) 工程图档管理及设计检索。主要功能包括：①图档信息定义与编辑模块；②图档入库与出库模块；③图档批注模块。

(4) 产品配置与变更管理。产品配置与变更管理的主要功能包括：①产品结构定义与编辑模块；②产品结构视图管理；③产品结构查询与浏览。

(5) 开放式企业编码体系提供。包括：①编码规则；②编码系统模块结构。

(6) 与网络和数据库的接口。包括：①应用请求代理层；②系统对象配置接口；③应用对象识别；④OLE 接口，提供了一种简便的对应用系统的封装方法，它通过文件数据和 OLE 技术激活应用系统；⑤应用对象请求服务，为用户提供构造服务请求的接口；⑥应用激活服务，根据请求定位对象，且将请求传递给相应的对象并激活。

3. 数据仓库和数据挖掘技术

数据仓库是一个面向主体的、集成的、相对稳定的、反映历史变化的数据集合，它用于支持企业或组织的决策分析处理。数据仓库技术于 20 世纪 90 年代初被提出来，作为决策支持系统、客户关系管理和联机分析应用数据源的结构化数据环境，数据仓库技术所要研究和解决的问题是从联机事务处理系统、异构的外部数据源、脱机的历史业务数据中获取数据，经过处理后为数据分析统计和企业决策支持提供应用服务。

1) 数据仓库的体系结构

由于数据仓库具有偏重于工程性的特点，因而在技术上可以根据它的工作过程划分。

(1) 数据的抽取。

数据的抽取是数据进入仓库的入口。由于数据仓库是一个独立的数据环境，它需要通过抽取过程将数据从联机事务处理系统、外部数据源、脱机的数据存储介质中导入数据仓库。数据抽取在技术上主要涉及互连、复制、增量、转换、调度和监控等几个方面。在数据抽取方面，未来的技术发展将集中在系统功能集成化方面，以适应数据仓库本身或数据源的变化，使系统更便于管理和维护。数据仓库的数据并不要求与联机事务处理系统保持实时的同步，因此数据抽取可以定时进行，但多个抽取操作执行的时间、相互的顺序、成败对数据仓库中信息的有效性则至关重要。

(2) 数据的存储和管理。

数据仓库的组织管理方式决定了它有别于传统数据库的特性，也决定了其对外部数据的表现形式。数据仓库管理所涉及的数据量比传统事务处理大得多，且随时间的推移而累积。在数据仓库的数据存储和管理中需要解决的是如何管理大量的数据、如何并行处理大量的数据、如何优化查询等。目前，许多数据库厂家提供的技术解决方案是扩展关系型数据库的功能，将普通关系数据库改造成适合担当数据仓库的服务器。

(3) 数据的表现。

在数据表现方面，数理统计的算法和功能已经普遍集成到联机分析产品之中，同时又与 Internet/Web 技术紧密结合，推出适用于 Intranet、终端免维护的数据仓库访问前端。在这个方面，按行业应用特征细化的数据仓库用户前端软件将成为产品作为数据仓库解决方案的一部分。数据仓库实现过程的方法论将更加普及，成为数据库设计的一个明确分支，成为管理信息系统设计的重要组成部分。

2) 数据仓库系统主要功能模块

(1) 设计模块。用于数据仓库的结构设计。

(2) 数据获取模块。用于从源文件和源数据库中获取相关数据，并进行清洗、传输，将其添加到数据仓库中。

(3) 管理模块。用于配置与管理数据仓库的运行。

(4) 信息目录模块。为用户提供有关存储在数据仓库中的数据的内容和含义信息。

(5) 数据访问模块。为用户提供访问和分析数据仓库中的数据的各种工具。

(6) 中间件模块。为用户提供访问数据仓库中数据的方法。

(7) 数据传递模块。用于向其他仓库和外部系统中分配数据仓库中的数据等。

3) 数据挖掘(Data Mining)技术

数据挖掘又称为数据库中的知识发现(Knowledge Discovery in Database, KDD)，就是从大量数据中获取有效的、新颖的、潜在有用的、最终可理解的模式的非平凡过程，简单地说，数据挖掘就是从大量数据中提取或“挖掘”知识。

数据挖掘利用了来自如下一些领域的思想。

(1) 来自统计学的抽样、估计和假设检验。

(2) 来自人工智能、模式识别和机器学习的搜索算法、建模技术和学习理论。数据挖掘也迅速地接纳了来自其他领域的思想，这些领域包括最优化、进化计算、信息论、信号处理、可视化和信息检索。

一些其他领域也起到重要的支撑作用。特别地，需要数据库系统提供有效的存储、索引和查询处理支持。源于高性能(并行)计算的技术在处理海量数据集方面常常是很重要的。分布式技术也能帮助处理海量数据，并且当数据不能集中到一起处理时更是至关重要。

常采用的数据挖掘的方法有下面几种。

(1) 神经网络方法。神经网络由于本身良好的鲁棒性、自组织自适应性、并行处理、分布存储和高度容错等特性非常适合解决数据挖掘的问题，因此近年来越来越受到人们的关注。

(2) 遗传算法。遗传算法是一种基于生物自然选择与遗传机理的随机搜索算法，是一种仿生全局优化方法。遗传算法具有的隐含并行性、易于和其他模型结合等性质使得它在数据挖掘中被加以应用。

(3) 决策树方法。决策树是一种常用于预测模型的算法，它通过将大量数据有目的地分类，从中找到一些有价值的、潜在的信息。它的主要优点是描述简单，分类速度快，特别适合大规模的数据处理。

(4) 粗集方法。粗集理论是一种研究不精确、不确定知识的数学工具。粗集方法有几个优点：不需要给出额外信息；简化输入信息的表达空间；算法简单，易于操作。粗集处理的对象是类似二维关系表的信息表。目前成熟的关系数据库管理系统和新发展起来的数据仓库管理系统，为粗集的数据挖掘奠定了坚实的基础。

(5) 覆盖正例排斥反例方法。它是利用覆盖所有正例、排斥所有反例的思想来寻找规则的。首先在正例集合中任选一个种子，到反例集合中逐个比较。与字段取值构成的选择种子相容则舍去，相反则保留。按此思想循环所有正例种子，将得到正例的规则(选择种子的合取式)。

(6) 统计分析方法。在数据库字段项之间存在两种关系：函数关系(能用函数公式表示的确定性关系)和相关关系(不能用函数公式表示，但仍是相关确定性关系)，对它们的分析可采用统计学方法，即利用统计学原理对数据库中的信息进行分析。

(7) 模糊集方法。即利用模糊集合理论对实际问题进行模糊评判、模糊决策、模糊模式识别和模糊聚类分析。系统的复杂性越高，模糊性越强，一般模糊集合理论用隶属度来刻画模糊事物的亦此亦彼性。李德毅等人在传统模糊理论和概率统计的基础上，提出了定性定量不确定性转换模型——云模型，并形成了云理论。

数据挖掘和数据仓库的协同工作，一方面可以迎合和简化数据挖掘过程中的重要步骤，提高数据挖掘的效率和能力，确保数据挖掘中数据来源的广泛性和完整性。另一方面，数据挖掘技术已经成为数据仓库应用中极为重要和相对独立的方法和工具。数据挖掘和数据仓库是融合与互动发展的，其学术研究价值和应用研究前景将是令人振奋的。它是数据挖掘专家、数据仓库技术人员和行业专家共同努力的成果，更是广大渴望从数据库“奴隶”到数据库“主人”转变的企业最终用户的通途。

特别提示

与国外 CIMS 的发展相比，我国 CIMS 不仅重视信息集成，而且强调企业运行的优化，并将 CIMS 发展为以信息集成和系统优化为特征的现代集成制造系统。CIMS 的信息集成向下使数据处理和信息管理独立于网络操作平台，向上独立于应用程序，以适应异构分布应用的要求。信息集成的实质在于通过数据互访标准、中间文件转换接口技术和应用开发工具集成技术，解决异构数据源互操作和异构工具互用问题，以及数据的分布存取与分布更新问题。

4.3.4　CIMS 的现状和发展

1. 国外 CIMS 的现状

国外开展 CIMS 的研究与应用已有 30 来年历史。世界各国十分重视 CIM 等制造系统集成技术的研究与开发，欧美等发达国家将 CIM 技术列入其高技术研究发展战略计划，给予重点支持。目前，国外关于 CIMS 的研究和推广应用正向纵深发展。欧美国家的重要理工科大学大都建立了与 CIM 有关的研究所或实验室，有些大学还开设了 CIM 相关技术的课程。

在制造系统模式方面，国外的研究人员对各种新的制造系统模式，如大批量定制生产模式、敏捷制造模式和可持续发展的制造系统模式等进行了深入的研究。这些研究成果充实丰富了 CIMS 的内涵。

在 CIMS 系统方法论方面，目前已经提出了多种 CIMS 参考体系结构和建模方法，例如，欧共体 ESPRIT 计划中的计算机集成制造开放体系结构(CIM-OSA)、法国波尔多大学 GRAI/LAP 实验室提出的 GIM-GRAI 企业建模方法、德国 Saarland 大学 A.W.Scheer 教授提出的集成信息系统体系结构(ARIS)和美国普渡大学的企业参考体系结构(PERA)等都各具特色。

各种 CIMS 单元技术，如现代产品设计技术、拟实制造、并行工程、产品建模技术、面向产品全生命周期的设计分析技术、先进的单元制造工艺、新型数控系统、制造资源计划 MRPII、企业资源计划 ERP、敏捷供应链管理、企业过程重组 BPR、集成质量保证系统和面向产品全生命周期的质量工程等的研究与开发也取得了长足的进步。

随着信息技术的发展，系统集成技术领域发展十分迅速，如基于 Web 技术的制造应用系统的集成、面向对象和浏览器/客户机/服务器及 CORBA 和 COM/OLE 规范的企业集成平台和集成框架技术、以因特网和企业内部网及虚拟网络为代表的企业网络技术、异构分布的多库集成和数据仓库技术等。

CIMS 的应用范围也越来越广，在欧美等发达国家已有许多大中型企业实施了 CIMS，不少小型企业也在纷纷采用 CIM 技术。根据美国乔治—华盛顿大学新兴技术预测委员会的预测，到 2012 年，80%的工厂将采用 CIM 技术。

2. 国内现状

我国共有数 10 万个制造企业，CIMS 产业的市场潜力很大。目前，我国 CIMS 技术也在研究、应用领域不断开拓。我国 CIMS 的最主要特点是：用“系统论”指导 CIMS 的研究与发展，强调集成与优化，多学科协同发展，理论与实践紧密结合。

在研究领域建立了更广泛的研究环境和工程环境，包括国家 CIMS 实验工程研究中心和多个单元技术开放实验室(集成化产品设计自动化实验室、集成化工艺设计自动化实验室、柔性制造工程实验室、集成化管理与决策信息系统实验室、集成化质量控制实验室、CIMS 计算机网络与数据库系统实验室、CIMS 系统理论实验室等)。CIMS 总体技术的研究已处于国际上比较先进的水平。在企业建模、系统设计方法、异构信息集成、基于 STEP 的 CAD/CAPP/CAM/CAE、并行工程及离散系统动力学理论等方面也有一定的特色或优势，在国际上已有一定的影响。清华大学国家 CIMS 工程技术研究中心和华中理工大学 CIMS 研究中心分别获得了 1994 年度和 1999 年度美国制造工程师学会 SME“大学领先奖”。

当前，CIMS 的进一步试点推广应用已经扩展到机械、电子、航空、航天、轻工、纺织、冶金、石油化工等诸多领域，正得到各行各业越来越多的关注和投入。在 CIMS 产业化方面，国产 CIMS 产业已经崛起，初步形成了多个系列的 CIMS 目标产品，覆盖了企业信息化工程所需要软件产品的 85%以上；863/CIMS 目标产品已在 50%的 CIMS 应用示范企业得到应用；国内领先的 CIMS 目标产品开发单位联合形成了一支在市场上可与国外软件竞争的主力军，在国内形成了一支高水平的产品开发队伍。

此外，CIMS 作为新型的生产模式，其本身也处于不断地发展和更新当中，并且有着非常强的应用前景，制造业实际的变化和需要也会推动 CIMS 的研究和发展。人们围绕 CIMS 的总目标，将并行工程、精益生产、敏捷制造、智能制造、虚拟制造、绿色制造、以及全球制造等许多新概念、新思想、新技术、新方法引入到 CIMS 当中来。这些新的制造理念都有其自身特有的生产过程组织形式，并与特定的生产管理方法相联系，形成人、技术、管理的全面集成。同时这些新的制造理念的提出和研究应用也推动了 CIMS 的发展，使制造业展现出前所未有的新的发展局面。

在 CIMS 的应用方面，我国已在多个省市、多个行业的多个企业实施或正在实施 CIMS 应用示范工程，其中已有 50 多家通过验收并取得显著效益。北京第一机床厂 CIMS 工程荣获 1995 年度美国 SME“工业领先奖”。863/CIMS 主题在实践中形成了一支工程设计、开发、应用骨干队伍，总结出了一套适合我国国情的 CIMS 实施方法、规范和管理机制。

3. CIMS 的发展趋势

在面向用户、面向产品的竞争和面向信息时代科学技术的发展战略下，CIMS 技术的发展趋势可概括为“集成化、数字化、智能化、敏捷化、网络化和绿色化”。

(1) 集成化。CIMS 已从当前的企业内部的信息集成和功能集成，发展到过程集成(以并行工程为代表)，并正在步入实现企业间集成的阶段(以敏捷制造为代表)。

(2) 数字化。基于全数字化产品模型和仿真技术的虚拟制造技术将制造业带入了数字化时代。

(3) 智能化。是制造系统在柔性化和集成化基础上进一步的发展与延伸，它已从制造设备和单元加工过程智能化、工作站控制智能化发展到集成化智能制造系统和知识化制造。

(4) 敏捷化。是指制造企业通过组织动态联盟、重组其企业过程以及在更广泛范围内集成制造资源，以对不断变化的市场需求做出迅速响应。

(5) 网络化。随着“网络全球化”、“市场全球化”、“竞争全球化”和“经营全球化”的出现，许多企业正积极采用“全球制造”和“网络制造”的策略。制造网络化体现在信息高速公路及集成基础设施支持下的网络制造系统。

(6) 绿色化。绿色制造、环境意识的设计与制造、生态工厂和清洁化生产等概念是全球可持续发展战略在制造业中的体现。绿色制造是一种综合考虑环境影响和资源效率的现代制造模式。

【应用案例】

1989—1991 年，日本进行了“造船 CIMS 辅助模型”的开发。1992—1993 年，包括 7 大造船公司部长等在内的相关人士进行了“造船业 CIM 构建模型的开发研究”规划。各船厂相互探讨了新的研究方法，达成在各家船厂实施 CIM 的共识。著名的万国造船实施了名为 HICADE(Hitachi Zosen System 3D CAD System)的 CIMS，该系统不仅在日本国内开发较早、较为成熟，即使在全世界船舶软件产品中也享有一定的声誉，由当时的日立造船开发。系统着重强调 CAD/CAM 集成化设计，通过系统的三维处理数据库进行船舶结构、管系、舾装、电力布置的设计，同时还能向机器人提供有效参数。系统包含船体设计系统(HICADEC-H)、布置设计系统(HICADEC-A)、管路设计系统(HICADEC-P)、电力设计系统 ICADEC-E)4 个子系统。

4.4　现代机床数控技术

4.4.1　CNC 系统的组成和结构特点

1. 数控技术和数控机床

数控(NC)就是数字控制(Numerical Control)，是指用数字、文字和符号组成的数字指令来实现一台或多台机械设备动作控制的技术。它所控制的通常是位置、角度、速度等机械量和与机械能量流向有关的开关量。数控的产生依赖于数据载体和二进制形式数据运算的出现。1908 年，穿孔的金属薄片互换式数据载体问世；19 世纪末，以纸为数据载体并具有辅助功能的控制系统被发明；1938 年，香农在美国麻省理工学院进行了数据快速运算和传输，奠定了现代计算机，包括计算机数字控制系统的基础。数控技术是与机床控制密切结合发展起来的。1952 年，第一台数控机床问世，成为世界机械工业史上一件划时代的事件，推动了自动化的发展。

现在，数控技术也叫做计算机数控(CNC，Computer Numerical Control) 技术，目前它是采用计算机实现数字程序控制的技术。这种技术用计算机按事先存储的控制程序来执行对设备的控制功能。由于采用计算机替代原先用硬件逻辑电路组成的数控装置，使输入数据的存储、处理、运算、逻辑判断等各种控制机能的实现，均可通过计算机软件来完成。

数控技术及装备是发展新兴高新技术产业和尖端工业的使能技术和最基本的装备。世界各国信息产业、生物产业、航空、航天等国防工业广泛采用数控技术，以提高制造能力和水平，提高对市场的适应能力和竞争能力。工业发达国家还将数控技术及数控装备列为国家的战略物资，不仅大力发展自己的数控技术及其产业，而且在“高、精、尖”数控关键技术和装备方面对我国实行封锁和限制政策。因此大力发展以数控技术为核心的先进制造技术已成为世界各发达国家加速经济发展、提高综合国力和国家地位的重要途径。

数控技术是用数字信息对机械运动和工作过程进行控制的技术，数控装备是以数控技术为代表的新技术对传统制造产业和新兴制造业的渗透形成的机电一体化产品，即所谓的数字化装备，如数控机床等。其技术涉及多个领域：①械制造技术；②信息处理、加工、传输技术；③自动控制技术；④伺服驱动技术；⑤传感器技术；⑥软件技术等。

数控机床技术是 20 世纪 70 年代发展起来的一种机床自动控制技术。数控机床是典型的数控装备，是高新技术的重要组成部分。它把机械加工过程中的各种控制信息用代码化的数字表示，通过信息载体输入数控装置。经运算处理由数控装置发出各种控制信号，控制机床的动作，按图纸要求的形状和尺寸，自动地将零件加工出来。数控机床较好地解决了复杂、精密、小批量、多品种的零件加工问题，是一种柔性的、高效能的自动化机床，代表了现代机床控制技术的发展方向，是一种典型的机电一体化产品。采用数控机床提高机械工业的自动化生产水平和产品质量，是当前机械制造业技术改造、技术更新的必由之路。现代数控机床是柔性制造单元(FMC)、柔性制造系统(FMS)乃至计算机集成制造系统(CIMS)中不可缺少的基础设备。卧式数控机床如图 4.27 所示。

图 4.27　卧式数控机床

立式数控机床如图 4.28 所示。

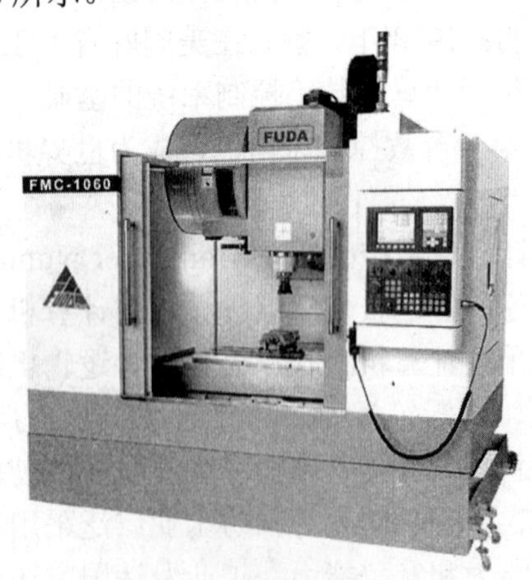

图 4.28　立式数控机床

2. 数控机床的组成和种类

1) 数控机床的组成

数控机床的基本组成包括加工程序载体、数控装置、伺服驱动装置、机床主体和其他辅助装置(图 4.29)。下面分别对各组成部分的基本工作原理进行概要说明。

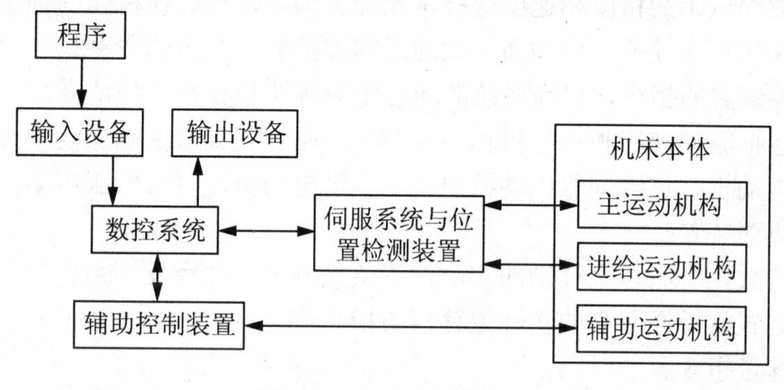

图 4.29　CNC 系统框图

(1) 加工程序载体。

数控机床工作时，不需要工人直接去操作机床，要对数控机床进行控制，必须编制加工程序。零件加工程序中，包括机床上刀具和工件的相对运动轨迹、工艺参数(进给量主轴转速等)和辅助运动等。将零件加工程序用一定的格式和代码，存储在一种程序载体上，如穿孔纸带、盒式磁带、软磁盘等，通过数控机床的输入装置，将程序信息输入到 CNC 单元。

(2) 数控装置。

数控装置是数控机床的核心。现代数控装置均采用 CNC 形式，这种 CNC 装置一般使用多个微处理器，以程序化的软件形式实现数控功能，因此又称为软件数控(Software NC)。CNC 系统是一种位置控制系统，它根据输入数据插补出理想的运动轨迹，然后输出到执行部件加工出所需要的零件。因此，数控装置主要由输入、处理和输出 3 个基本部分构成。而所有这些工作都由计算机的系统程序进行合理地组织，使整个系统协调地进行工作。

① 输入装置。将数控指令输入数控装置，根据程序载体的不同，相应有不同的输入装置。目前主要有键盘输入、磁盘输入、CAD/CAM 系统直接通信方式输入和连接上级计算机的 DNC(直接数控)输入，现仍有不少系统还保留有光电阅读机的纸带输入形式。

② 信息处理。输入装置将加工信息传给 CNC 单元，编译成计算机能识别的信息，由信息处理部分按照控制程序的规定，逐步存储并进行处理后，通过输出单元发出位置和速度指令给伺服系统和主运动控制部分。CNC 系统的输入数据包括：零件的轮廓信息(起点、终点、直线、圆弧等)、加工速度及其他辅助加工信息(如换刀、变速、冷却液开关等)，数据处理的目的是完成插补运算前的准备工作。数据处理程序还包括刀具半径补偿、速度计算及辅助功能的处理等。

③ 输出装置。输出装置与伺服机构相连。输出装置根据控制器的命令接受运算器的输出脉冲，并把它送到各坐标的伺服控制系统，经过功率放大驱动伺服系统，从而控制机床按规定要求运动。

(3) 伺服系统和测量反馈系统。

伺服系统是数控机床的重要组成部分，用于实现数控机床的进给伺服控制和主轴伺服控制。伺服系统的作用是把接受来自数控装置的指令信息，经功率放大、整形处理后，转换成机床执行部件的直线位移或角位移运动。由于伺服系统是数控机床的最后环节，其性能将直接影响数控机床的精度和速度等技术指标。因此，对数控机床的伺服驱动装置，要求具有良好的快速反应性能，准确而灵敏地跟踪数控装置发出的数字指令信号，并能忠实地执行来自数控装置的指令，提高系统的动态跟随特性和静态跟踪精度。

伺服系统包括驱动装置和执行机构两大部分。驱动装置由主轴驱动单元、进给驱动单元和主轴伺服电动机、进给伺服电动机组成。步进电动机、直流伺服电动机和交流伺服电动机是常用的驱动装置。

测量元件将数控机床各坐标轴的实际位移值检测出来并经反馈系统输入到机床的数控装置中，数控装置将反馈回来的实际位移值与指令值进行比较，并向伺服系统输出达到设定值所需的位移量指令。

(4) 机床主体。

机床主机是数控机床的主体。它包括床身、底座、立柱、横梁、滑座、工作台、主轴箱、进给机构、刀架及自动换刀装置等机械部件。它是在数控机床上自动地完成各种切削加工的机械部分。与传统的机床相比，数控机床主体具有如下结构特点。

① 采用具有高刚度、高抗震性及较小热变形的机床新结构。通常用提高结构系统的静刚度、增加阻尼、调整结构件质量和固有频率等方法来提高机床主机的刚度和抗震性，使机床主体能适应数控机床连续自动地进行切削加工的需要。采取改善机床结构布局、减少发热、控制温升及采用热位移补偿等措施，可减少热变形对机床主机的影响。

② 广泛采用高性能的主轴伺服驱动和进给伺服驱动装置，使数控机床的传动链缩短，简化了机床机械传动系统的结构。

③ 采用高传动效率、高精度、无间隙的传动装置和运动部件，如滚珠丝杠螺母副、塑料滑动导轨、直线滚动导轨、静压导轨等。

(5) 数控机床的辅助装置。

辅助装置是保证充分发挥数控机床功能所必需的配套装置，常用的辅助装置包括：气动、液压装置，排屑装置，冷却、润滑装置，回转工作台和数控分度头、防护、照明等各种辅助装置。

2) 数控机床的种类

数控机床的种类、型号繁多。可以根据不同的方法进行分类，常用的分类方法有按数控机床加工原理分类、按数控机床运动轨迹分类和按进给伺服系统控制方式分类。

(1) 按数控机床加工原理可把数控机床分为普通数控机床和特种加工数控机床。

① 普通数控机床。如数控车床、数控铣床、加工中心、车削中心等各种普通数控机床。

② 特种加工数控机床。如线切割数控机床，对硬度很高的工件进行切割加工；如电火花成形加工数控机床，采用电火花原理对工件的型腔进行加工。

(2) 按数控机床运动轨迹分类主要有 3 种形式：点位控制运动、直线控制运动和连续控制运动。

(3) 按进给伺服系统控制方式分类有 3 种形式：开环控制系统、闭环控制系统和半闭环控制系统。

① 开环控制系统。这种控制系统采用步进电动机，无位置测量元件，输入数据经过数控系统运算，输出指令脉冲控制步进电动机工作，如图 4.30 所示。这种控制方式对执行机构不检测，无反馈控制信号，因此称为开环控制系统。

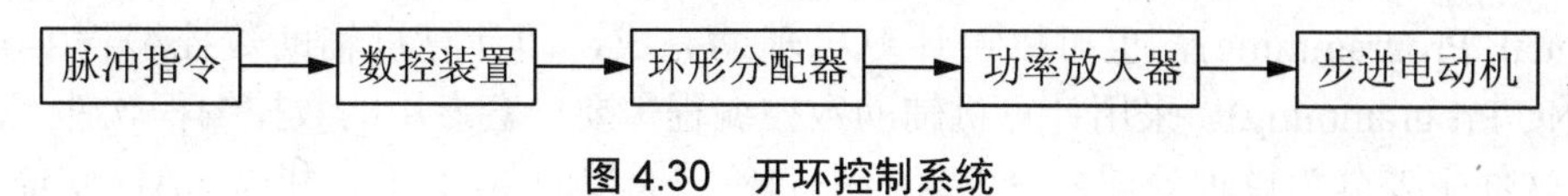

图 4.30　开环控制系统

② 闭环控制系统。这种控制系统绝大多数采用伺服电动机，有位置测量元件和位置比较电路，如图 4.31 所示。测量元件安装在工作台上，测出工作台的实际位移值反馈给数控装置。位置比较电路将测量元件反馈的工作台实际位移值与指令的位移值相比较，用比较的误差值控制伺服电动机工作，直至到达实际位置，误差值消除，称为闭环控制。

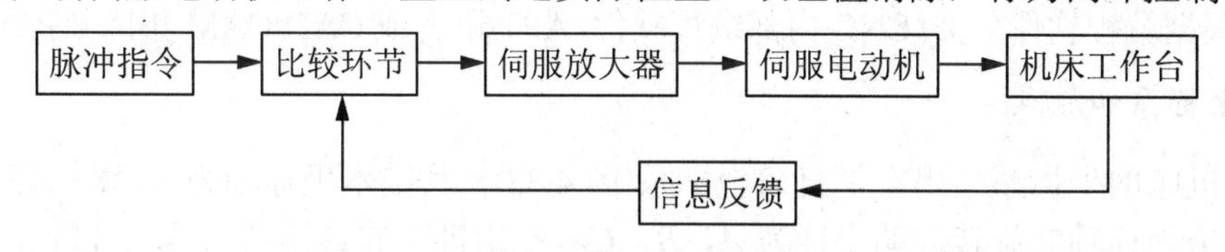

图 4.31　闭环控制系统

③ 半闭环控制系统(图 4.32)。这种控制系统的位置测量元件不是测量工作台的实际位置，而是测量伺服电动机的转角，经过推算得出工作台位移值，反馈至位置比较电路，与指令中的位移值相比较，用比较的误差值控制伺服电动机工作。这种方式用推算方法间接测量工作台位移，不能补偿数控机床传动链零件的误差，因此称为半闭环控制系统。

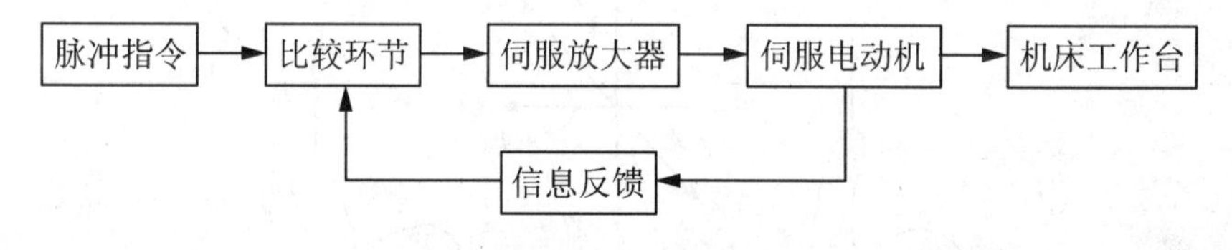

图 4.32　半闭环控制系统

特别提示

近年来，我国数控机床一直保持两位数增长。2001 年，我国机床工业产值已位居世界第 5，机床消费额在世界排名上升到第 3 位，达 47.39 亿美元，仅次于美国的 53.67 亿美元。2002 年产值达 260 亿元，产量居世界第 4 位。但与发达国家相比，我国机床数控化率还不高，目前生产产值数控化率还不到 30%；消费值数控化率还不到 50%，而发达国家大多在 70%左右。由于国产数控机床不能满足市场的需求，高档次的数控机床及配套部件只能靠进口，使我国机床的进口额呈逐年上升态势，2001 年进口机床跃升至世界第 2 位，达 24.06 亿美元，比 2000 年增长 27.3%。

4.4.2　数控加工编程技术

1. 数控加工与数控编程

数控程序(NC Program)——输入 NC 或 CNC 机床，执行一个确定的加工任务的一系列指令，称为数控程序或零件程序。

数控加工(NC Machining)——根据零件图样及工艺要求等原始条件编制零件数控加工程序(简称为数控程序)，输入数控系统，控制数控机床中刀具与工件的相对运动，从而完成零件的加工。

数控编程(NC Programming)——生成用数控机床进行零件加工的数控程序的过程称为数控编程，有时也称为零件编程(Part Programming)。数控编程可以手工完成，即手工编程(Manual Programming)，也可以由计算机辅助完成，即计算机辅助数控编程(Computer Aided NC Programming)。采用计算机辅助数控编程需要一套专用的数控编程软件，现代数控编程软件主要分为以批处理命令方式为主的各种类型的 APT 语言和以 CAD 软件为基础的交互式 CAD/CAM—NC 编程集成系统。

数控编程的分类方法有多种，大致可归纳为以下几种。

(1) 根据编程地点进行分类：办公室和车间。

(2) 根据编程计算机进行分类：CNC 内部计算机，个人计算机(PC)或工作站。

(3) 根据编程软件分类：CNC 内部编程软件，APT 语言或 CAD/CAM 集成数控编程软件。

2. 坐标系和原点

数控机床的坐标系采用右手直角坐标系(图 4.33)，其基本坐标轴为 X、Y、Z 直角坐标，相对于每个坐标轴的旋转运动坐标为 A、B、C。不论机床的具体结构是工件静止、刀具运动，还是工件运动、刀具静止，数控机床的坐标运动指的是刀具相对静止的工件坐标系的运动。现代数控机床一般都有一个基准位置，称为机床原点(图 4.34 中的 O_1 点)或机床绝对原点，是机床制造商设置在机床上的一个物理位置，其作用是使机床与控制系统同步，建立测量机床运动坐标的起始点。

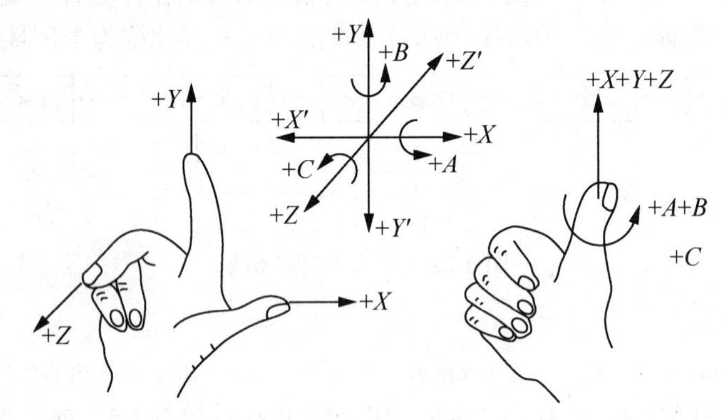

图 4.33　数控机床右手坐标系

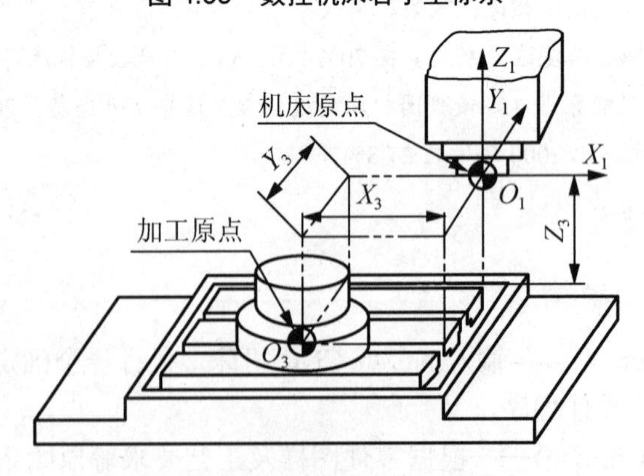

图 4.34　机床原点和加工原点

编程原点(图 4.35 中的 O_2 点)是编程人员在数控编程过程中定义在工件上的几何基准点，有时也称为工件原点，一般用 G92 或 G54～G59 代码(对于数控镗铣床)和 G50 代码(对于数控车床)指定。

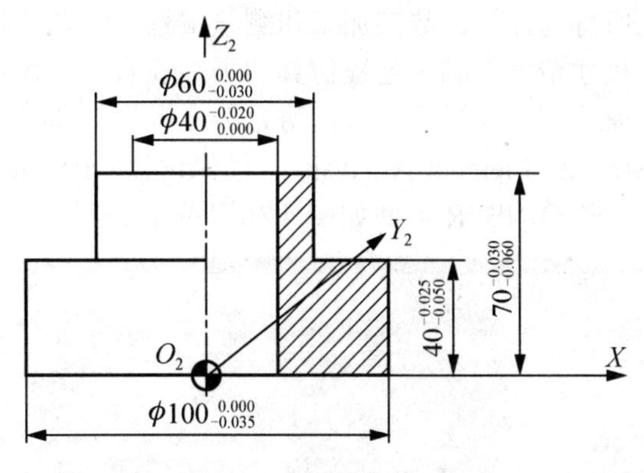

图 4.35　编程坐标系原点

加工原点也称为程序原点，是指零件被装夹好后，相应的编程原点在机床坐标系中的位置(图 4.34 中的 O_3 点)。

数控系统的位置/运动控制指令可采用两种编程坐标系统进行编程，即绝对坐标编程(Absolute Programming)和增量坐标编程(Incremental Programming)。绝对坐标编程在程序中用 G90 指定，刀具运动过程中所有的刀具位置坐标是以一个固定的编程原点为基准给出的。增量坐标编程在程序中用 G91 指定，刀具运动的指令数值是按刀具当前所在位置到下一个位置之间的增量给出的。

3. 数控编程的分类

1) 手工编程

整个程序的编制过程由人工完成。这就要求编程人员不仅要熟悉数控代码及编程规则，而且还必须具备机械加工工艺知识和一定的数值计算能力。手工编程对简单零件通常是可以胜任的，但对于一些形状复杂的零件或空间曲面零件，编程工作量十分巨大，计算繁琐，花费时间长，而且非常容易出错。不过，根据目前生产实际情况，手工编程在相当长的时间内还会是一种行之有效的编程方法。手工编程具有很强的技巧性，并有其自身特点和一些应该注意的问题。

2) 计算机辅助数控编程

目前，实际生产中应用较广泛的自动编程系统有数控语言编程系统和图形编程系统。数控语言编程系统最主要的是美国的(Automatically Programmed Tools 自动化编程工具，APT)，它是一种发展最早、容量最大、功能全面又成熟的数控编程语言，能用于点位、连续控制系统以及 2～5 坐标数控机床，可以加工极为复杂的空间曲面。数控图形编程系统利用图形输入装置直接向计算机输入被加工零件的图形，无需再对图形信息进行转换，大大减少了人为错误，比语言编程系统具有更多的优越性和广泛的适应性，提高了编程的效率和质量。另外，由于 CAD 的结果是图形，故可利用 CAD 系统的信息生成 NC 程序单。所以，它能实现 CAD/CAM 的集成化。正因为图形编程的这些优点，现在乃至将来一段时间内，它是自动编程的发展方向，必将在自动编程方面占主导地位。目前，生产实际中应用较多的商品化的CAD/CAM系统主要有国外引进的UnigraphicsⅡ、Pro/ENGINEER、CATIA、

SolidWorks、Mastercam、SDRC/I-DEAS、DELCAM 等，技术较为成熟的国产 CAD/CAM 系统是北京航空航天大学的海尔的 CAXA。在机械制造方面，CAD/CAM 系统的内容一般包含：二维绘图，三维线架、曲面、实体建模，真实感显示，特征设计，有限元前后置处理，运动机构造型，几何特性计算，数控加工和测量编程，工艺过程设计，装配设计，钣金件展引和排样，加工尺寸精度控制，过程仿真和干涉检查，工程数据管理等。其中，对产品模型进行的计算机辅助分析包括运动学及动力学分析与仿真(Kinematics & Dynamics)、有限元分析与仿真 FEA(Finite Element Analysis)、优化设计 OPT(OPTimization)，又称为计算机辅助工程 CAE。Pro/ENGINEER 界面如图 4.36 所示。

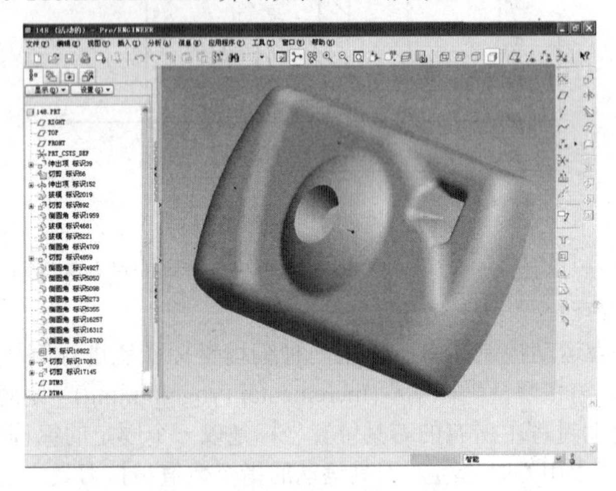

图 4.36　Pro/ENGINEER 界面

UG 界面如图 4.37 所示。

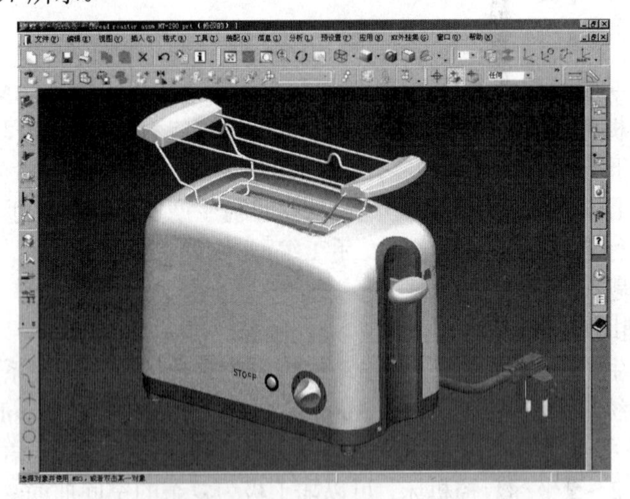

图 4.37　UG 界面

4. 数控编程常用指令及其格式

国际上已形成了两个通用标准：国际标准化组织(ISO)标准和美国电子工业学会(EIA)标准。我国根据 ISO 标准制定了 JB 3051-82《数字控制机床坐标和运动方向的命名》等国标。由于生产厂家使用标准不完全统一，使用代码、指令含义也不完全相同，因此需参照机床编程手册。

1) 程序段的一般格式

一个程序段中各指令的格式为：N35　G01　X26.8　Y32　Z15.428　F152。其中 N35 为程序段号，现代 CNC 系统中很多都不要求程序段号，即程序段号可有可无；G 代码为准备功能；*X*、*Y*、*Z* 为刀具运动的终点坐标位置；F 为进给速度代码。在一个程序段中，可能出现的编码字符还有 S、T、M、I、J、K、A、B、C、D、H、R 等。

2) 常用的编程指令

(1) 准备功能指令。

准备功能指令由字符 G 和其后的 1～3 位数字组成，常用的为 G00～G99，很多现代 CNC 系统的准备功能已扩大到 G150。准备功能的主要作用是指定机床的运动方式，为数控系统的插补运算做准备。JB 3208-83 标准中的规定见表 4-1。

表 4-1　JB 3208-83 准备功能 G 代码

代码	功能作用范围	功能	代码	功能作用范围	功能
G00		点定位	G50	*	刀具偏置 0/-
G01		直线插补	G51	*	刀具偏置+/0
G02		顺时针圆弧插补	G52	*	刀具偏置-/0
G03		逆时针圆弧插补	G53		直线偏移注销
G04	*	暂停	G54		直线偏移 *X*
G05	*	不指定	G55		直线偏移 *Y*
G06		抛物线插补	G56		直线偏移 *Z*
G07	*	不指定	G57		直线偏移 *XY*
G08	*	加速	G58		直线偏移 *XZ*
G09	*	减速	G59		直线偏移 *YZ*
G10～G16	*	不指定	G60		准确定位(精)
G17		*XY* 平面选择	G61		准确定位(中)
G18		*ZX* 平面选择	G62		准确定位(粗)
G19		*YZ* 平面选择	G63	*	攻丝
G20～G32	*	不指定	G64～G67	*	不指定
G33		螺纹切削，等螺距	G68	*	刀具偏置，内角
G34		螺纹切削，增螺距	G69	*	刀具偏置，外角
G35		螺纹切削，减螺距	G70～G79	*	不指定
G36～G39	*	不指定	G80		固定循环注销
G40		刀具补偿/刀具偏置注销	G81～G89		固定循环
G41		刀具补偿——左	G90		绝对尺寸
G42		刀具补偿——右	G91		增量尺寸
G43	*	刀具偏置——左	G92	*	预置寄存
G44	*	刀具偏置——右	G93		进给率，时间倒数
G45	*	刀具偏置+/+	G94		每分钟进给

续表

代码	功能作用范围	功能	代码	功能作用范围	功能
G46	*	刀具偏置+/−	G95		主轴每转进给
G47	*	刀具偏置−/−	G96		恒线速度
G48	*	刀具偏置−/+	G97		每分钟转数(主轴)
G49	*	刀具偏置 0/+	G98～G99	*	不指定

注：*表示如作特殊用途，必须在程序格式中说明

(2) 辅助功能指令。

辅助功能指令即“M”指令，由字母 M 和其后的两位数字组成，有 M00～M99 共 100 种。这类指令主要是用于机床加工操作时的工艺性指令。常用的 M 指令如下。

M00——程序停止

M01——计划程序停止

M02——程序结束

M03、M04、M05——分别为主轴顺时针旋转、主轴逆时针旋转及主轴停止

M06——换刀

M08——冷却液开

M09——冷却液关

M30——程序结束并返回

(3) 其他常用功能指令。

T 功能——刀具功能

S 功能——主轴速度功能

F 功能——进给速度进给率功能

3) 数控编程步骤

一般数控编程的步骤如下(图 4.38)。

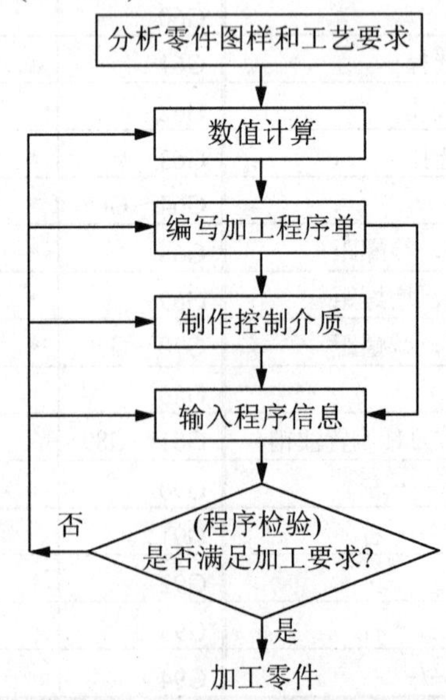

图 4.38　一般数控编程顺序图

(1) 分析零件图样和工艺要求。分析零件图样和工艺要求的目的是为了确定加工方法、制定加工计划，以及确认与生产组织有关的问题。

(2) 数值计算。根据零件图样几何尺寸、计算零件轮廓数据，或根据零件图样和走刀路线，计算刀具中心(或刀尖)运行轨迹数据。数值计算的最终目的是为了获得编程所需要的所有相关位置坐标数据。

(3) 编写加工程序单。在完成上述两个步骤之后，即可根据已确定的加工方案(或计划)及数值计算获得的数据，按照数控系统要求的程序格式和代码格式编写加工程序等。编程者除应了解所用数控机床及系统的功能、熟悉程序指令外，还应具备与机械加工有关的工艺知识，才能编制出正确、实用的加工程序。

(4) 制作控制介质，输入程序信息。程序单完成后，编程者或机床操作者可以通过 CNC 机床的操作面板，在 EDIT 方式下直接将程序信息输入 CNC 系统程序存储器中；也可以根据 CNC 系统输入、输出装置的不同，先将程序单的程序制作成或转移至某控制介质上，再将控制介质上的程序信息输入到 CNC 程序存储器中。

(5) 程序检验。在正式用于生产加工前，必须对编好的程序进行程序运行检查。在某些情况下，还需做零件试加工检查。根据检查结果对程序进行修改和调整，检查、修改、再检查、再修改……往往要经过多次反复，直到获得完全满足加工要求的程序为止。

上述编程步骤中的各项工作主要由人工完成，这样的编程方式就是前述的“手工编程”。在各机械制造行业中，均有大量仅由直线、圆弧等几何元素构成的形状并不复杂的零件需要加工。这些零件的数值计算较为简单，程序段数不多，程序检验也容易实现，因而可采用手工编程方式完成编程工作。由于手工编程不需要特别配置专门的编程设备，不同文化程度的人均可掌握和运用，因此在国内外手工编程仍然是一种运用十分普遍的编程方法。

4) 计算机辅助数控编程的一般原理(图 4.39)

编程人员首先将被加工零件的几何图形及有关工艺过程用计算机能够识别的形式输入计算机，利用计算机内的数控系统程序对输入信息进行翻译，形成机内零件拓扑数据；然后进行工艺处理(如刀具选择、走刀分配、工艺参数选择等)与刀具运动轨迹的计算，生成一系列的刀具位置数据(包括每次走刀运动的坐标数据和工艺参数)，这一过程称为主信息处理(或前置处理)；然后按照 NC 代码规范和指定数控机床驱动控制系统的要求，将主信息处理后得到的刀位文件转换为 NC 代码，这一过程称为后置处理。经过后置处理便能输出适应某一具体数控机床要求的零件数控加工程序(即 NC 加工程序)，该加工程序可以通过控制介质(如磁带、磁盘等)或通信接口送入机床的控制系统。

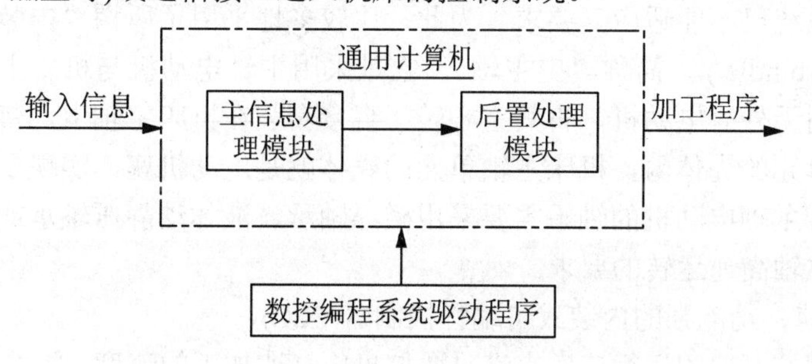

图 4.39 计算机辅助数控加工编程的一般过程

整个处理过程是在数控系统程序(又称系统软件或编译程序)的控制下进行的。数控系统程序包括前置处理程序和后置处理程序两大模块。每个模块又由多个子模块及子处理程序组成。计算机有了这套处理程序，才能识别、转换和处理全过程，它是系统的核心部分。

4.4.3 数控加工技术的发展趋势

随着科学技术的发展，世界先进制造技术的兴起和不断成熟，对数控加工技术提出了更高的要求，超高速切削、超精密加工等技术的应用，对数控机床的各个组成部分提出了更高的性能指标。当今的数控加工正在不断采用最新技术成就，朝着高速化、高精度化、多功能化、智能化、系统化与高可靠性等方向发展。具体表现在以下几个方面。

1. 高速度与高精度化

速度和精度是数控机床的两个重要指标，它直接关系到加工效率和产品的质量，特别是在超高速切削、超精密加工技术的实施中，它对机床各坐标轴位移速度和定位精度提出了更高的要求。另外，这两项技术指标又是相互制约的，也就是说位移速度越高，定位精度就越难提高。现代数控机床配备了高性能的数控系统及伺服系统，其位移分辨率(相应于进给速度)已可达到 1 μm (100～240m / min)、0.01 μm (24m /min)、0.01 μm (400～800mm/min)。为实现更高速度、更高精度的指标，目前主要在下述几方面采取措施进行研究。

1) 数控系统

采用位数、频率更高的微处理器，以提高系统的基本运算速度。目前已由原来的 8 位 CPU 过渡到 16 位、32 位及 64 位 CPU，主频已由原来的 5MHz 提高到 16MHz、20MHz、32MHz，有些系统已开始采用双 CPU 结构，以提高系统的数据处理能力，即提高插补运算的速度和精度。

2) 伺服驱动系统

全数字交流伺服系统大大提高了系统的定位精度、进给速度。所谓数字伺服系统，指的是伺服系统中的控制信息用数字量来处理。随着数字信号微处理器速度的大幅度提高，伺服系统的信息处理可完全用软件来完成，这就是当前所说的“数字伺服”。

3) 机床静、动摩擦的非线性补偿控制技术

机械静、动摩擦的非线性会导致机床爬行，除了在机械结构上采取措施降低摩擦外，新型的数控伺服系统具有自动补偿机械系统静、动摩擦非线性的控制功能。

4) 高速大功率电主轴的应用

在超高速加工中，对机床主轴转速提出了极高的要求(10 000～75 000r/min)，传统的齿轮变速主传动系统已不能适应其要求。为此，比较多地采用了所谓“内装式电动机主轴”(Build in Motorspindle)，简称“电主轴”，它是采用主轴电动机与机床主轴合二为一的结构形式，即采用无外壳电动机，将其空心转子直接套装在机床主轴上，带有冷却套的定子则安装在主轴单元的壳体内，机床主轴单元的壳体就是电动机座，实现了变频电动机与机床主轴一体化。主轴电动机的轴承需要采用磁浮轴承、液体动静压轴承或陶瓷滚动轴承等形式，以适应主轴高速运转的要求。

5) 配置高速、功能强的内装式可编程控制器(PLC)

提高可编程控制器的运行速度来满足数控机床高速加工的速度，要求新型的 PLC 具有专用的 CPU。利用 PLC 的高速处理功能，使 CNC 与 PLC 之间有机地结合起来，满足数控

机床运行中的各种实时控制要求。

2. 多功能化

(1) 数控机床采用一机多能，以最大限度地提高设备利用率。

(2) 前台加工、后台编辑的前后台功能，以充分提高其工作效率和机床利用率。

(3) 具有更高的通信功能，除具有通信接口、DNC功能外还具有网络功能。

3. 智能化

1) 引进自适应控制技术

能根据切削条件的变化，自动调节工作参数，如伺服进给参数、切削用量等，使加工过程中能保持最佳工作状态，从而得到较高的加工精度和较小的表面粗糙度，同时也能提高刀具的使用寿命和设备的生产效率。

2) 采用故障自诊断、自修复功能

这主要是指利用CNC系统的内装程序实现在线故障诊断，一旦出现故障立即采取停机等措施，并通过CRT进行故障报警，提示发生故障的部位、原因等。并利用“冗余”技术，自动使故障模块脱机，接通备用模块。

3) 刀具寿命自动检测和自动换刀功能

利用红外、声发射(AE)、激光等检测手段，对刀具和工件进行检测。发现工件超差、刀具磨损、破损等，进行及时报警、自动补偿或更换备用刀具，以保证产品质量。

4) 引进模式识别技术应用图像识别和声控技术

使机器自己辨识图样，按照自然语言命令进行加工。

4. 高可靠性

数控机床的可靠性一直是用户最关心的主要指标，它取决于数控系统和各伺服驱动单元的可靠性，为提高可靠性，目前主要采取以下几个方面的措施。

(1) 提高系统硬件质量。

(2) 采用硬件结构模块化、标准化、通用化方式。

(3) 增强故障自诊断、自恢复和保护功能。

综上所述几方面外，数控机床的数控系统正向小型化、数控编程自动化等方向发展。

特别提示

随着我国航空航天、汽车、船舶、电站设备和国防工业等制造业的高速发展，数控机床在装备制造业中的重要性愈来愈明显，特别是中高端NC机床产品的需求也将与日俱增。2007年我国NC机床的年产量达11万台，中档NC机床已达4.2万台，高档NC机床也已进入产业化。随着我国对中高档NC机床的需求增长，发展中高档NC机床是必然趋势，这将给国内NC机床行业的发展带来契机，确保我国整体工业的可持续发展。

武汉华中数控股份有限公司、北京航天数控系统有限公司、北京机电院高技术股份有限公司和上海电气(集团)总公司等已成功开发了5轴联动的NC系统，分别应用于NC加工中心、NC龙门铣床和NC铣床。近期，武汉重型机床集团有限公司应用华中NC系统，成功开发了CKX5680 NC7轴五联动车铣复合加工机床。国内主要NC系统生产基地有华中数控、航天数控、广州数控设备有限公司和上海开通数控设备有限公司等。

本章小结

本章主要论述制造技术的和发展趋势，并对柔性制造系统、计算机集成制造系统和现代数控技术的基本概念、组成结构、性能特征、发展前景和涉及的关键技术进行了展开介绍。

习　题

1. 简述制造自动化技术的内涵与特点。
2. 论述制造自动化技术的研究现状和发展趋势。
3. 什么是柔性制造系统？它有哪些类型？
4. 柔性制造系统的特点和适用范围是什么？
5. 柔性制造系统的组成分系统有哪些？ 简述各分系统的功能。
6. 柔性制造系统中有哪些数据类型，它们的联系方式有哪些？
7. 简述 FMS 的发展前景。
8. 简述计算机集成制造系统的定义、内涵和应用集成的层次。
9. CIMS 构成要素是什么？从功能角度看，一般可以将 CIMS 分为哪些功能分系统？
10. 叙述 CIMS 各功能分系统的作用。
11. 数据仓库系统的体系结构和主要功能模块是什么？
12. 数据库的结构层次和主要特点是什么？数据挖掘技术的方法有哪些？
13. 简述国内外 CIMS 的现状和 CIMS 的发展趋势。
14. 计算机数控机床的组成、种类和结构特点是什么？
15. 什么是数控程序和数控编程？数控编程的分类方法有哪些？
16. 简述手工编程的步骤和计算机辅助数控编程的一般原理。
17. 简述数控加工技术的发展趋势。

第5章　产品数据管理技术

教学目标

1. 认识产品数据管理(PDM)在企业的地位和作用；

2. 了解PDM技术的产生与发展；

3. 掌握PDM的基本概念、体系结构、相关支持技术及PDM的最新技术；学习和理解PDM系统功能；

4. 掌握信息建模、应用集成；掌握如何实施PDM技术及PDM软件选型。

教学要求

能力目标	知识要点	权重	自测分数
了解产品数据管理技术的相关知识，掌握PDM的基本概念、体系结构、相关支持技术	产品数据管理的概念、体系结构、相关支持技术及PDM最新技术的发展趋势	15%	
掌握PDM系统的主要功能，了解电子仓库与文档管理创建、工作流或过程管理的实施、产品结构与配置管理运用，掌握零件分类管理与检索及工程变更管理的过程	PDM系统的主要功能：电子仓库与文档管理、工作流或过程管理、产品结构与配置管理、零件分类管理与检索、工程变更管理过程	20%	
全面认识PDM实施的目标与内容，掌握PDM系统实施步骤与PDM系统选型原则	PDM实施的目标与内容、PDM系统实施步骤、PDM系统的选型	15%	
了解PDM信息建模相关内容，掌握建模原则及关键技术	人员管理模型、产品对象模型、产品结构管理模型、产品配置管理模型、流程管理模型	20%	
了解PDM系统集成的3个层次，掌握PDM系统环境下实现与其他应用系统集成的技术，掌握PDM系统的企业信息集成过程及技术	PDM的应用集成的体系结构，PDM与CAD/CAPP /CAM的集成原则，基于PDM系统的企业信息集成技术	20%	
了解PDM软件的应用现状，掌握PDM软件选型原则	PDM软件类型及其功能，PDM软件选型	10%	

引例

随着信息时代的到来，企业为了在竞争日益激烈的市场当中取得优势，在信息化建设方面大力投资以提高其竞争力。针对企业的行业和自身业务特点，利用信息技术并结合先进的管理思想和理念、管理方法，结构合理地组织改造，是实现企业管理信息化的必由之路。上海机床厂(上海机床厂有限公司前身)始建于 1946 年，是中国最大的精密磨床和精密量仪专业制造企业。上海机床厂对产品设计非常重视，有严格的管理方法，但是通过手工进行电子数据的管理在效率、技术等方面存在着不少问题。对电子数据资源的版本和借用管理都是一个空白，设计人员之间的数据共享基本上是靠设计人员的经验和对产品的熟悉程度来实现的，没有一种很好的产品资源管理和查找方式，设计资源无法实现有效的共享。而且随着企业的技术部门地不断扩展，新的设计人员对于产品熟悉时间较长，难以快速接手新的工作。从整个企业级别来看，其他部门查阅技术部门的资料时，也不能提供一个有效的查询工具。为从根本上解决上述问题，决定建立一个支撑企业设计、工艺技术管理的产品数据管理平台。通过对国内外 PDM 产品及软件商实力的详细考察，选择在机床行业拥有众多成功的一体化解决方案案例，并对制造业信息化有深刻理解的艾克斯特公司建立信息化战略合作关系。通过对企业技术管理工作存在的主要问题的分析，结合艾克斯特公司在机床行业实践的经验，确定 PDM 项目的技术路线。PDM 项目在上海机床厂合作很顺利，通过双方组织的验收，所涉及的各技术路线、应用子系统已经在上海机床厂磨研所、上依公司得到很好的推广与应用，对同行业具有示范作用。上海机床厂有限公司凭借其强大的技术力量，先进的 PDM 系统，优良的加工工艺和良好的设备，目前与世界上多家著名企业进行着不同形式的合作并且在不断地发展和扩大。

产品数据管理实施的流程图如图 5.1 所示。

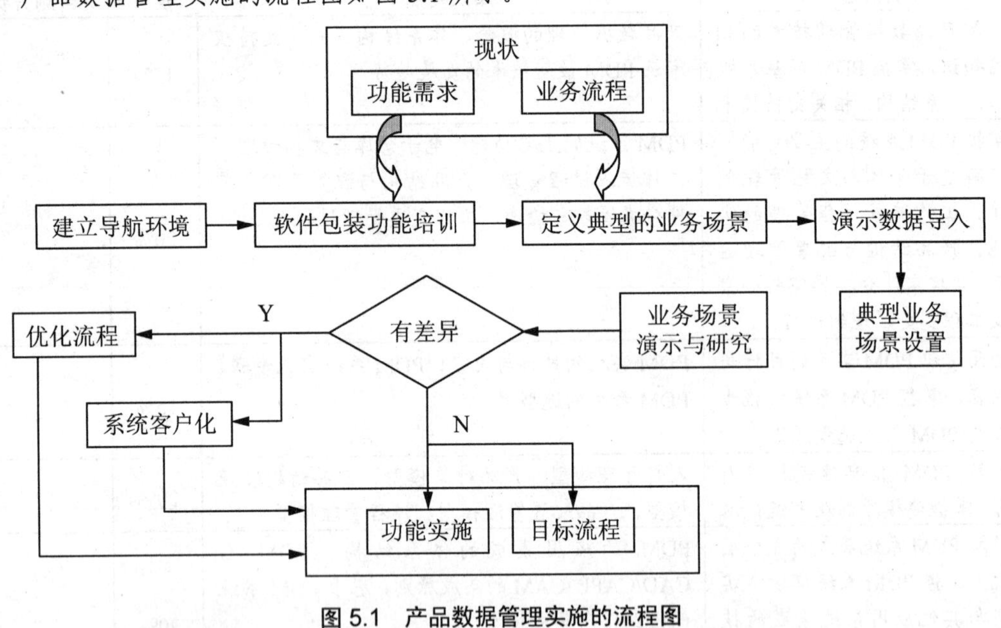

图 5.1　产品数据管理实施的流程图

5.1　产品数据管理概论

产品数据管理(PDM)在实现企业的信息集成、提高企业的管理水平及产品开发效率等方面的意义是潜在而巨大的，如何缩短复杂产品的开发周期以早日占有市场、并降低成本。如何去适应快速变化的市场需求，对企业进行重组，不断以高质量、低成本、快速开发新产品等手段，在竞争中求得生存和发展，已成为企业共同追求的目标。PDM 系统的主要作用就是作为各种计算机应用系统的集成框架，实现对产品数据进行管理，进而达到对整个产品生产过程进行控制的目的。它将为企业提供一个最大限度地利用企业的人力资源和信息资源的强大工具。本章从信息和管理的角度论述现代企业需要 PDM，介绍其产生的背景和发展阶段以及 PDM 的基本概念、体系结构、功能、集成及实施技术。经过近 20 年的发展，PDM 技术已经达到了很实用的程度。

5.1.1　产品数据管理的发展

PDM 技术的发展可以分为以下 3 个阶段：配合 CAD 工具的 PDM 系统、专业 PDM 系统和 PDM 的标准化阶段。

1) 配合 CAD 工具的 PDM 系统

早期的 PDM 产品诞生于 20 世纪 80 年代初。当时，CAD 已经在企业中得到了广泛的应用，工程师们在享受 CAD 带来好处的同时，也不得不将大量的时间浪费在查找设计所需信息上，对于电子数据的存储和获取的新方法需求变得越来越迫切了。针对这种需求，各 CAD 厂家配合自己 CAD 软件推出了第一代 PDM 产品，这些产品的目标主要是解决大量电子数据的存储和管理问题，提供了维护“电子绘图仓库”的功能。第一代 PDM 产品仅在一定程度上缓解了“信息孤岛”问题，仍然普遍存在系统功能较弱、集成能力和开放程度较低等问题。在美国，50%以上的企业已采用了 PDM 技术。但由于 PDM 系统的庞大、用户需求的提高以及 IT 技术的发展，PDM 仍然在发展，仍然有许多问题需要研究，而且随着其发展，又出现了一些新的问题。

2) 专业 PDM 系统

通过对早期 PDM 产品功能的不断扩展，最终出现了专业化的 PDM 产品，如 SDRC 公司的 Metaphase 和 UGS 的 iMAN 等就是第二代 PDM 产品的代表。与第一代 PDM 产品相比，在第二代 PDM 产品中出现了许多新功能，如对产品生命周期内各种形式的产品数据的管理能力、对产品结构与配置的管理、对电子数据的发布和更改的控制以及基于成组技术的零件分类管理与查询等，同时软件的集成能力和开放程度也有较大的提高，少数优秀的 PDM 产品可以真正实现企业级的信息集成和过程集成。第二代 PDM 产品在技术上取得巨大进步的同时，在商业上也获得了很大的成功。PDM 开始成为一个产业，出现了许多专业开发、销售和实施 PDM 的公司。

3) PDM 的标准化阶段

1997 年 2 月，OMG 组织公布了其 PDMEnabler 标准草案。作为 PDM 领域的第一个国际标准，本草案由许多 PDM 领域的主导厂商参与制订，如 IBM、SDRC、PTC 等。PDMEnabler 的公布标志着 PDM 技术在标准化方面迈出了崭新的一步。PDMEnabler 基于 CORBA 技术，就 PDM 的系统功能、PDM 的逻辑模型和多个 PDM 系统间的互相操作提出了一个标准。这一标准的制订为新一代标准化 PDM 产品的发展奠定了基础。

20 世纪 90 年代末期，PDM 技术的发展出现了一些新动向，在企业需求和技术发展的推动下，产生了新一代 PDM 产品。新的企业需求是产生新一代 PDM 系统的牵引力。长期以来，人们对于企业功能的分析主要采用这样的方法：首先界定企业的职能边界，确定哪些是企业本身的职能，哪些不是企业的职能，然后对于企业的职能采用“自顶向下”逐层分解的方法，将企业的功能按照从粗到细进行分解形成企业的功能分解树。随着现代科技的飞速发展，要想建立一个大而全的体系越来越难，任何企业都要经常与其他企业进行联合，甚至需要许多来自不同企业的职能部门临时组织在一起，组成所谓“虚拟企业”，共同完成某项社会生产任务。这些新的社会生产方式要求人们对于企业功能的分析思路和方法也有所改变。如果说第二代 PDM 产品配合了“自顶向下”企业信息分析方法，第三代 PDM 产品就应当支持以“标准企业职能”和“动态企业”思想为中心的新的企业信息分析方法。新技术的发展是产生新一代 PDM 产品的推动力。近年来，Internet 获得了巨大的发展，Internet 已经深入并影响到人们生活的方方面面，“电子商务”的概念也已经深入人心，人们正在迎来一个网络时代。Internet 的广泛普及，给企业传统经营管理方法带来巨大的冲击。如何面对网络时代的挑战，已经成为了企业信息化过程中必须面对的问题。从初级的 PDM 发展到虚拟的可视化的 PDM：PDM 技术的发展历程如图 5.2 所示。

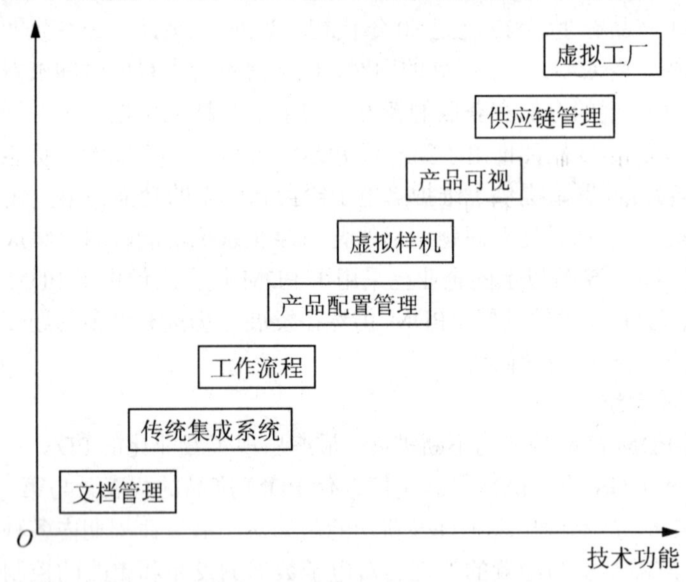

图 5.2　PDM 技术的发展历程

特别提示

产品数据管理(PDM)出现于 20 世纪 80 年代初。当时提出这一技术的目的主要是为了解决大量工程图纸、技术资料的电子文档管理问题。随着先进制造技术的发展和企业管理水平的不断提高，PDM 的应用范围逐渐扩展到设计图纸和电子文档的管理，材料明细表(Bill Of Material，BOM)，工程变更请求/指令(Engineering Change Request/Order，ECR/ECO)的跟踪管理等领域。同时成为 CAD/CAM 集成的一项不可缺少的关键技术。

PDM 技术随着用户要求和 IT 技术在不停地发展，目前对 PDM 的研究主包括 PDM 的部分关键和应用技术、PDM 中的信息模型及其标准化、工作流与过程管理、产品协同定义和全生命周期管理等。并走向对产品全生命周期的管理。随着网络技术和分布组件技术的应用，PDM 的数据集成和联邦机制越来越重要，通过标准的数据交换格式和产品信息模型的标准化，企业可以充分共享产品在整个生命周期中的信息。PDM 最终会成为支持跨企业的整个产品生命周期的产品开发的平台，以适应信息时代产品开发由单一企业自主开发向广义企业或虚拟企业异地协同开发、制造和管理的要求。

5.1.2　产品数据管理的应用

PDM 技术本身发展角度的出发主要在以下几个方面应用。

1. 网络技术和分布式数据库技术在 PDM 系统中的应用

基于因特网/企业内部网平台及 Java 语言，开发结构灵活、用户界面友好的 PDM 系统已成为一种趋势。今后的制造业将向分散网络化制造的方向发展，基于网络的企业数据管理被认为是其支撑技术之一。在分散化制造中，为支持各企业之间信息共享和企业及时重组，企业内的产品数据就必须有效管理起来，以便实现与合作企业之间的网上信息交流，共同完成产品开发和制造。PDM 系统要能支持分散化网络制造，就需要在系统中更多地应用网络技术和分布式数据库技术，提供用户对数据访问的透明性，简化客户端的操作，加强用户之间通过网络的信息交流。

2. 基于并行工程的企业信息集成应用

PDM 技术作为支持企业重组和并行工程的使能技术，作为 CIMS 集成的理想平台，在今后的发展中将会更多地考虑这两方面的要求，并行工程是集成的、并行的设计产品及其相关过程(包括制造过程和支持过程)的系统方法。这种方法要求产品开发人员在设计一开始就应考虑产品整个生命周期，即从概念形成到产品报废处理的所有因素，包括质量、成本、进度计划和用户要求。PDM 系统要能支持并行工程，就需要在流程管理系统集成上按照并行工程的思路，提供并行协同的设计平台和管理平台，支持异地分布人员对同一图形进行显示与处理，保证各类技术人员在不同终端上对同一模型进行操作。在 PDM 系统环境中技术人员可以对图形和模型数据实现共享，管理人员可以对同一决策方案进行商讨；此外，系统需要提供各种决策评价系统，评价各个阶段的工作(包括设计、管理等)，后续岗位人员将评价的结果作为提前进入的依据，确保整个工作全面、顺利、协调地展开。

3. PDM 与 MRPⅡ相互结合的应用

PDM 与 MRPⅡ系统都具有对产品生命周期数据进行管理的能力，PDM 侧重于对产品设计和过程数据进行管理，PDM 的任务是控制产品配置，使用更改控制和产品生命周期来管理产品定义数据的开发、修改以及并行使用。而 MRPⅡ偏重于对计划、物料和制造过程的管理，主要任务是控制生产计划过程，平衡期望的产品销售情况与制造这些产品所需消耗资源之间的关系。因为这两个系统任何一个都不能完全包括所有的产品全生命周期的数据，所以 PDM 与 MRPⅡ二者互相结合，实现它们之间的功能互补是今后二者发展的主要方向。PDM 与 MRPⅡ系统集成的关键点在产品结构和配置管理，通过 BOM 表来传递两个系统之间的数据是集成的重要手段。BOM 反映了产品的结构关系和每一零部件所需要的物料信息，为 PDM 和 MRPⅡ系统提供了产品的基础信息。但这些信息都是静态信息，而且 PDM 中的 BOM 表与 MRPⅡ中的 BOM 表总不是完全一致的。所以 PDM 在今后发展中可以开发能够让两个系统都可用的统一的 BOM 结构。而对于两个系统都要参与的更改/审批管理等动态信息的交流，可以考虑采用 CORBA 技术，利用 CORBA 技术将接口与具体的数据库实现分离，使信息处理达到实时动态的水平。PDM 与 MRPⅡ的进一步结合也是实现 CIMS 集成必须进行的工作。

4. 向标准化与通用化发展

PDM 系统现有的软件因开发商不同，各自考虑的侧重点也不一样。但是，PDM 技术作为 CIMS 系统集成的基础框架，必然要有一个标准以方便其余各系统快速集成到这一框架中。PDM 系统的标准化包含管理对象的标准化和管理过程的标准化。管理对象的标准化需要系统提供能与各系统集成的标准接口，这其中包括系统封装接口和标准数据接口，对于封装接口可以采用当前流行的 CORBA 技术，通过 CORBA 技术，开发者就可以采用不同的编程语言、操作系统和硬件平台来开发面向对象的分布式应用功能模块。同时，利用 CORBA 技术封装的系统也可以迅速集成到 PDM 主框架中。对于数据接口，可以应用国际通行的 STEP 标准来规范各种类型的数据。管理过程的标准化则需要 PDM 系统在今后的发展中，对工作流程和管理流程采用 ISO 900 系列标准以及企业必须遵循的其他标准。这样可以使 PDM 系统在各企业应用时易于实施，使 PDM 系统客户化的工作相应减少。

特别提示

这里需要特别指出的是，现在 PDM 技术的应用领域十分广泛，主要是集中在制造业领域，但机械、电子、汽车等行业均已开始实施 PDM 技术。在这些行业中，PDM 系统对企业的产品数据进行统一管理，并且在产品开发的整个过程中协助管理者对开发过程进行有效管理。在此基础上，PDM 系统还可以作为 CIMS 系统集成的基本框架，把 CIMS 系统的其他子系统，如 CAD/CAPP/CAM 子系统、MIS 子系统、MRP Ⅱ子系统等，通过系统集成工具和接口有效地集成在一起，构成一个完整的 CIMS 系统，在全企业范围内实现数据的共享。除上述领域外，PDM 技术还可以应用于工程项目中，如建筑、桥梁等；还可应用于基础设施和公用事业中，如机场、海港、铁路运营系统、后勤仓储等。随着 PDM 技术的不断发展，其应用的领域也会逐步扩大。

5.1.3 PDM 的基本概念

产品数据管理(PDM)技术一直在不断地发展与完善，所涉及的范围也逐步由过去单一的计算机信息管理扩展到产品开发的几个主要领域，如设计图纸和电子文档的管理、材料报表(BOM)管理以及与工程文档的集成、工程变更请求/指令的跟踪与管理。直至 20 世纪 90 年代中期，随着网络、数据库、技术库的发展以及 Client/Server、Internet/Web 与面向对象技术的应用，PDM 技术有了很大的发展，特别是在现代集成制造系统(CIMS)、并行工程实施中所起的作用越来越引起人们的重视。CIMS 集成平台的研究、开发与应用，是目前 CIMS 应用实施的关键。并行工程的思路就是从产品设计开发和制造的过程出发，提倡小组协同工作，强调小组成员在产品设计的同时进行相关过程的设计。这就要求与产品过程相关的人员在产品全生命周期内的各个环节和产品过程相关的各个地方均能及时、准确地获取产品的相关信息，并对产品数据进行一定权限范围内的操作。PDM 技术恰好能满足这些方面的要求。1995 年 2 月，主要致力于 PDM 技术和相关计算机集成技术的国际咨询公司 CIMdata 的总裁 Ed Miller 给出了 PDM 的简单定义：“PDM 是一门用来管理所有与产品相关信息(包括零件信息、产品配置、相关文档、CAD/CAE/CAM 文件、电子表格、权限信息等)和所有与产品相关过程(包括过程定义和管理)的技术。”1995 年 9 月，Gartner Group 公司的 D.Burdick 则把 PDM 定义为：“PDM 是为企业设计和生产构筑一个并行产品开发环境(由供应、工程设计、制造、采购、销售与市场、客户构成)的关键使能技术。一个成熟的 PDM 系统能够使所有参与创建、交流、维护设计意图的人在整个信息生命周期中自由共享和传递与产品相关的所有异构数据。”但就现阶段 PDM 的发展情况而言，可以给出一个较为具体的定义：“PDM 技术以软件技术为基础，是一门管理所有与产品相关的信息(包括电子文档、数字化文档数据库记录等)和所有与产品相关的过程(包括审批/发放、工程更改、一般流程、配置管理等)的技术。提供产品全生命周期的信息管理，并可以在企业范围内为产品设计与制造建立一个并行化的协作环境。”从技术的角度，产品数据管理(PDM)是一种管理技术，管理所有与产品相关的信息和过程的技术；从软件系统的角度，PDM 是一种管理软件，提供帮助工程师以及其他人员管理产品资料与开发步骤的一种软件系统，提供数据、文件、文档的更改管理、版本管理、产品结构管理和工作流程管理等基本功能；从工具的角度，PDM 是建立在数据库基础上的一种软件技术，是介于数据库和应用软件之间的软件开发平台，可以集成或封装多种开发环境和工具，是企业全局信息集成的理想平台，是支持企业过程重组、实施并行工程和 CIMS 工程的使能技术，同时也是一个面向对象的电子资料室，能够集成产品生命周期内的全部信息。PDM 从狭义上可以定义为一门管理所有与产品相关的信息和所有与管理相关的过程的技术。从广义上 PDM 是在企业范围内从策划到产品构筑一个并行化协作环境，由供应、工程设计、制造、采购、市场与销售、客户等构成的关键使能器。一个成熟的 PDM 系统能够使所有参与创建、交流、维护设计意图的人们在整个信息生命周期中安全、有序、高效地共享与产品相关的所有异构数据，包括图纸与数字化文档、CAD 文件和产品结构等。

综合上述定义，PDM 系统可以定义为以软件技术为基础，以产品为核心，实现对产品相关的数据、过程、资源一体化集成管理的技术。PDM 系统明确定位为面向制造企业，以产品为管理的核心，以数据、过程和资源为管理信息的三大要素。PDM 系统中的数据、过程、资源和产品的关系如图 5.3 所示。PDM 进行信息管理的两条主线是静态的产品结构和动态的产品设计流程，所有的信息组织和资源管理都是围绕产品设计展开的。这也是 PDM 系统有别于其他的信息管理系统如企业信息管理系统(MIS)、制造资源计划(MRPⅡ)、项目管理系统(PM)、企业资源计划(ERP)的关键所在。

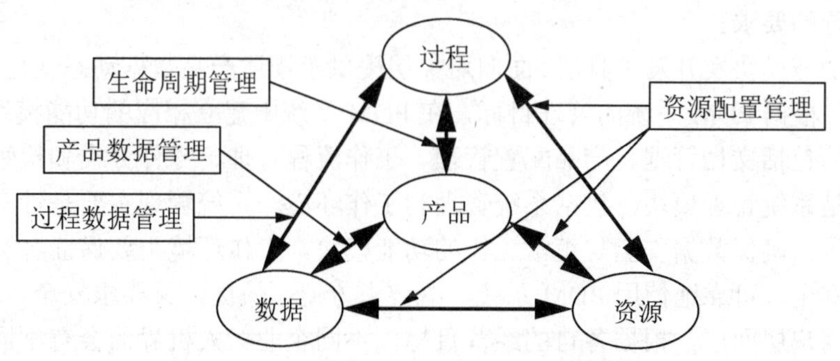

图 5.3　数据、过程、资源和产品的关系

5.1.4　PDM 系统的体系结构

从 PDM 的实现技术上讲，大多数 PDM 系统都采用客户/服务器(C/S)的体系结构。需要有数据库技术保证数据的存储和管理，需要有网络技术提供数据的通信和传递。同时采用面向对象的设计方法为开发网络和数据操作接口模块提供底层服务和支持，并提供产品

时间管理功能和用户前端软件工具集，实现产品全生命周期的信息管理，协调工作流程和项目进展，在企业内建立一个并行化的产品开发协作环境。

PDM 系统的开放式体系结构如图 5.4 所示。

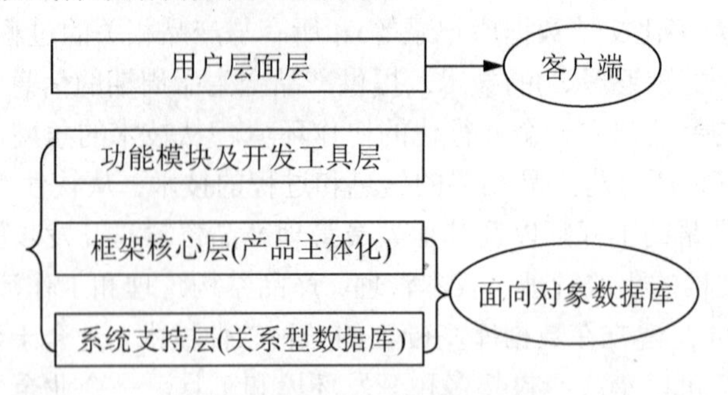

图 5.4　PDM 的开放式体系结构

如图 5.4 所示，以网络环境下分布式数据库技术为支撑，采用 C/S(客户机/服务器)体系结构和面向对象的方法，实现产品全生命周期的信息管理。其内部构造是层次化的，它的开放性主要体现在：PDM 系统的体系结构包括系统支持层、框架核心层、功能模块及开发工具层和用户界面层。

第一层系统支持层。以目前流行的关系型数据库系统为 PDM 系统的支持平台，通过关系型数据库提供的数据操作功能支持 PDM 系统对象在底层数据库的管理的最基本的功能。如存、取、删、改、查等操作。

第二层框架核心层。这一层是面向对象层(产品主体化层)。由于 PDM 系统的对象管理框架具有屏蔽异构操作系统、网络、数据库的特性，商用关系型数据库侧重管理事务性数据，不能满足产品数据动态变化的管理要求。因此，提供实现 PDM 各种功能的核心结构与架构，用户在应用 PDM 系统的各种功能时，采用若干个二维关系表格来描述产品数据的动态变化。PDM 系统将其管理的动态变化数据的功能转换成几个，甚至几百个二维关系型表格，实现了对数据的透明化操作、应用的透明化调用和过程的透明化管理，实现面向产品对象管理的要求。

第三层功能模块及开发工具层。面向对象层提供了描述产品数据动态变化的数学模型。在此基础上，根据 PDM 系统的管理目标，在 PDM 系统中建立相应的功能模块。一类是基本功能模块，包括文档管理、产品配置管理、工作流程管理、零件分类和检索及项目管理等；另一类是系统管理模块，包括系统管理和工作环境。系统管理主要是针对系统管理员如何维护系统，确保数据安全与正常运行的功能模块。工作环境主要保证各类不同的用户能够正常、安全、可靠地使用 PDM 系统，既要求方便、快捷，又要求安全、可靠。

第四层用户层面层。根据各自的经营目标，不同企业对人机界面会有不同的要求。因此，在 PDM 系统中，通常除了提供标准的、不同硬件平台上的人机界面外，还要提供开发用户化人机界面的工具，以满足各类用户不同的特殊要求。

特别提示

整个 PDM 系统和相应的关系型数据库(如 Oracle)都建立在计算机操作系统和网络系统的平台上。同时，还有各式各样的应用软件，如 CAD、CAPP、CAM、CAE、CAT、文字处理、表格生成、图像显示和音像转换等。在计算机硬件平台上，构成了一个大型的信息管理系统，PDM 将有效地对各类信息进行合理、正确和安全的管理。

5.1.5　PDM 系统的相关支持技术

1. 数据存储技术

PDM 的主要目标就是有效地管理数据，以实现数据共享，要实现这一目标，首先必须解决数据存储的问题。目前，数据存储主要有两种形式：一种是以文件形式保存数据；另一种是以记录形式将数据存放于数据库中。基于文件的数据管理方式有许多缺点，如难以实现数据的追踪、共享、安全控制等。所以 PDM 的数据存储基本上是采用后一种形式。使用数据库存放数据有许多优点，如可以保证数据在物理上和逻辑上的独立性、可以提供明确的存储规则和标准、可以有效地控制对数据的使用、保证数据的安全性、可恢复性、可以减少数据的冗余以及允许不同的用户共享数据等。尽管如此，将所有数据放在单一的数据库中却是不可行的，这是因为，当前许多计算机应用系统都是基于文件的自动化孤岛，如 CAD/CAM/CAE 等 CAX 系统。另外，在产品开发过程中生成的大部分数据属于工程数据，其形式多样、结构复杂，难以用一般的商用数据库来进行管理。针对上述问题，一般有两种解决办法：一是建立工程数据库；二是采取基于文件的非 DBMS 方法和全 DBMS 方法之间的变通。目前，大部分 PDM 系统采取第二种方法，这种方法允许数据存放于产生它们的各自文件中，而只在数据库中存放有关每个文件的有限信息。

PDM 数据库系统的重要发展方向是面向对象的数据库技术、多媒体数据库技术、并行数据库技术、联邦数据库技术、模糊数据库技术、演绎数据库技术、数据仓库技术等。

2. 面向对象技术

面向对象技术是以对象观点对现实世界进行识别和抽象，并提供封装、继承和多态等特征。面向对象的模型从人们认识世界的角度出发，比较客观地反映了现实世界，通过对实体的属性、行为的封装，将复杂的客观实体看成一个对象，对象之间的关系可通过消息的传递激发相应的方法实现。对若干具有相同属性和方法的产品数据对象进行归类、综合，提取共性并加以描述，以便形成类，每个对象也可以看作该类的一个实例。通过继承的思想，充分利用企业中成熟的、可重用的数据。产品数据建模的过程就是对产品数据合理地分层组织和抽取的过程，当用户有新的数据要求时，可以在原有类的基础上进行相应的扩充，从而来适应产品数据变化的需要。PDM 系统采用面向对象技术增强了系统的易用性、柔性、开放性和其他计算机系统的无缝集成。

3. 客户机/服务器技术

客户机/服务器(C/S)结构，通常是由客户端的机器执行应用程序，然后连接到后端的数据库服务器中存取应用系统需要的资料，其结构如图 5.5 所示。

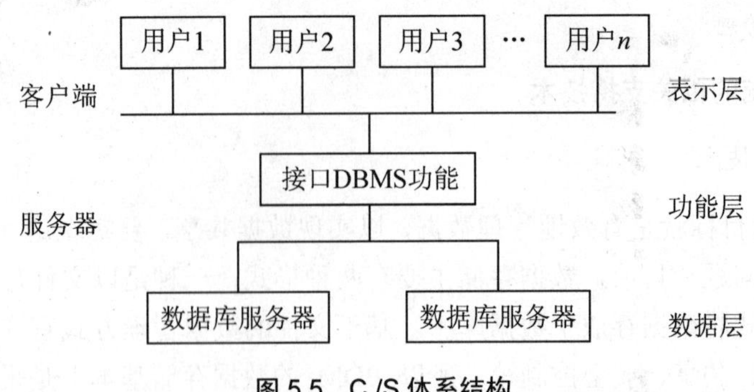

图 5.5　C /S 体系结构

客户端是表示层，完成用户的接口功能，用户接口组件是表示层的组成部分。中间层是功能层，由应用逻辑组成并利用服务器处理事务管理，完成客户的应用功能。服务器是数据层，完成数据存取，服务器应客户请求独立地进行各种处理。当前端的 Client 发出请求时，这些请求则经过功能层有关 DBMS 数据库引擎如 ODBC、相关应用模块以及某些专用接口文件与数据库连接，将请求内容传到 Server，Server 再根据请求完成各种处理后，将结果回送到 Client。从以上运作过程中可看出，C/S 结构把应用从客户端中分离出来，使它不再支持应用，从而变成一个简单的客户端，这样，它就具有强大的数据操纵和事务处理能力，而且系统维护也变得简单化。应用的增加、删除、更新对用户的个数及执行环境并不产生影响。同时，服务器端不仅提供数据库信息的共享，而且还进行数据库处理工作。它克服了文件服务器结构模式中客户端应用程序只共享文件服务器数据文件，而没有共享到服务器高性能处理能力的不足，既发挥了网络系统分布式处理的特点，又较好地利用了基于主机的集中式处理所拥有的性能上的优点。另外，当来自客户端的频繁访问造成第三层的服务器负荷过重时，还可以分散、均匀负荷而不影响客户环境。

4. 集成技术

随着计算机技术日益广泛深入的应用，人们很快发现，采用这些各自独立的系统不能实现系统之间信息的自动传递和交换。集成技术致力于各自独立的系统之间数据的自动传递和转换，以便将业已存在的和正在使用的独立系统集成起来。PDM 系统的集成主要包括运行环境集成、信息集成、功能集成、技术集成以及人员和组织的集成。PDM 所处理的是 CAD/CAPP/CAM、MRP Ⅱ等所产生的数据，由于不同的应用系统中的对象描述所采用的标准或数据的格式是不同的，因此造成各系统之间互不兼容。目前，还不可能完全采用统一的标准对数据进行处理，解决的办法是将各系统中的共同信息提取出来，以做到数据的一次输入、多次使用。

5. Internet/Web 技术

PDM 系统作为一种应用框架，其对开放性与可扩展的要求与 Web 的开放性体系结构相互补充。应用 Web 技术可以实现 PDM 系统在异构环境下的应用，扩展 PDM 的功能，使之适应网络化虚拟的产品设计和过程管理，并支持异地和异构环境下的设计与制造。基于 Web 的 PDM 技术可以虚拟企业提供的技术支持。数据的安全性可以利用防火墙、访问控制、数据加密、容错技术和远程访问安全技术等来实现。企业内部通过企业内部网/Internet 链接，用户在浏览器端，通过访问 Web 服务器实现对企业数据库的查询，企业通过外部网/Extranet 互联，用户通过对本企业的 Web 服务器发出访问其他企业资源的请求，实现对其他企业资源的访问。Web 技术使用户可以快速、方便地访问广域范围内类型各异的数据，具备扩展性好、信息共享程度高、维护方便、使用简单的特点。能够在分布式、多用户的网络协作环境中实现统一的数据管理功能，同时充分利用现有企业网络和原来的系统功能，通用性好、廉价、可行，且与硬件无关。

采用客户机/服务器(C/S)以网络和数据库技术为支撑的集成 PDM 系统如图 5.6 所示，实现分布式操作。PDM 在计算机网络和关系型数据库管理系统的基础上，增加了数据对象层，通过对数据对象的控制与维护，为应用系统提供了较网络和数据库更高层次上的信息集成平台。CAX 分系统的各类应用全部集成在 PDM 环境中；MIS 分系统、MAS 分系统、IQS 分系统通过 PDM 接口能访问产品数据库。PDM 系统提供了产品数据的组织与控制。

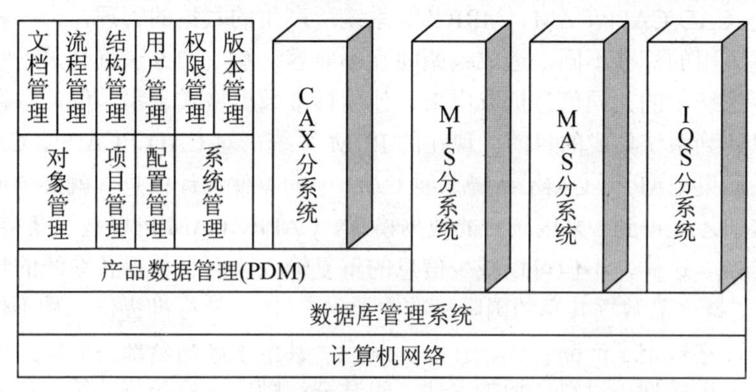

图 5.6　基于 C /S 模式应用系统的集成 PDM 体系结构

6. 成组技术

合理组织中小批量生产的系统方法。由苏联米特洛万诺夫创造，后来介绍到欧美，受到普遍重视。德国亚琛工业大学的 H.奥匹兹教授曾对其进行深入研究，制定出一整套的工作程序和零件分类编码系统，使之更趋完善并更便于推广应用。成组技术已发展到可以利用计算机自动进行零件分类、分组，不仅可以应用到产品设计标准化、通用化、系列化及工艺规程的编制过程，而且在生产作业计划和生产组织等方面也有较多的应用。成组技术所研究的问题就是如何改善多品种、小批量生产的组织管理，以获得如同大批量那样高的经济效果。成组技术的基本原则是根据零件的结构形状特点、工艺过程和加工方法的相似性，打破多品种界限，对所有产品零件进行系统的分组，将类似的零件合并、汇集成一组，再针对不同零件的特点组织相应的机床形成不同的加工单元，对其进行加工，经过这样的重新组合可以使不同零件在同一机床上用同一个夹具和同一组刀具稍加调整就能被加工出来，从而变小批量生产为大批量生产，提高生产效率。

成组技术是在零件设计和制造中充分利用相似性原理将零件加以分类的方法。在 PDM 系统中，由于要管理的产品数据很多，合理的分类就显得非常重要。电子仓库中各种信息的编码分类，零件库中零件族的管理，都要用到成组技术的原理和方法。在 PDM 中，利用成组技术将具有同类性能特征的产品、相似结构的部件和零件进行统一管理，设计人员就可以迅速地找到需要的信息。例如，由 CAPP 子系统生成的工艺文件提交到 PDM 系统中以后，PDM 系统可以将相似的加工工艺存放在一起(当然这只是逻辑组织在一起，物理上可以分散于各个地方)，这样，零件加工的安排、机床使用频率的统计等都可以从这些有效管理的工艺文件中得出。在零件库中，零件分类存放、逐层组织，管理人员可以从整体上了解企业的产品设计能力和加工能力。另外，随着数据量的增加，分类编码管理不但可以简化 PDM 系统的工作，而且往往还会产生意想不到的效果。例如，通过浏览产品类、零件族，可以启发设计人员改进原有产品，设计出全新产品。这也是实施 PDM 系统、促进企业信息共享的又一好处。

7. 数据交换标准技术

PDM系统作为CIMS系统集成的框架，它需要实现各种功能的集成，包括运行环境集成、信息集成、功能集成、技术集成以及人员和组织的集成等，但其核心是信息集成。PDM系统面对的是 CAD/CAPP/CAM、MRPⅡ等系统所产生的数据的管理，由于各应用系统中各种对象描述采用的标准不同，造成系统间互不兼容，解决的办法就是采用统一的数据交换标准，将各系统中的共同信息提取出来，使用标准数据格式表示，保证数据一次输入，多次使用，以达到系统集成的目的。现在的PDM系统，对CAD、CAPP、CAM产生的数据分别管理，如果CAPP、CAM系统需要CAD中的零件设计信息，就必须通过一定的数据格式转换接口才能得到。采用统一的数据格式，CAPP、CAM可以直接获得所需的数据，而不必进行转换。这样，不但可以减少信息的重复输入，而且使得各系统的集成更加紧凑合理。目前，支持产品数据共享的国际标准主要是STEP，该标准提供一种不依赖于具体系统的中性机制，它规定了产品设计、开发、制造，甚至于产品全部生命周期中所包括的诸如产品形状、解析模型、材料、加工方法、组装分解顺序、检验测试等必要的信息定义和数据交换的外部描述。因而 STEP 是基于集成的产品信息模型。但这一标准现在还不能覆盖PDM系统所有的内容，有待进一步研究和完善。

5.1.6 PDM的最新技术

1. 分布式多层体系结构技术

分布式 PDM 系统，主要针对大型企业，特别是跨国公司，产品数据可能分布在不同的地区，甚至不同的国家，每个地区只负责产品的某一部分数据的生成、维护和使用。同时，地区之间还必须相互交流产品数据，以便在企业的任何地区都能得到该产品的全部数据。因此，分布式 PDM 系统不仅要把各个部门所关心的数据进行统一管理，还要考虑跨地区的分布式管理要求，企业中的任何用户在任何地点都可以进入分布式 PDM 系统，用户无须知道自己的账号登录在哪个地区的服务器上，便可对相应地区的产品数据进行权限范围内的操作，而无须知道产品数据存放在哪个地区。

分布式 PDM 系统解决了重复开发应用系统的成本并增加应用系统的重复使用性，在结构上有了巨大的改变，采用了多层体系结构，如图 5.7 所示。结构中包含企业逻辑的应用程序，企业的逻辑程序代码用一种特定的组件形态，封装成能够执行特定企业功能的“企业对象”，把这些企业对象分发到此应用程序服务器，开发客户端应用程序时就可以使用这些企业对象提供的服务。Internet/Intranet上潜在客户查询产品信息时使用Web服务器和外部程序沟通的标准技术，来存取在应用程序服务器中的产品企业对象的服务，可满足Internet/Intranet 上潜在客户查询产品信息。当企业决定改变产品处理的流程时，只需要修改应用程序，使用浏览器的客户可以立刻使用到最新的产品处理流程。应用企业程序逻辑和最终访问数据库均由应用服务器端实现。分布式多层体系结构技术可以在一个共享的中间层封装事务规则，不同的客户程序可以共享同一个中间层，而不必由每个客户程序单独实现事务规则。客户程序可以做得很小，客户端只需要访问模块，客户程序更容易发布、封装、配置和维护。实现了分布式数据处理，客户端与应用服务器端一般分布于不同的计算机上，程序运行效率更高，处理事务的能力更强，把一个应用程序分布在几个机器上运行，可以提高应用程序的性能，通过冗余配置还可以保证不会因为局部故障导致整个应用程序崩溃。有利于安全，由应用服务器端来实现应用企业程序逻辑和最终访问数据库，而不是由多个客户直接访问数据库服务器，减少了网络上的数据流量，另外把一些敏感的功能放在有严密防护措施的层上，同时又不至于使用户界面变得复杂。采用分布式多层体系结构，可以增加企业对象的重复使用性，并使整个系统的开发和维护成本都立刻降下来。

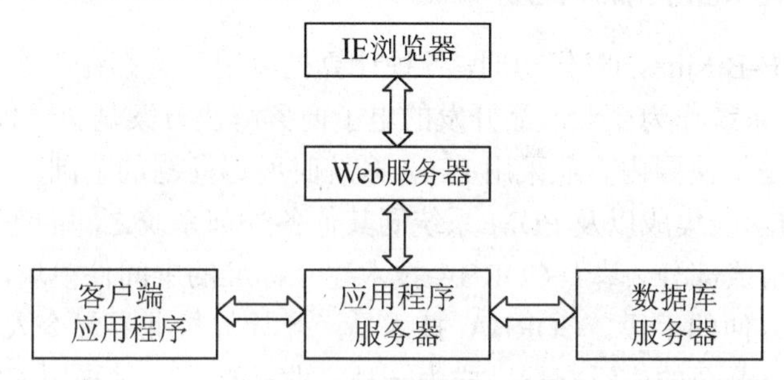

图 5.7　分布式多层体系结构

2. VPDM 和 PDMⅡ

随着市场竞争的加剧，缩短产品上市时间、降低生产成本已经成为企业所面临的严峻挑战，直接影响到了企业的产品全生命周期管理。为了能够适应敏捷制造和虚拟环境下的产品开发尤其是制造过程的需要，一种在虚拟企业概念下既能面向产品开发早期阶段又能关注产品制造阶段的产品开发支持系统成为研究的焦点。

VPDM(Virtual Product Development Management)即虚拟产品开发管理。VPDM 在虚拟设计、虚拟制造和虚拟产品开发环境中，通过一个可以即时观察、分析、互相通信和修改的数字化产品模型，并行、协同地完成产品开发过程的设计、分析、制造和市场营销及其服务。

PDMⅡ综合了 VPDM 技术、传统的 PDM 和 FRP 系统。其特点是使得建立一个创新性的产品设计环境更容易，并能降低成本和缩短产品开发周期。PDMⅡ系统可向不同的人员提供与他们从事的工作相对应的知识。在这种情况下，每个人都能获取一个考虑到自身需要和职责的产品数据视图、做到在自己的环境中进行设计。

3. 企业需求

企业功能分析的方法主要有：首先界定企业的职能边界，确定哪些是企业的职能，哪些不是企业的职能。然后对于企业的职能采用“自顶向下”逐层分解的方法，将企业的功能按照从粗到细进行分解形成企业的功能分解树。新的企业模型分析方法应当首先着眼于“标准企业职能”，通过组合和定制各个“标准企业职能”实现某个特定的企业、“虚拟企业”或企业联盟的综合的信息模型。

对于一些大型企业来说，希望 PDM 系统的功能覆盖整个企业经营范围。这时，集成式的解决方案对于整个大企业的数据存储和通信要求可能不是最佳的方案，却要求有一个企业级的 PDM 系统。企业级的 PDM 系统包含一个核心的 PDM 程序，由它来协调所有的操作并提供基本的功能。这个核心程序通过局部数据管理器所包含的集成工具，将 CAD/CAM、技术信息发布以及软件工程等各个应用系统连接起来，局部数据管理器用来在其独立应用范围内提供数据访问服务。核心 PDM 程序、局部数据管理器以及集成工具共同构成了企业多级的 PDM 系统。企业级 PDM 系统具有各项作业全面协调和企业数据仓库的作用，与局部数据管理器相比，企业级 PDM 系统具有更高级的过程管理、更大范围的数据共享和产品配置管理等更复杂的功能。

4. 采用 CORBA/Web 技术的 PDM 系统

进入电子商务(E-Business)时代初期，各种计算机应用工具都在与此相适应，PDM 系统也不例外，把 PDM 系统作为企业产品开发的电子商务解决方案是新一代 PDM 技术和系统 PDMII 的目标，也是解决国内企业采用 PDM 系统时所遇问题的基础。

PDM 系统中的功能集成以及 PDM 系统同其他各外部系统之间的集成，是建立企业信息集成系统的重要组成部分。基于 CORBA 技术建立标准的中间件模块，为 PDM 系统与其他系统集成提供了方便的手段。CORBA 技术是当今计算机业界最令人关注的中间件技术规范，已得到许多大公司的广泛支持，成为一种产业标准。一种采用 CORBA 技术、基于 Web 的 PDM 系统的体系结构如图 5.8 所示。

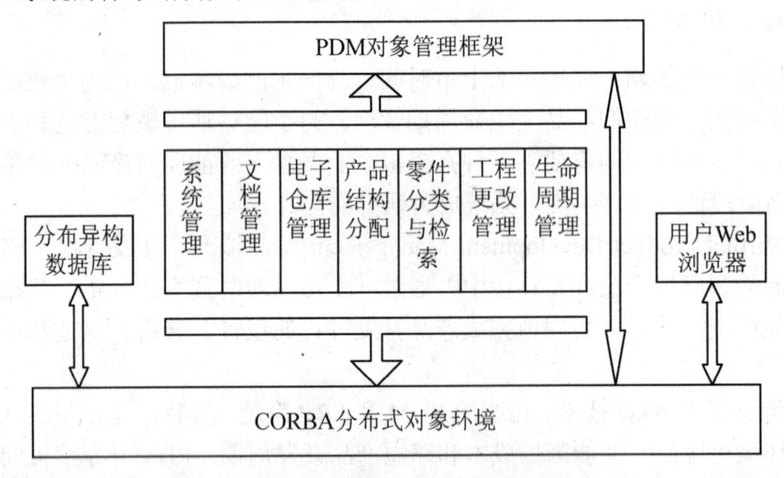

图 5.8　采用 CORBA 和 Web 技术的 PDM 系统

最底层是异构环境层，包括异构的硬件平台、网络协议、操作系统和数据库系统，它提供了 PDM 系统运行所需要的环境。产品数据管理系统层提供了 HTTP 和 TCP/IP 等协议操作异构环境层的数据。基础服务软构件对象层可以看成 PDM 系统的使能器，它是 CORBA 技术开发的。应用层提供产品站构管理、产品配置管理、生命周期管理、零件族管理、工程变更管理和项目管理等功能，用户可以根据需要对底层的软构件对象按照 CORBA 规范，利用标准接口定义语言进行组装，生成相应的标准 CORBA 组件，以获得相应的功能，并提交到最上层 Web 服务器中，最上层以通用的浏览器提供统一的用户界面，客户方只需知道目标对象及其界面，就可获得目标对象所提供的服务。利用 CORBA 技术不仅有利于现有系统的集成，而且有利于将来系统的扩展。

5. Internet/Intranet 技术在 PDM 系统中深入应用

近年来，Internet 获得了巨大的发展，PDM 系统必须架构在 Internet/Intranet/Extranet 之上，必须提供企业产品开发电子商务解决方案。这是新一代 PDM 技术和系统 PDMII 的目标，也是解决国内企业采用 PDM 系统时所遇问题的基础。图 5.9 所示是适于向 Internet 扩展的 PDM 系统体系结构。

企业的 PDM 应用系统功能集成可划分为企业局域网的功能集合和需通过 Internet 供局域网外部用户使用的功能集合。前者如 CAD、CAPP、CAM、NCP 等应用工具，在改造过程中基本上保持原来的软件结构。后者如网上用户需求反馈、网上客户订单等则需要按照基于 Web 的分布式解决方案对它们进行改造。最底层是数据层，用来存储整个数据库管理系统的最终数据。数据层采用分布式的存储策略，对图片文件、多媒体文件采用文件系统的方式进行存储，同时采取数据加密和多节点存放的形式保证文件安全。其余数据文件，采用数据库方式进行存储。中间层是整个 PDM 系统的核心，它向下提供对异构操作环境和异构数据环境的支持，向上提供对多种操作界面的连接和事务处理支持。中间层可划分为接口与协议层、组件管理与访问控制层、应用系统集成层 3 个子层。接口与协议层主要为组件管理与访问控制层提供透明的数据接口、数据结构和交互协议，以屏蔽异构的底层环境，为数据库连接提供数据库驱动等。组件管理与访问控制层主要为系统中的分布式应用提供服务，包括组件管理、访问控制、数据控制、安全控制和数据分布与复制。组件管理实现对系统中所有组件对象的管理，访问监控对用户端的请求进行侦听，接受客户端访问请求并对请求的合法性进行判别，从而决定是否提供相应的操作服务；数据控制负责对合法的访问请求进行定向，并对中间数据提供缓存、备份等服务；安全控制保证所有对数据的操作都是合法的，禁止系统外的非法数据访问；数据分布与备份负责分布式数据库和数据库中数据的同步更新和维护，保证用户能够随时得到正确的信息。应用系统集成层是产品数据管理系统的功能层，它对产品数据以及这些数据的处理流程进行管理，提供网上用户需求反馈、网上客户订单、资源重组与配置管理、产品结构与配置管理、过程与工作流管理、设计检索与零件库管理、程序与项目管理、权限与用户管理、检查与批注、网际电子协作、应用工具集成以及系统管理等功能，并提供通用的电子仓库与文档管理和多用户之间的电子通信和邮件转发支持。为了提供对 Web 的支持，它还提供图片、大文本、多媒体等数据文件的远程传递支持。在应用工具集成部分，除了采用基于文件的封装和 API 接口方式实现对应用工具的调用和相关应用工具之间的协调外，系统还建立统一的产品数据模型实现部分应用工具与系统在底层数据环境的集成。对以组件方式开发的应用工具还以 CORBA 标准进行组件封装，实现它们与系统的无缝连接。系统的最上层是用户界面，用户界面包括浏览器、分布式客户端应用以及 C/S 型应用工具等。

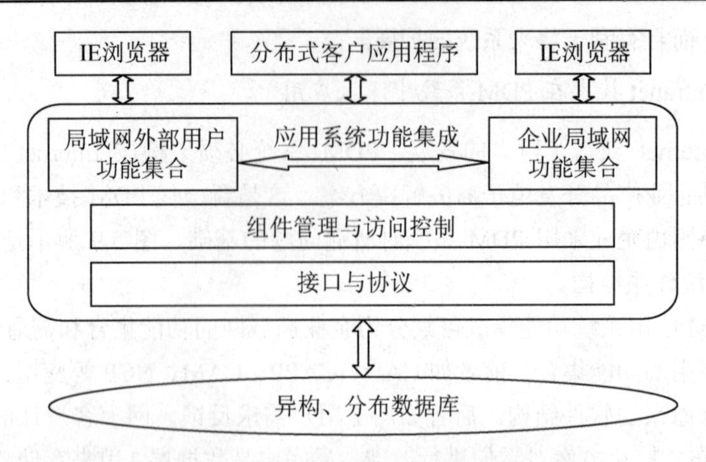

图 5.9　适于向 Internet 扩展的 PDM 系统体系结构

特别提示

采用适合于企业 Internet 扩展的 PDM 体系结构，既能充分利用现有企业网络和原来的系统功能，又能解决企业网际协作问题，同时还具备扩展性好、维护方便、使用简单的特点，使企业能够以 Internet/Intranet 的发展速度快速超越其竞争对手，得到重要的战略利益。

5.2　PDM 系统的主要功能

PDM 系统为企业提供了一种宏观管理和控制所有与产品相关的信息机制。PDM 系统管理和控制所有与产品相关的信息，以及与产品相关的过程的机制与功能。

按功能模块划分，PDM 系统的基本功能包括：①电子仓库与文档管理；②工作流与过程管理、产品结构与配置管理；③零件分类管理和工程变更管理。

除此之外还有查看和审阅功能、设计检索和零件库、项目管理、集成工具、电子协作、扫描和成像服务等。

通过这些模块的实施，首先 PDM 能建立一个产品全生命周期内的产品知识库，有效地帮助产品开发人员和管理人员快速地寻找信息、检索信息，相关人员不必知道要到什么地方寻找发布的设计或其他信息，只要经过授权就能得到这些信息或数据，这样可以使相关人员将更多的精力放在创造价值的活动上(据统计，设计人员在查找信息和处理信息上要花费 30%～70%的时间)，加速产品开发的进行。其次 PDM 的实施将提高设计与制造信息的准确性和一致性。前面已经提到，产品信息的不一致已成为令企业头疼的业务问题。PDM 系统的版本管理能使所有参加项目的人员采用同一数据工作，而且是最新的数据，这样就能避免设计上的重复和不一致。版本管理还能保证产品开发具有很强的可追溯性。

为了更有效地管理变更，PDM 提供了两种思路。首先通过 PDM 的实施要能有效地降低变更的产生。其次，在变更不可避免的情况下，PDM 的课题是如何更有效地管理变更。有效地降低变更的发生在本质上是通过并行工程来实现的，通过 PDM 可以实现产品数据的共享，通过共享机制使更多的人尽早地参与到产品设计中来。比如，在产品设计期间，工艺人员、制造人员就能及时查阅这些未经审阅的设计数据，及时发现在后续环节可能出现的问题，将错误扼杀在摇篮，用更少的代价解决问题。在变更不能消除的情况下，PDM

中的管理模块提供变更请求和变更指令两部分内容。下游人员在发现问题后，及时向上游人员发出变更请求，并将请求提交给管理部门进行审核，审核通过后将产生变更单，实施变更。这个过程基本上都可以通过 PDM 中的变更流程实现的，它和文档管理、产品结构管理结合在一起，提供完整的变更方案，提高变更的效率。PDM 中的零部件和分类管理可以将企业的零部件按照相似性原则划分为若干类，分别加以管理。从而实现以零部件为中心，组织相关信息，达到便于检索、便于借用和重用的目的。对国内企业而言，PDM 实施还有一个更为重要的意义，就是辅助实现开发流程的规范化。目前，大部分 PDM 系统都能提供灵活的流程自定义功能，在实施 PDM 的过程中，企业可以借机理顺产品开发流程，在一些关键点上固化流程，实现开发过程的规范化。PDM 可以通过自动数据发布和电子审签程序加强控制，使那些关键任务一经确定就不会被忽略或遗忘。

5.2.1 电子仓库与文档管理

1. 电子仓库

电子仓库是 PDM 最基本、最核心的功能，是其他功能的基础。它是 PDM 系统中提供的一种数据存储机制，保存所有与产品相关的物理数据和文件的元数据(管理数据的数据)，以及指向它们的指针，如图 5.10 所示。

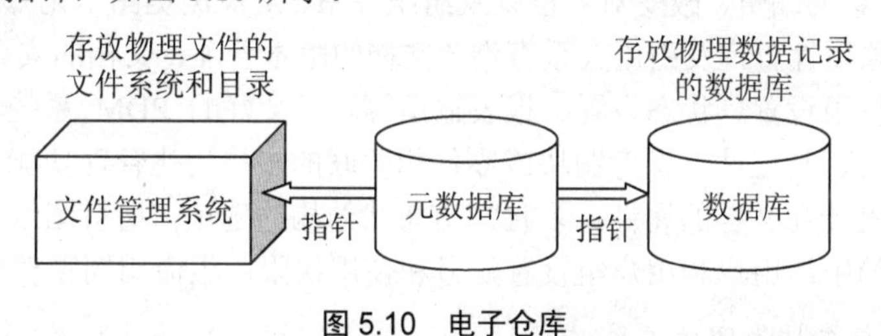

图 5.10 电子仓库

电子仓库包括：存放物理数据的文件系统、存放物理数据记录的数据库和元数据库。这些数据以图形文件、文本文件、数据文件、表格文件、多媒体文件等多种形式、多种存储机制和多种组织方式存在于计算机中。以电子方式管理数据可以使企业迅速安全地操作、控制和存取数据。

用户可以对电子仓库的操作有：数据对象的入库/出库、改变数据对象的状态、转换数据对象的主属关系、按对象属性进行的检索、数据对象的动态测浏/导航、数据对象的归档、数据对象的安全控制与管理等。

2. 文档管理

在产品的整个生命周期中与产品相关的信息是多种多样的，这些信息以文件或图档的形式存在，统称为文档。其中包括设计任务书、设计规范、二维图纸、三维模型、技术文件、各种工艺数据文件(工艺卡、工序卡、工步文件、刀位文件等)、制造资源文件(设备文件、刀具文件、夹具文件、量具文件等)、合同文书、技术手册、线路原理图、使用手册、维修卡等。PDM 中管理文档有两种方法：一种是将文档“打包”管理，即将文档整体看作一个对象，规定其名称、大小等描述信息，并将这些信息存放在 PDM 数据库表中，而文档的物理位置仍然在操作系统目录下，由 PDM 提供管理该文档的机制；另一种是将文档内容打散，将其内容分门别类放到数据库中，由 PDM 提供分类查询，或建立与其他数据库中对象的关联，并提供图示化的管理工具。图 5.11 所示为采用文件夹的面向对象的文档组织。

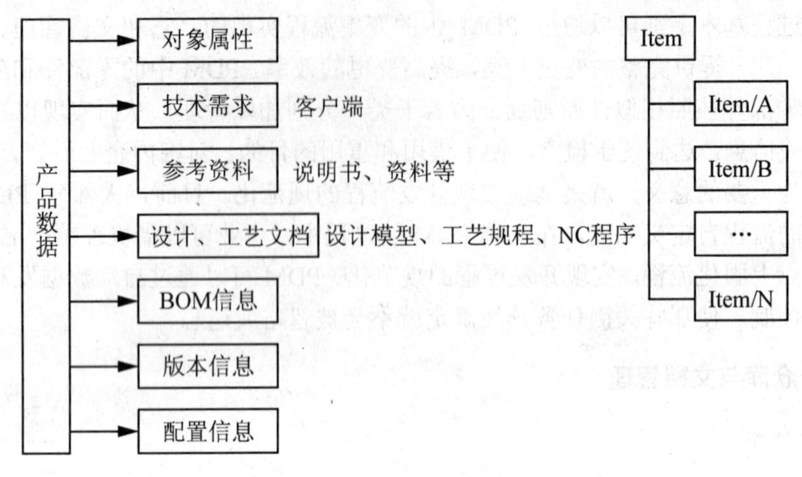

图 5.11 面向对象的文档组织

文档管理提供了对分布式异构数据的存储、检索和管理功能，包括文档对象的分类/创建/检入/检出、对象的编辑、改变对象位置及组织关系、对象浏览图示化方式、显示文件夹及对象组织、对象属性查询及引用关系查询、文档的版本管理、文档的安全控制用户/用户组设置、密码与权限设置、状态设置、报表输出等。一个好的 PDM 系统应该提供一个文件可以与多个项目、装配件、参考图块或零件相关联的多结构化管理功能；用户化界面、属性卡片以表示设计和文档的属性；多种浏览树状结构的选项；所有图纸和文档存储在安全而集中的保险箱中；用户和用户组设置账号和使用权限；生命周期管理和控制权限等。

3. 电子仓库与文档管理的关系

对于大多数企业来说，需要使用许多不同的计算机系统(主机、工作站、PC 等)和不同的计算机软件来产生产品整个生命周期内所需的各种数据，并且这些计算机系统和软件还有可能建立在不同的网络体系上。在这种情况下，如何确保这些数据总是最新的和正确的，并且使这些数据能在整个企业的范围内得到充分的共享，同时还要保证数据免遭有意的或无意的破坏，这些都是非常重要的问题。电子仓库是 PDM 中最基本、最核心的功能，它保存了元数据以及指向描述产品的相关信息的物理数据和文件的指针，它为用户存取数据提供了一种安全的控制机制，并允许用户透明地访问全企业的产品信息，而不必考虑用户或数据的物理位置。其主要功能可以归纳为：文件的输入和输出、按属性搜索的机制、动态浏览/导航能力、分布式文件管理和分布式仓库管理、安全机制等。

通过电子仓库可以比较方便地实现文档的分布式管理与共享，如图 5.12 所示。生成的文档存入时，首先要通过规则约束检查，只有符合操作权限的用户才能将文档存入电子仓库中，这时文档的元数据将存入元数据库中，具体文件则放入指定的某一文件系统的相关路径中，而打散的物理数据则放入指定的数据库中。检出操作与检入操作相反，不同的是，用户在自己的计算机上就可以检出需要的文件，而不需要知道其具体存放地点。

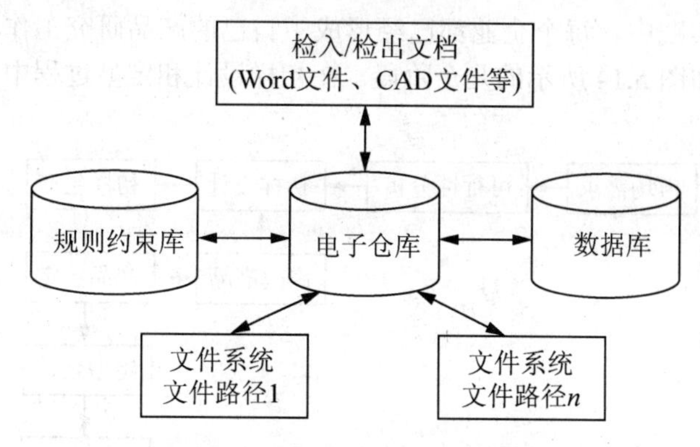

图 5.12　文档在电子仓库中的管理

5.2.2　工作流与过程管理

工作流与过程管理是 PDM 基本功能之一，工作流程管理是协调企业组织任务和过程以便获得最大生产效率的技术。它用来定义和控制数据操作的基本过程，主要管理用户操作数据过程中人与人之间或活动与活动之间的数据流向，以及在一个项目的生命周期内跟踪所有事务和数据的活动。这里的数据可以是前述需要纳入流程中管理的各种文档。在企业中，过程管理广泛用来跟踪和控制产品的设计和修改过程，以增强产品开发过程的自动化程度。同时，运用 PDM 中特定的过程建模工具，还能对产品开发过程进行重组，规范开发流程，降低开发成本，提高开发效率，获取最大的经济效益。自动化的工作流程有助于工作组成员间共享和传递文档。工作流与过程管理的功能包括以下几点。

(1) 任务管理：定义并建立工作流程。审批流程和更改流程管理，具有传送文档、发送事件通知和接收设计建议的功能。

(2) 定义和管理对象的工作流程：能够保留和跟踪产品从概念设计、产品开发、审批/发放工作流程、更改流程生产制造直到停止生产的整个过程中的所有历史记录。

(3) 任务历史管理：查看流程中文档的状态，定义产品从一个状态转换到另一个状态时必须经过的处理步骤，设定阶段、数据归档。

工作流程的执行如图 5.13，工作流程的运控器可以将每个参与人员的任务放到个人的工作任务列表单里、每个参与人员从计算机中可查看到自己工作任务列表单中列出的工作任务，在流程的规定下并行地工作。系统具有电子邮件接口时，还能在用户开机的同时提示目前已有工作任务的消息。

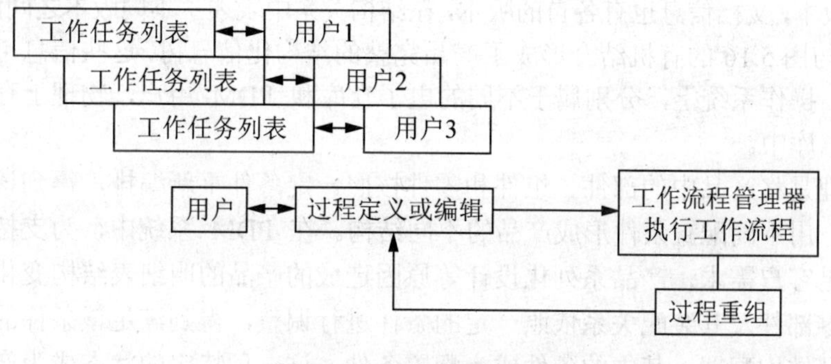

图 5.13　工作流程执行图

在长期的生产实践中，每个企业都已经形成了自己的产品研究工作流程，例如开发新产品一般需要经过如图 5.14 所示的几个阶段。在初样设计和定型过程中又包括若干个工作流程。

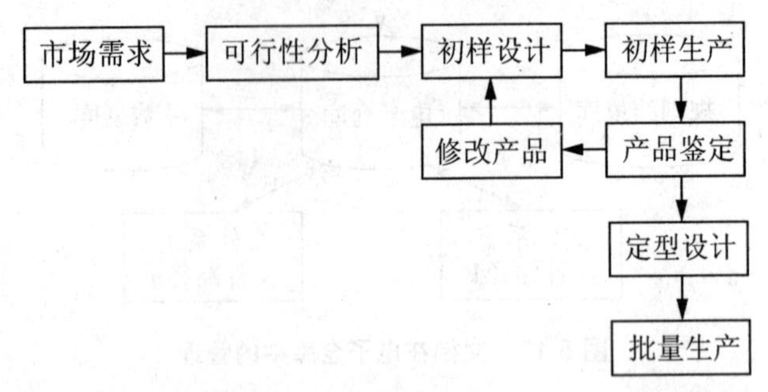

图 5.14　新产品开发的几个阶段

5.2.3　产品结构与配置管理

产品结构与配置管理是 PDM 的核心功能之一。作为产品数据组织与管理的一种形式，以材料明细表(BOM)为组织核心，以电子仓库为底层支持，把定义最终产品的所有工程数据和文档联系起来，实现产品数据的组织、管理和控制，按照一定的规则向用户或应用系统提供产品结构的不同视图(设计视图、装配视图、制造视图等)和描述，实现对产品数据的组织、管理与控制。通过建立相应的产品视图，企业的不同部门可以按其需要的形式对产品结构进行组织。而当产品结构发生更改时，可以通过网络化的产品结构视图来分析和控制更改对整个企业的影响。产品结构与配置管理包括产品结构管理和产品配置管理两部分。

产品结构管理主要包括产品结构的层次关系管理、基于文件夹的产品、文档关系管理和版本管理。图 5.15 给出了产品结构与文档关系示意图，每个节点包含相应的属性，如标识码、名称、版本号、类型、数量等。PDM 系统中的对象(如产品、部件、零件等)与文档(如图纸、技术文件、工艺数据文件等)不发生直接的联系，而是以文件夹作为它们之间连接的桥梁。产品的设计过程是一个不断更改的动态过程，企业不可能将所有的产品结构都独立地存储，而是通过分类进行管理。所以，对一个宏观的产品类只有经过配置才能得到具体的产品对象而且才有实际的意义。

图 5.16(a)说明了不含版本的零件与文档之间的结构关系，即直接建立零件对象与其相关的文档信息之间的结构关系。图 5.16(b)说明了包含版本的零件与文档之间的结构关系，零件有不同的版本，文档信息也有各自的版本，在结构关系中表述了不同版本之间的匹配关系。

图 5.15 与图 5.16 的有机结合形成了产品完整的结构化信息树，这些信息可以分布在不同的计算机、操作系统上，分别属于不同的电子仓库和 PDM 用户，物理上存储在不同文件系统和数据库中。

配置管理是将产品中的部件、组件和零件按照一定条件重新编排，得到该条件下特定的产品结构，用不同配置条件形成产品的不同结构。在 PDM 系统中，为支持产品设计过程中由于满足客户需求，产品系列化设计等原因造成的产品的明细表结构变化的情况，将产品结构中零部件及其装配关系依照一定的条件进行调整，得到满足该条件的特定的产品结构——产品结构配置，其中的条件成为配置条件，这一种特定的状态成为产品的配置状态，由此可见，产品可能具有多种配置状态。企业就可以利用相关的配置条件，有效地支持系列化的产品设计和基于用户订单 BOM 的产品结构管理。产品配置管理还是企业应用先进的模块化设计理念，有效降低产品成本，提高产品质量，实现个性化订单大规模定制生产的有效手段。产品配置管理主要包括单一产品配置、系列化产品配置和产品结构多视图。

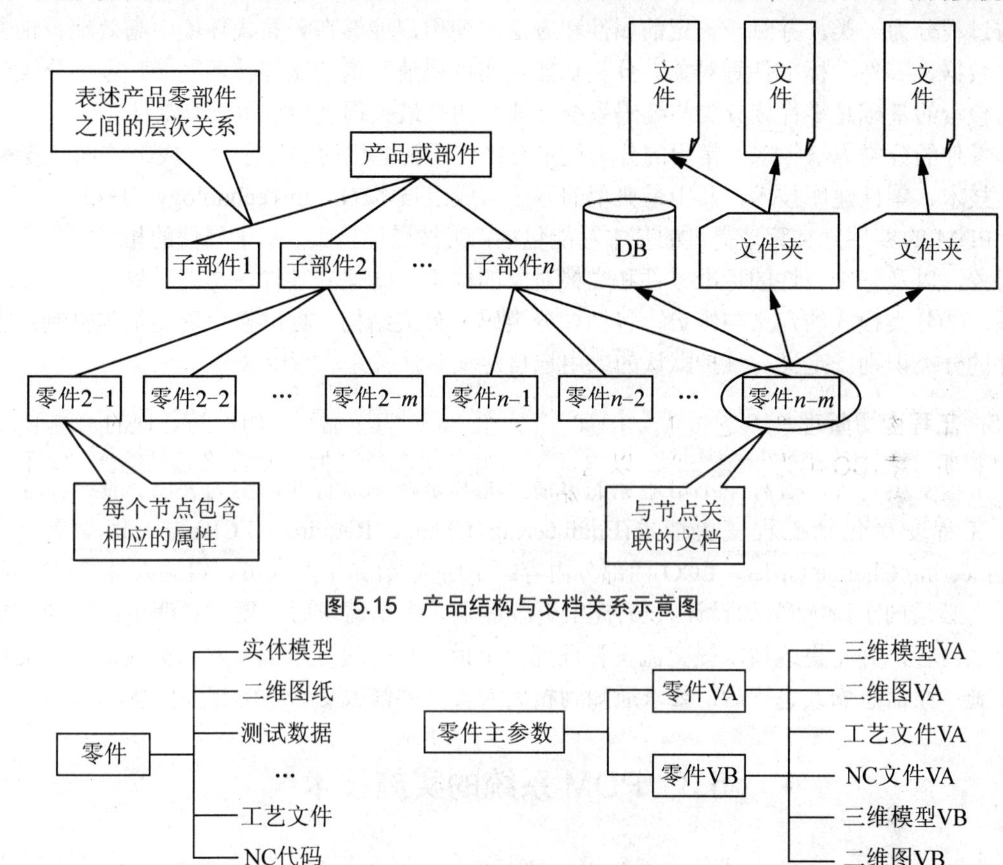

图 5.15　产品结构与文档关系示意图

(a) 不含版本的零件文档结构　　(b) 包含版本的零件文档结构

图 5.16　不包含版本与包含版本的零件文档结构关系

产品结构与配置管理的基本功能主要包括：①产品材料明细表(BOM)的创建与修改；②产品材料明细表的版本控制；③支持对“零件或子部件被哪些部件采用”和“部件采用了哪些零件或子部件”的查询；④支持对产品文档的查询；⑤产品材料明细表(BOM)的多视图管理；⑥系列化产品结构视图管理；⑦支持与制造资源计划(Manufacturing Resource Planning，MRP-Ⅱ)或企业资源计划(Enterprise Resource Planning，ERP)的集成等。

特别提示

通过产品结构与配置管理功能，PDM 系统可自动生成各类产品明细表和汇总清单，使用户可以利用 PDM 的图形化界面来对产品结构进行查看和编辑，从而有效地提高工作效率、产品质量和企业竞争能力。

5.2.4　零件分类管理与检索

PDM 系统需要管理大量的数据，为了较好地建立、使用与维护这些数据，PDM 系统提供了快速方便的分类和检索管理功能。PDM 中产品结构管理是从某个产品或部件的构成中考察部件在其中的作用及其具有的属性，而一个零件或部件往往在多处使用，不完全隶属某个产品，具有脱离产品独立存在的特点。如全厂生产的所有零件按其设计和工艺上的相似性进行分类，形成零件族。分类技术与面向对象的技术相结合，将具有相似特性的数据与过程分为一类，并赋予一定的属性和方法，使用户能够在分布式环境中高效地查询文档、数据、零件、标准件等对象。分类功能是实现快速查询的支持技术之一。零件分类管理与检索的基础是零件族分类与编码系统，其目的是最大程度地重用已有零件。

零件的分类方法很多，常用的分类技术有：使用智能化的零件序号、成组技术、搜索/检索技术、零件建库技术，其中最典型的方法为成组技术(Group Technology，GT)。

PDM 的零件分类管理提供的基本功能包括：①按属性检索，基于属性的相似零件和文档对象，以及基于属性的标准零件和文档对象的检索；②建立零件、文档对象与零件族的关系；③分类模式的定义与维护，包括如分类码、分类结构、标准接口等的基本机制；④零件的分类识别，定义与维护默认的或用户自定义属性关系。

5.2.5 工程变更管理

工程变更是生产过程中不可避免的事情，尤其是在制造行业，更为突出。在一个企业中，工程变更包括工程变更请求(Engineering Change Require，ECR)与工程变更指令(Engineering Change Order，ECO)两部分内容。下游人员(如生产人员、组装人员等)发现问题后，必须向上游人员(如设计人员)提出更改请求。提出请求时，要求说明更改原因，指明更改内容，并将更改请求提交流程管理部门审批，只有通过审批签发的更改请求才能付诸实施。原信息修改完毕后，要求通知到相关人员，并修改受影响的相关信息。

5.3 PDM 系统的实施技术

今天，信息技术已成为企业参与竞争的入场券。源于制造业的产品数据管理(Product Data Management)技术经过近 20 年的实践，已成为企业信息化的基础技术。PDM 技术的研究与应用在国内外已相当普遍，全球范围商品化 PDM 软件不下百种。按 PDM 系统在企业信息系统中的地位将其分为两类：企业级 PDM 和部门级 PDM。起初，PDM 系统主要解决产品定义和产品制造的集成问题，PDM 系统主要是支持产品制造过程的。近年来，随着并行工程的逐渐深入，DFX 技术在产品设计过程中的广泛应用，PDM 对开发过程的支持日趋重要，所以部门级 PDM 的核心功能是对企业设计过程的支持，即 PDM 系统成为企业设计过程的工具与平台。企业级 PDM 系统管理着整个企业的所有产品数据，支持产品各个生命周期的数据管理过程，对应市场、设计、制造和服务等企业经营过程的各个业务系统都构造在 PDM 系统之上，形成单一产品数据源。

PDM 技术具有广泛的应用前景，要想真正发挥 PDM 技术的作用，应考虑 PDM 系统和企业业务过程的紧密相关性，考虑到企业实际的运行机制和相对已经习惯的工作模式，在此基础上进行优化实施，科学配置，这样开发出来的 PDM 技术才能真正满足企业的实际需要，使企业发挥协同工作的优势。包括实施目标和内容的确定、实施步骤的确定、实施阶段的划分以及正确的选型等。

5.3.1　PDM 实施的目标与内容

随着 CAX 系统应用已有相当规模，计算机网络已经建立，工程图档管理的基础已经形成。在大大提高生产率的同时，也产生着大量的产品数据。这些产品数据来自于不同的软件系统，其文件结构和数据结构各不相同。PDM 是一种使能技术，不是一种现成的软件，需要根据企业的实际情况进行本地化工作，称为客户化工作。客户化工作包括为企业设计工作流程、项目管理方式、编码规则、版本控制方式、各种信息的利用方式及企业提出的各种要求。企业之所以要实施 PDM 系统，就是要利用它来解决这些问题，把产品全生命周期内的所有数据管理起来。

1. 实施 PDM 的目标

(1) 在企业中建立起一整套科学的管理制度，使整个企业的运行能够满足信息化管理的要求。

(2) 在产品的工程设计和工艺设计中管理相关的数据和过程。建立一系列信息模型，使它们能够反映企业中的所有产品信息以及这些信息之间的关系，能够为 PDM 系统提供完整、规范的产品信息。

(3) PDM 作为集成平台或者集成框架，在 CIMS 和并行工程等复杂的大系统中，对产品设计、工艺、制造、计划、销售及维护等环节的相关数据和相关过程进行管理，解决产品全生命周期的信息管理问题，从而进一步提高生产效率。

PDM 具有鲜明的企业特性，各个企业需求差异很大，PDM 的实施一定要本企业化，需要企业和电脑公司、应用单位的有效合作，具有效益驱动、总体规划、分步实施、重点突破的实施原则。

2. 实施 PDM 系统的内容

(1) 软件选择。PDM 选型要结合企业自身情况，考虑软件功能、用户化开发能力、应用集成能力、系统开放性、技术服务力量、界面友好操作方便和软件的性能价格比。

(2) 组建团队。PDM 的团队组建至关重要，这是由 PDM 自身特点决定的。PDM 的实施是一项系统工程，它不仅涉及技术因素，同时涉及组织与管理等诸多因素。

(3) 企业需求分析。企业需求分析是 PDM 系统实施前最主要的准备工作之一。其主要内容是制定 PDM 实施策略，提出 PDM 系统目标，明确各模块的具体功能。

(4) 产品数据组织。PDM 系统确定后，实施者需根据企业产品数据的特点和标准化的要求，设计确定企业统一的文档格式，根据企业技术组织体系的实际状况和图文档类别特征，确定图文档管理的组织结构。

(5) 组织结构及权限。用户组织结构不完全遵照行政组织结构，主要由用户技术工作的角色确定。用户权限管理的原则是按产品类别划分权限，管理不同产品类别的权限是分开的，在同一类别中，实行分层、多级的授权管理。

(6) 数据建立和导入。PDM 的核心作用和功能是共享数据，系统应具备数据的完整、正确、规范、可靠、安全，保密性好，操作权限严格控制，在存储大量数据的情况下有较快的响应速度。

(7) 实施 PDM 系统可以为企业实现的功能。

(8) 对 PDM 系统实施功能的详细说明。

(9) 定义对象及对象属性。

特别提示

PDM 所涉及的技术广泛，包括计算机网络、数据库、CAX、协同工作、集成与开发等，PDM 具有鲜明的企业特性，各个企业需求差异很大，因此，实施 PDM 是企业的整体行为，企业的核心领导要充分认识到 PDM 的重要性，并下决心将其运用到企业中去，这是成功实施 PDM 的重要保证，同时实施 PDM 系统一定要本企业化，需要企业与电脑公司、应用单位与开发单位的有效合作。

在波音公司的 DCAC/MRM 中，企业级 PDM 系统的引入简化了企业应用软件系统。据悉，通过实施 PDM 系统，波音公司把原来应用的 800 多种软件简化为 4 种主要软件。正是由于 PDM 系统和企业业务过程的紧密相关性，所以任何 PDM 系统都不可能买来即用，PDM 技术一定要经过实施才能在企业中成功应用。而成功的实施必须有企业领导的支持和人力、物力及财力保证。除此之外，企业实施 PDM 还要依靠科学、实用的方法论。

5.3.2 PDM 系统实施步骤

PDM 系统在企业的正式实施应用，是 PDM 系统应用最为关键的环节。在这个阶段，需要系统供应商和企业用户甚至第三方服务商(包括实施单位和咨询单位)的通力合作，有条不紊地进行。

1. PDM 系统实施的步骤

(1) 成立项目组。成立项目组是实施工作的第一步，项目组成员素质的高低决定了 PDM 实施质量的高低，甚至决定了 PDM 系统实施的成败。因此必须组建、培训一支素质良好的项目组。

(2) 确定 PDM 系统实施范围和目标，进行需求分析。PDM 系统实施前的准备工作主要集中于确定 PDM 系统实施范围和目标，对客户需求进行分析。它是 PDM 软件选择、功能确定、制定实施计划等工作的基本前提，同时也是 PDM 服务商提供解决方案的基本依据。在此基础上，确定 PDM 系统的管理范围、应用范围及要达到的目标。

(3) 搜集企业产品信息，建立产品技术数据库。企业数据按数据特性可分为：动态数据和静态数据，动态数据是经常变化的数据，包括产品设计与工艺数据、生产与经营数据等。静态数据是相对稳定的数据，如技术手册、标准信息、企业设备数据等。其中，动态数据是 PDM 应首先并着重管理的内容。

(4) PDM 产品实施论证、评估和选型。论证实施目标、企业需求、PDM 产品的性能、PDM 产品及服务的报价和企业投资能力，评估实施 PDM 的初期效益，进行投入产出分析。最终做出实施 PDM 能否成功的结论。评估结果以项目可行性论证报告的形式提交项目的决策者，以供 PDM 选型。

(5) 制定实施计划与实施方案，建立与产品相关的支持数据库。根据对企业需求的分析以及实施 PDM 所要达到的目标，确定对硬件、网络、软件系统的要求，制定实施计划与实施方案，建立与工艺、制造紧密相关的材料库。

(6) 进行系统设计与信息建模，并以(3)中所收集到的数据为基础，设计系统的体系结构，建立相应的数据模型、过程模型，定义用户接口以及应用系统与 PDM 系统的集成接口，作为 PDM 实施系统的详细设计。

(7) 安装、设置与调试。安装 PDM 系统软硬件，按照企业需求进行系统配置。选择一个适当的产品对象，将其数据输入到 PDM 系统之中，测试系统的各种性能。在此过程中，企业系统管理员应当始终参与其中，目的是使他们熟悉和学习安装、设置与调试 PDM 系统的技术，为其今后能够独立管理 PDM 系统奠定基础。

(8) 试点应用。在适当的范围内，例如企业的一个部门或工作组，选择一个适当的产品对象，利用 PDM 系统对其进行全面管理。全面验证系统是否能够可靠运行并解决发现的问题。

(9) 二次开发，用户化全面推广。根据用户的具体要求，进行系统的用户化工作，开发方便用户使用的友好界面和针对用户特殊用途的应用程序。在试点应用取得成功的基础上，将 PDM 系统的使用范围扩大，把整个企业的各个部门都置于 PDM 系统的管理之下，使 PDM 系统成为企业级信息系统。

(10) 系统维护。对系统进行各方面的维护，使之能够正常地进行工作。

在选择 PDM 产品时，PDM 需要有针对性实施的企业级管理软件，通常需要考虑产品的功能、系统的开放性、系统集成性、供应商服务能力等因素。

1. 产品的功能

在实施 PDM 之前，客户已经初步了解企业对 PDM 各功能模块的需求情况，因此，在选择 PDM 软件时，客户可根据分析结果选择功能，按照所需功能的优先级排定软件必备和可选的功能。与此同时，客户集成开发工具的功能将成为客户选择产品的基本条件。值得注意的是，PDM 软件面市后需要 3 年以上的成熟期，因此客户应尽量选择在 PDM 市场上处于领先地位的 PDM 供应商。另外，企业的领导必须清醒地认识到 PDM 技术不是拿来就能用的工具，不像其他的应用软件，如 CAD、Windows 软件等，只要技术人员熟悉软件的一些命令即可使用。PDM 是一门涉及管理领域的技术，它为企业提供了一系列的科学管理工具，实施 PDM 对企业动的大手术。因此针对不同的企业，按照各自的实际情况，利用 PDM 提供的管理工具可以创造出各种侧重点不同的 PDM 系统。因此，企业引进 PDM 系统时应充分做好调查和咨询工作，根据本企业的实际情况和需求分析，选择适合自己企业的 PDM 系统。

2. 系统的开放性

从 PDM 系统的发展可以看出，一个优秀的 PDM 系统，必须具有良好的底层体系结构，能满足异构计算机系统的要求。这样才能保证企业在其不断发展的同时，PDM 系统也能随之扩大而不受太多技术因素的制约。PDM 系统开放性主要体现在以下几个方面：①持多种硬件平台；②支持多种数据库；③支持多种网络协议；④友好的图形用户界面和多语种支持。

3. 系统集成性

系统的集成性以系统开放性为基础。系统的集成性主要表现在 PDM 系统与其他商用系统，包括 MDA、EDA、OA 和 ERP 等系统的集成。PDM 系统必须满足计算机或其他行业的标准，如 CORBA、STEP 等。满足这些行业标准意味着 PDM 软件能更简单、更方便地与行业的应用软件或系统集成。通常情况下，应该优先选择具有现成接口的 PDM 软件。如果必须通过客户化来完成集成工作，用户就必须慎重考虑集成的方式和程度。集成工作不仅和 PDM 软件有关，而且还需要获得其他应用系统供应商的技术支持。

4. 供应商服务能力

PDM 不同于一般的应用软件，企业购买 PDM 产品时，还要花费一定的经费购买配套的服务，即给企业提供技术咨询、技术支持、二次开发、培训和实施等的服务工作。在 PDM 选型的过程中，很重要的一点就是要看供应商是否有实施 PDM 的技术服务能力，即技术支持、二次开发和服务的能力。

【应用案例 5-1】

福特公司在 20 世纪 90 年代初期，全面分析了汽车市场上竞争对手的状况，结合对未来市场发展的预测，得出结论，福特公司要想在 21 世纪继续保持领先地位，必须改善它们的产品开发体系，提高整体效率，并提出具体目标，“在 2000 年到来时，把新汽车投放市场的时间，由当时的 36 个月缩短到 18 个月”。正是有了这样的目标，才有了著名的“福特 2000”计划，才有了这个计划的核心——FPGS(福特产品开发系统)，才有了 C3P(CAD/CAE/CAM/PIM)项目。可以说 PDM 完全服务于企业的整体战略，PDM 项目的成功，表现在企业的整体战略目标是否能如期实现。

5.4 PDM 实施中的信息建模

PDM(Product Data Management)系统作为一种产品开发管理平台，能有效地将产品信息从概念设计、计算分析、详细设计、工艺流程规划、制造、销售与维护，直至产品消亡的整个生命周期内及其各阶段的相关信息，按照一定的管理模式加以定义、组织和管理，使其在整个生命周期内保持产品信息的一致性、共享性和安全性，为企业提供一种宏观管理和控制所有与产品相关信息的机制。PDM 系统实现了在分布式环境下的产品数据共享，并支持计算机异构环境，包括不同的网络和数据库，有效地管理应用工具产生的信息，实现应用系统之间的信息传递与交换。

企业在实施 PDM 时，还要根据本企业的具体情况，进一步对对象属性进行定义，有时还需要利用 PDM 系统提供的对象类和对象的功能，建立新的对象或对象类，以满足企业描述和管理产品数据的需求。PDM 系统的核心任务就是对产品数据进行科学有效的管理。企业应用 PDM 系统的关键是如何将企业中各类应用系统有机地组织起来，形成协调一致的企业信息自动化集成应用系统。建立企业应用模型的目的就是为了统一企业在不同应用单元系统之间的语义，使复杂的信息关联变得简单易懂，以便能够透过大量原始数据的表面现象，把握住真正本质的内在规律，并有效地把系统需求映射到软件结构上去，做到真正意义上的信息集成。企业的应用建模必须根据信息系统的要求反复进行需求分析，同时还要规划出企业的整体需求。为了保证产品数据的完整性、一致性和安全性，需要建立人员管理模型；把与产品有关的各种数据，包括设计、工艺、分析、加工等数据和文档，有机地组织起来，并考虑到产品对象的版本，要对产品数据进行组织，就要建立产品数据组织模型，产品数据模型可分为产品对象模型、产品结构管理模型、产品结构配置模型；为了记录产品数据产生及修改的历史和过程，需要建立流程管理模型。PDM 系统能否在企业成功实施的关键在于建立的信息模型是否遵循科学、实用的原则。

5.4.1　人员管理模型

由于 PDM 系统管理的产品数据经过多个阶段，被不同部门、不同人员访问和操作，具有不同的版本状态。如何有效地管理产品数据，确保产品数据管理的安全性和保密性是人员管理模型要解决的问题。人员组织管理模型也称为组织—角色—权限模型，是对企业的人员组织方式、角色分配以及操作权限设置的描述，实现产品数据被适当的人在允许的权限范围内进行有效的访问，确保产品数据管理的安全性和保密性。不同的 PDM 系统对人员管理有不同的模型，人员管理模型包括人员组织、各种角色和读、写、删、改、复制等权限设置表。

1. 人员组织方式

不同企业的人员组织方式不同，即使同一企业不同的阶段的组织方式也会变化，人员组织结构如图 5.17 所示。通常，人员组织分为两种方式：静态工作方式和动态工作方式。前者是一种相对固定的工作组织，组内人员承担的是相同类型的工作，一般企业的各基层科室都是静态工作组。例如，设计科作为一个静态组织，组内的人员大多数是设计人员，从事设计工作。一般地，企业的各基层科室，如工艺科、标准处、计划处、物资处和财务处等都是静态工作组。后者是按照产品型号建立的工作组，有时称为团队，内部人员包括各种所需技术人员，随着产品的产生而产生，随着产品的结束而解散，人员组织随着产品不断变化。在 PDM 系统中，人员组织要既能适应相对稳定的组织结构，又能适应经常变化的组织方式，所以一般情况下，要将二者有效地结合起来。

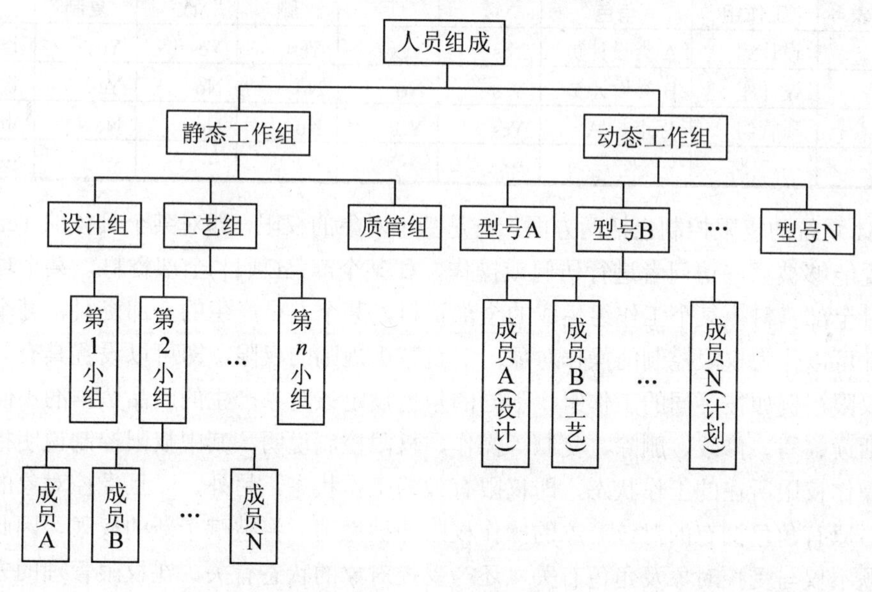

图 5.17　人员组织结构

2. 角色

角色是指一个企业组织中设立的岗位责任，在企业的生产组织过程中，一般企业都有各种各样的岗位，其中每个岗位对应一个角色，在 Teamcenter 建立的人员组织角色结构如图 5.18 所示。PDM 中的每个角色只在 PDM 实施流程控制中的某个或某几个阶段参与，各个角色的定义可以根据实际需要进行具体的调整。另外，一个成员可以同时属于多个角色。例如在设计、工艺部门的岗位要有总工程师、副总工程师、主任设计师、设计员、主任工艺师、工艺员、标准化审核员等角色。此外，对计划、财务、物资、车间等部门，也要根据 PDM 系统与这些部门之间的关系，设定适当的角色与对应的岗位相联系。在企业中，无论在静态工作组，还是在动态工作组中，都应该包含适当的角色，以便完成相应的任务。

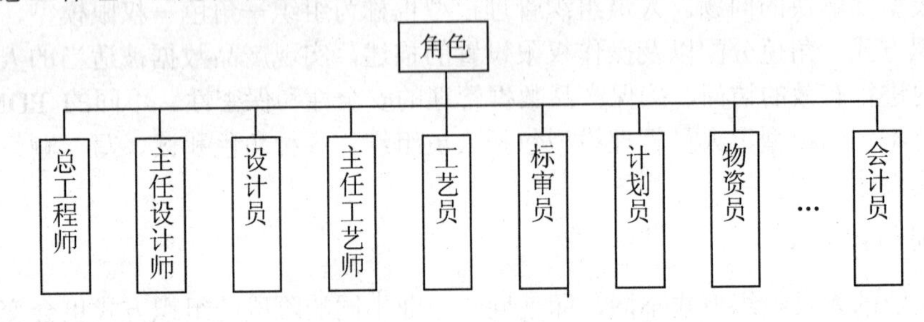

图 5.18　人员组织角色结构图

3. 操作权限设置

在企业中，不同岗位的人员对产品数据可以实施不同的操作，为此需对角色及其所赋予的操作权限进行有效管理。如读、写、修改、删除、复制等。为此，必须对角色及其所赋予的操作权限进行有效管理，建立角色—操作基本的权限管理模型见表 5-1。

表 5-1　角色—操作基本的权限管理

受控对象	工作组	角色	读	写	删	改	复制	权限
零件 A	设计组	A 类设计员	Yes	Yes	Yes	Yes	Yes	设计类 1
零件 A	设计组	B 类设计员	Yes	No	No	No	Yes	设计类 2
零件 A	质管组	标审员 A	Yes	Yes	No	No	No	审批类
…	…	…	…	…	…	…	…	…

PDM 系统的权限控制包括两方面：一是基于对象的权限，即对某个具体的 Teamcenter 对象设置能够被哪些访问者进行访问或操作，如某个产品(项目)全部资料，某个项目的一个子项目全部资料，某个工作组生成的全部资料，某个人员产生的全部资料，某个具体的文件等都可以作为权限控制的操作对象；二是基于规则的权限，即可以设置具有共性的访问者的权限，例如按不同的工作组、不同的角色设定该对象产生的产品数据的不同访问权限，包括读、写、修改、删除、复制等操作，权限控制说明，其中权限控制说明指出模型中相应操作权限所在的工作状态，即权限有效的工作状态。另外，一旦受控对象的状态发生转移，原有角色拥有的对该对象的操作权限即被撤销，将被赋予新的权限。因此，权限控制问题不仅与受控对象及角色有关，还与受控对象的状态有关。在权限管理的方法上，不同的 PDM 系统有不同的处理模式。有些 PDM 系统以角色为主，凡是由同一角色创建的

全部文档都具有统一的权限管理模式；有些 PDM 系统以用户为主，凡是由同一个用户创建的全部文档对应于唯一的管理权限；还有些 PDM 系统以操作对象为主，对应每一类操作对象有一种管理权限。因此，在建立权限管理模型时，不仅要考虑企业的实际情况，同时还要兼顾 PDM 系统的权限管理模型。此外，PDM 系统还提供了修改权限的功能，当用户设定了基本权限以后，可以随时随地修改已设定的权限。

4. 操作命令表

PDM 系统中的操作命令主要有系统管理命令、文档管理命令、产品结构配置命令、工作流程管理命令、零件分类管理命令、项目管理命令、界面开发命令及系统专用命令等。根据不同的工作性质，对不同的用户限制他们使用操作命令的范围，确保 PDM 系统的安全性。在实施 PDM 系统时，不同的用户采用不同的方法确定他们使用操作命令的范围。有的 PDM 系统采用定义不同类型的操作命令表的方法，分别赋予不同的用户使用不同的操作命令的权限；有的 PDM 系统则定义不同的工作环境给不同的用户；在每个工作环境中还规定了可使用的命令项，屏蔽掉不允许使用的命令项。因此，在系统设计时，首先根据系统中可能有的角色，分别定义该角色可以使用的全部操作命令，以便系统设置时参考操作命令表，见 5-2。

表 5-2　操作命令表

权限类名	操作命令集名	操作命令集	角色举例
设计类 1	设计类 1	文档管理(读/写/删/改/复制)…	A 类设计员
设计类 2	设计类 2	文档管理(读/复制)…	A 类设计员
工艺类	工艺类	文档管理(读/写/删)…	工艺员
审批类	访问类	文档管理(读)…	标审员
系统管理类	系统管理类	系统管理命令	系统管理员
…	…	…	…

5. 人员管理

基于人员组织、角色和操作的权限表，建立起该企业的人员管理模型，见表 5-3，其中用户名即系统登录时的用户口令，姓名为人员的真实姓名。从人员管理模型中可以看出，同一用户可以参加不同的工作组，扮演不同的角色，承担不同的任务，具备不同的权限。

表 5-3　人员管理模型

工作组名	用户登录名	姓名	角色	权限类名	操作命令集名
设计科	ABC	×××	主任设计师	审批类	审批
	ABD	×××	A 类设计员	设计类 1	设计类 1
	ABE	×××	B 类设计员	设计类 2	设计类 2
工艺科	ABF	×××	主任工艺员	审批类	审批类
	ABG	×××	工艺员	工艺类	工艺类
计划处	ABH	×××	计划员	访问类	访问类
型号 A	ABI	×××	主任设计员	审批类	审批类
	ABJ	×××	A 类设计员	设计类 1	设计类 1

续表

工作组名	用户登录名	姓名	角色	权限类名	操作命令集名
型号 A	ABK	×××	工艺员	工艺类	工艺类
	ABL	×××	标审员	访问类	访问类
	ABM	×××	测试员	访问类	访问类

5.4.2 产品对象模型

PDM 采用面向对象的技术来组织和管理产品数据，因而产品对象及数据成为 PDM 管理的基本数据单元。产品对象模型是以面向对象方式组织的产品的全部相关数据和相关过程。在 PDM 中，广义的产品对象包括产品、部件、零件、毛坯、原材料等生产实体，还包括设计文档、工艺文档等文档实体，同时还包括工作流程等过程实体。以制造业的产品数据模型为例，一个产品由若干部件组成，一个部件由若干零件组成，一个零件由它的模型、零件工作图、设计说明书等资料来描述。许多资料由于修改还会形成多个版本。产品、部件以及零件都有各自的属性，如名称、标识号等。部件还要有组成本部件的零件数及它们的名称等属性。零件也要有材料、质量等属性。建立的产品对象结构模型如图 5.19 所示。

根据产品对象的属性对其进行分类，以区分 PDM 中的信息实体。包含生产实体，即产品、部件、零件、毛坯、原材料、文档(其中文档由于其复杂性，还应该有其自己的分类)等产品对象，每个企业都有自己的产品。针对具体企业所选择的产品对象，建立企业产品对象模型是 PDM 信息模型的重要组成部分。在建立产品对象模型时，要根据企业的具体情况，科学地对本企业的产品对象进行分类。分类的详细程度应适当，要考虑到一般分类的习惯，还要参考和遵守有关的标准。图 5.19 所示是某产品对象分类的模型。

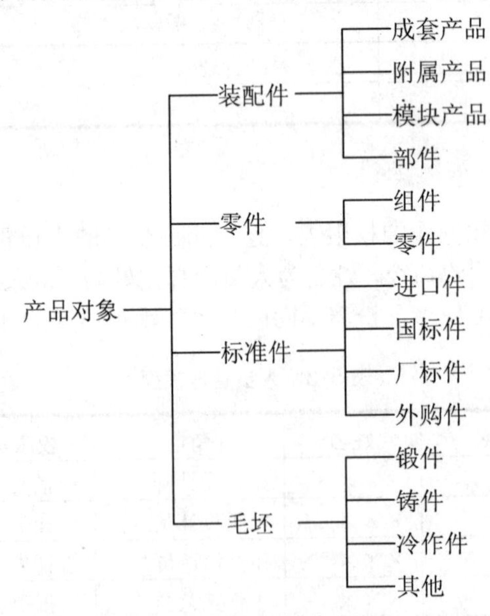

图 5.19　产品对象分类模型

与产品对象相关的信息还包括产品对象的版本以及数据和文档的组织结构。组织模型如图 5.20 所示，此结构中产品对象和此产品对象的修订版本分别放入与之相关的数据和文档中，如产品对象属性数据、产品结构 BOM、技术需求、修订版属性数据、修订版结构 BOM、设计文档、工艺文档等。这样既考虑了与对象有关的数据和文档的管理，又考虑了版本管理。

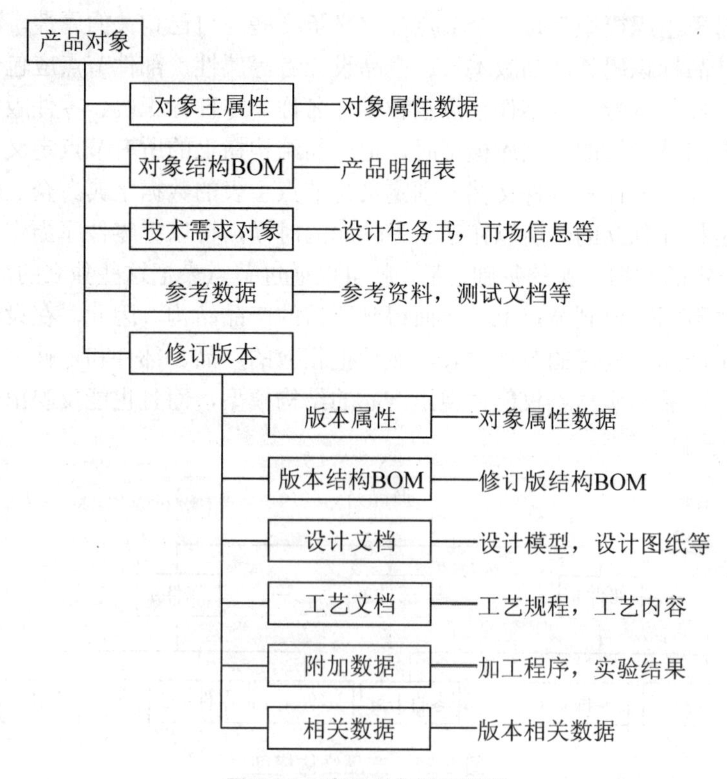

图 5.20　产品对象组织模型

5.4.3　产品结构管理模型

产品结构模型能够有效地组织和管理产品数据。产品结构是设计活动的操作对象，也直接体现设计过程的进展。要实现对设计过程的规划和管理，首先就应该对复杂动态的产品数据进行有效的组织编排，对产品数据之间的复杂关系进行管理，确保产品数据在设计过程各阶段间的完整性、有效性和一致性。PDM 系统强调信息的共享并支持设计过程，因而 PDM 系统中的产品结构模型不仅仅能对产品进行静态数学描述，还应能体现出上面所述设计过程中各阶段产品结构的状态，能够反映出产品结构从宏观到微观、从抽象到具体的转换过程。PDM 中的产品结构模型应该面向整个设计过程，设计过程的形式复杂，内容丰富，而且设计过程各阶段设计方法各不相同，但产品结构模型应该对设计过程的每个阶段都能够提供支持，为此要求建立的产品结构模型具有清晰的层次关系，以便清晰、合理地在不同层次上对设计过程提供支持。

产品结构模型应该面向产品整个生命周期，不仅作用于设计阶段，还应对制造、销售阶段的产品数据进行管理。产品设计完成后，设计数据直接或通过变换间接地被送到企业各个应用部门，以供这些部门的分析、制造、采购之用。各个应用部门对产品数据的需求格式是不一样的，但相互之间必须保持一致。因此，产品结构模型应该为维护产品结构在各部门中的不同表现形式提供支持。

在 PDM 系统中，实现产品结构管理功能，首先应当定义产品结构模型，产品结构模型一般都用产品结构树来表示。在产品结构树中，把产品结构树的根节点表示为产品，枝节点表示为部件，叶子节点表示为零件，产品结构模型如图 5.21 所示。每一根节点的数据组织见“产品对象组织模型”每一个节点都定义了一些与自己相关的属性。产品节点应包括产品名称、产品标识码、产品版本号、产品设计者等属性，部件节点应包含部件名称、部件标识码、部件版本号等，零件节点包含零件名称、零件标识码、零件版本号、材料、价格等。设计产品结构树的数据库模型时，把产品结构树上的所有节点定义为一个节点主表，把产品、部件、零件和零件文档分别定义为节点主表的数据字典。企业信息库中的大部分零件信息是相互独立的，所以在建立零件库的时候，可以把零件库当作一个数据字典来建。在有了一定的数据字典的基础之后，就可以通过节点表把这些独立的信息联系起来，并把它们对应的数据赋值到节点上，从而得到所需的产品结构。因此，在设计一个新产品时，只需设计出产品结构树的节点主表，然后把相应的产品、部件和零件信息赋予树上的节点就可以了。产品结构树不仅能体现出产品的结构模型，而且也能反映出产品中各零部件之间的层次关系。

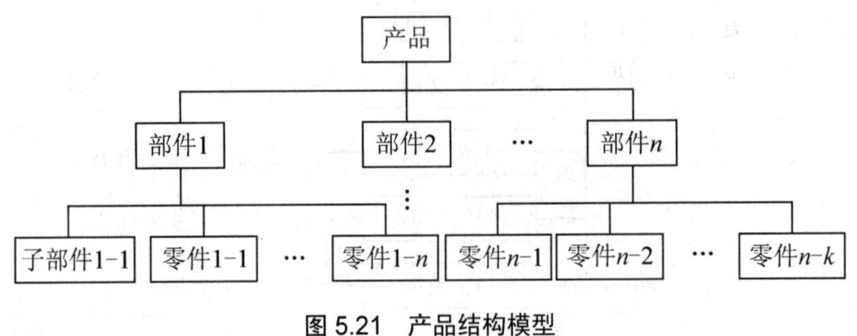

图 5.21　产品结构模型

5.4.4　产品配置管理模型

产品配置过程是基于功能元确定配置元的过程。确定配置元的过程是一个寻优的过程，需要通过属性元确定约束条件，即配置规则。产品结构配置管理通过产品结构配置规则进行产品结构配置，产品结构配置规则是在进行产品结构配置时选择零部件的准则。产品结构配置方式一般可分为 3 类：变量配置、有效性配置以及发放配置。需要利用产品结构配置模型来记录产品结构的配置信息，描述配置规则，对产品结构配置进行管理。所以，可以通过创建配置规则类和选择对象类来构建产品结构配置模型。

在按变量配置产品结构时，应考虑变量、配置条件和配置规则。配置条件是变量的取值范围。配置规则是配置条件、配置条件逻辑运算法则以及可供选择的零部件的组合。利用这些配置规则和配置条件构成选择表。表中列举出配置条件、配置条件所需的变量及其取值范围、配置条件组合方式及满足一定条件下的配置结果。在进行有效性配置时，在配置规则类中定义配置规则。有效性规则可有多种：版本有效性、结构有效性、时间有效性、价格有效性和地域有效性等。在按版本有效性进行配置时，配置规则为按一定的时间或序列号约束，把某产品对象的标识对象与它的某个版本关联起来；在按结构有效性进行配置时，配置规则为按一定的时间或序列号约束，把某产品对象与构成它的某个子产品对象的标识对象关联起来，从而控制子产品对象在某个具体的构成关系中的数量。在进行发放配置时，一个零部件的资料可能具有多个不同的版本，这些版本具有不同的状态，如工作状态、发放状态等。处于工作状态的资料是正在修改的资料。处于发放状态的资料是已经通过审核和批准的资料，一般不再进行修改。在发放状态中，还可以分为设计发放和制造发放等状态。设计发放是指该零部件的结构合理性已经得到了审核和批准。制造发放是指该零部件的工艺合理性和制造合理性已经得到了审核和批准。在这两种状态之间，还可以设定多种中间状态，以满足进行工艺规划设计的需要。

特别提示

建立了产品结构配置信息模型，PDM 系统就可以定义产品结构的配置规则，获取和记录产品对象之间的关联。而且 PDM 系统还可以利用它们，根据企业不同部门的需要，进一步对同一产品结构进行处理，产生为企业各部门服务的不同的产品视图，解决产品结构复合管理下的产品结构多视图的管理。

5.4.5　流程管理模型

在产品设计过程中，工程设计一般表现为创建、发放及更改设计数据。作为 PDM 系统的重要组成部分，工作流程管理的任务是对产品的整个形成过程进行控制，并使该过程在任何时候都可追溯。为了有效地进行工作流程的管理，在流程管理的实施中首先要对过程进行详细分析，建立合理的数据发放模型，实现对数据的提交与修改、管理和监督，以及对文档的分布控制、自动通知等，还要对已有过程进行评估优化，剔除其中的不增值环节，确保数据流向的正确性和高效性。

产品在整个生命周期内，经历若干种不同的工作过程，每一个工作过程又包含着不同的内容、不同性质的工作，有的工作过程又嵌套着另一个工作过程。因此，在实施 PDM 系统时，必须根据企业的不同实际情况制订具体的工作流程管理模型，对贯穿产品整个生命周期的数据进行分阶段地、有效地管理。对产品研制周期长、产品复杂和要求高的企业，还需要制订复杂的工作流程专门管理与产品有关的技术要求、总体方案设计、阶段评审报告、综合测试报告、定型验收报告和使用维修报告等资料。

1. PDM 系统的工作流程管理模型

(1) 流程名称及适用范围。

(2) 流程中工作阶段的数量，先后次序及返回逻辑。

(3) 每个工作对应阶段的人员、角色、表决模式。

(4) 在每个工作阶段开始或结束时需要完成的特殊任务。

(5) 流程中每个工作阶段所对应的版本变化规则。

工作流程中两个最基本的元素是活动和活动之间的连接关系，流程图可形象地表示一个工作过程，流程图由若干个节点和它们之间的连线构成。流程管理模型一般包括工作流程和更改流程。利用可视的工作流程编辑器，用户可以根据具体的需要将上述任务过程链接起来，建立符合各企业习惯的串行或并行的工作流程。

2. 工作流程的执行过程

(1) 用户在流程编辑器中完成流程的定义后，按保存键。

(2) 通过分析，若定义的流程中存在错误，则提示用户错误的原因，以便改正，若流程不存在错误，则将流程保存到数据库中。

(3) 用户可随时调出工作流程进行修改，查看模拟流程。

(4) 启动工作流程后，判别工作流程将要运行的下一节点位置，并跟踪节点到达相应的当前节点位置，以此类推，完成工作流程的运行。

图 5.22 所示是串、并联设计流程图，流程图中定义了任务的触发顺序和触发条件，用来实现任务的触发、同步和信息流的传递。每个节点代表了一个工作步骤，它们之间的连线表明完成工作任务的顺序关系。对于节点，设定了一些属性，用以描述这个节点的特性，这些节点属性有：用户、意见、期限、启动条件及通过条件等。

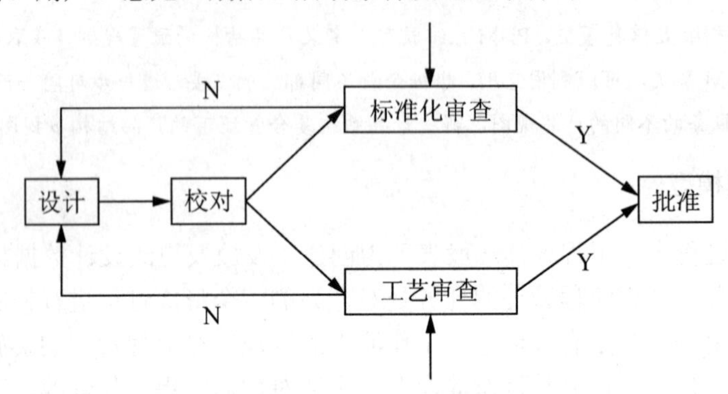

图 5.22　串并联设计流程图

图 5.23 显示了一个更改管理过程，在该工作流程中，更改过程的发起者如某个人、某个小组或某个部门发出更改申请书，工作流程管理模块将更改申请书发送给有关的 PDM 用户，进行更改批准的过程。假如更改申请没有获得批准，工作流程管理模块将会向更改过程的发起者发送有关信息，整个过程就此结束。如果更改申请得到批准，工作流程管理模块将会向经授权的更改执行者发送更改任务单。接下来更改执行者根据更改任务单对需要更改的对象进行修改。更改过程结束后，再进行产品检验的过程，如果检验得到通过，工作流程管理模块修改被更改对象的相关属性，重新存入档案库，同时向可能使用该对象的所有用户发放更改通知书，若检验失败，工作流程管理模块将向更改执行者反馈有关信息。

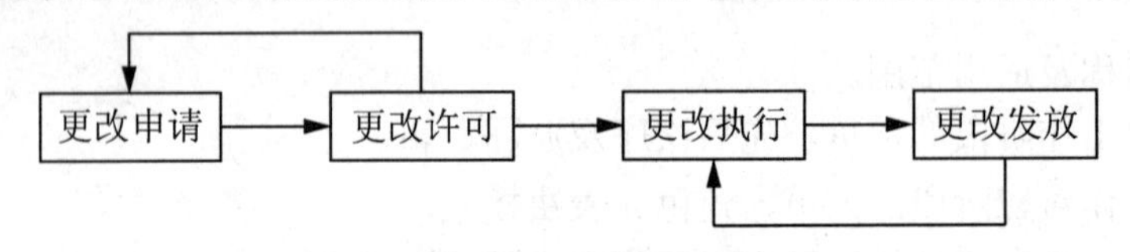

图 5.23　更改管理工作流程

特别提示

在工作流程管理模块中运用并行工程的思想，通过分析和修改传统的串行工作流程方式，对产品形成过程中的各个工作步骤进行更改有效控制，可以使一些复杂的工作过程得以并行执行，从而大幅度缩短产品开发或设计周期，提高工作效率和企业竞争能力。

5.5　PDM 的应用集成

5.5.1　PDM 的应用集成的体系结构

在 PDM 系统环境下实现与其他应用系统之间的集成包括 3 个层次，即应用封装、接口模式和集成模式。

1. 应用封装

应用系统产生的文档由 PDM 自动存储和管理。为了使不同的应用系统之间能够共享信息以及对应用系统所产生的数据进行统一管理，只要对外部应用系统进行“封装”，PDM 就可以对它的数据进行有效管理，将特征数据和数据文件分别放在数据库和文件柜中。所谓“封装”是指把对象的属性和操作方法同时封装在定义对象中。用操作集来描述可见的模块外部接口，从而保证了对象的界面独立于对象的内部表达。对象的操作方法和结构是不可见的，接口是作用于对象上的操作集的说明，这是对象唯一可见的部分。“封装”意味着用户“看不到”对象的内部结构，但可以通过调整操作即程序来使用对象，这充分体现了信息隐蔽原则。当程序设计改变一个对象类型的数据结构内部表达时，可以不改变在该对象类型上工作的任何程序。封装的内容包括应用工具本身及由这些应用工具产生的文件，PDM 对这两方面都要管起来。封装可以使数据和操作具有统一的模型界面和逻辑的独立性。在不改变对象类型程序的情况下能够实现类型的改变。“封装”使数据和操作有了统一的管理界面。

通过 PDM 系统的应用封装，PDM 系统不仅要管理封装的应用程序，同时要对由应用程序所产生的数据文件进行管理。也就是说，PDM 系统能够自动识别、存储和管理由应用程序产生的文件，同时当被存储的文件在 PDM 系统环境中被激活时，可以启动相应的应用程序，并被编辑和修改。这样通过 PDM 系统的封装，应用程序和由其产生的数据文件在 PDM 系统环境中相互关联。

产品数据的集成就是对产生这些数据的应用程序的集成。为了使不同的应用系统之间在 PDM 系统环境中能够共享信息以及对应用系统所产生的数据进行统一的管理，PDM 系统通过对外部应用系统进行“封装”，将产生这些数据的应用程序进行集成，就可以对分别放在数据库中的特征数据和文件柜中的数据文件进行有效的管理。此外，“封装”还提供从一种应用转到另一种应用的功能。对于包含产品结构信息的数据，还有其特殊性。因为“封装”不能了解文件内部的具体数据，而 PDM 的产品结构配置模块必须掌握产品内部的结构关系，应该采用接口或紧密集成模式。

2. 接口模式

程序接口模式是一种比封装集成更加紧密、自动化程度更高、无需用户直接参与的集成模式，它把应用系统与 PDM 系统之间需要共享的数据模型抽取出来，并定义到 PDM 的整体模型中，以使应用系统与 PDM 之间有统一的数据结构。通过接口集成，应用系统作为一个对象纳入到 PDM 系统环境中。接口模式集成的特点是应用系统的数据对象自动创建到 PDM 系统中，在封装的基础上，按照应用系统与 PDM 系统间共享数据模型，通过数据接口，实现应用系统的部分数据对象自动创建到 PDM 系统环境中，或从 PDM 系统中提取应用系统需要的某些数据对象，使二者保持异步一致。在接口模式中，每个应用程序除了共享部分的数据模型外，还可以拥有自己的私有数据模型。一般地，根据用户对系统数据的要求，可以有工具式接口、直通式接口和间接式接口。

3. 紧密集成模式

紧密集成模式是最高层次的集成，是每个实施 PDM 的企业所期盼的目标。在这一层次中，各应用程序被视为PDM系统的组成部分。应用程序与PDM系统之间不仅可以共享数据，还可以相互调用有关服务，执行相关操作，真正实现一体化。PDM系统对集成的信息类型，包括面向应用的数据、特征数据等提供了全自动的双向交换功能。

特别提示

PDM可提供各种类型信息的全自动双向交换，包括产品信息、特征信息、参数和面向应用对象的信息等，而各个孤岛技术系统能使用所有的PDM功能。首先在应用系统和PDM系统之间建立一种共享信息模型，使其在应用系统或PDM系统创建或修改共享数据时，对方也能进行自动修改保证双方数据的一致性。另外，在应用系统中需要有PDM中相关的数据对象编辑与修改功能，以使应用系统编辑某一对象时，PDM也能对该对象进行自动修改。紧密集成模式在CAD/CAM与PDM系统、MRPII与PDM系统都有应用。紧密集成模式使应用系统成为PDM系统的有机组成部分，它们之间不仅共享数据，还能进行相互操作，真正实现一体化。

5.5.2 PDM与CAD/CAPP /CAM的集成

PDM是用来管理所有与产品相关的信息(包括零件、配置、图文档、CAD 文件、结构、权限等)和过程(包括工作流程、更改流程等)的集成技术，它能有效地将产品数据从概念设计、计算分析、详细设计、过程设计、加工制造、试验验证、销售维护直至产品消亡的整个生命周期内及其各阶段的相关数据，按照一定的数学模型加以定义、组织和管理，使产品数据在其整个生命周期内一致、最新、共享和安全，提供产品全生命周期的信息管理，为企业的产品设计与制造建立一个并行化的协作环境。PDM 作为工程领域的信息集成框架，为产品数据、过程管理、并行化产品设计、CAX系统的集成提供了必要的支撑环境。CAX系统是产品的主要数据源，由于不同CAX系统有不同的数据行为，如CAD和CAPP一般都有多种数据输入和输出方式和格式。这样，在集成时所要处理的信息内容也是不同的，这就要求在PDM框架中采用对信息统一编码的方式来解决数据的重用、数据的共享、数据的历史追踪等问题，以保证数据的一致性和协调性。目前，PDM系统是最好的3C集成平台，可以把与产品有关的信息统一管理起来，并将信息按不同的用途分别地进行有条不紊的管理。不同的CAX系统都可以从PDM中提取各自所需要的信息，再把结果放回PDM中，从而真正实现3C集成。

在一个企业中，可能存在着不同的CAD、CAPP、CAM系统，也可能存在着这些系统与供应商、不同合作商之间的产品模型信息交换，因而每天都在产生大量的数据和文档。在这样复杂的环境中，PDM作为集成平台，一方面要为CAD /CAPP /CAM提供数据管理与协同工作的环境，同时还要为它们的运行提供支持。图5.24给出了CAD /CAPP /CAM与PDM之间的信息流说明，CAD系统产生的二维图纸、三维模型、零部件的基本属性、产品明细表、产品零部件之间的装配关系、产品数据版本及其状态等需要交由 PDM 系统来管理，而CAD系统也需要从PDM系统获取设计任务书、技术参数、原有零部件图纸、资料以及更改要求等信息；CAPP 系统产生的工艺信息，如工艺路线、工序、工步、工装夹具要求以及对设计的修改意见等交由PDM进行管理，而CAPP也需要从PDM系统中获取产品模型信息、原材料信息、设备资源信息等；CAM则将其产生的刀位文件、NC代码交由PDM管理，同时从PDM系统获取产品模型信息、工艺信息等。

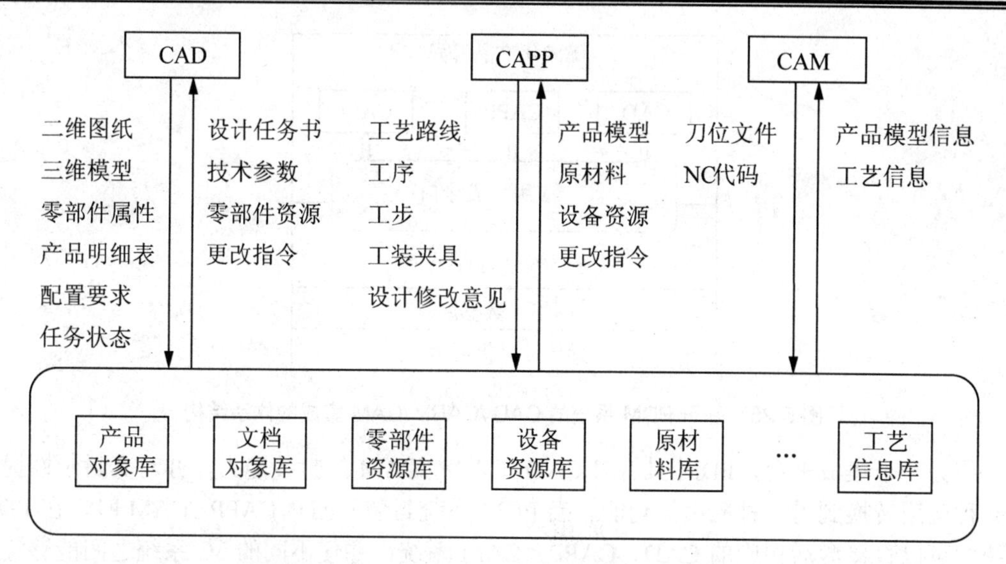

图 5.24　CAD /CAPP /CAM 与 PDM 间的信息流

1. CAD 与 PDM 的集成

CAD 与 PDM 的集成是具体实施中要求最高、难度最大的一环，其关键在于需保证 CAD 的数据变化与 PDM 中数据变化的一致性。从用户考虑，CAD 与 PDM 的集成应达到真正的紧密集成。CAD 与 PDM 的应用封装只解决了 CAD 产生的文档管理问题，而零部件描述属性、产品明细表等则需要通过接口交换导入 PDM，同时通过接口交换实现 PDM 与 CAD 系统间数据的双向异步交换，但是这种交换不能完全保证接口数据在 CAD 与 PDM 中的一致性。所以，要真正解决这一问题，必须实现 CAD 与 PDM 之间的紧密集成，建立共享产品数据模型、实现互操作，保证 CAD 中的修改与 PDM 中的修改的互动性和一致性，真正做到双向同步一致性。

2. CAPP 与 PDM 的集成

CAPP 与 PDM 之间除了文档交流外，还要从 PDM 系统中获取设备资源信息、原材料信息等，而 CAPP 产生的工艺信息也需要分成基本单元存放于工艺信息库中。所以，CAPP 与 PDM 之间的集成需要接口交换，并在实现应用封装的基础上进一步开发信息交换接口，使 CAPP 系统可通过接口从 PDM 中直接获取设备资源、原材料信息的支持，并将其产生的工艺信息通过接口直接存放于 PDM 的工艺信息库中。

3. CAM 与 PDM 的集成

由于 CAM 与 PDM 系统之间只有刀位文件、NC 代码、产品模型等文档信息的交流，因此采用应用封装就可以满足二者的集成要求。

4. 基于 PDM 的 CAD /CAPP /CAM 集成的封装模式、接口交换模式、紧密集成模式

实现应用系统 CAD /CAPP /CAM 与 PDM 系统集成的体系结构如图 5.25 所示。

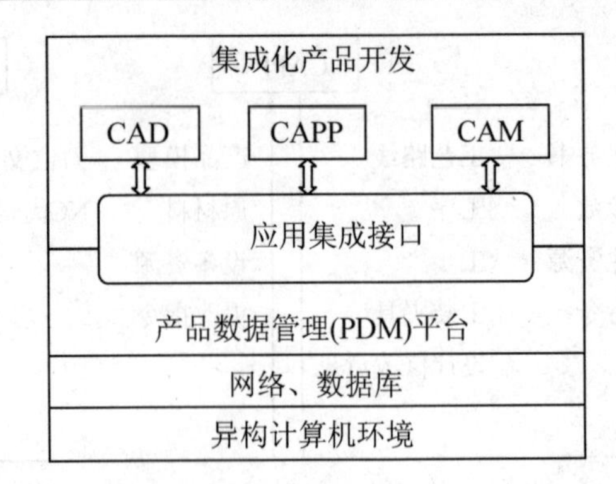

图 5.25 基于 PDM 系统的 CAD /CAPP /CAM 集成的体系结构

作为一个集成平台，PDM 具有对 CAD /CAPP /CAM 的封装能力，并对其封装性提供从一种应用转换到另一种应用的功能。当 PDM 系统封装 CAD /CAPP /CAM 时，在 PDM 系统中可以直接激活相应的 CAD、CAPP、CAM 系统，并使不同的 3C 系统之间能够实现信息共享，对他们产生的数据进行统一管理，并在 PDM 系统中将图形文件显示为相应的实际图形；同样，3C 系统也可以直接进入 PDM 系统，进行相应的数据管理操作，而无需退出原来的系统、重新进入另一个系统。例如，在 PDM 系统中，当一个 CAD 应用程序被封装后，在 PDM 系统中就可以查到该对象，激活该对象进行工程设计。设计结束后所获得的设计结果如图形、属性等信息能够自动地在 PDM 系统中存储和管理。另外，当需要对该图形进行修改时，在 PDM 系统中查到该文件，用鼠标双击即可以启动该 CAD 系统，进行图形修改。此外，“封装”还提供从一种应用转到另一种应用的功能。PDM 系统不仅可以封装 CAD/CAM 系统，还可以封装其他的应用系统，如文字处理、表格处理等。这样 CAD/CAPP/CAM 的应用软件均可以封装在 PDM 系统内实现信息透明、过程透明。

接口交换模式能够根据 CAD 装配文件中的装配树，自动生成 PDM 中的产品结构树。通过接口程序破译产品内部的相互关系，自动生成 PDM 的产品结构树；或者从 PDM 的产品结构树中提取最新的产品结构关系，去修改 3C 的装配文件，保持两者之间的数据一致性。PDM 作为一种能够支持多种 CAX 软件的通用管理平台，采用标准的数据信息接口建立 PDM 的产品结构与多种 CAX 软件之间的联系，首先需要了解产品结构在 PDM 系统和 CAX 系统中的组织形式，同时两个系统的操作界面中要有对方系统的功能菜单。CAX/PDM 接口的核心任务是将 CAX 用户的工作结果连同有关的业务对象和数据对象一起构建到 PDM 数据模型中。

特别提示

PDM 是构筑在关系型数据库基础上的集成平台，它以一个共享数据库为中心，可以跨越操作系统平台与应用软件平台，能够实现多平台的信息集成。建立在 PDM 上的 CAD /CAPP /CAM 集成体系，充分利用了其对数据和软件集成的特点，已成为企业实现信息集成的不可缺少的环境平台。随着计算机和网络的发展，网络化制造的复杂环境对 PDM 又提出了新的要求，建立网络化制造的 PDM 系统将成为下一步研究的热点。

5.5.3 基于 PDM 系统的企业信息集成

企业信息化系统包括计算机辅助设计(CAD)、计算机辅助工程(CAE)、计算机辅助工艺规划(CAPP)、计算机辅助制造(CAM)和计算机辅助质量管理(CAQ)、PDM 和企业资源规划(ERP)等应用系统，其中 PDM 和 ERP 是企业管理和信息化建设的两个重要核心技术。基于 PDM 系统的企业全局信息集成框架如图 5.26 所示。

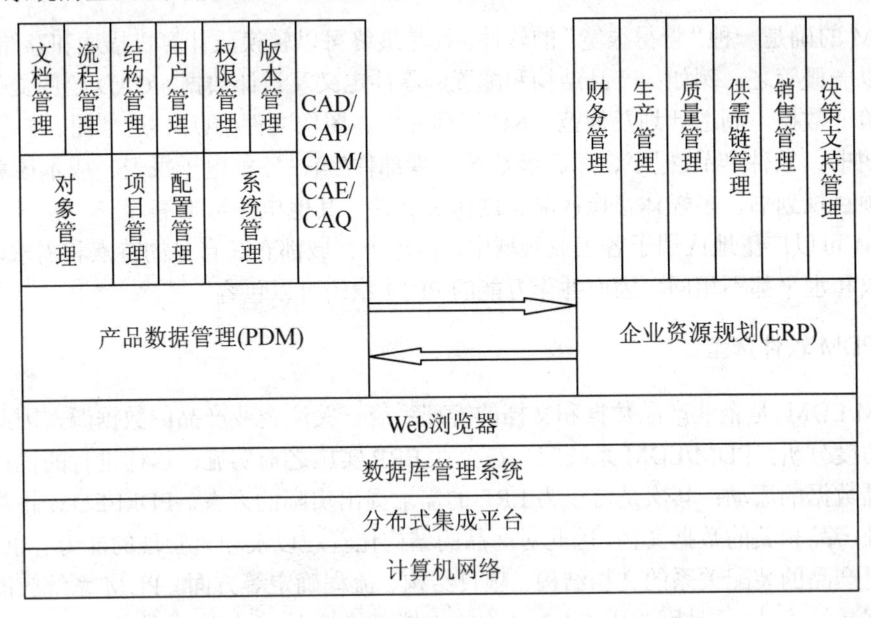

图 5.26 基于 PDM 系统的企业全局信息集成框架

PDM 提供了产品数据的组织与控制，其功能模块包括：对象管理、产品配置管理、项目管理、系统管理、文档管理、版本管理、工作流程管理、结构管理、用户管理、权限管理等。能够实现分布式环境中的产品数据共享，为异构计算机环境提供集成的应用平台。ERP 从 MIS 和 MRPⅡ基础上发展起来，是先进的企业经营管理模式，实现所有与制造相关资源和过程的管理，主要功能模块有销售管理、财务管理、生产管理、质量管理、供需链管理、决策支持管理等。ERP 中的许多信息来自 CAD/CAPP/CAM/CAE/CAQ 系统，通过 PDM 系统可以及时地把相关信息传递到 ERP 系统中，这些相关信息除了图形数据外，还应包括：任务进度数据、估计成本、技术指标参数；开发方法数据、任务状态数据；工装、设备需求、能力数据、BOM、工艺定额等。另外，ERP 还有来自管理部门的产品数据、工艺数据、开工数据、变更数据；变更原因、库存信息、物料信息；产品测试结果、在制品状态；设备状态信息；加工能力信息。而 ERP 产生的信息也是通过 PDM 传递给 CAD/CAPP/CAM/CAE/CAQ 的，传递的数据应含有：开发任务书；技术指标、时间要求、修改任务书；任务书审核、计划日期、产品接收报告。从计算机辅助质量管理 CAQ 到 ERP 的数据应含有：开发任务书；技术指标、时间要求、修改任务书；任务书审核、计划日期、产品接收报告。从 ERP 到 CAQ 的数据应含有：质量目标、次品报告、用户质量信息、质量处理信息、质量成本信息、生产作业计划、进货计划、工装设备及加工人员情况、各项成本。可见，PDM 系统是实现 CAD/CAPP/CAM/CAE/CAQ 与 ERP 之间信息传递的桥梁，实现了企业全局信息的集成与共享。

5.6 PDM 软件应用

PDM 的确是一种“管得很宽”的软件，凡是最终可以转换成计算机描述和存储的数据，它都可以一概管之，例如：产品结构和配置、零件定义及设计数据、CAD 绘图文件、工程分析及验证数据、制造计划及规范、NC 编程文件、图像文件(照片、造型图、扫描图等)、产品说明书、软件产品(程序、库、函数等“零部件”)、各种电子报表、成本核算、产品注释、项目规划书、多媒体音像产品、硬拷贝文件、其他电子数据等。

PDM 可以广泛地应用于各工业领域中，但每个领域都有其自身的特点和需求，应用的层次要求和水平都不相同，因而并无万能的 PDM 系统可以包容。

5.6.1 PDM 软件选型

PDM/EDM 是企业产品数据和文档的管理系统，关注企业产品的数据源，因此从数据的流通角度分析，PDM/EDM 系统应当在企业 ERP 实施之前实施。这样进行的优点是可以理顺产品数据的流动；其次是可以为 ERP 的需求提出实际的方案。PDM/EDM 将帮助企业有效管理产品相关的数据文档，因此对产品的结构化管理以及项目管理的能力有重要帮助。体现在对产品的装配关系的文档结构、项目结构、流程确定等方面。PDM 系统应能够实现较大数据量的流动，这是因为由 CAD 产生的文档可能较大，系统应当具备一定的优化能力。PDM 系统应当可以区分应用人员的不同权限，从而便于企业工程项目的管理。

在确定了 PDM 管理系统的研究开发的总体目标之后，就可以据此确定 PDM 管理系统的选型原则。PDM 管理系统的选型要考虑很多因素，对企业来讲存在很大的风险。由于选型的好与坏直接决定着 PDM 实施的周期、质量、效果和企业的发展，所以它值得企业投入大量的时间、人力和物力去重视。一般在 PDM 管理系统的选型过程中应遵循以下一些基本原则。

1. PDM 系统软件选型

1) 软件功能

从软件功能角度看，目前市场上的 PDM 软件大都具有图档管理和文档管理、项目管理和过程管理、产品树管理与配置管理、审批和批注、编码管理和用户管理、工具、电子邮件等功能。但要一次全部实施所有内容是比较困难的，较好的办法是从部分应用开始，例如：首先应用图档管理和文档管理、过程管理与配置管理等，其次引入工具与电子邮件等，最后实施审批、产品树管理和项目管理等内容。

2) 用户化开发能力

PDM 系统软件依据其功能性、系统独立性、规模性、开放性等不同而分为项目组级 PDM 系统、企业级 PDM 系统和分布式 PDM 系统。PDM 是实现企业最优化管理的有效方法，是科学的管理框架与企业现实问题相结合的产物。从理论上讲，应用 PDM 软件一般可以提高产品开发周期、提高企业管理水平等。但事实上，许多企业引入 PDM 软件后并没有提高企业的生产效率。企业应用 PDM 要同用户化开发能力和未来发展战略结合起来综合考虑。

3) 应用集成能力

应用集成可分为 3 个层次，封装、数据接口和集成，三者在此系统中都得到了体现。对于 Word 等类似的文档编辑工具、AutoCAD、Pro/Cast 等分析模拟工具主要采用封装的方式，PDM 对它们的管理主要是文件级的管理。对于原来用 Foxpro 编制的一些应用系统，为减少应用开发工作量和基于多方面考虑，可在二者之间建立数据接口，实现相关数据的直接应用，减少中间环节。

4) 系统开放性

开放性是指 PDM 管理系统结构的开放能力，具体体现在：独立性、用户化能力和集成性。

5) 技术支持能力

技术支持能力包括 PDM 管理系统的维护、版本升级、技术支持等问题。同 MRP 软件相类似，PDM 管理系统不仅仅是一个软件，更重要的是它提供了一种企业管理模式，这个特点决定了技术支持的重要性。PDM 管理系统同企业的管理有一个相互适应的过程，这就需要一个长期的、良好的技术支持，选择技术力量雄厚，经验丰富的供应商。PDM 实施要在包括产品设计师、企业领导和合作伙伴等队伍的实施之后才能投入使用。这里要强调选择技术力量雄厚的供应商对 PDM 是否能获得成功有很大影响。因为企业在引入 PDM 之前，大都不具备 PDM 实施经验和二次开发的人才，只有在供应商的协助下，结合企业在实践中发现问题，共同开发和完善，PDM 才能真正发挥作用。

6) 产品数据的标准化和流程的规范化

标准化、规范化、系列化是现代工业生产的前提和基础。各种数据的交流，离不开标准化。实施 PDM，实际上就是要实现企业产品信息的完整性、规范化，达到管理制度的科学化，因此标准化工作是 PDM 项目实施中一项非常重要的内容。充分利用构成产品的标准化，通过 PDM 系统可对这些标准件、通用件和典型结构等进行统一管理，否则实现快速的查找则需花费很大的精力。实施 PDM 必须高度重视流程的标准化和规范化问题。

7) 界面友好程度和操作方便程度

PDM/EDM 系统应当在操作上尽可能简单，通常有两种形式：直接内嵌在 CAD 应用软件的 PDM 或外部集成 CAD 应用软件的 PDM 系统。两种形式都可能存在，因为 PDM 需要与不同 CAD 集成，对一些 CAD 软件可能只能采用外部集成方式。PDM 或 EDM 的应用能够规范企业的工程业务流程，但 PDM 的应用需求应当由企业专业人员提出，这是因为只有企业才对自己的产品数据和需要有较深刻的认识，因此企业在实施 PDM 项目之前应当对产品数据有很好的分类和整理，同时对企业流程进行优化。不要过分追求一些特殊的功能，因为这些功能可能很少使用，而这些功能可能会花费更多的资金和精力，在选型中应当更多地关心基本的功能，关心系统的可靠性。

8) 软件性能价格比

经济性是指在满足用户要求的前提下，应尽可能选用便宜的 PDM 软件以便节省投资，即选用最佳性价比的软件项目。

9) 功能度

功能度是指软件所实现的功能和满足用户需求的程度。功能强大的企业级 PDM 系统应具有的关键特性及应提供的服务有：基本项目和外加项目。

10) 综合比较各供应商

主要是从以下几个方面对供应商进行比较。

(1) 供应商的实施方案。主要包括供应商对本公司情况的了解程度、项目实施规划的合理性、实施分段的可验收性、项目实施人员的配备情况、产品的价格因素等。

(2) 软件性能比较。主要有：集成能力的强弱、能否基于 Web 进行技术的研究和开发等。

(3) 供应商的业绩。到由这些供应商曾经开发过的相关企业实地调查。

11) 确定选型

综合考虑上述各因素，选择性价比最高的产品，从而为选型做出最为理智的决定。

2. PDM 选型的基本步骤

PDM 系统能否在企业中真正起到作用，实施是关键。一个企业要想使 PDM 成功实施，一方面与选定的应用目标和企业文化密切相关，另一方面要有正确的实施方法和步骤，PDM 软件选型不同于 CAD/CAM 软件的选型，不能仅仅通过图形测试来决定其优劣。通常应该包括以下基本步骤。

(1) 明确需求。对企业使用 PDM 系统所需要解决的问题有足够而清醒的认识。

(2) 确定选型标准。就选型过程达成一致意见，拟定用户需求表及系统比较评价参数表。

(3) 供应商展示。邀请供应商到企业进行软件技术介绍、演示和人员简单培训。

(4) 对比分析。进行更加详细的对比分析，到有关从事 PDM 技术研究与咨询的部门进行咨询，听取专家的技术分析与选型建议，也可以根据需要调查供应商已有客户的应用情况。

(5) 确定选型。向企业领导提交选型书面报告，经共同协商后，确定最终的选型。

5.6.2 PDM 软件简介

根据 SME 协会出版物“Integrated Design &Manufacturing”(1997 年 4 月)提供的资料，CIMdata 公司 1996 年对全球范围内 PDM 市场进行了调查，在 PDM 系统方面的投资已从 1993 年的 8.98 亿美元增加到 11 亿美元。许多公司，如一些飞机制造公司都将 PDM 作为提高企业技术水平的一项技术。目前 PDM 产品有很多，下面简单介绍几种主流产品。

1. EDS/IMAN

EDS Unigraphics 的 PDM 产品为 IMAN(信息管理器)。EDS 公司的工程经验使它可以深刻理解企业用户的真正需求，因此，IMAN 产品在市场上具有很强的竞争实力，尤其是对 Unigraphics 用户。该软件与 Unigraphics 软件紧密结合，并具有全面的集成能力。

2. SDRC/Metaphase

SDRC 公司的 Metaphase 软件也是 PDM 产品中非常出色的一种。该软件涵盖了 PDM 系统的各大功能模块，并且提供了面向对象的集成开发工具，具有良好的集成能力。该产品的最新版本已采用了 Web、联邦式软件结构、CORBA Gateway 等先进技术，是支持并行工程最好的平台之一。Metaphase 立足于成为企业集成框架。波音、福特、微软、ABB、Caterpillar 和 Sun Microsystem 等公司都已定购了大量的 Metaphase 系统以用于新产品开发。

3. UGS/ Teamcenter Engineering

美国 UGS 公司开发的 Teamcenter Engineering(工程协同)是一套成熟的商品化 PDM 软件系统，该系统采用了 C/S 结构，其客户端及服务器端均能够进行二次开发以满足用户的特殊需求。Teamcenter Engineering 允许工程和制造团队在以工作流程为驱动的工作过程中同步设计数据、共享设计模型，并通过全数字环境进行协同。通过整合这些能力，企业就能够改进产品质量、缩短加工时间、降低成本，以加速整个产品生命周期。Teamcenter Engineering 提供 5 种主要功能，以最大程度地优化产品生命周期。

1) 异构 CAD 环境下的工程协同

Teamcenter Engineering 支持与所有主流 CAD 系统的紧密集成，通过牢固集成多个相异的 CAD 系统，包括 NX、SolidEdge 、Pro/Engineer、CATIA 和 AutoCAD，Teamcenter Engineering 在实施过程中能够有效地保护用户在 CAD 方面的投资。由于 Teamcenter Engineering 可管理异构 CAD 环境，因此所有的团队成员，无须学会如何使用一个 CAD 系统，就能查看和了解数字化虚拟产品。这一协同环境还能够使所有的团队及其成员处理最新的产品信息，管理 CAD 数据，使工作得到简化，从而提高了效率，缩减开发费用。

2) 工程流程管理

Teamcenter Engineering 的产品结构允许用户管理所有的产品信息，而不仅仅是 CAD 文件。通过使团队自动化，并使工程流程同步，确保所有重要的产品信息能够在适当的时间交付给适当的团队成员，有资格的用户快速地定位其需要的产品知识，以便开展工作，同时也要避免不必要的信息搜索工作。通过捕捉相关的产品和过程信息，并将这些资源关联到一个通用的产品结构中。能够管理所有有关的 CAD、CAM 和 CAE 信息，也包括设计规范、文档和需求，允许用户定义并执行公司特定商务规则的工作流程，有效地执行自动化的、与产品相关的流程。

3) 多点协同

Teamcenter Engineering 利用基于标准的 Internet 技术，从而使广义企业能够通过防火墙接口全球性地共享产品信息。通过支持多点协同，使工程团队、合作伙伴及供应商一起在一个虚拟的以产品为核心的环境中无缝地工作，从而降低了产品的开发成本并缩短了产品的上市周期。利用 Internet 技术建立了工程协同的基础环境，能使全球范围内分布的所有团队共享其产品知识，在以产品为核心的基础上协调设计方案，并在一个安全的协同环境中以自动化的工程流程共同参与工作。团队成员可以在任何地点、任何时间访问 Teamcenter Engineering。同时，还可使用任何一种 Web 存取设备，包括便携式电脑、个人数字助理和无线电话。所有具备资格的团队成员都能用熟悉的 Web 浏览器访问同样的产品信息，而无论他们居于何地，或使用什么样的阅读设备。

4) 可重复的数字确认(RDV)

Teamcenter Engineering 能使在广义企业中的所有合作伙伴简化配置并确认那些需要进入新产品交付中的设计意图。Teamcenter Engineering 简化了产品开发程序，优化了产品设计，在一个统一的协同环境中使用户能够快速地配置、设计、建模和确认需要分散加工的产品。整合了包括产品数据管理功能、行业领先的可视化技术、数字样机装配和三维设计技术在内的先进的解决方案。能使设计团队及其成员存取保存在 Teamcenter Engineering 里的产品配置和产品知识，而这些信息是来自设计方案并且是三维可视化的。允许用户在异构 CAD 环境中工作，同时其设计团队还可以创建或修改组件和装配件。由于 Teamcenter Engineering 采用了 RDV 技术，所有的产品配置及其变形状态都能自动地、重复性地确认设计更改。这就使用户在确保设计更改完整地贯穿整个产品线的同时，能够快速地了解这些更改的影响。如果用户了解到某些事情发生变化这些变化可以简单到一个零件号更改或收到一份更改单后，用户就可以立即在自己的机器上打开想看的每一件东西——从一个小部件到整个产品装配。这些变化都会被反映出来。先进的变量和选项管理能力使团队能够很容易地为不同的市场开发出新产品，或进行相应的配置。这种能力最大限度地保证了对已有产品知识的重用。该系统还提供了一种可重复使用的方式，从而允许用户为设计任务配置正确的修订版本和上下文版本，同时最大限度地降低数据装载量。

5) 统一的产品全生命周期管理(PLM)

所谓产品的生命周期，就是指从人们对产品的需求开始，到产品淘汰报废的全部生命历程。是一种先进的企业信息化思想，它让人们思考在激烈的市场竞争中，如何用最有效的方式和手段来为企业增加收入和降低成本。

PLM 是一种对过去和现在的那些行之有效的技术、系统、流程、实施方法论和企业智力资产的继承与集成，在正确的企业战略思想和商业原则指导下，将其提升为符合企业实际情况的解决方案，让企业信息化变得更加现实和更容易实施。

4. 同方 PDM 一体化集成管理

同方 PDM 作为企业的产品数据平台，目的在于使使用者、制造者、维护者和管理者全面管理、实时追踪产品生命周期全过程及所有相关数据。从数据来看，同方 PDM 系统可以实现企业信息的一体化集成管理并支持对数据的深加工；从产品来看，同方 PDM 系统可帮助企业组织产品设计，完善产品结构与配置的管理并跟踪相关信息的变化；从过程来看，同方 PDM 系统可协调优化设计、审查、批准、制造、数据变更等工作过程，提供支持并行工程的工作环境；从企业结构来看，PDM 系统加速并协调企业部门之间的信息交换、推动企业业务重组(BPR)的实现。 同方 PDM 系统的主要功能如下。

1) 系统安全管理

安全管理是产品数据管理系统的基础模块，它实现了产品数据管理系统的用户之间的数据共享与安全保密，同时管理企业的组织成员的关系，为工作流程管理提供组织的成员关系服务数据。

2) 图文档管理

图文档管理是清华同方 PDM 系统的核心功能之一，它解决了企业里纷繁复杂的电子图样、文件、技术资料、相关标准、更改记录等产品数据的归档、检索、查询、借用、换版、控制等问题。同方 PDM 的图文档管理功能，可以使企业不同身份的人员，诸如设计人员、工艺人员、生产人员、销售人员在需要的时候，通过图文档管理提供的创建、入库、检入、检出、浏览、打印等一系列操作结合系统安全管理、方便安全地维护企业产品数据或取得最新、最准确的数据，从而最大限度地发挥信息技术的效益。

3) 产品结构管理

同方 PDM 系统中，零部件按照它们之间的装配关系被组织起来，形成产品结构，用户可以将各种产品定义数据与零部件关联起来，最终形成对产品结构的完整描述。在企业数据准备阶段，传统的图样表达的 BOM 也可以利用 PDM 集成工具自动生成。

4) 编码管理

同方 PDM 系统的编码系统实现产品、零件、物料等企业管理对象的分类，并通过规则定义、具体格式绑定，使企业管理规范化，进而支持企业运用成组技术，发掘企业产品、零件的相似性，从而促进企业设计和工艺的标准化和产品优化。通过有效性和配置规则来对系列化产品进行管理。有效性分为两种：结构有效性和版本有效性。用户可以通过确立有效性规则和选择各配置变量的取值和设定具体的时间及序列数来得到系列产品的不同配置。

5) 工作流程管理

实现图文档等产品数据设计过程的有效管理和控制，支持企业文件生成过程的有效管理和控制。流程控制更有效地对项目完成情况进行监督。

6) 变更及版本管理

实现痕迹管理及图纸的版本管理，严格地更改影响控制，保证产品数据的完整性和生产的正确性。

7) 系统管理与服务

提供一系列的系统工具来实现数据备份与恢复；同方 PDM 系统根据企业实际运行的数据模型，确定 PDM 系统中对象属性及其关系，然后对系统进行完整的“客户化”。

8) 应用系统集成

实现单一的产品组成源管理，实现各应用系统数据共享，实现 CAD/CAPP/PDM/MRP 的全面集成。

5. IMAN 集团级 PDM

IMAN 给企业提供一个先进的框架，在一个产品从最初的概念到最终生产出产品的整个过程中，通过这个框架来管理产品数据的定义，跟踪制造和工艺过程中的各种信息。通过 IMAN 的最先进的体系结构，企业的知识得到协同化管理，在同行业中实现最低成本管理系统。

6. 开目 PDM 主动灵活

开目 PDM(KMPDM)是主要处理来自 CAD、CAPP、CAM、ERP 等应用软件和办公自动化生成的信息。其主要功能有以下几种。

(1) 图文档管理。将企业的产品数据进行分类、归档，可以灵活制定每类图文档的属性，并提供多种查询方法，可进行统计和打印各种报表。

(2) 工作流程管理。提供一种企业级的技术规范。

(3) 产品配置管理。开目 PDM 从产品图样中提取标题栏和明细栏信息，自动生成产品 BOM 表，自动汇总图样清单。

(4) 项目管理。可以有效地组织和管理项目实施过程中所涉及的任务安排、任务计划，开始与完成时间，人员组织安排等诸多要素。

【应用案例 5-2】

清华紫光企业档案管理系统(TH-AMS)从档案管理部门的需求出发，包含了企业档案的全部管理工作和电子档案的网上利用，并充分利用计算机及计算机网络的特点，为企业档案和信息的管理提供了一个现代化的手段。此系统主要提供具有以下几个方面功能的子系统。

(1) 系统设置子系统。用户可以根据本单位档案管理的规范和需求，对 TH-AMS98 系统进行自由的定义(其中包括各种档案类型、数据库的结构、用户录入的界面、分类方法等)。当用户刚开始使用本软件时，必须首先进入该子系统，进行档案管理系统的定制。然后，才能进入其他模块，按照定制好的方式进行档案管理工作。该模块功能强大，但使用却非常的方便灵活，使普通的档案管理人员就能完成定制工作，并通过定制，为后面的数据录入及档案管理等功能提供极大的方便。

(2) 权限设置子系统。权限设置子系统使档案管理人员在网上既可保证有权用户对档案的有效利用，又可限制用户对档案的使用权限，更可以保障档案的安全与可靠。档案管理人员可通过该模块对网上的每一个用户及其权限以及本单位各部门或专业对档案的权限等进行一系列灵活的设置，可细化到某一案卷和文件的权限(如：该文件是否可测览、下载和借阅等)，也可以为某一用户临时赋权。

(3) 检索子系统。检索子系统主要用于对本系统中各种档案进行多种方式的检索，可进行：分类检索、项目组合检索、案卷组合检索、文件组合检索、用户库组合检索、日志库组合检索，并可打印检索结果；在每一类检索中，用户还可以通过卡片检索的方式，检索到案卷或文件的详细信息，从而能进一步查询到所需信息，并且在权限允许的条件下，直接浏览到所需信息的原文，甚至于下载到本地机供用户利用。系统可以快速浏览 150 多种文件格式(像常见的文本、表格、各类图形、图像和数据库文件)，并可外挂浏览器。

(4) 数据录入子系统。档案管理人员可以通过使用数据录入子系统，在自定义的界面下录入、编辑修改各种档案数据以及完成档案文本与各种电子档案原件(扫描的光栅图或矢量图)的挂接。在此处可完成项目录入、案卷录入、文件录入等工作。

(5) 借阅管理子系统。借阅管理子系统主要是面向纸介质档案的利用。功能包括：借阅、归还和催还，并打印借阅单和催还单。

(6) 统计报表子系统。用户通过该子系统，不仅能够完成档案工作所需的任意报表的设计和打印工作，而且可以通过系统提供的强大的报表设计功能来打印和统计各种档案数据。此系统可以灵活地定义统计项和检索条件等。

(7) 整理编目子系统。整理编目子系统实现了未归档的文件、资料、图样的管理、存储和预归档(分类组卷)，并为用户提供上述未归档文件的检索、查询和利用，也为日后档案管理人员进行归档工作提供了极大的方便。

(8) 数据转换子系统。利用该子系统将用户以前使用其他管理软件所录入的档案数据，转换到 TH-AMS 档案库中来，如 Dbase、Foxbase、Foxpro 的数据。此外，该功能也能处理 Excel 文件中的数据。

(9) 销毁管理子系统。销毁管理子系统允许用户对案卷、文件进行销毁操作，并进行销毁管理，以便对从前的销毁操作进行检查。

(10) 光盘制作子系统。国家科技部、国家档案局、国家技术质量监督局等几家单位联合制定的 CAD 文件光盘存储标准(清华紫光是制定该标准的首席起草单位)是图档数据存储的依据。清华紫光企业档案管理系统全面支持该光盘标准，可以对标准格式的光盘进行数据输入、数据输出及检索，并可将档案数据按照上述标准的格式直接存储在光盘中。

本章小结

本章主要论述产品数据管理(PDM)的基本特征与发展趋势，介绍了 PDM 的基本概念、体系结构、相关支持技术及 PDM 的最新技术，研究了 PDM 系统功能、信息建模、应用集成，如何实施 PDM 技术及 PDM 软件选型。

习　题

1．简述产品数据管理(PDM)的发展阶段。
2．试分析产品数据管理(PDM)的含义。
3．简述产品数据管理(PDM)的体系结构。
4．试分析分布式多层体系结构技术的特点。
5．试分析 PDM 系统的主要功能。
6．产品结构与配置管理的基本功能有哪些？
7．描述 PDM 实施的目标、内容与步骤。
8．如何科学有效实施 PDM 中的信息建模。
9．简述 PDM 系统人员组织结构模型。
10．怎样建立产品对象模型？
11．PDM 系统的工作流程管理模型主要包含哪些方面？
12．怎样实现产品结构管理功能？
13．简述 PDM 的应用集成的体系结构。
14．为什么对应用系统进行“封装”？
15．PDM 为什么要与其他应用系统进行集成？有何作用和意义？
16．简要说明基于 PDM 的 CAX 系统集成方法。
17．简要说明 CAD /CAPP /CAM 与 PDM 之间的信息流。
18．简要说明基于 PDM 系统的企业信息集成方法。
19．PDM 系统软件选型时应着重从哪几个方面进行考察？

第 6 章　先进制造模式

教学目标

1. 了解先进制造模式中几种典型制造模式的发展背景；

2. 掌握先进制造模式中精益生产、敏捷制造、虚拟制造以及并行工程的基本概念、内涵特点、关键支撑技术及发展应用；

3. 通过实例分析了解这些先进制造模式在现代化企业制造中的实际应用。

教学要求

能力目标	知识要点	权重	自测分数
掌握精益生产的相关知识	理解精益生产的内涵及特征，掌握其体系结构组成，了解其历史背景及国内外的应用	15%	
掌握敏捷制造的相关知识	理解敏捷制造的内涵及特征，掌握其关键技术组成，了解其发展背景	20%	
掌握并行工程的相关知识	理解并行工程的定义及特点，掌握其关键技术组成，了解其产生的背景及应用与发展	25%	
掌握虚拟制造的相关知识	理解虚拟制造的定义及特点，掌握虚拟制造的研究内容及关键技术，了解其发展及应用	40%	

引例

随着商业飞机的不断发展，波音公司在原有产品开发模式下的成本不断增加，并且积压的飞机越来越多。那么，在激烈的市场竞争当中，波音公司是如何用较少的费用设计制造出高性能的飞机呢？资料分析表明，产品设计制造过程中存在着巨大的发展潜力，节约开支的有效途径是减少更改、错误和返工所带来的消耗。一个零件从设计完成后，要经过工艺规划、工装设计、制造和装配等过程。在这一过程内，设计约占 15%的费用，制造占 85%的费用，任何在零件图纸交付前正确的设计更改都能节约其后 85%的生产费用。过去的飞机开发大都沿用传统的设计方法，按专业部门划分设计小组，采用串行的开发流程，大型客机从设计到原型制造多则十几年，少则七到八年。波音公司在 767-X 的开发过程中采用了“并行产品定义”的全新概念，通过优化设计过程，采用新的项目管理办法，改善设计，提高飞机生产质量，降低成本，改进计划，实现了 3 年内从设计到一次试飞成功的目标。

6.1 精益生产

6.1.1 精益生产的历史背景

精益生产是20世纪90年代由美国麻省理工学院在总结日本丰田汽车公司生产经验所得，称其为“世界级制造技术的核心”，并在国际汽车计划研究报告中首次提出了精益生产这个概念。

第二次世界大战以后，日本在一片残砖瓦砾上开始重新发展经济。日本人凭借着自己能屈能伸的忍术以及在战争中掠夺来的财富，迅速建立起一批现代工业生产体系。20世纪70年代世界生产汽车的强国要数美国——通用、福特、克莱斯勒三大汽车生产集团。当时福特汽车公司制定了分工协作的流水线型生产方式，即将一个产品层层分解，比如说一双鞋分为鞋面和鞋底，然后由专门人员负责一个环节的生产，最后再组装在一起。分工越细，其生产效率越高。但是精明的日本人在考察完福特公司的生产方式后，却发现这种生产方式的一个最大不足是在实行时必须要有足够的劳动力与丰富的自然资源，而这些却正是日本的致命弱点。日本人在不停地探索中，通过逆向思维解决了这一难题。因为在分工协作的流水线型生产方式下，工人技术熟练程度是绝对有差异的，必然会在某一生产环节上出现富余的部件，或者工人可以有悠闲的时间，这样就会出现无效劳动或在制品的增加，导制生产效率无法提高及产品成本无法减小的局面。日本一位经济学家独辟蹊径地说：“只有将原料放在生产线上生产，完成后再拿下生产线这一过程才是真正的有效劳动，其余的都是无效劳动。”简单地说，有效劳动是指工人正在装配和正在对产品进行加工的过程。为了解决在制品问题和减少生产过程中的无效劳动，日本独创了U形生产线，即将原来的流水线弯成U形生产线。比如管第一道工序的员工同时兼最后一道生产工序或者更多，这样员工在完成第一道生产任务后马上转向最后一道生产工序，然后在第一道工序的在制品转向下一道工序时，员工又回到第一道生产工序，同时最后一道工序也已完成。按此理论U形生产线所生产的在制品只保持在满足下一道生产工序水平上，同时利用最少人力达到最高的生产效率。这种生产方式适应了战后日本劳动力缺乏的情况。

这种生产方式使日本在短短30年里，汽车工业迅速发展，产品数量大增，产品成本很低。仅以丰田为例，现今一年就生产400万辆汽车，平均每天生产2万余辆，每小时生产1 000余辆，每分钟生产20余辆，在不到3秒钟内就有一辆汽车从U形线上下来。这样一来日本以绝对高的产量，绝对便宜的价格，过硬的质量开始敲开美国汽车市场的大门，以绝对优势压倒世界汽车生产霸主——美国。美国人经过调查研究发现了这种生产方式——U形线生产方式，并把它称之为精益生产方式。

6.1.2 精益生产的内涵及特征

1. 精益生产的基本概念

Lean Production中的“Lean”被译成“精益”是有其深刻含义的。“精”表示精良、精确、精美，“益”则包含利益、效益等，它突出了这种生产方式的特点。精益生产简练的含义就是运用多种现代管理方法和手段，以社会需求为依托，以充分发挥人的作用为根本，有效配置和合理使用企业资源为企业谋求经济效益的一种新型生产方式。可见，实施精益生产方式要以去除“肥肋”为先导，改进原有的臃肿组织结构、大量非生产人员、宽松的厂房、超量的库存储备等状况。

精益生产方式彻底地消除了无效劳动。它有以下两个原则。

(1) 最大限度地满足市场多元化的需要。这里所强调的是最大限度地。市场是多元化的，那种“不管用户需要什么，我的电视都是无色”的经营方式已不能满足日益增长的市场需要，因为市场已由原来的卖方市场转为买方市场，为此企业要想让自己的产品被消费者所接受必须使产品多元化，而且还需在时间上以最快的速度设计制造出消费者满意的产品。

(2) 最大限度地降低成本。一个企业对外面临着同行业的竞争、政府课税、国际经济形势，对内还要改善职工待遇，这样企业就必须提高利润，而提高利润最根本的方法就是降低成本，而精益生产方式无不体现了这一点。在人的方面主张用最少的人干最多的活(俗称“人瘦”)，“一人多机，一机多能，多工序操作，多机床管理”的路线。这与日本劳动力资源贫乏有一定的关系。但这又毋庸置疑是一条降低生产成本，提高劳动生产率的有效途径。

概括地说，精益生产方式可以用6个字来形容：速、小、美、变、零、源。“速”，就是以最快的速度开发新产品，以最快的速度生产出新产品，以最快的速度完成任务；“小”，就是使机构精简到最小、最精干，用最少的人干最多的活；“美”，就是对工作做到尽善尽美，是对工作严谨务实的态度和对产品完美的追求；“变”，就是最大限度地适应市场变化，在竞争激烈、发展速度极快的社会，人们对需要的层次和种类也在不断地发生变化；“零”就是使企业的在制品为零，即库存为零，这样既可以减少资源浪费又可以减少资金占用量；“源”，就是一切工作从头做起，在产品设计阶段就追求精，力争使产品在质量、性能相同的情况下，成本最小。

2. 精益生产的基本特征

精益生产方式综合了单件生产与大量生产的优点，既避免了前者的高成本，又避免了后者的僵化，具有以下特征。

(1) 以“人”为中心——尊重人，充分发挥人的主观能动性。把工人组织起来，集体地对产品负责。生产线一旦出现问题，每个工人都有权把生产线停下来，以分析问题，解决问题。

(2) 以“简化”为手段——简化企业的组织机构，简化产品的开发过程，简化零部件的制造过程，简化产品的结构。总之，简化一切不必要的工作内容，消灭一切浪费。

(3) 以“尽善尽美”为最终目标——不断改善、追求完美。在丰田的生产中要求以100%的合格率从前道工序流到后道工序，而绝不允许任何中间环节有不合格的产品流入到后道工序。丰田方式并不一定要求以大规模的技术改造和设备升级来提高生产水平，而注重以不断的管理改革和技术革新来趋近“尽善尽美”的目标。例如，在丰田采用了一种“Kanban”(“看板”)工具，来解决生产过程中的信息流问题。所谓Kanban并非高档的通信设备，不过是一张张放在长方形透明塑料袋中的卡片。以这些卡片来指示各工序的零件生产以及半成品在工序间的流动，在多品种小批量的复杂生产环境中实现准时的、有序的生产调度。

又如，为了在大量生产条件下扩大品种，增加企业的柔性，需要生产不同的大型冲压件。丰田并未采用增添大型冲压设备的办法，而是采用在一台冲床上更换模具的办法，来实现多品种生产。于是，只需集中力量，解决快速、精确更换模具的技术问题。原来从更换模具到新零件冲压出来，至少需要一天时间，经过努力改善，这个时间缩短到 3 分钟。这样，在原有设备的基础上，实现了多品种、小批量生产。与大批量生产相比较，前者可以降低成本，因为它减少了在制品的积压，加快了资金的周转。

6.1.3 精益生产的体系结构

精益生产核心表现为最精简的中间管理层并雇佣最少的非直接生产人员(管理人员)；尽可能小的生产部件变异以减少生产中失误的机会并可增大每批加工数量；所有生产过程，包括整个供应链的质量保证以减少任何环节上的低质量所带来的浪费；以及准时制生产。它的基本原则是“消灭一切浪费”和“不断改善”。准时制作业(JIT)、全面质量管理(TQC)、成组技术(GT)、弹性作业人数和尊重人性是精益生产的主要支柱。

1. 准时制作业

准时制作业(Just-in-time)的基本含义是在所需要的时间、按所需要的数量生产所需要的产品(或零部件)，其目的是加快半成品的流动，将资金的积压减少到最低限度，从而提高企业的生产效益。这一点与大批量生产的福特模式有很大的不同，后者是在每一道工序一次生产一大批工件，存放在中间的半成品仓库，然后再运往下一道工序。而在 JIT 方式下，工序间的零件是小批量流动，甚至是单件流动，在工序间基本不积压或者完全不积压半成品。

传统的生产规划与调度方法是从生产线的头部将原材料“推”进去，让它逐个工序地通过，最终在生产线的尾部输出成品。这是一种“推”(Push)的方式，是正向考虑问题。在这种规划与调度方法下，半成品的物流与生产信息的传输都是正向的(由头到尾)，如图 6.1(a)所示。

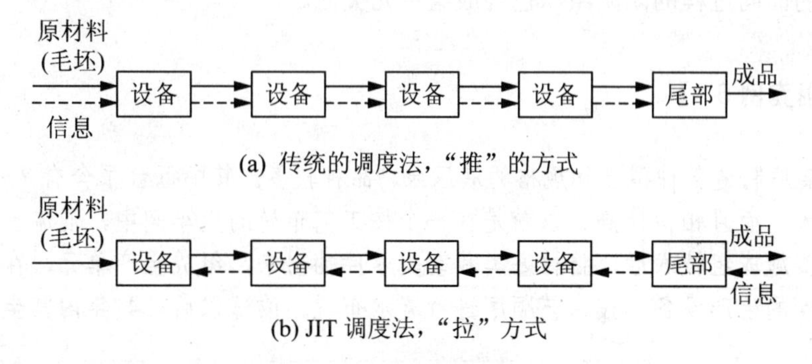

图 6.1 生产线的传统调度与 JIT 调度

这种方式易于操作和控制，但是其输出产品的时间和数量往往很难正好满足产品装配或供货的要求。而为了弥补这一缺陷，大批量的生产模式不得不在每一生产线的尾部设立中间半成品库，以起到缓冲不均、调节有无的作用。JIT 的调度和规划方式则迥然不同，它是一种“倒数计时”的方法，每当需要一件成品时，就从生产线的尾端“拉”出一件，而其前面的各工序则相应地发生动作，加工一件半成品，来填补后面的空虚。这是一种“拉”

(Pull)的方式，是逆向考虑问题。在这种调度下，物流是从生产线的头部向尾部传输，而信息流则是从尾部向头部传输，如图 6.1(b)所示。在这种调度模式下，只有在下一道工序需要零部件或半成品时，上一道工序才生产。这样，既能及时地满足下道工序的要求，又可防止材料、半成品、零部件或产品的积压。

JIT 的生产理念主要在于消除浪费，任何活动对于产出没有直接效益的便被视为浪费。由这个角度来看，工厂中常见的浪费有 5 种：制造过多的浪费，等候时间的浪费，搬运的浪费，库存的浪费，不良品重新加工的浪费。同时，在 JIT 的生产理念下，浪费的产生通常被认为是由不良的管理所造成的。比如，大量原物料的存在可能便是由于供货商管理不良所造成的。及时生产系统的最终目标即是要达到：零缺点、零存货、零准备时间、零前置时间和无零件搬运。

采用 JIT 方法进行生产规划与调度，其难度较大。往往需要采用计算机来进行建模、仿真、信息传递和生产调度。但是也并不尽然，前述丰田公司所采用的“看板”，其实也可以用来作为逆向传递信息的工具，并赖以实现准时生产。

2. 成组技术

成组技术(Group Technology)已经成为现代化生产不可缺少的组成部分。成组技术把相似的问题归类成组，寻求解决这一组问题相对统一的最优方案，以取得所期望的经济效益。成组技术应用于制造加工方面，乃是将多种零件按其工艺的相似性分类成组，以形成零件族，把同一零件族中零件分散的小生产量汇集成较大的成组生产量，从而使小批量生产能获得接近于大批量生产的经济效果。这样，成组技术就巧妙地把品种多转化为“少”，把生产量小转化为“大”，为提高多品种、小批量生产的经济效益提供了一种有效的方法。

成组技术是实现多品种、小批量、低成本、高柔性、按顾客订单组织生产的技术基础。通过采用成组技术就能够组织混流生产、优化车间布置、减少产品品种的多样化，并可以通过产品的模块化、标准化来减少企业复杂度，提高企业的反应能力和竞争能力等。另外，精益管理中的面向过程的团队组织也与成组单元类似。

【应用案例 6-1】

例如，某厂制造各种型号和规格的液压泵，品种较多。其中每台泵含有 7～9 件柱塞和套，批量较大，而且相似性高。以前是在一个按工艺布局的大车间中，混流生产这些柱塞和套。该厂实施成组技术后，将柱塞类和套类零件抽出来，组成生产单元，在单元内配备具有一定柔性的生产设备，按工艺顺序进行流水布置。改造以后，4 年内其生产率比原来提高了 3.5 倍。

3. 全面质量管理

质量是企业的生存之本，全面质量管理(Total Quality Control，TQC)是保证产品质量、树立企业形象和达到零缺陷的主要措施，是实施精益生产方式的重要保证。全面质量管理认为，产品质量不是检验出来的，而是制造出来的。它采用预防型的质量控制，强调精简机构，优化管理，赋予基层单位以高度自治权利，全员参与和关心质量工作。质量保证不再作为一个专业岗位，而是职工本职工作的一部分。预防型的质量控制要求尽早排除产品和生产过程中的潜在缺陷源，全面质量管理体现在质量发展、质量维护和质量改进等方面，从而使企业生产出低成本、用户满意的产品。ISO 9000 国际质量认证标准为实现全面质量管理提供了十分有效的手段。

全面质量管理有以下几层含义。

(1) 全方位质量管理。不仅对产品的功能质量进行管理，而且对现代质量概念的各个方面进行管理，包括寿命、可靠性、安全性及可负担性等方面的质量管理。

(2) 全过程质量管理。不仅对加工制造过程进行管理，而且对市场调查、产品设计开发、外协准备、制造装配、检查试验、售后服务等影响产品质量的所有环节进行管理，重在排除上述过程中引起废品的因素，而不仅是在最终检查中剔除废品。

(3) 全员质量管理。全企业的所有人员，上自经理，下至操作工人，全都参与质量管理，自己检查产品，100%地检查，自我纠正误差，不断改进方案；为了便于全员参加质量管理，需要下工夫使产品质量标准变得直观易懂，增强质量“可见性”，强化全员的质量意识。

如果把精益生产看成一幢大厦，(图 6.2)，大厦的基础就是计算机信息网络支持下的小组工作方式和并行工程，大厦的支柱就是准时制生产、成组技术和全面质量管理，精益生产则是大厦的屋顶。3 根支柱代表着 3 个本质方面，缺一不可，它们之间还须相互配合。

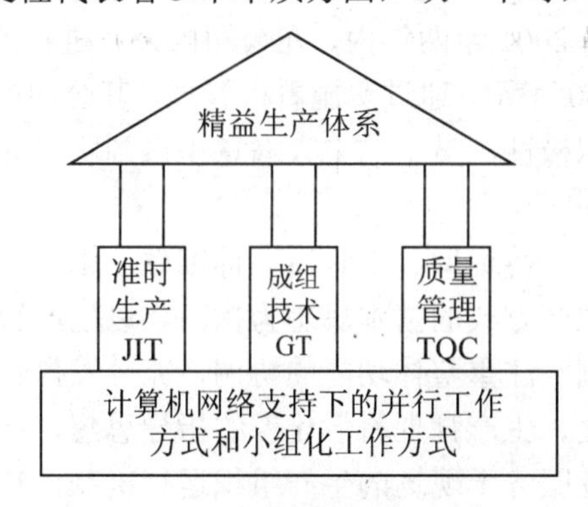

图 6.2　精益生产的体系构成

6.1.4　精益生产在国内外的应用

1. 精益生产在国外航空工业中的应用

当有关精益生产的报道在整个洛克希德公司迅速传播开来时，该公司认为这种生产方式将适用于战斗机、战术运输机、导弹和卫星的所有领域，包括 F-22 这种未来的主要型号战斗机。为实现 F-22 项目规定的某些宏伟目标，例如在某些情况下，减少生产车间工作量的 80%～90%，公司总经理决定设立“重点工厂”，强调优化流程和消除浪费，必须按精益生产的思想进行设计和制造，并开始在现有的一些项目中实现精益生产。洛克希德公司的福特沃思分公司主动向美国空军许诺，每年降低 12～24 架 F-16C 战斗机的价格，每架飞机的费用降低 300 万～2 000 万美元。

为了支持国防承包商“走向精益”，美国空军在俄亥俄州的赖特—帕特森空军基地以航空系统中心(ASC)为基础，成立了由美国空军和 21 个主要宇航制造公司联合组成的精益促进会，旨在将精益生产应用到整个美国宇航工业。具体目标是通过实施精益生产计划，达到缩短设计时间、缩短生产周期、降低库存量、削减开支的目的。美国空军在 1994—1996

年，每年拨出 60 万美元用于支持这项计划。该计划所涉及的 21 家公司每年每家还为这项合作计划提供 5 万美元经费。被授权领导该计划的麻省理工学院认为，采用精益生产可以减少目前宇航制造工厂中 50%的劳动力、50%的工厂占地面积、l/10 的在制品库存量、1/8 的供应厂家、1/2～2/3 的开发时间和 1/3 的缺陷。对于 F-22 战斗机，精益生产可使其研制周期缩短 40%～60%。按这个目标，洛克希德航空系统公司可在 24 个月内把第一架 F-22 战斗机交付空军，比原订交货时间提前 1 年零 4 个月；对于 Pratt＆Whitney 公司的 F-119 发动机来说，交货时间也由 30 个月缩短到 10 个月，减少了 1 年零 8 个月。

2. 精益生产在国内企业中的应用

精益生长方式为人们提供了一种全新的思想，各行各业都可借鉴。对于许多发展国家来说，由于精益生产方式无需大量投资，是迅速提高其企业管理技术水平的一种有效手段。目前，精益生产方式已先后在一汽集团、上海大众、跃进汽车集团、唐山爱信齿轮有限公司推广，在这些厂实行的准时生产、减少库存、看板管理等活动都取得了很好的效果。

以看板管理的应用为例，唐山爱信公司采用精益化生产方式中的后道工序从前道工序领取零部件的“拉动方式”，生产轻、微型轿车变速器。在产量逐年增大的情况下，不但满足了市场的需要，而且存货资金逐渐降低；存货资金周转天数由 1996 年的 104 天降到 2001 年的 22 天；2000 年至 2001 年两年内，在公司内公开进行的 QC 活动共有 122 项，可计算的直接成本降低了近 60 万元。通过实施看板管理，其公司的产品质量稳步提高，并且充分地调动了员工的工作积极性，员工的主人翁意识得到明显的加强，公司的生产管理得到极大的改善。

一汽集团公司变速箱厂、铸造厂、工具厂、标准件厂都先后推行了精益生产方式。如其铸造厂制定了“以精益生产方式的基本思想为指南，以生产管理为核心，以现场管理为重点，突出生产过程的控制，注重整体功能的协调，充分发挥管理的效能，实现生产组织系统优化、生产过程精益化、生产管理科学化”的指导思想，初步建立了以造型为中心，以生产工人为主体、全方位服务于现场的生产组织运行机制，其看板管理、均衡生产、投入产出、在制品的控制、优化生产线等工作，均已取得了一定的效果。

6.2 敏 捷 制 造

6.2.1 敏捷制造产生的背景

自第二次世界大战以后，日本和西欧各国的经济遭受战争破坏，工业基础几乎被彻底摧毁，只有美国作为世界上唯一的工业国，向世界各地提供工业产品。所以美国的制造商们在 20 世纪 60 年代以前的策略是扩大生产规模。到了 70 年代，西欧发达国家和日本的制造业已基本恢复，不仅可以满足本国对工业的需求，甚至可以依靠本国廉价的人力、物力生产廉价的产品打入美国市场，致使美国的制造商们将策略重点由规模转向成本。80 年代，原西德和日本已经可以生产高质量的工业品和高档的消费品与美国的产品竞争，并源源不断地推向美国市场，又一次迫使美国的制造商将制造策略的重心转向产品质量。进入 90 年代，当丰田生产方式在美国产生了明显地效益之后，美国人认识到只降低成本、提高质量还不能保证赢得竞争，还必须缩短产品开发周期，加速产品的更新换代。当时美国汽车更新换代的速度已经比日本慢了许多，因此速度问题成为美国制造商们关注的重心。“敏捷”从字面上看表明正是要用灵活的应变去对付快速变化的市场需求。

敏捷制造 AM 这一概念的提出是 1991 年美国国防部为解决国防制造能力问题，而委托美国里海大学(Lehigh University)亚柯卡研究所拟定一个同时体现工业和国防共同利益的中长期制造技术规划框架，在其《21 世纪制造企业发展战略》研究报告中提出的。该报告首次提出了敏捷制造和虚拟企业的新概念，其核心观点是除了学习日本的成功经验外，更要利用美国信息技术的优势，夺回制造工业的世界领先地位。这一新的生产模式在全世界产生了巨大的反响，是一种直接面向用户不断变更的个性化需求、完全按订单生产，可重新设计、重新组合、连续更新的信息密集的制造系统，目前已经取得了引人注目的实际效果。

6.2.2　敏捷制造的内涵及特点

1. AM 的内涵

敏捷制造，又称为灵捷制造。按照字面的理解，敏捷一词是“聪明、机动和快速”的含义。作为一个新型模式，它在概念和组成上都不断地更新和发展。敏捷制造目前尚无统一、公认的定义，一般可以这样认为：敏捷制造是在“竞争——合作/协同”机制作用下，企业通过与市场/用户、合作伙伴在更大范围、更高程度上的集成，提高企业竞争能力，最大限度地满足市场用户的需求，实现对市场需求做出灵活快速反应的一种制造生产新模式。也可以指企业采用现代通信技术，以敏捷动态优化的形式组织新产品开发，通过动态联盟(又称虚拟企业)、先进柔性生产技术和高素质人员的全面集成，迅速响应客户需求，及时交付新产品并投放市场，从而赢得竞争优势，获取长期的经济效益。

敏捷制造的目的就是针对变化莫测的市场需求，能够迅速地响应市场的变化，在尽可能短的时间内制造出能够满足市场需要的低成本、高质量的产品，并投放到市场。图 6.3 为敏捷制造的概念示意图。

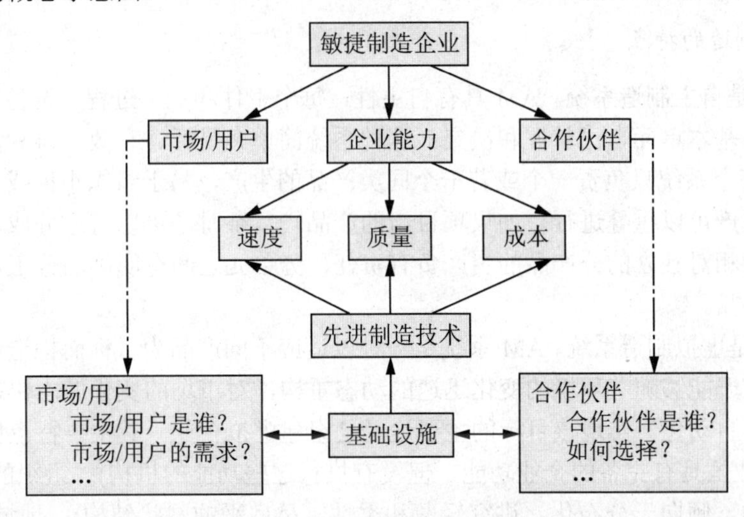

图 6.3　敏捷制造概念示意图

如图 6.3 所示，敏捷制造在市场/用户、企业能力和合作伙伴等方面具有以下特点。

(1) 敏捷制造思想的出发点是基于对产品和市场的综合分析。具体包括：市场用户是谁；市场用户的需求是什么；企业对市场做出快速响应是否值得；如果企业做出快速响应，能否获取利益。

因此，敏捷制造的战略着眼点在于快速响应市场/用户的需求，使产品设计、开发、生产等各项工作并行进行，不断改进老产品，迅速设计和制造能灵活改变结构的高质量的新产品，以满足市场/用户不断提高的要求。

(2) 企业实施敏捷制造必须不断提高企业应变能力，实现技术、管理和人员的全面协调集成。其敏捷性体现在：企业的应变能力、先进制造技术、企业信息网、信息技术。其中最关键的因素是企业的应变能力，衡量企业的应变能力需要综合考虑市场响应速度、质量和成本，是企业在市场中生存和领先能力的综合体现。

敏捷企业在纷繁复杂的商务环境中具有极强的应变能力，能够以最快的应度、最好的质量和最低的成本，迅速、灵活地响应市场用户需求，从而赢得竞争。

(3) 敏捷制造强调“竞争——合作/协同”，采用灵活多变的动态组织结构，改变了过去以固定专业部门为基础的静态不变的组织结构，以最快的速度从企业内部某些部门和企业外部不同公司中选出设计、制造该产品的优势部分，组成一个单一的经营实体。

企业制造的敏捷性不主张借助大规模的技术改造来刚性地扩充企业的生产能力，不主张构造拥有一切生产要素、独霸市场的巨型公司，制造的敏捷性提出了一条在市场竞争中获利的清新思路。

特别提示

实现敏捷制造的主题思想——结合起来，共同谋利，各有所得。西方将这种思想称为“Win-win”，也就是大家都赢的意思。不仅如此，若干个体的有效结合，优势互补，相得益彰，往往可以收到“1＋1>2”的效果，这就是系统论中“整体大于局部之和”的著名论断。我国的企业家们既要善于在竞争中击败对手，也要学会在联合中共同谋利。就如“打桥牌”，团结起来，在竞争中并同制胜，而不要“打麻将”，将一张自己不需要的牌死死地攥在手中，就是不打出去，宁可自己不胡牌，也不让别人去胡牌。

2. 敏捷制造的特点

(1) AM是自主制造系统。AM具有自主性，每个工件和加工过程、设备的利用以及人员的投入都由基本单元自己掌握和决定。这种系统简单、易行、有效。再者，以产品为对象的 AM，每个系统只负责一个或若干个同类产品的生产，易于组织小批或者单件生产，不同产品的生产可以重叠进行。如果项目组的产品较复杂时，可以将之分成若干单元，使每一个单元对相对独立的分产品的生产负有责任，分单元之间有明确的分工，协调完成一个项目组的产品。

(2) AM是虚拟制造系统。AM系统是一种以适应不同产品为目标而构造的虚拟制造系统。其特色在于能够随着环境的变化迅速的动态重构，对市场的变化做出快速的反应，实现生产的柔性自动化。实现该目标的主要途径是组建虚拟企业。其主要特点概括为：功能的虚拟化(企业虽具有完备的企业功能，但没有执行这些功能的机构)；组织的虚拟化(企业组织是动态的，倾向于分布化，讲究轻薄和柔性，呈扁平的网状结构)；地域的虚拟化(企业中产品开发、加工、装配、营销分布在不同地点，通过计算机网络加以连接)。

(3) AM是可重构的制造系统。AM系统设计不是预先按规定的需求范围建立某过程，而是使制造系统从组织结构上具有可重构性、可重用性和可扩充性3方面的能力，它有预计完成变化活动的能力，通过对制造系统的硬件重构和扩充，适应新的生产过程，要求软件可重用，能对新制造活动进行指挥、调度与控制。

相关案例

IBM 公司将快速响应市场、满足市场用户需求作为企业的根本出发点，用户只需通过电话或电子邮件订货就可获得满意的商品。IBM 公司在一条有 40 多名工人的生产线上，可同时生产 27 种产品，而且每种产品因用户的特殊要求而异。用户的订货数据输入电脑数据库，机器人或专职工人根据电脑数据挑选部件，然后通过传送带送往组装站。组装工人按电脑屏幕指示的步骤组装，然后由包装工人包装启运，第二天产品就会出现在用户面前。

6.2.3　敏捷制造的关键技术

为了推进敏捷制造的实施，1994 年由美国能源部制定了一个“实施敏捷制造技术”(Technologies Enabling Agile Manufacturing，TEAM)的五年计划(1994—1999 年)，该项目涉及联邦政府机构、著名公司、研究机构和大学等 100 多个单位。1995 年，该项目的策略规划和技术规划公开发表，它将实施敏捷制造的技术分为产品设计和企业并行工程、虚拟制造、制造计划与控制、智能闭环加工和虚拟公司五大类。

1. 产品设计和企业并行工程

产品设计和企业并行工程的使命就是按照客户需求进行产品设计、分析和优化，并在整个企业内实施并行工程。通过产品设计和企业并行工程，产品设计者在概念优化阶段就可同时考虑产品整个生命周期的所有重要因素，诸如质量、成本、性能，以及产品的可制造性、可装配性、可靠性、可维护性。

2. 虚拟制造

虚拟制造就是“在计算机上模拟制造的全过程”。具体地说，虚拟制造将提供一个功能强大的模型和仿真工具集，并且在制造过程分析和企业模型中使用这些工具。过程分析模型和仿真包括产品设计及性能仿真、工艺设计及加工仿真、装配设计及装配仿真等。而企业模型则考虑影响企业作业的各种因素。虚拟制造的仿真结果可以用于制定制造计划、优化制造过程、支持企业高层进行生产决策或重新组织虚拟企业。由于产品设计和制造是在数字化虚拟环境下进行的，这就克服了传统试制样品投资大的缺点，避免失误，保证投入生产一次成功。

3. 制造计划与控制

制造计划与控制的任务就是描述一个集成的宏观(企业的高层计划)和微观(详细的信息生产系统，包括制造路径、详细的数据以及支持各种制造操作的信息等)计划环境。该系统将使用基于特征的技术、与 CAD 数据库的有效连接方法、具有知识处理能力的决策支持系统等。

4. 智能闭环加工

智能闭环加工就是应用先进的控制和计算机系统以改进车间的控制过程。当各种重要的参数在加工过程中能够得到监视和控制时，产品质量就能够得到保证。智能的闭环加工将采用投资少、效益高、以计算机为基础的具有开放式结构的控制器，以达到改进车间生产的目标。

5. 虚拟公司

虚拟公司又称动态联盟，是面向产品经营过程的一种动态组织结构和企业群体集成方式。虚拟公司是指企业群体为了赢得某一个机遇性市场竞争，把某复杂产品迅速开发生产出来并推向市场，由一个企业内部有优势的不同部分和有优势的不同企业，按照资源、技术和人员的最优配置，快速组成一个功能单一的临时性的经营实体，从而迅速抓住市场机遇。这种以最快的速度把企业内部的优势和企业外部不同公司的优势集合起来所形成的竞争力，是以固定专业部门为基础的静态不变的组织结构对市场的竞争力无法比拟的。

虚拟公司是一个对市场机遇做出反应而形成的聚集体，其生命周期取决于产品市场机遇，一旦所承接的产品和项目完成，机遇消失，虚拟公司就自行解体，各类人员立即转入到其他项目。虚拟公司的生命周期如图 6.4 所示。

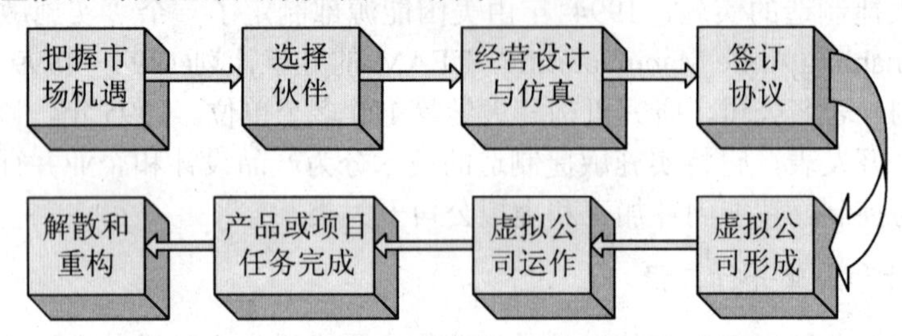

图 6.4　虚拟公司的生命周期

知识链接

目前，敏捷制造已具备了一定的实践基础和雏形，典型行业敏捷制造的应用示范正在进行中。20 世纪 90 年代，日本提出一个名为“智能制造系统(IMS)”的国际性研究计划，在完成了可行性分析并确定组织结构后，于 1995 年正式启动。IMS 计划中有两个项目与敏捷制造有关，一个是自治和分布制造系统，另一个是较为长期的自治和分布制造系统，其副标题为生物制造系统。

自治和分布制造系统重点在于系统集成技术和自治模块化结构的研究，强调系统应由可重复使用模块快速组成，当某一个模块被修改或置换时，不影响其他模块以及整个系统的正常运行，这一系统体现出了敏捷的特性。

6.2.4　敏捷制造的一般实施方法

从系统化的角度看，敏捷制造的一般实施方法可由 5 个层次组成，即企业敏捷制造战略层、企业的敏捷化建设及经营策略变更层、企业技术准备层、敏捷制造系统构建层、敏捷制造系统运行与管理层。图 6.5 展示了敏捷制造实施的一般流程。

1. 企业敏捷制造战略层

企业敏捷制造战略层的主要任务是进行企业的竞争优势分析与评估，首先确定企业的战略目标和短期目标，确定企业的目标竞争优势；然后明确该竞争优势是如何由基本优势组合形成的(基本优势指企业在产品开发、工艺、制造成本、速度、质量和可靠性、市场营销、产品销售、售后服务等方面的具体优势)；在分析本企业的核心优势及其生命周期的基础上，合理分配资源，强化和扩展企业核心优势，强调发展具有差异性的核心优势；明确基本优势和竞争优势获得的方式，确定是由本企业自行发展或通过与其他企业的合作获得；确定企业是否采用敏捷制造策略，如果采用，明确采用敏捷制造策略的时机、方式和程度，制订明确具体的战略体系，以便确认企业在实施敏捷化工程中的目标。

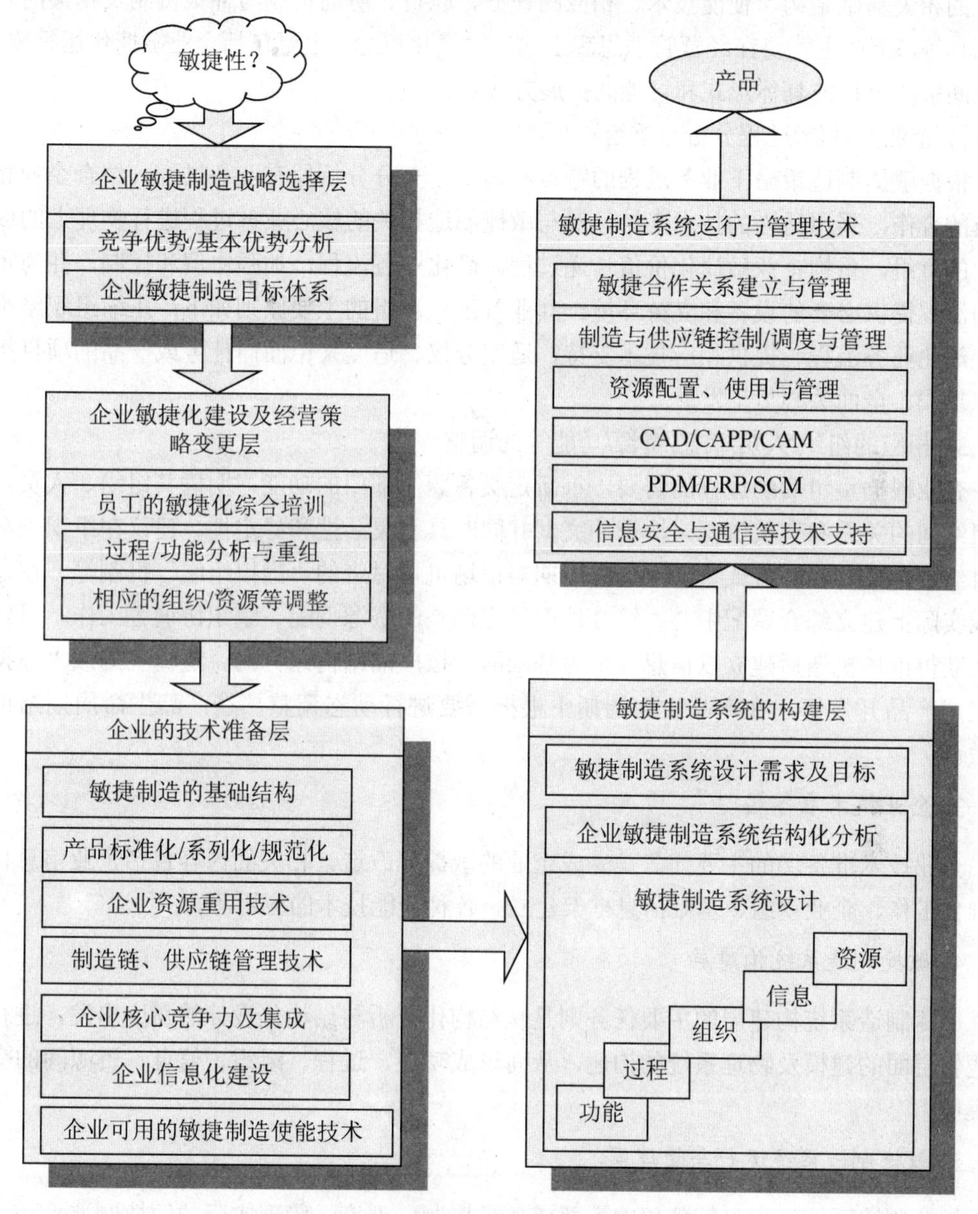

图 6.5 敏捷制造实施的一般流程

2. 企业的敏捷化建设及经营策略变更层

企业的敏捷化建设及经营策略变更层的主要任务则是分析企业的过程与功能，以便判断是否及如何对企业资源尤其是核心资源进行调整，为企业重组提供必要的工程依据。此外，如何建立适应于相应的调整策略的员工培训体系也占据重要位置。

企业经营策略有如下相应转变。

1) 员工的敏捷化综合培训

企业须使员工对敏捷制造及其主要业务过程有充分认识并进行相应培训，如支持敏捷制造的相关基础结构、使能技术、相应的任务、职责、协商机制与仲裁机制及相关的软件和工具等。企业主管要在经营管理思想上建立敏捷化概念，主要包括企业敏捷化运行模式、企业间敏捷合作的具体形式和可能的扩展方式等。

2) 企业的功能/过程分析与重组

根据敏捷制造策略下业务过程的特点和需要，充分分析原有业务过程，结合企业相关人员的合作，采用适当的技术支持，对与敏捷制造相关的核心业务过程进行物理上的或逻辑上的重组，重构企业敏捷化价值传递过程，简化业务流程，加强协调和控制，并为重构后的流程提供必要的设备和支持环境。其业务过程重组的主要原则如下：压缩组织结构层次、简化业务流程、提供相应技术支持、适度分权、适度采用面向任务或产品的项目组等组织形式、全面关心员工发展。

3) 相应的组织/人员/信息/资源/功能等的调整

企业根据重组后的过程的需要，重新定义各职能部门的功能，明确其组织、人员，定义组织间的关系和有关资源，协调冲突，并同时具有灵活性和稳定性。建议在组织上采用项目组、矩阵管理等方式，形成生命周期与市场机遇对应的“虚拟组织”机制等。在逻辑上或实际上建立综合调配中心，综合处理过程调整的资源调配、组织协调等工作。可以采用在获得市场机遇后建立以信息技术为基础的、按产品结构划分的、逻辑上的或“虚拟”的集成产品开发组，在产品生命周期中根据需要进行动态调整，在产品生命周期结束后解散。

3. 企业技术准备层

企业技术准备层的主要任务是完成企业的敏捷化改造。相关的内容包括企业信息化与标准化工作、企业重组、基础信息框架建立、各种使能技术的应用等。

4. 敏捷制造系统构建层

敏捷制造系统构建层的主要任务则是从结构化分析与结构化设计的角度出发，进行系统逻辑层面的建模及物理系统的构建，从而形成功能、过程、组织、信息、资源间的交互与集成。

5. 敏捷制造系统运行与管理层

敏捷制造系统运行与管理层的主要任务是控制、调度、管理实际的敏捷制造系统。敏捷制造系统会反复经历由市场机遇或生产任务变化所导致的建立、运行、清算解体的相对较稳定的、周期较长的系统生命周期，系统生命周期中又存在各个具体项目不断进行建立、运行、解体的相对较快速多变的项目生命周期。

【应用案例 6-2】

马丁公司的敏捷化生产

英国的 Aston Martin(阿斯顿·马丁)公司是一家有 60 余年生产豪华赛车名牌产品历史的明星企业。它以马力大、时髦、价格昂贵的名牌赛车受到车迷们的青睐。但是由于没有解决好生产与财务问题，在 20 世纪 80 年代末到 90 年代初，其赛车的产量减少了 25%，裁员 16%。虽已 7 次更换领导班子，但仍无起色，致使其 70%的股权被欧洲福特公司占有，企业一直在为生存而忧心忡忡。1991 年该公司开始实施敏捷制造，针对公司长期存在的问题拟制并执行“复兴计划”。经过两年的努力，改变了切削加工成本高、劳动生产率低的企业老大难问题，重新获得新生，1993 年开始进入“世界级制造” (World-Class Manufacturing)企业的行列，绝处逢生，使企业从衰退中复苏，恢复了它的市场竞争活力，企业重新走向兴旺。

【案例点评】

这一实例说明，处境困难的制造企业，只要针对自己的瓶颈，从企业实际出发，认真制定敏捷化措施规划，并脚踏实地地实施，经过全体职工的努力，一定可以走出困境，复苏活力。同时，它还说明敏捷制造战略强调持续(连续不间断，不中途停顿)改进、不断向敏捷性前进是制造企业永葆青春的“良方”。否则，在面临一个持续不断变化又不确定的市场环境中就会掉队，走入困境，甚至被淘汰。这说明制造企业不断“练内功”的必要性。

6.3 并行工程

6.3.1 并行工程产生的背景

20 世纪 80 年代以来，自动化、信息、计算机和制造技术相互渗透，发展迅速，新知识应用于生产实践的速度是惊人的。随着航空技术的进步、信息时代的到来，世界大大变小了，这一切大大加速了世界市场的形成与发展；而世界市场的形成与发展又使得在世界范围内的市场竞争变得越来越激烈，竞争有力地推动着社会进步，使技术得到了空前发展。但同时，竞争也是残酷无情的，适者生存，给企业造成了残酷的生存环境。不论一个企业原来的基础如何，是处于先进、后进抑或中间，都遵循着同一竞争尺度，即用户选择原则。

随着竞争的加剧，竞争的焦点变为以最短的时间开发出高质量、低成本的产品投放市场；同时，技术的飞速发展以及产品复杂程度的不断提高，都大大增加了新产品开发的难度。企业为适应市场竞争的需要，就必须不断想办法，采取措施提高企业的效率及效益。谁能在最短的时间内，把采用最新技术生产出的高质量低成本的产品推向市场，谁就将是竞争的胜利者。制造业将提高竞争的要素总结为 TQCSE(时间、质量、成本、服务、环保)，在 TQCSE 五要素中，T(时间)变得越来越重要，减少新产品开发周期逐渐成为 TQCSE 的“瓶颈”。

计算机集成制造着眼于信息集成与信息共享，通过网络与数据库，将自动化“孤岛”

集成起来。生产管理者在信息集成的基础上，对整个生产进程有了清楚的了解，从而可以对生产过程进行有效控制，并在 TQCSE 上获得成效。但在计算机集成制造环境下，生产过程的组织结构与管理仍是传统的，生产过程仍独立、顺序地进行。

当新产品开发成为赢得市场竞争的主要手段后，单纯的集成已远远不够。按顺序方法开发产品常常需要多次反复，造成时间和金钱的巨大浪费。据美国 Mentor Graphics 公司报告，该公司印刷电路板的研制一般要经过 5 轮原型(Prototype)才能定型，每轮原型需耗费 2 万～6 万美元。为了减少新产品的开发时间和费用，同时也为了提高产品质量，降低生产成本，改进服务，在产品设计时，需要充分考虑下游制造过程和支持过程。这就是并行工程的基本思想。

并行工程理念的形成来自许多人的好思想，如目标小组(Tiger Teams)、协调工作(Team Works)、产品驱动设计(Product-Driving Design)、全面质量管理(TQC)、连续过程改进(CPI)等。其中最重要的是美国国防部防卫分析研究所高级项目研究局(DARPA)所做的研究工作。他们从 1982 年起开始研究在产品设计中改进并行度的方法，直至 1988 年发表了著名的 R-338 研究报告。这份报告对并行工程的思想和方法进行了全面系统的论述，确立了并行工程作为重要制造理念的地位。此后经过十多年的发展，并行工程已在一大批国际上著名的企业中获得了成功的应用，如波音、洛克希德、雷诺、通用电气等大公司均采用并行工程技术来开发自己的产品，并取得了显著的经济效益。并行工程及其相关技术成了 20 世纪 90 年代以来的热门课题。

6.3.2　并行工程的定义及特点

1. 并行工程的定义

DARPA 在 R-338 报告中对并行工程的定义为：并行工程是对产品及其相关过程(包括制造过程和支持过程)进行并行、一体化设计的一种系统化的工作模式。这种工作模式力图使开发者从一开始就考虑到产品整个生命周期(从概念形成到产品报废)中所有的因素，包括质量、成本、进度与用户需求。

上面关于并行工程定义中所说的支持过程，包括对制造过程的支持(如原材料的获取、中间产品库存、工艺过程设计、生产计划等)和对使用过程的支持(如产品销售、使用维护、后服务、产品报废后的处理等)。

并行工程的核心是实现产品及其相关过程设计的集成。传统的顺序设计方法与并行设计方法的比较如图 6.6 所示。由图可见，所谓并行设计不可能实现完全的并行，而只能是在一定程度上的并行，但这足以使新产品开发时间大大缩短。

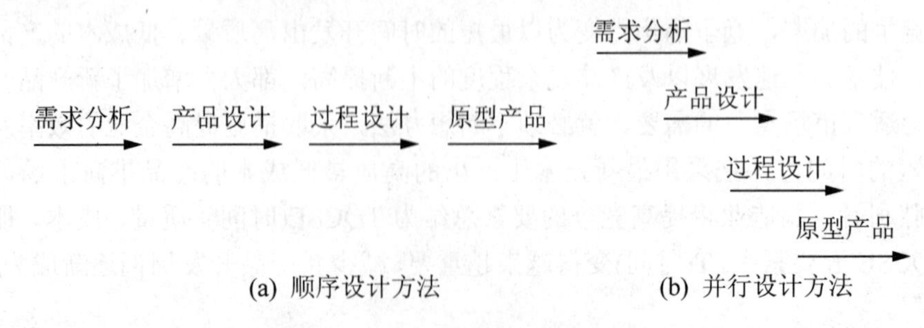

(a) 顺序设计方法　　(b) 并行设计方法

图 6.6　顺序设计方法和并行设计方法比较

并行工程的基本方法是依赖于产品开发中各学科、各职能部门人员的相互合作、相互信任和共享信息，通过彼此间的有效通信和交流，尽早考虑产品全生命周期中各种因素，尽早发现和解决问题，以达到各项工作协调一致。

2. 并行工程的特点

与传统设计方法相比，并行工程的主要特点为：设计的出发点是产品的整个生命周期的技术要求；并行设计组织是一个包括设计、制造、装配、市场销售、安装及维修等方面专业人员在内的多功能设计组，其设计手段是一套具有 CAD、CAM、仿真、测试功能的计算机系统，它既能实现信息集成，又能实现功能集成，可在计算机系统内建立一个统一的模型来实现以上功能；并行设计能与用户保持密切对话，可以充分满足用户要求；可缩短新产品投放市场的周期，实现最优的产品质量、成本和可靠性。

并行工程同 CIM 一样，是一种经营理论、一种工作模式。这不仅体现在产品开发的技术方面，也体现在管理方面。CE 对信息管理技术提出了更高要求，不仅要对产品信息进行统一管理与控制，而且要求能支持多学科领域专家群体的协同合作，并要求把产品信息与开发过程有机地集成起来，做到把正确的信息在正确的时间以正确的方式传递给正确的人。

大量实践表明，实施并行工程可以获得明显的经济效益。据统计，实施并行工程可以使新产品开发周期缩短 40%～60%，早期生产中工程变更次数减少一半以上，产品报废及返工率减少 75%，产品制造成本降低 30%～40%。

6.3.3　并行工程关键技术

一个产品的研发过程受到其产品设计或其下游活动的影响，如加工工艺、装配、制造等，其中任何一个环节没有得到满足，就可能导致产品研发的失败。如果能将约束产品研发的条件都考虑到，就能增大成功的可能性。一个经验丰富的设计者能够成功的一个重要的原因就是他们拥有诸多的经验，在对一个产品进行研发时，他们可快速选择合理的设计结构和参数。

并行工程的中心思想是应用小循环来代替大规模的返工，而这种代替又会导致大规模的工程更改和交互信息增加，这是串行设计中不存在的问题。

特别提示

飞行器设计布局过程中，采用串行方式时，首先进行系统各个部件的开发，主要包括总体设计、装配等。如果采取布局的手段不能保证重心位置，只能通过增加配重来解决。在这样的情况下，任何一个活动中的设计参数都已确定，一旦在装配过程产生冲突，解决起来就极为麻烦。

如果采用并行工程的思想，在飞行器设计之初，可经计算来布局模型，再分配到各个分系统设计小组。总体组一直监控各个子系统的研发过程，不断计算设定值与实际值的偏差，直到各个子系统开发完成。通过这种方法即使增加配重，也可以在设计的早期就已了解，为设计者提供更多的选择，比如是增加配重还是进一步调整布局方案。

并行工程是一种以空间换取时间来处理系统复杂性的系统化方法，它以信息论、控制论和系统论为基础，在数据共享、人机交互等工具支持下，按多学科、多层次协同一致的组织方式工作，并行工程的实施有如下的关键技术。

1. 产品开发过程的重构技术

并行工程与传统产品开发方式的本质区别在于它把产品开发的各个活动视为一个集成的过程，从全局优化的角度出发对该集成过程进行管理和控制，并且对已有的产品开发过程进行不断的改进与提高，这种方法被称为产品开发过程重构(Product Development Process Reengineering)。并行工程产品开发的本质是过程重构，企业要实施并行工程，就要对企业现有的产品开发流程进行深入的分析，找到影响产品开发进展的根本原因，重新构造一个能为有关各方所接受的新模式。实现新的模式需要两个保证条件：一是组织上的保证；二是计算机工具和环境的支持，如 DFA、DFM、PDM 等。产品开发过程重构的基础是过程模型，并行工程过程建模是并行工程实施的重要基础。

2. 并行工程的组织结构

传统的按功能部门划分的组织形式与并行工程的思想是相悖的。并行工程要求打破部门间的界限，组成跨部门多专业的集成产品开发团队(IPT)。一般来说，IPT 由企业的管理决策者、团队领导和团队成员组成。IPT 的具体组成形式可根据企业的具体情况决定，IPT 具有不同的粒度，每一粒度对应不同工作范围的多学科小组(Multidiscipline Team)，多学科小组的不同粒度体现了它们之间的包含关系。

IPT 工作的目标主要有下面 3 个。

(1) 提高质量。团队的每个成员均对满足用户需求和质量需求作贡献。

(2) 降低成本。集成的组织能显著减少更改、错误和返工。

(3) 缩短开发周期。增加预发布和并行协同工作，保证对用户需求和更改设计很快做出反应。

由于组织模式的转变，必然导致人、资源、财政等的管理方式发生变化。在 IPT 的组织模式中，IPT 的领导层传达并执行顶层政策，IPT 本身进行日常事务管理以及成员与功能部门之间的协调管理。在总体管理系统中，IPT 与功能部门密切关联，只有互相配合才能完成 IPT 既定的目标。

3. DFA/DFM

DFX 是并行工程中的关键技术。DFX 中的 X 可以代表生命周期中的各种因素，如制造、装配、拆卸、检测、维护、支持等。它们能够使设计人员在早期就考虑设计决策对后续过程的影响。较常用的是 DFA 和 DFM。

DFA(Design For Assembly)的主要作用是：制定装配工艺规划，考虑装拆的可行性；优化装配路径；在结构设计过程中，通过装配仿真考虑装配干涉。DFA 的应用将有效地减少产品最终装配向设计阶段的大反馈，能有效地缩短产品开发周期。同时，DFA 也可以优化产品结构，提高产品质量。

面向制造的设计 DFM(Design For Manufacturing)是一种设计方法，其主要思想是在产品设计时不但要考虑功能和性能要求，而且要同时考虑制造的可能性、高效性和经济性，即产品的可制造性(或工艺性)。其目标是在保证功能和性能的前提下使制造成本最低。在这种设计与工艺同步考虑的情况下，很多隐含的工艺问题能够及早暴露出来，避免了很多设计返工；而且对不同的设计方案，根据可制造性进行评估取舍，根据加工费用进行优化，能显著地降低成本，增强产品的竞争力。

4. 产品信息集成

信息技术是当代使劳动工具产生革命性变化的技术，现代企业无法摆脱对信息技术的依赖。并行工程重组产品开发过程的行为，必然涉及产品信息的变化，包括数据结构和数据。传统模式的部门制按职责逐层定义、操纵企业的信息。不同粒度信息的控制由不同部门实施，其表现是“抛过墙式”信息传递，其实质则是在不同阶段、不同部门中，信息的操作者、操作方式、操作对象均会出现变异，产品信息控制的统一性和连贯性难以得到保障，而大的阶段划分则难以保障产品信息的时效性。

并行工程的集成产品开发团队消除了信息的操作者、操作方式、操作对象因为部门制而带来的割裂，保证了产品信息控制的统一性和连贯性。跨部门、跨阶段的微循环使许多原来封闭于部门内、阶段内的信息可以更多地被揭示出来，更符合产品信息自身的流动规律，从而保障产品信息的时效性。产品信息集成可分下面几种。

1) 消息通信

这是最低级的信息集成层次，是目前绝大部分软件所采取的方式，也是现有操作系统如 Windows、UNIX 所支持的方式。但由于消息结构过于简单，难以表达复杂数据结构，因而不能支持企业内的产品信息集成。

2) 数据共享

数据共享理论中有一个难以逾越的障碍，即参与共享的两个以上软件之间必须用无缝连接，即一致的信息模型，才能保证信息模型从一个软件系统直接传递到另一个软件系统内。企业用的 CAX 软件是面向不同专业领域的，不同类软件之间不可能拥有完全一致的信息模型。这就使得使企业信息集成难以实现。产品数据在共享前提下流动的条件是数据库、数据仓库技术实现数据共享，但企业内存在大量的非数据库管理方式。因此，要解决这个难题，除采用标准数据库外，还应提供数据共享机制。目前 IGES、STEP 等标准可在一定程度上实现产品数据共享和传递。

特别提示

初始图形交换规范(Initial Graphics Exchange Specification，IGES)是美国国家标准局和工业界于 1975 年共同制定并实施的。CATIA V5 提供的 IGES 接口(CATIA IGES Interface，IGI)可以帮助多个 CAD/CAM 系统并存的制造企业通过 IGES 中性数据格式进行数据交换。该实用程序支持 IGES V5.3 版本，并具有 IGES 元素名字和 CATIA V5 几何元素标识之间的名字匹配管理功能，能够处理 3D 线架元素、曲面和剪裁曲面元素、等距偏置曲线、表皮和表皮边界、二次曲线和颜色。转换完成后，同时产生一个 HTML 格式转换报告。设计人员可以在两个完全不同的系统之间直接进行可靠的双向数据交换，也可以自动存取 IGES 文件。

1983 年 12 月，国际标准化组织所属技术委员会 TC184(工业自动化系统技术委员会)下的“产品模型数据外部表示”(External Representation of Product Model Data)分委会 SC4 所制定的国际统一 CAD 数据交换标准：产品模型数据交换标准(Standard for the Exchange of Product Model Data，STEP)，到 1994 年已完成了其中 12 个分号标准。CATIA V5 配备的 STEP 核心接口(CATIA STEP Core Interface，STI)能自动识别 STEP 文件类型，支持几何体和装配结构，并能够输入、输出拓扑关系(如实体、壳体类零件)。允许设计人员交互式地以 STEP AP203 和 STEP AP214 数据格式读写数据。

初始图形交换规范(IGES)是一套美国国家标准，它使得图形和基本的几何数据可以在绘图和造型系统之间交换。然而，几何交换仅仅是数据交换的一部分，产品数据涵盖许多图形和几何以外的东西。因此，急需一种不依赖于任何系统的机制，它能够描述产品整个生命周期内的产品数据。基于上述需求，开发了产品模型数据交换的标准(STEP)，用于产品数据交换和共享的国际标准。

相对而言，IGES在几何数据的处理方面取得了很大的成就。IGES的用户也逐渐转换到STEP标准。在几何方面STEP不逊色于IGES，并且在其他方面提供了更加广泛的应用，由此可知，从IGES转移到STEP是一个明智的选择。GM公司的STEP转换中心(General Motors STEP Translation Center)对IGES和STEP在曲面交换方面进行了一项重大研究，调查结果如下。

在现有产品数据共享的理论与实践中，STEP已被证明是最优秀的标准。国外主流三维CAD软件，如Pro/E、UG、CATIA都已提供STEP数据输出接口，国内三维CAD软件“金银花”则是直接基于STEP标准设计和开发的。

目前，可扩展标记语言(XML)的出现为突破这一障碍带来了曙光。当可采用XML描述需共享的数据(及其结构)时，共享数据可方便地从一个软件系统传递到另一个软件系统中，为解决信息模型流动的问题提供了参考。

3) 互操作

数据共享只能实现数据在产品全生命周期各个环节中的流动，对于企业级产品信息集成的要求而言还不够，还需要支持对数据的加工操作。只有当企业内的所有软件都具备互操作能力，产品数据的流动、加工才是一个完整的过程。

4) 数据与知识重用

如果企业想实现上述3层技术，则产品信息集成就已基本实现。但产品信息集成只是为企业产品生产提供了一个信息化的环境。要实施并行工程，重组业务流程，还需要实现数据与知识重用，将企业管理者和工程师长期以来所积累的产品开发经验化为企业的资源。当今数据挖掘技术是实现产品数据与知识重用的一种重要方法。

同时，需要指出的是，数据挖掘能否成功依赖于大的数据集。无论国内还是国外，企业信息化的发展历程还不长，单个企业内可能积累了大量的数据，但这些数据所构成的样本并不典型，包含的信息往往较为单一，难以挖掘出具有很高价值的知识，而多个企业的数据采集又可能因涉及企业的商业机密而难以实现。尽管如此，数据与知识重用仍是企业谋求发展的重要环节之一。

特别提示

数据挖掘(Data Mining)是从大量的、不完全的、有噪声的、模糊的、随机的数据中提取隐含在其中的、人们事先不知道的、但又是潜在有用的信息和知识的过程。随着信息技术的高速发展，人们积累的数据量急剧增长，如何从海量的数据中提取有用的知识成为当务之急。数据挖掘就是为顺应这种需要而产生发展起来的数据处理技术，是知识发现(Knowledge Discovery in Database)的关键步骤。数据挖掘的任务主要是关联分析、聚类分析、分类、预测、时序模式和偏差分析等。

6.3.4 并行工程的发展与应用

1986—1992年左右，是并行工程的研究与初步尝试阶段，涉及美国国防部支持的DARPA/DICE计划、欧洲的ESPRITE Ⅱ & Ⅲ计划、日本的IMS计划等。1995年至今，是新的发展阶段，并行工程作为一种理论，其中新技术不断更新，如网络上的异地协同设计，虚拟现实技术在设计中的应用，新的设计方法学等。

1. 并行工程的发展

并行工程作为现代制造技术的发展方向，引起美国、欧洲和日本等工业国家的高度重视，近几年来正在迅速发展，其进一步的研究和发展主要在以下几方面。

(1) 目前并行工程的支持环境是建立在“集成”基础之上的产品生命周期的宏观循环，正向理想的方式即微循环进军。

(2) 并行工程作为一种有生命的理论越来越多地融合虚拟制造和拟实制造，通常认为并行工程以信息集成为基础，实现产品开发过程的集成与并行；这将为进一步实现企业间集成和企业经营过程重构等的敏捷制造打下基础。

(3) 产品数据管理(PDM)是实现并行工程的关键，有待进一步发展。

并行工程作为一种理论，现阶段已成功地用于机械、电子、化工等工程领域，其应用范围尚需进一步扩大。我国航天工业总公司二院在国家 863/CIMS 领域“并行工程”研究项目的支持下，于 1995 年 10 月至 1997 年 12 月在某航天产品复杂结构件的开发中综合应用并行工程技术。并行工程支持系统分为管理与质量分系统、工程设计分系统、支持环境分系统、制造分系统等 4 个分系统，围绕着产品开发的需求开发和应用了一批并行工程的关键支持技术，如产品开发过程改进决策支持系统(Concurrent Engineering Product Development Process，CEPDP)、产品数据管理系统(PDM)、质量功能配置决策支持系统(QFD)、面向装配的设计系统(DFA)等。并行工程方法和技术的应用使得产品的总体设计周期压缩了 60%，毛坯成品率由原来的 30%～50%提高到 70%～80%，产品成本降低了 20%。

2. 并行工程的应用

并行工程已从理论向实用化方向发展，越来越多地涉及航空、航天、汽车、电子、机械等领域的国际知名企业，通过实施并行工程取得了显著效益。

1) 国外应用情况

目前并行工程的研究热点主要包括：并行工程的基础理论研究，包括概念设计模型、并行设计理论及支持产品开发全过程的模型研究；制造环境建模；面向并行工程的 CAX 等设计技术；DFX(Design For X)，主要有面向制造的设计(DFM)、面向装配的设计(DFA)、面向成本的设计(DFC)等；并行工程集成框架；冲突处理；面向并行工程的企业体系结构和组织机制；并行工程中产品开发过程的管理；仿真技术的应用；质量工程技术的应用。

随着以美国为首的西方发达国家对并行工程方法的不断研究和应用，并行工程的思想也不断得到丰富和发展。20 世纪 90 年代以来，美、英等国在新型武器系统和民用产品的研制中大量采用了并行工程这一新概念。

【应用案例 6-3】

(1) 美国洛克希德(Lockheed)导弹与空间公司 (LMSC) 于 1992 年 10 月接受了美国国防部(DOD)用于“战区高空领域防御”(Thaad)的新型号导弹开发，该公司的导弹开发一般需要 5 年时间，而采用并行工程的方法，最终将产品开发周期缩短 60%。具体的实行如下。

① 改进产品开发流程。在项目工作的前期，LMSC 花费了大量的精力对 Thaad 开发

中的各个过程进行分析，优化这些过程和开发过程支持系统，采用集成化的并行设计方法。

② 实现信息集成与共享。在设计和实验阶段，一些设计、工程变更、试验和实验等数据，所有相关的数据都要进入数据库。各应用系统之间必须达到有效的信息集成与共享。

③ 利用产品数据管理系统辅助并行设计。LMSC 采用了一个成熟的工程数据管理系统辅助并行化产品开发。通过支持设计和工程信息及其使用的 7 个基本过程(数据获取、存储、查询、分配、检查和标记、工作流管理及产品配置管理)来有效地管理它的工程数据。

(2) ABB(瑞士)火车运输系统建立了支持 CE 的计算机系统、可互操作的网络系统和一致的产品数据模型，组织了设计和制造过程的团队，并应用仿真技术。应用并行工程后大大缩短了产品开发的周期。过去从合同签订到交货需 3～4 年，现在仅用 3～18 个月，对于东南亚的顾客，可在 12 个月内交货。整个产品开发周期缩短 25%～33%，其中从用户需求到测试平台需 6 个月，时间缩短了 50% 。

(3) 波音公司较早应用了并行工程并取得了显著成效。波音公司自 1990 年开始在波音 777 新型飞机的研制中尝试并行工程，取得成功后，又在波音 737-X 上进一步改进研制流程，优化了研制过程。在波音 777 的设计中，把过去的串行研制流程变成并行研制流程，先后组织了 238 个“设计—生产协同组”，强调所有小组的成员必须在同一个地方办公，注重从设计开始就把可靠性、维修性都设计到产品中去，以减少设计更改和缩短研制周期，达到提高质量、降低成本的目的。

2) 国内应用情况

我国制造业要想进入世界竞争，必须增强自身的产品开发能力，并行工程是一个非常重要的选择。CE 在中国的研究与应用分 6 个重要的时间阶段。

(1) 1992 年之前。这个阶段是并行工程的预研阶段，863/CIMS 年度计划和国家自然科学基金资助了一些并行工程相关技术的研究课题，如面向产品设计的智能 DFM，并行设计方法研究，产品开发过程建模与仿真技术研究等。

(2) 1993 年。在这个阶段，863/CIMS 主题组织清华大学、北京航空航天大学、上海交通大学、华中科技大学和航天 204 所等单位，组成了 CE 可行性论证小组，提出在 CIMS 实验工程的基础上开展 CE 的攻关研究。

(3) 1995 年 5 月。在这个阶段，863/CIMS 主题重大关键技术攻关项目“并行工程”正式立项，投入大量资金开展 CE 方法、关键技术和应用实施的研究。

(4) 1995 年 5 月—1997 年 12 月。这个阶段主要是进行了“并行工程”项目的攻关研究。

(6) 1998 年至今。在该阶段，“并行工程”已有攻关成果并进一步深入研究，并已将成果应用于航天等相关领域。

【应用案例 6-4】

西安飞机工业(集团)有限公司在已有软件系统的基础上，开发支持飞机内装饰并行工程的系统工具，包括：适用于飞机内装饰的 CAID 系统、DEA 系统和模具的 CAD/CAE/CAM 系统。如 Y7-200A 内装饰设计制造并行工程，采用了过程建模与 PDM 实施、工业设计、DFA、并行工程环境下的模具 CAD/CAM、飞机客舱内装饰数字化定义等技术手段。Y7-700A

飞机内装饰工程中，研制周期从 1.5 年缩短到 1 年，减少设计更改 60%以上，降低产品研制成本 20%以上。

6.4 虚拟制造

6.4.1 虚拟制造产生的背景

为了在竞争激烈的全球市场占据一席之位，应以最短产品研发周期(Time)、最优质的产品质量(Quality)、最低廉的制造成本(Cost)和最好的售后服务(Service)来赢得市场与用户，即所谓的 T-Q-C-S 要求。面对快速多变的市场需求，美国在 20 世纪后期首先提出虚拟制造(Virtual Manufacturing)的思想，虚拟制造又称拟实制造、像素制造或屏幕制造。主要利用信息技术、仿真技术、计算机技术等对现实制造活动中的人、物、信息及制造过程进行全面的仿真，以发现制造中可能出现的问题，在产品实际生产前就采取预防措施，使得产品一次性制造成功，以达到降低成本、缩短产品开发周期，增强企业竞争力的目的。在虚拟制造中，产品从初始外形设计、生产过程的建模、仿真加工、模型装配到检验整个的生产周期都是在计算机上进行模拟和仿真的，不需要实际生产出产品来检验模具设计的合理性，因而可以减少前期设计给后期加工制造带来的麻烦，更可以避免模具报废的情况出现，从而达到提高产品开发的一次成品率，缩短产品开发周期，降低企业的制造成本的目的。

虚拟制造代表了一种全新的制造体系和模式。在虚拟制造中，产品开发是基于数字化的虚拟产品开发方式，它概括了对真实制造世界的对象和活动的建模与仿真研究的各个方面。虚拟制造的基础是用计算机支持的技术对所有必要的制造活动进行彻底的建模与仿真，其中建立计算机化的工艺过程、数字化加工过程是虚拟制造研究的核心基础工作之一。其目的是在产品设计阶段，借助建模与仿真技术及时地、并行地、模拟出产品未来制造过程乃至产品全生命周期的各种活动对产品设计的影响，预测、检测、评价产品性能和产品的可制造性等。从而更加有效地、经济地、柔性地组织生产，增强决策与控制水平，有力地降低由于前期设计给后期制造带来的回溯更改，达到产品的开发周期和成本最小化、产品设计质量的最优化、生产效率的最大化。

虚拟制造也可以对想象中的制造活动进行仿真，它不消耗现实资源和能量，所进行的过程是虚拟过程，所生产的产品也是虚拟的。虚拟制造技术的应用将会对未来制造业的发展产生深远影响，是 20 世纪 80 年代后期美国首先提出来的一种新思想，它是利用信息技术、仿真技术、计算机技术等对现实制造活动中的人、物、信息及制造过程进行全面的仿真，以发现制造中可能出现的问题，在产品实际生产前就采取预防措施，使得产品一次性制造成功，以达到降低成本、缩短产品开发周期，增强企业竞争力的目的。在虚拟制造中，产品从初始外形设计、生产过程的建模、仿真加工、模型装配到检验整个的生产周期都是在计算机上进行模拟和仿真的，不需要实际生产出产品来检验模具设计的合理性，因而可以减少前期设计给后期加工制造带来的麻烦，更可以避免模具报废的情况出现，从而达到提高产品开发的一次成品率，缩短产品开发周期，降低企业的制造成本的目的。

虚拟制造虽然不是实际的制造，但却实现实际制造的本质过程，是一种通过计算机虚拟模型来模拟和预估产品功能、性能及可加工性等各方面可能存在的问题，提高人们的预测和决策水平，使得制造技术走出主要依赖于经验的狭小天地，发展到了全方位预报的新阶段。与实际制造相比较，虚拟制造的主要区别有两点。

(1) 产品与制造环境是虚拟模型，在计算机上对虚拟模型进行产品设计、制造、测试，甚至设计人员或用户可“进入”虚拟的制造环境检验其设计、加工、装配和操作，而不依赖于传统的原型样机的反复修改；还可将已开发的产品(部件)存放在计算机里，不但大大节省仓储费用，更能根据用户需求或市场变化快速改变设计，快速投入批量生产，从而能大幅度压缩新产品的开发时间，提高质量、降低成本。

(2) 可使分布在不同地点、不同部门的不同专业人员在同一个产品模型上同时工作，相互交流，信息共享，减少大量的文档生成及其传递的时间和误差，从而使产品开发以快捷、优质、低耗响应市场变化。

6.4.2　虚拟制造的内涵及特点

1. 虚拟制造的内涵

虚拟制造从根本上讲就是要利用计算机生产出“虚拟产品”，不难看出，虚拟制造技术是一个跨学科的综合性技术，它涉及仿真、可视化、虚拟现实、数据继承、优化等领域。然而，目前还缺乏从产品生产全过程的高度开展对虚拟制造的系统研究，对虚拟制造的研究还处于不断的深入、细化之中，国际上尚没有对其做出一个统一的公共定义。不同的研究人员从不同角度出发，给出了各具特点的描述，其中有代表性的包括以下几种。

Kimura 认为 VM 主要通过对制造知识进行系统化组织与分析，建立制造过程的模型，在计算机上进行设计评估和制造活动仿真。该观点强调制造过程的描述和产品性能及其可制造性的预测能力；大阪大学的 Onosato 教授认为 VM 是一种用来代替实际制造对象、过程和活动且与实际制造具有信息上兼容性和结构上相似性的模型；东京大学 Kimura 等认为 VM 是现实制造系统在虚拟环境下的映射，是一种能为生产计划、调度和管理提供测试环境的虚拟模型；Marinov 认为 VM 是一个将制造对象、过程、活动和准则的抽象原型建立在计算机环境中的系统；佛罗里达大学 Gloria J. Wiens 认为 VM 与实际一样在计算机上执行制造过程，其虚拟模型可在实际制造之前用于对产品的功能及可制造性的潜在问题进行预测；美国空军 Wright 实验室认为 VM 是仿真、建模和分析技术及工具的综合应用，以增强各层制造设计和生产决策与控制；马里兰大学 Edward Lin 等认为 VM 是一个用于增强各级决策与控制的一体化的、综合性的制造环境。

我国国家计算机集成制造系统研究中心的肖田元等认为 VM 是实际制造过程在计算机上的本质实现；上海交通大学严隽琦等认为 VM 是以信息技术、仿真技术、虚拟现实技术为支持，在产品设计或制造系统的物理实现之前，就能使人体会或感受到未来产品的性能或者制造系统的状态，从而可以做出前瞻性的决策与优化措施的方案。曹岩等人认为对 VM 的定义应该分为 3 个层次：首先，VM 作为一种理论、一种制造策略，为制造业的发展指明了方向；其次，VM 作为一种现代制造环境下的制造理论和方法论，为实现企业的全面集成提供指导原则、实施方法和途径；最后，VM 是一种在计算机技术支持下集成的、虚拟的制造环境。周祖德和陈幼平等人将 VM 概念重新归纳定义为：VM 是一个在计算机网络及 VR 环境中完成的，利用制造系统各个层次、不同侧面的数学模型，对包括设计、制造、管理、销售等各个环节的产品全生命周期的各种技术方案和技术策略进行评估和优化的综合过程。

由此可知虚拟制造涉及多个学科领域，是对这些领域知识的综合集成与应用、计算机仿真、建模和优化技术是虚拟制造的核心与关键技术。包括产品的设计、加工、装配，乃至企业的生产组织管理与调度进行统一建模，形成一个可运行的虚拟制造环境。以软件技术为支撑，借助于高性能的硬件，在域网络生成数字化产品，实现产品设计、性能分析、工艺决策、制造装配和质量检验。它是数字化形式的广义制造系统，是对实际制造过程的动态模拟。

2. 虚拟制造的特点

由于计算机软硬件技术和网络技术的广泛应用，虚拟制造具有以下特点。

1) 高度集成

产品与制造环境是虚拟模型，在计算机上对虚拟模型进行产品设计、制造、测试，甚至设计人员或用户可“进入”虚拟的制造环境检验其设计、加工、装配和操作，而不依赖于传统的原型样机的反复修改。因此，应综合运用系统工程、知识工程、并行工程系统仿真和人机工程等多学科先进技术，实现信息集成、知识集成、串并行交错工作机制集成和人机集成。

【应用案例 6-5】

通用电动机车部利用 UGII 软件，建成了第一个完全数字化的机车样机模型，并围绕这个数字模型并行地进行产品设计、分析、制造、夹模具工装设计和可维修性设计。

日产汽车公司与 SDRC 公司签定总额超过 1 亿美元的特大合同，购买软件、服务与实施，主要用于面向 21 世纪的新车型——数字样车的开发。日产汽车公司计划在贯穿汽车生产的全过程中，利用概念设计支持工具、包装设计软件、覆盖件设计、整车仿真分析、数字样机及物理样机的生产等。

2) 支持敏捷制造

开发的产品(部件)可存放在计算机里，不但大大节省仓储费用，更能根据用户需求或市场变化快速改型设计，快速投入批量生产，从而能大幅度压缩新产品的开发时间，提高质量，降低成本。

【应用案例 6-6】

波音 777 全面应用 VM 技术，其整机设计、部件测试、整机装配以及各种环境下的试飞均是在计算机上完成的，使其开发周期从过去 8 年时间缩短到 5 年，甚至在一架样机未生产的情况下就获得了订单。

欧洲空中客车一改过去的传统产品研制及开发方法，采用虚拟制造及仿真技术，把空中客车试制周期从 4 年缩短为 2.5 年，不仅提前投放市场，而且显著降低了研制费用及生产成本，大大增强了全球竞争能力。

Perot System Team 利用 Deneb Robotics 开发的 QUEST 及 IGRIP 设计与实施一条生产线，在所有设备订货之前，对生产线的运动学、动力学、加工能力等各方面进行了分析与比较，使生产线的实施周期从传统的 24 个月缩短到 9.5 个月。

Ford 和 Chrysler 公司与 IBM 合作开发的虚拟制造环境用于其新型车的研制，在样车生产之前，发现其定位系统的控制及其他许多设计缺陷，缩短了研制周期。由于实施了虚拟产品开发策略，Ford 和 Chrysler 将它们新型汽车的开发周期由 36 个月缩短至 24 个月。

波音—西科斯基公司在设计制造 RAH-66 直升机时，使用了全任务仿真的方法进行设计和验证，通过使用数字样机和多种仿真技术，花费 4 590 小时仿真测试时间，却节省了 11 590 小时的飞行时间，节约经费总计 6.73 亿美元，获得了巨大收益。同时，数字式设计使得所需的人力减到最少，在 CH-53E 型直升机设计中，38 名绘图员花费 6 个月绘制飞机外形生产轮廓图，而在 RAH-66 中，一名工程师用一个月就完成了。

3) 分布合作

可使分布在不同地点、不同部门的不同专业人员在同一个产品模型上同时工作，相互交流、信息共享，减少大量的文档生成及其传递的时间和误差，从而使产品开发以快捷、优质、低耗响应市场变化。

6.4.3　虚拟制造关键技术及实现途径

1. 虚拟制造关键技术

虚拟制造的关键技术主要包括建模技术、仿真技术和虚拟现实技术。

1) 建模技术

建模技术是虚拟现实中的技术核心，也是难点之一。虚拟制造系统是现实制造系统在虚拟环境下的映射，是模型化、形式化和计算机化的抽象描述和表示。虚拟制造建模的关键技术应包括：生产模型、产品模型和工艺模型的信息体系结构。

2) 生产模型

可归纳为静态描述和动态描述两个方面。静态描述是指系统生产能力和生产特性的描述。动态描述是指在已知系统状态和需求特性的基础上预测产品生产的全过程。

3) 产品模型

是制造过程中各类实体对象模型的集合。目前产品模型描述的信息有产品结构明细表、产品形状特征等静态信息。要使产品实施过程中的全部活动集成，就必须具有完备的产品模型，所以虚拟制造下的产品模型不再是单一的静态特征模型，它能通过映射、抽象等方法提取产品实施中各活动所需的模型。

4) 工艺模型

将工艺参数与影响制造功能的产品设计属性联系起来。以反映生产模型与产品模型之间的交互作用。工艺模型必须具备以下功能：计算机工艺仿真、制造数据表、制造规划、统计模型以及物理和数学模型。

5) 仿真技术

仿真就是应用计算机对复杂的现实系统经过抽象和简化形成系统模型，然后在分析的基础上运行此模型，从而得到系统一系列的统计性能。由于仿真是以系统模型为对象的研究方法，而不干扰实际生产系统，同时仿真可以利用计算机的快速运算能力，用很短时间模拟实际生产中需要很长时间的生产周期，因此可以缩短决策时间，避免资金、人力和时间的浪费。计算机还可以重复仿真，优化实施方案。

仿真的基本步骤如图 6.7 所示。

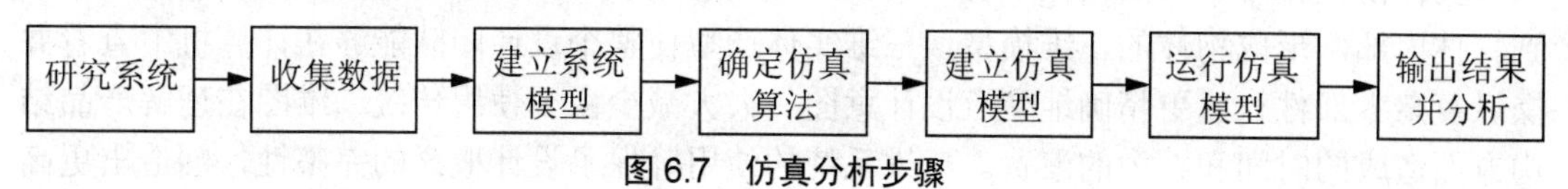

图 6.7　仿真分析步骤

产品制造过程仿真，可归纳为制造系统仿真和加工过程仿真。虚拟制造系统中的产品开发涉及产品建模仿真、设计过程规划仿真、设计思维过程和设计交互行为仿真等，以便对设计结果进行评价，实现设计过程早期反馈，减少或避免产品设计错误。加工过程仿真，包括切削过程仿真、装配过程仿真，检验过程仿真以及焊接、压力加工、铸造仿真等。目前上述两类仿真过程是独立发展起来的，尚不能集成，而 VM 中应建立面向制造全过程的统一仿真。

6) 虚拟现实技术

虚拟现实技术是在为改善人与计算机的交互方式，提高计算机可操作性中产生的，它是综合利用计算机图形系统、各种显示和控制等接口设备，在计算机上生成可交互的三维环境(称为虚拟环境)中提供沉浸感觉的技术。

由图形系统及各种接口设备组成，用来产生虚拟环境并提供沉浸感觉，以及交互性操作的计算机系统称为虚拟现实系统 VRS(Virtual Reality System)。虚拟现实系统包括操作者、机器和人机接口 3 个基本要素。它不仅提高了人与计算机之间的和谐程度，也成为一种有力的仿真工具。利用 VRS 可以对真实世界进行动态模拟，通过用户的交互输入，并及时按输出修改虚拟环境，使人产生身临其境的感觉。

2. 实现途径

1) 虚拟造型

对于需要研究的对象，计算机一般是不能直接认知和处理的，这就要求为之建立一个既能反映所研究对象的实质，又易于被计算机处理的数学模型。数学模型将研究对象的实质抽象出来，计算机再来处理这些经过抽象的数学模型，并通过输出这些模型的相关数据来展现研究对象的某些特质，当然，这种展现可以是三维立体的。由于三维显示更加清晰直观，已为越来越多的研究者所采用。通过对这些输出量的分析，就可以更加清楚的认识研究对象。通过这个关系还可以看出，数学建模的精准程度是决定计算机仿真精度的最关键因素。在虚拟产品开发中发挥着重要的作用。其造型一般包括线框模型、面模型与实体模型。

线框模型只有点和线的概念，使用一些顶点和棱边来表示物体。对于房屋、零件设计等更关注结构信息，对显示效果要求不高的计算机辅助设计应用，线框模型以其简单、方便的优势得到较广泛的应用。但这种方法有其自身的局限性，很难表示物体的整体外观，应用范围受到限制。

面模型相对于线框模型来说，引入了面的概念。对于大多数应用来说，用户仅限于了解到面的层面，但不能较好的了解物的内部。因此，表面模型通过使用一些参数化的面片来逼近真实物体的表面，就可以很好地表现出物体的外观。这种方式以其优秀的视觉效果被广泛应用于电影、游戏等行业中，也是人们平时接触最多的。如 3ds max、Maya 等工具在这方面有较优秀的表现。

实体模型相对于表面模型来说，又引入了体的概念，在构建了物体表面的同时，深入到物体内部，形成物体的三维模型，三维实体造型使整个设计团队能够在计算机中查看并操纵复杂零部件、能更精确地交流设计意图、大大减少由于使用传统二维图在理解产品结构方面造成的时间和人力的浪费。三维系统的使用确保了设计概念的完整性，创造出更高质量的产品，并消除开发后期出现的问题。这种建模方法被应用于医学影像、科学数据可视化等专业应用中。

2) 计算机仿真技术

包括有限元分析等软件对产品进行应力、变形、振动、热力学等性能的分析。这些分析通常在设计过程的前期进行，以指导设计决策。这样可以避免在设计后期发现错误而需要重新设计所导致的时间和金钱的浪费。虚拟制造使用的分析软件与 CAD 系统高度集成，并易于学习和使用。

特别提示

目前有众多的 CAD/CAM/CAE/PDM 系统可实施虚拟产品的开发策略，比较流行的有 EDS UG 公司的 UG、IMAN、I-DEAS；PTC 公司的 Pro/Engineer；Dassault 公司的 CATIA 等。这些软件系统大多集成实体建模、特征建模、自由曲面建模等建模方式与分析、装配模拟、仿真加工和快速成型等功能，并有相应的 PDM/PIM 软件管理协调整个系统。另外，还有很多专门进行机构模拟、加工仿真、机器人编程等软件系统，如 Tecnomatix 公司的 ROBCAD、DYNAMO；Mechanical Dynamics 公司的 ADAMS 等。有些仿真系统可以与其他相关软件无缝集成，方便用户使用。

3) 快速原型技术

快速原型技术是一种涉及多学科的新型综合制造技术。20 世纪 80 年代后，随着计算机辅助设计的应用，产品造型和设计能力得到极大提高，当需要看产品实物时，快速原型系统能够快速制出表示设计方案的原型。必须制出样品以表达设计构想，快速获取产品设计的反馈信息，并对产品设计的可行性做出评估、论证。在市场竞争日趋激烈的今天，时间就是效益。为了提高产品市场竞争力，从产品开发到批量投产的整个过程都迫切要求降低成本和提高速度。快速原型技术的出现，为这一问题的解决提供了有效途径。

特别提示

快速原型技术是用离散分层的原理制作产品原型的总称，其原理为：产品三维 CAD 模型→分层离散→按离散后的平面几何信息逐层加工堆积原材料→生成实体模型。通过样件开发产品的过程人们称为逆向工程，和产品正向设计过程相反。三坐标测量机是逆向工程的数据采集器，是逆向工程的数据源，其优越的特性为：高效、高精度、高柔性而又具有相当的专用性。采用先进传感技术、数字控制技术、计算机软件控制和处理技术，使得三坐标测量机具有很高的数据采集和处理效率；它以精密的机械主体为基础，采用软件控制和补偿技术，再配以高精度的位置传感器，可实现很高的精度。它实现空间坐标点的测量，采用计算机软件来完成产品几何尺寸、形位公差的评价，不同类型的产品只要调整软件即可完成，这使得三坐标测量机既具有很高的柔性，又具有相应的专用性。

4) 产品数据管理

产品数据管理(Product Data Management，PDM)是帮助管理人员、工程师以及其他人员管理产品与开发步骤的一种软件系统。PDM 系统帮助管理人员及工程人员追踪在设计、制造、销售，以及售后服务与维修过程中所需求的大量信息。PDM又可被称为工程数据管理(Engineering Data Management，EDM)、文件管理(Document Management，DM)、产品信息管理(Product Information Management，PIM)、技术数据管理(Technical Data Management，TDM)、或是技术信息管理(Technical Information Management，TIM)以及图像管理(Image Management，IM)等。PDM是以上所有名称中最被广泛使用的名称。

PDM作为虚拟产品开发的关键工具，并不简单是一个工作流程控制系统，工作流程是PDM的一个驱动模块。PDM也不是简单的零组件分类工具，但这个功能对PDM使用者是非常重要的。PDM系统必须可以管理所有的产品在整个生命周期之中的相关信息，包括了文本档案、图形档案、数据库记录等。它是可以用来改善设计、生产、销售、售后服务过程当中的所有人与流程效率的一组软件工具。PDM系统必须集成各种使用者所需要的各种应用软件。PDM系统必须可以定义、管理企业的各种流程。PDM是将流程、应用以及信息集成与管理的一种软件。PDM系统除了管理上的功能之外，还能够提高资料交换上的效益。

特别提示

数据库管理，在早期的定义只是单纯的存取、寻找与权限管理。但是，在客户不断的需求之下，数据库管理的功能愈来愈强，从各种报表的建立功能，到除了资料外各种格式档案的处理，对象概念的设计支持、浏览与寻找功能的强化等，都使得数据库软件开发公司，忙于加强其数据库的功能。因此，愈来愈多的数据库管理功能与方法，使得软件在数据库上的开发与应用技术也变得愈来愈复杂与多样化。对于如此一个变化，有人便想出了一个点子——管理库。所谓的管理库，就是针对这一群多而复杂的资料管理方法，建立一套统一的管理模式，所管理的内容就是各种管理方法。这一技术与概念的产生，便是PDM核心框架的基础。使用对象导向式资料类别的设计，配合上逻辑与阶层的连接关系，可以快速有效地建立PDM系统的核心框架。目前PDM软件主要分为PDM核心软件、应用PDM核心软件、PDM应用软件。

早期PDM系统是在20世纪80年代出现的，已经演化发展为支持更多其他的功能，如企业组织内各种形式的产品定义数据管理，包括文本和图形文件、产品结构形式、电子数据发布和更改过程管理以及基于设计能力的组件技术。PDM软件与以前一样关注上述那些需求，这就使得从产品的概念设计到生产的整个过程以及之外的工程数据的生成和交换更加方便。由于现代PDM系统是从工程实际出发，这使它们在管理企业组织中最重要的一部分财产——人们融入产品中的智力财富等，成为一种不可或缺的工具。

20世纪末的PDM继承并发展了CIM等技术的核心思想，在系统工程思想的指导下，用整体优化的观念对产品设计数据和设计过程进行描述，规范产品生命周期管理，保持产品数据的一致性和可跟踪性。PDM的核心思想是设计数据的有序、设计过程的优化和资源的共享，通过人、过程、技术三者的平衡使虚拟制造过程进一步增值。

应用系统往核心系统发展。许多的ERP、MRP、MIS软件开发公司，近年来逐渐体会到PDM系统对信息系统的重要性，而纷纷在其所开发的应用软件之下，开发一套PDM软件去做信息管理的平台。

5) 优化技术

虚拟企业的组建是通过选择构成虚拟企业的各成员来确定其基本结构和运作方式的，合作伙伴的选择在很大程度上决定了虚拟企业运行的平稳性和运作效能。在实际生产中，产品是由一组存在约束关系的工件按照树状工艺图装配而成，而工件是由一串后约束的工序组成的。所以，产品加工、装配完全工艺图是树状结构的。为了简化调度分析，将加工、装配设备定义为设备统一调度，并统一定义加工、装配加工。

对单个产品的制造过程进行分析，在尽量做到并行加工的基础上提出了工序优先级、短用时和长路径 3 种调度策略。然后提出了一种简化多个产品为一个产品的构造方法，即把多个产品构造成为一个虚拟产品的工艺树。在调度过程中根据虚拟树的处理流程动态地构造一个可供调度的工序集，企业生产过程仿真与优化、虚拟企业的协同仿真与优化等方面。以一定的约束条件构造合适的优化算法，以最少的分析次数得到局部或全局的最优解。

6) 企业集成

企业集成包括生产信息、功能、过程的集成和生产过程的集成，全寿命周期过程的集成，也包括企业内部的集成、企业外部的集成。企业集成就是开发和推广各种集成方法，在适应市场多变的环境下运行虚拟的、分布式的敏捷企业。通过虚拟制造系统实现制造企业的集成，使其能够在急剧变化的竞争环境中，面对各种用户需求，动态优化和调整产品开发过程，合理调配和利用企业资源，提高产品开发效率，降低产品成本和提高产品质量。

根据虚拟产品设计状态的改变，利用功能模型和面向对象方法对开发活动进行分析，确定开发活动的功能以及相互之间的依赖关系，在此基础上建立各个层次的过程活动网络，然后根据企业资源等现有条件，动态地拟定或改变开发过程，利用 Petri 网等分析算法对过程进行分析、仿真、调整和优化，建立开发过程管理所需的过程模型，合理组织和利用人、财、物、时间和空间等各种资源，实现整个产品开发过程的集成。在产品开发过程模型生成过程中，应尽可能实现产品开发过程的并行化，保证关键的设计活动优先执行，并通过不完整设计信息的交换，使后续开发活动在前面开发活动结束之前就提前开始，实现串并行工作机制的集成和产品开发过程的管理、控制与协调。

根据企业资源、技术、人员素质等诸方面的条件以及产品开发活动的要求，动态地将企业产品开发人员以及设备、技术等资源，以人为中心组成集成智能单元，进而组成集成智能小组。以此类推，构造面向产品的虚拟开发部门，由虚拟制造企业对各个产品开发部门进行管理和协调，形成有效的以人为中心的制造企业组织管理模式。信息集成是实现基于虚拟制造系统的企业集成的基础，它为整个企业范围内的产品开发人员之间、产品开发人员与用户之间、开发人员与合作伙伴之间的通信以及信息、知识和数据交换与共享，提供具有制造语义的集成基础结构。

通过虚拟制造系统在人与系统之间、人工智能与非人工智能技术与工具之间、设计人员之间、现实世界与虚拟的计算机制造环境之间、不同的产品开发过程之间、不同的知识来源之间等建立连接的纽带，实现智能集成，并利用各种人工智能技术和工具，面向整个产品开发过程对企业各个层次、各个方面的产品开发人员、用户和合作伙伴之间的并行协同工作提供全方位的智能支持，是提高产品开发活动决策和控制能力的必需条件。

【应用案例 6-7】

制造业的全球化，使制造业的资源配置由一国范围扩大到全球范围，生产、营销、资本运作、服务以及研究开发均推向全球化，导致世界制造业在全球范围的重新分布和组合，即国际产业分工格局的重组。企业通过国际互联网、局域网和内部网，与世界上其他合作伙伴组建动态联盟，从一个无国界的大市场中实现异地设计、异地制造和远程销售。随之，制造业企业的生产方式、经营管理、企业结构与地区、社会的协调发展等方面均在发生巨大的变化。波音747飞机，含有约450万个零部件，来自近10个国家，1 000多家大企业，15 000多家小企业。英国装配的汽车，其发电机来自瑞典，控制设备来自德国，底盘、弹簧来自美国，车身来自意大利。

6.4.4　虚拟制造的应用与发展

1. 虚拟制造的应用

虚拟制造的发展历史虽然较短，但已成为世界各国研究的热点之一，它对制造业的影响也逐渐显露。世界上许多国家都将虚拟制造看作21世纪制造业变革的核心技术。

美国在虚拟制造的研究领域的主要研究项目有以下几个。

(1) 美国国家技术标准研究所的国家先进制造试验基地与马里兰大学、芝加哥大学、佛罗里达大学、俄亥俄大学、波音公司等34家单位合作，主要进行遥感显微镜及显微分析；流量计校准；电器标准远程校准与认证；制造电子商务；基于信息的金属成形的虚拟模具设计。

(2) DRPPA的MAVE(the Metrics for the Agile Virtual Enterprise)项目。

(3) 华盛顿州立大学VRCIM实验室的设计与制造虚拟环境项目。

(4) 马里兰大学的虚拟制造数据库项目。

在欧洲，许多大学如英国曼彻斯特大学、巴斯大学、德国达姆斯特技术大学计算机图形研究所等都确定以VM作为重点研究方向。

虚拟制造在工业发达国家，如美国、德国、日本等已得到了不同程度的研究和应用。在这一领域，美国处于国际研究的前沿。福特汽车公司和克莱斯勒汽车公司在新型汽车的开发中已经应用了虚拟制造技术，大大缩短了产品的发布时间。波音公司设计的777型大型客机是世界上首架以三维无纸化方式设计出的飞机，它的设计成功已经成为虚拟制造从理论研究转向实用化的一个里程碑。

虚拟制造技术首先在飞机、汽车等领域获得成功的应用。目前VMT应用在以下几个方面。

1) 虚拟企业

虚拟企业建立的一条最重要的原因是各企业本身无法单独满足市场需求，迎接市场挑战。因此，为了快速响应市场的需求，围绕新产品开发，利用不同地域的现有资源、不同的企业或不同地点的工厂，重新组织一个新公司。该公司在运行之前，必须分析组合是否最优，能否协调运行，并对投产后的风险、利益分配等进行评估。这种合作公司称为虚拟公司，或者称为动态联盟，是一种虚拟企业，是具有集成性和实效性两大特点的经济实体。

虚拟企业的特征有以下几点。

(1) 企业地域分散化。虚拟企业从用户订货、产品设计、零部件制造，以及总成装配、销售、经营管理都可以分别由处在不同地域的企业，按契约互惠互利合作，进行异地设计、异地制造、异地经营管理。

(2) 企业组织临时化。虚拟企业是市场多变的产物。为了适应市场环境的变化，企业组织结构也要及时反映市场动态，虚拟企业注重短期利益。当产品方向更换、联盟伙伴之间利益改变或企业追求目标变更时，企业要调整组织结构，或者立即解散，重新再组织新的虚拟企业。

(3) 企业功能不完整化。一个完整的企业，应具有从企业管理、设计、制造一直到市场销售、售后服务等完整的全部功能。但在虚拟企业不需要机构功能完整，它以各种方式借用外部力量来进行组合和集成。因为虚拟企业是动态联盟形式，突破企业的有形界限，利用外部资源加速实现企业的市场目标。传统的外协加工是一种原始的虚拟企业行为。

(4) 企业信息共享化。构成虚拟企业的基本条件之一，就是组成企业伙伴之间的计算机互联网。根据具体情况，可以是国际互联网，局域网或企业内部网，及时地沟通信息，包括产品设计、制造、销售、管理等信息，这些信息是以数据形式表示，能够分布到不同的计算机环境中，以实现信息资源共享，保证虚拟企业各部门步调高度协调，在市场波动条件下，确保企业最大整体利益。

虚拟企业的主要基础是：建立在先进制造技术基础上的企业柔性化；在计算机上制造数字化产品，从概念设计到最终实现产品整个过程的虚拟制造；计算机网络技术，它是构成虚拟企业不可缺少的必要条件。

虚拟企业这种先进制造模式在先进国家的部分企业已经运行。例如美国Ultra Comm公司是生产电子产品的虚拟企业，在美国各地有60多家，数以千计的雇员组成的虚拟电子集团，公司本身只有几名雇员，该公司采用分散设计和制造方式，不同的产品选用不同企业，依靠网络技术组成的经济实体，实现市场目标。又如总部设在香港的鑫港公司是一家国际化企业，以制造销售电话机等电信产品为主，总部从事新产品开发、研制、销售和管理等，在国内厦门经济特区宏泰科学工业园制造。

在面对多变的市场需求下，虚拟企业具有加快新产品开发速度，提高产品质量，降低生产成本，快速响应用户的需求，缩短产品生产周期等优点。因此虚拟企业是快速响应市场需求的部队，能在商战中为企业把握机遇和带来优势。

2) 虚拟产品设计

例如飞机、汽车的外形设计，其形状是否符合空气动力学原理，运动过程中的阻力，其内部结构布局的合理性等。在复杂管道系统设计中采用虚拟技术，设计者可以“进入其中”进行管道布置，并可检查能否发生干涉。在计算机上的虚拟产品设计，不但能提高设计效率，而且能尽早发现设计中的问题，从而优化产品的设计。例如美国波音公司投资40亿美元研制波音777喷气式客机，从1990年10月开始到1994年6月仅用了3年零8个月时间就完成了研制，一次试飞成功，投入运营。波音公司分散在世界各地的技术人员可以从777客机数以万计的零部件中调出任何一种在计算机上观察、研究、讨论，所有零部件均是三维实体模型。可见虚拟产品设计给企业带来的效益。

3) 虚拟产品制造

应用计算机仿真技术，对零件的加工方法、工序顺序、工装的选用、工艺参数的选用，加工工艺性、装配工艺性、配合件之间的配合性、连接件之间的连接性、运动构件的运动性等均可建模仿真，可以提前发现加工缺陷，提前发现装配时出现的问题，从而能够优化制造过程，提高加工效率。

4) 虚拟生产过程

产品生产过程的合理制定、人力资源、制造资源、物料库存、生产调度、生产系统的规划设计等，均可通过计算机仿真进行优化，同时还可对生产系统进行可靠性分析，对生产过程的资金进行分析预测，对产品市场进行分析预测等，从而对人力资源、制造资源的合理配置，对缩短产品生产周期，降低成本意义重大。

虚拟产品设计可以提高设计质量、优化产品性能，缩短设计周期。虚拟产品制造可以提高制造质量，优化工艺过程，缩短制造周期。虚拟生产过程可以优化资源配置、物流管理、缩短生产周期，降低生产成本。虚拟企业可以增强企业柔性，满足客户的特殊要求，形成企业的市场竞争优势。

【应用案例 6-8】

美国 Boeing 公司设计的一架 VS-X 虚拟飞机，可用头盔显示器和数据手套进行观察与控制，使飞机设计人员身临其境地观察飞机设计的结果，并对其外观、内部结构及使用性能进行考察。

美国 Coventry School of Art and Design 开发的虚拟原型制作系统，设计者在设计的初始阶段能够在计算机中构造虚拟原型并对此原型进行评价；美国拖拉机公司利用用虚拟设计方法代替常规设计方法，把设计时间从 6～9 月减少到 1 个月内，且允许用户在虚拟环境下观察试验，并在 1993 年获得虚拟现实应用奖。

福特汽车公司用“Ford Alpha Simulation Engineering”系统评价汽车装配，该系统把所产生的文件送入包括有头盔显示器和数据手套的 VR 系统进行装配。

2004 年世人瞩目的美国“勇气”号和“机遇”号火星探测器成功登陆火星，开创了人类征服太空的新创举。虚拟制造技术在“勇气”号和“机遇”号的研制中发挥了重要的作用。许多设计、试验和仿真都是先在探测器的虚拟样机上完成的，美国宇航局喷气推进实验室的科学家和工程师正在策划一个“科学活动计划者”的试验来进行“勇气”号和“机遇”号的火星漫游。科学家预言。在“科学活动计划者”的试验装置中，当虚拟的火星车在虚拟的三维火星地面场景中行驶时，可以做到像真实火星车一样的精确。

2001 年 9 月 7 日，一名美国纽约市的法国医生通过遥控机器人为远在大西洋彼岸的一名法国妇女成功地实施了腹腔手术。医生通过监视器，操纵两只装有内窥镜、手术刀和镊子等手术器械的机械臂，成功地切除了病变的胆囊组织。

日本 Matsushita 公司开发的虚拟厨房设备制造系统，允许消费者在购买商品前，在虚拟的厨房环境中体验不同设备的功能，按自己的喜好评价、选择和重组这些设备，他们的选择将被存储并通过网络送至生产部门进行生产。

2. 虚拟制造的发展趋势

虚拟仿真作为数字化制造的重要组成部分在工程应用中呈现四大发展趋势，在强大的技术和迅猛发展的应用需求带动下，虚拟仿真技术已经朝着多学科综合、多方协同及集成化、平台化方向发展，朝着构建数字化的设计制造能力和体系方向发展。具体表现为：向高精度、高效率建模与仿真发展；向集成计算机材料工程与多尺度建模与仿真发展；向多学科综合优化、全过程建模与仿真发展；向基于数字样机的协同仿真的集成化、平台化方向发展。

我国虚拟制造技术的研究刚刚起步，系统的、全面的研究尚未展开，目前仍停留在国外理论的消化与国内环境的结合上，主要集中在3个方面。

1) 产品虚拟设计技术

主要包括虚拟产品开发平台、虚拟测试、虚拟装配以及机床、模具的虚拟设计实现等。其中清华大学利用美国国家仪器公司的 Labview 开发平台实现了锁相环路的虚拟，机械科学研究院采用C语言和Open GL进行编程初步实现了立体停车库的虚拟现实下的参数化设计，可以直观地进行车库的布局、设计、分析和运动模拟。

2) 产品虚拟制造技术

主要包括材料热加工工艺模拟、加工过程仿真、板材成型模拟、模具制造仿真等。北京航空航天大学与一汽用 Optris 开发的板料成型软件已经基本能够模拟类似车门的中等复杂程度的汽车覆盖件和其他冲压成型件的冲压成型过程；沈阳铸造研究所开发的电渣熔铸工艺模拟软件包 ESRD 3D 已经应用于水轮发电机变曲面过流部件生产中，其产品在刘家峡、李家峡、天生桥、太平役等 7 个电站中使用；合肥工业大学研制的双刀架数控车床加工过程模拟软件已经在马鞍山钢铁股份有限公司车轮轮箍厂应用，使数控程序现场调试时间由几个班缩短到几小时，并保证一次试切成功；北京机床研究所、机械科学研究院、东北大学、上海交通大学和前长沙铁道学院等单位也研制出一些这方面的仿真软件。

3) 虚拟制造系统

主要包括虚拟制造技术的体系结构、技术支持、开发策略等。其中提出了比较成熟的思想并可能实现的是由上海同济大学张曙教授提出的分散网络化生产系统和西安交通大学谢友柏院士组建的异地网络化研究中心。

基于产品的数字化模型，应用先进的系统建模和仿真优化技术，虚拟制造实现了从产品的设计、加工、制造到检验全过程的动态模拟，并对企业的运作进行了合理的决策与最优控制。虚拟制造以产品的“软”模型(Soft Prototype)取代了实物样机，通过对模型的模拟测试进行产品评估，能够以较低的生产成本获得较高的设计质量，缩短了产品的发布周期，提高了企业生产效率。企业的生产因为虚拟制造技术的应用而具有高度的柔性化和快速的市场反应能力，因而市场竞争能力大大增强。作为一种先进的制造模式，虚拟制造的应用范围必然会不断扩大，给更多的企业带来更大的收益。

特别提示

1984年10月，我国空军首次在由126台计算机组成的远程分布式网络系统上，成功地进行了一场高技术条件下的空对空战役对抗演习，从而实现了从“图上谈兵”到“网上演兵”的历史性跨越。

知识链接

由中国机械工程学会机械工业自动化分会、中国自动化学会制造技术专业委员会主办，诺维特机械科学技术发展中心承办，主题为“面向自主创新的数字设计与制造”的第四届全国数字化设计与快速制造技术高级研讨会上，中国科学院院士、华中科技大学熊有伦教授全面介绍了数字化设计、数字化制造与数字化企业的现状，提出了数字化设计对产品创新的作用。在工业化发展的200年进程中，设计活动的内涵和范畴、方法和工具都发生了巨大的变革。中国机械工程学会常务理事、同济大学张曙教授以“创新产品的快速开发”为题，全面介绍了产品设计方法的演变，包括 CAD 建模和仿真、计算机辅助制造、CAE

工程分析、虚拟实境建模、CAVE 虚拟环境以及快速成形到快速制造，并预测了快速制造技术的发展前景。清华大学 CIMS 研究所所长肖元田教授的演讲主题是“虚拟制造加速产品创新”，他分析了制造业目前的整体环境以及虚拟制造的特点，并介绍了基于逆向工程的产品创新和基于虚拟制造的产品原始创新以及多学科协同产品创新的设计。肖教授表示，虚拟制造的核心是建模与仿真技术，是下一代制造的重要内容，将对制造业产品革命性的影响，成为继理论研究、实验研究之后第三种人类认识世界、改造世界的工具。河北工业大学副校长檀润华教授围绕“基于 TRIZ 的计算机辅助制造创新设计”的主题介绍了 TRIZ 理论和创新型企业建立的设想，并辅以创新设计实例。檀润华教授强调，建立创新型企业文化，培养创新工程师和推广应用世界级创新理论与方法是企业推进技术创新的途径。

本章小结

本章主要论述现代制造的精髓是先进的制造战略和模式，先进制造技术是先进制造模式的基础。通过本章的学习，应了解先进制造模式中几种典型的制造模式的发展背景；掌握先进制造模式中精益生产、敏捷制造、并行工程和虚拟制造的基本概念、内涵特点、关键支撑技术及发展应用。通过实例分析了解这些先进制造模式在现代化企业制造中的实际应用。

习　题

1．精益生产(制造)的基本思想是什么？试描述其特征。
2．简述精益生产(LP)系统的实施过程与主要措施。
3．简述精益生产的主要内容。
4．分析精益生产的思维特点和体系结构。
5．敏捷制造(AM)的含义是什么？试述实施 AM 的动力来源、关键技术。
6．试举一个敏捷制造(AM)的应用实例。
7．并行工程(CE)的含义、目的及其主要特点是什么？简述 CE 的体系结构。
8．并行设计与传统串行设计的本质区别何在？简述并行设计系统的主要内容。
9．CE 的关键支撑技术包括哪些方面？
10．虚拟现实(VR)技术的定义是什么？它有哪些特征？
11．虚拟制造(VM)的基本定义与特征是什么？简述虚拟制造(VM)的分类。
12．简述虚拟制造及虚拟制造系统的体系构成。
13．实现虚拟制造的关键技术是什么？举例说明基于 VM 的虚拟产品开发过程。

参 考 文 献

[1] 中华人民共和国科学技术部．世界先进制造业和现代服务业发展典型经验[M]．北京：中国科学技术出版社，2006.
[2] 李伟．先进制造技术[M]．北京：机械工业出版社，2005.
[3] 罗振壁，宋耀样．现代制造系统[M]．北京：机械工业出版社，1995.
[4] 孙大涌．先进制造技术[M]．北京：机械工业出版社，2002.
[5] 李梦群，庞学慧，王凡．先进制造技术导论[M]．北京：国防工业出版社，2005.
[6] 朱晓春．先进制造技术[M]．北京：机械工业出版社，2004.
[7] 王润孝．先进制造系统[M]．西安：西北工业大学出版社，2001.
[8] 王隆．先进制造技术[M]．北京：机械工业出版社，2003.
[9] 路甬祥．制造技术的进展与未来[J]．第一届国际机械工程学术会议，2000.
[10] 李蓓智．先进制造技术[M]．北京：高等教育出版社，2007.
[11] 颜永年．先进制造技术[M]．北京：化学工业出版社，2002.
[12] 蔡建国，吴祖育．现代制造技术导论[M]．上海：上海交通大学出版社，2000.
[13] 张维刚， 钟志华．现代设计方法[M]．北京：机械工业出版社，2005.
[14] 芮延年．现代设计方法及其应用[M]．苏州：苏州大学出版社，2005.
[15] 王凤岐， 张连洪， 邵宏宇．现代设计方法[M]．天津：天津大学出版社，2004.
[16] 陈屹， 谢华．现代设计方法及其应用[M]．北京：国防工业出版社，2004.
[17] 王启广，叶平．现代设计理论[M]．徐州：中国矿业大学出版社，2005.
[18] 陈鸿俊．现代设计史[M]．长沙：中南大学出版社，2005.
[19] 张世昌．先进制造技术[M]．天津：天津大学出版社，2004.
[20] 宾鸿赞，王润孝．先进制造技术[M]．北京：高等教育出版社，2006.
[21] 艾兴．高速切削加工技术[M]．北京：国防工业出版社，2003.
[22] 张伯霖．高速切削技术及应用[M]．北京：机械工业出版社，2003.
[23] 张建华．精密与特种加工技术[M]．北京：机械工业出版社，2003.
[24] 庞滔，郭大春．超精密加工技术[M]．北京：国防工业出版社，2000.
[25] 王秀峰，罗宏杰．快速原型制造技术[M]．北京：中国轻工业出版社，2001.
[26] 卢清萍．快速原型制造技术[M]．北京：高等教育出版社，2001.
[27] 刘振辉，杨嘉．特种加工[M]．重庆：重庆大学出版社，1991.
[28] 周旭光．特种加工技术[M]．西安：西安电子科技大学出版社，2004.
[29] 刘明．微细加工技术[M]．北京：化学工业出版社，2004.
[30] 王振龙．微细加工技术[M]．北京：国防工业出版社，2008.
[31] 王隆太．先进制造技术[M]．北京：机械工业出版社，2003.
[32] 师汉民，易传云．人间巧艺夺天工——当代先进制造技术[M]．武汉：华中科技大学出版社，2000.
[33] 中国磨料磨具论坛(http://www．momo35．com)
[34] 赵汝嘉．先进制造系统导论[M]．北京：机械工业出版社，2003.
[35] 周骥平，林岗．机械制造自动化技术[M]．北京：机械工业出版社，2001.
[36] 薛劲松．企业腾飞的翅膀——制造自动化[M]．沈阳：辽宁科学技术出版社，2000.

[37] 张友良．柔性制造系统运行控制理论与技术[M]．北京：兵器工业出版社，2000．
[38] 龚光容．柔性制造系统物流运储系统[M]．北京：兵器工业出版社，2000．
[39] 刘飞，杨丹，王时龙．CIMS 制造自动化[M]．北京：机械工业出版社，1997．
[40] 白英彩．计算机集成制造系统——CIMS 概论[M]．北京：清华大学出版社，1997．
[41] James A．Rehg Henry W．kraebber．计算机集成制造(英文版)[M]3 版．北京：机械工业出版社，2004．
[42] 韩红鸾，荣维芝．数控机床加工程序的编制[M]．北京：机械工业出版社，2003．
[43] 王爱玲．现代数控机床[M]．北京：国防工业出版社，2003．
[44] 王侃夫．数控机床控制技术与系统[M]．北京：机械工业出版社，2002．
[45] 童秉枢，孟明良．现代 CAD 技术[M]．北京：清华大学出版社，2000．
[46] 童秉枢，李建明．产品数据管理(PDM)技术[M]．北京：清华大学出版社，2000．
[47] 王成恩，郝永平，舒启林．产品生命周期建模与管理[M]．北京：科学出版社，2004．
[48] 庞士宗，肖平阳，唐加福．产品数据管理(PDM)——现代企业信息化管理与集成的理想平台[M]．北京：机械工业出版社，2001．
[49] 葛江华，隋秀凛．产品数据管理（PDM）技术及其应用[M]．哈尔滨：哈尔滨工业大学出版社，2002．
[50] 高奇微，莫欣农．产品数据管理(PDM)及其实施[M]．北京：机械工业出版社，1998．
[51] 庞士宗．新一代 PDM 软件——SmarTeam 实用教程[M]．沈阳：东北大学出版社，1998．
[52] 祁国宁 (译)．制造企业的产品数据管理——理论、概念与策略[M]．北京：机械工业出版社，2000．
[53] 刘颖，石冬青．PDM 的体系结构和相关技术[J]．信息技术，2000(8)．
[54] 叶霞，陈菊芳，施江澜．PDM 系统体系结构的探讨[J]．现代制造工程，2006(7)．
[55] 王世伟，谭建荣，张树有，纪杨建．基于 GBOM 的产品配置研究[J]．计算机辅助设计与图形学学报，2004(5)．
[56] 李欣，徐全生，李雅红．分布式 PDM 系统体系结构的研究[J]．沈阳工业大学学报，2002(1)．
[57] 方凯．如何进行 PDM 选型和实施[J]．科技信息，2007(32)．
[58] 尚勇．PDM 系统中产品结构模型的研究[J]．工具技术，2005(8)．
[59] 丛晓霞，冯宪章．机械创新设计[M]．北京：北京大学出版社，2008．
[60] 孙娜．浅谈制造业 PDM 技术的应用与实施[J]．世界制造技术与装备市场，2005(1)．
[61] 闫海新，何永熹．产品数据管理（PDM）在企业中的实施[J]．机械设计与制造，2005(8)．
[62] 路慧彪，孙培廷．利用信息化技术实现工艺设计的新革命[J]．机电产品开发与创新，2004(6)．
[63] 王润孝．先进制造技术导论[M]．北京：科学出版社，2004．
[64] 孙林岩，汪建．先进制造模式——理论与实践[M]．西安：西安交通大学出版社，2003．
[65] 冯云湘．精益生产方式[M]．北京：企业管理出版社，1995．
[66] 罗振碧，周兆英．灵捷制造——21 世纪的生产和管理战略[M]．济南：山东教育出版社，1996．